湛庐 CHEERS

U1003543

与最聪明的人共同进化

HERE COMES EVERYBODY

人类的善意

A Hopeful History

[荷]
鲁特格尔·布雷格曼——著
贾拥民————译

Rutger
Bregman

Humankind

北京联合出版公司
Beijing United Publishing Co.,Ltd.

谨以此书献给我的父母

让一个人看清他自己的为人，
他就能变得更好。

——安东·契诃夫

测一测

你对人性了解多少

扫码鉴别正版图书
获取您的专属福利

想知道你对人性了解多少吗？
扫码获取全部测试题及答案

- 危机一定会使人性中最恶劣的一面展示出来吗？（　）

  A. 一定

  B. 不一定

- 很多人认为这世界正越变越糟，这很大程度是因为媒体总报道负面新闻和事件，这是可能的吗？（　）

  A. 可能

  B. 不可能

- “理性经济人”假设人始终是理性且自利的，这种假设符合现实情况吗？（　）

  A. 完全符合

  B. 不完全符合

扫描左侧二维码查看本书更多测试题

绝大多数人在内心深处都是相当正派的吗

陈嘉映
首都师范大学哲学系教授

人是自私的，每个人都会努力使自己的利益最大化——生物学、心理学、经济学、社会学、政治学、伦理学皆如是说，一方面源源不断为这一元命题提供证据，一方面基于这一元命题建设理论。硬心肠的理论家证明弱肉强食有理，软心肠的理论家则费尽心思发明一套机制来说明：虽然人都是自私的，后来却发展出了善良、互助、法治。“血亲互助”“看不见的手”“契约论”，这些理论是否成功，谁也不知道。

人皆自私这一命题不只是理论家的法宝，同时似乎也已成为普通人的共识。

布雷格曼异于是，他釜底抽薪，从根本上否认这一臆想出来的元命题，断然声称“绝大多数人在内心深处都是相当正派的”。

不假，很多畅销的文学作品、影视作品支持人性本恶这个元命题。《幸存者》全球热播，《蝇王》卖了数千万册，作者戈尔丁（Golding）还被授予诺贝尔文学奖。但这些作品，说到底，是小说，是虚构作品。

现实与此相似吗？布雷格曼找出了6个汤加男孩被困阿塔岛一年有余的真实故事，那里发生的事情跟蝇王的故事几乎完全相反。

难道我们的基因里已经深深植下了自私的种子？《自私的基因》畅销全球，但在生物学界饱受质疑，实则，理查德·道金斯（Richard Dawkins）[①] 本人在这本书的后续版本中也放弃了人类天性自私的主张。针对道金斯，布雷格曼介绍了科学家别利亚（Belyaer）和柳德米拉（Lyndmila）在西伯利亚一家养狐场所做的一场长达数十年的实验，这场实验的结论，用布雷格曼的话来总结，是“最友好者生存”。人类在动物界生存下来，发展起来，很大程度上靠的是人与人之间的信任。只有人会脸红，只有人有眼白——眼白透露了视线或关注点的方向，这些都是交流的产物。

人类当然有他残酷的一面，单说最近的20世纪，两次世界大战、日本人残害中国人、纳粹残害犹太人，但那种认为人类变得越来越残酷的看法是没有根据的，布雷格曼引用史蒂芬·平克（Steven Pinker）[②] 及其他资料说明，人类并不天生好战，而且，随着时间推移，人类的好战之心逐渐受到了抑制。

好吧，道金斯的理论也许有点儿迂阔，但也有很多心理学实验得出了人性本恶的结论。坊间博识之人，多半都听说过津巴多的监狱实验，一些大学生受试者分成两组，9个充任狱警，9个充任囚犯，他们

---

① 英国知名演化生物学家、动物行为学家和科普作家，英国皇家科学院院士，牛津大学教授。其科普力作《基因之河》《科学的价值》及讲述其传奇科学家养成之路的个人传记《道金斯传》（上下册）中文简体版已由湛庐策划，分别由浙江人民出版社、天津科学技术出版社和北京联合出版公司出版。——编者注

② 哈佛大学心理学教授，讲述其重磅研究成果的《语言本能》《心智探奇》《思想本质》《白板》《当下的启蒙》中文简体版已由湛庐策划、浙江人民出版社出版。——编者注

本来都是些普普通通的大学生，可在短短几天的实验进程中，“狱警”们转变成一批凶神恶煞，“囚犯”们变得极度焦虑、惊恐。米尔格拉姆的电击实验同样出名。实验项目招募了一些人来充当“老师”，另有一些实验团队成员充当“学生”被绑在隔壁房间的椅子上。老师提问，学生回答，回答错了，老师被要求按下电击开关。电击设备的电压不断提高，直至会让学生尖叫甚至昏迷。学生的这些表现是团队成员装出来的，但受试者并不知情，他们虽然对“学生”表示同情，但大多数仍然会服从命令，一直电击这些极度痛苦的学生。米尔格拉姆由此得出结论：人类会盲目服从去做那些可怕的事情。这些实验非常有名，被广为传播，被写进教科书，然而，布雷格曼徵引各种材料表明，这类实验都是被导演的，有些甚至可说是骗局。

但人性本恶的元命题似乎并不只是生物学家和心理学家编造出来的，现实中到处可以找到例子。20 世纪 60 年代，在纽约的邱园公寓，一位年轻女士凯瑟琳凌晨回寓所，在寓所边上，一个凶犯袭击了她，凯瑟琳不幸死去。附近公寓有很多人听到她的呼救，有人推开窗户大喊“放开那个女孩”，然而，在长达半个钟头的行凶过程中，没有一个人伸出援手。这起凶杀案后来在美国人所周知，作为人心冷漠的典型案例。然而，关于邱园凶杀案的新闻报道大大失实，后来的调查研究表明，邻人们从熟睡中被呼救声惊醒，立刻有两人报警，一位较晚被叫醒的女邻居还冲出公寓找到严重受伤的凯瑟琳，而凯瑟琳正是在她的怀里断气的。

我们可以在社会新闻里读到很多凶残、邪恶、变态，但我们必须记得，新闻不是社会整体状况的平衡写照。更何况，有些记者出于种种目的以偏概全，歪曲事实，甚至捏造事实。据新闻报道，卡特里娜飓风把奥尔良市变成了一个野蛮社会，布雷格曼通过深入调查揭示，真相远非如此。布雷格曼写道，大量研究的结果表明“新闻是一种危害精神健康的有害品”。

现实世界中人并不像这类新闻渲染的那样不堪。布雷格曼于是讲诉了丹麦人在纳粹眼皮底下救援数以千计即将遭到围捕的犹太人的故事。当然，在多数情况下，人们并没有像这次行动中的丹麦人那样去对抗邪恶，布雷格曼承认，这是一个例外，但他还另外举了一些事例，说明在正常社会条件下，人们会自发去帮助别人、救援别人。

在那些坚持人皆自私元命题的理论家眼里，普通人也许不是也不必一味自私，但那只是因为他们不够理性。理性总是教人自私，作为理性的楷模，经济人总在追求利润最大化。真的吗？你一意要开一家书店，是因为书店能带来最高利润吗？也许你已经丧失理性了？当然，一家企业没有利润就不能持续存在，然而，挣得一份利润跟利润最大化之间还有很远的距离。

针对以上种种，布雷格曼做了方方面面的考察来说明“绝大多数人在内心深处都是相当正派的”，我们人类是“最善良的物种”。人类更像倭黑猩猩，“对不平等有天生的厌恶倾向”，而不那么像好勇斗狠的黑猩猩。那么，问题倒转过来了：那些唯利是图的行径，那些令人发指的暴行，又是从哪儿来的呢？这本书的第三部分将会回答这个问题。

布雷格曼列出的暴行的第一个来源可能让人吃惊：移情共感（empathy，本书译者译作“同理心”）。是的，共感是善良之源，然而，运用不当的共感则会带来可怕的后果。

暴行的第二个来源：权力。经验和实验表明，在一个小团体中被推为领袖的，通常不是马基雅维利式的邪恶君主，而是友好、善良之士。然而，权力就像麻醉剂，这些人握有权力之后，常常会变得无视他人的痛苦。大规模人类社会的领袖则从一开始就不是“善类”，这类所谓的文明社会似乎天然需要某种不平等，赋予一个人或一小撮人以巨大的权力。由是观之，“长期以来，文明都是一场灾难”。

那些得出宏大而惊人结论的心理学实验从来都很可疑——物理学实验的结论若不同于我们凭常识得出的结论，我们多半要放弃后者，但事涉我们自己的思想感情，我们凭什么该去相信某一个所谓实验而不相信生活经验教给我们的结论？新闻和现实中的确有些事情匪夷所思，但我们未必就能由此出发来概括全世界的现状。自私的基因，理性经济人，人云亦云，耳朵听得长了茧子。质疑、驳斥也不是没有，韩少功一篇《个人主义正在危害个人》就是好例，奈何难阻沧海横流。今又有布雷格曼花费精力去重新调查真相，站出来高声质疑流行成见，值得为之鼓呼。

不过，为之鼓呼到此为止。我对布雷格曼的结论大多存疑。我相信，在正常社会条件下，尤其在没有重大利害冲突的时候，大多数人蛮善良的，但似乎不能由此断定人性本善。作者相信人类暴行在不断减少，看起来人类是在不断进步，可是而今恰恰是那些坏人最容易爬上高位，文明又被说成一场灾难。至于结语中“赖以生存的十大准则”提倡要宽容，要理解，要爱自己，我在这里就不一一列举了，它们肯定很好，说不定也管用，就像鸡汤一样，可我还是不相信任何人能够发明出“消除仇恨、不公正和偏见最好的办法”。

自然主义人性研究展示了惊人事实但道路漫长

刘华杰
北京大学哲学系教授，博物学文化倡导者

布雷格曼 1988 年 4 月 26 日出生，是一位非常年轻的荷兰学者，比我小了 20 多岁。他凭借清晰、独立的学术判断力，结合坚定的信念，对人性给出了完全不同的描述。在我看来，其《人类的善意》的基本观点是，人类没有我们想象的那么坏！

这样的结论简直太平凡了，但是它又非同寻常！此书属于稀有种类，是我寻找了多年才找到的那类作品。10 多年前我就相信一定会有人写出这样的书，没想到的是，其作者竟然如此年轻！2021 年湛庐送我布雷格曼《人类的善意》一书的内部审读本。我连夜读完，给编辑发了微信："正是我寻找的书！走在街上遇到一个人，他（她）是骗子的概率有多大？按'性恶说'是 100%，按一般的理性主义分析是 50%，而实际上我们都知道，那是小概率事件。"那天是 2021 年 5 月 28 日。

但是，长久以来学界并不这样认为。

1. 西方主流学者的人性论偏见

我们通常会严重夸大人类做恶的动机，低估人类行善的愿望，而这种判断会被“文明”放大。对人性的悲观看法是一种“反安慰剂”：我们相信自己是什么样的人，我们就会趋于成为什么样的人。于是，受教育程度越高、越“有文化”的人，反而可能越自私，更容易成为“精致的利己主义者”。真的如此吗？怎么会这样？

历史上一大批著名学者对人性做出了想当然的错误判断，倾向于看到人性恶的方面。修昔底德、奥古斯丁、马基雅维利、霍布斯、马丁·路德、约翰·加尔文、埃蒙德·伯克、边沁、尼采、古斯塔夫·勒庞、理查德·道金斯、约翰·亨利奇（Joseph Henrich）、弗朗斯·德瓦尔（Frans de Waal）等，都认定人天生自私，其学说的出发点是“人倾向于干坏事”。西方经济学、社会学中流行的“理性人”假设，以及演化心理学（evolutionary psychology）中的“自私的基因”学说和“总体适合度”(inclusive fitness）理论，会进一步确认当代人文学术界和研究人类行为的自然科学界，都倾向于假定人类天性自私和好斗，缺乏善意与合作精神。那么现实的人性如何呢？正如本书所展示的，已有大量实际调查研究否定了这类根深蒂固的偏见，人类在危急关头以及在日常生活中，通常能够保持我们自己都难以意识到的良好教养！当然，反例也不少。

那么问题来了，为什么如此多聪明的学者都会有这般偏见？这是个大问题。可以有多方面的解释，但我只给出一种：对人类行为和人类本性的研究数千年来基本上被先验论、目的论所垄断，自然主义视角的研究通常不占上风。前者并不必然导致“性恶论”，却有助于“性恶论”的迭代、扩展。比如，墨索里尼、丘吉尔、罗斯福都读过勒庞的《乌合之众》。新闻和历史著作也都倾向于传播和描写冲突、战争、犯罪、灾难、不幸、暴政、压迫，打开电视机或者用手机登录新闻网站，不是这里出事了就是那里开火了，一般性事件虽然天天发生，即使数量占比为 99.99%，也很难成为新闻，反常事件总是抢先侵入人类视听，造成天下不太平、危机频发的假象。而这样一种印象又会刺激政客、资本家、技术狂徒，令他们找到种种借口对世界进行“合理”干预，干预的结果往往是使局面进一步恶化。这就是现代世界运作的套路，你我可能不是主角，但作为配角一直参与其中，每收看一次就相当于点赞一次。

道金斯是一位关键人物，被视为我们这个时代科学理性精神的代表（这个说法很可疑，他的“花言巧语”不但不能为科学增光，反而可能令公众远离科学），可惜他因自己的不恰当表述，令读者对人性产生了诸多误解。原来我很认可其写作，还就其“基因之河”的美妙比喻撰写过长篇文章（将他与法藏和尚进行了对比），直到 2006 年整理完《看得见的风景》第 5 章“重建共生范式”，我才弄清了其思想的矛盾之处，从而告别了其假达尔文主义。为何说他是假达尔文主义呢？他不是被誉为“达尔文的斗犬”吗？没错，也许正因为过于自信和好斗，他迷失了方向，背离了达尔文的自然主义传统，染上了目的论的偏见。后来有朋友再来请我推荐道金斯的书，我都谢绝了。

著名博物学家、昆虫学家、社会生物学家爱德华·威尔逊于 2021 年 12 月 26 日去世，我撰文纪念并顺便评论了利他魔咒（altruistic spell）背后的哲学观念（见《生物多样性》2022 年第 1 期），在道金斯－威尔逊之争中，我支持后者。被“利他魔咒”迷倒的学者有两个未加反思的预设。第一，非对称性预设，即“利己”（或“自私”）是基本的，是出发点，是说明项（explanans）之一；而“利他”是第二位的，是有待说明的被说明项（explanandum）。第二，个体主义预设，即个体优先，共同体次之。这个预设在经济学、社会学、人类学、演化心理学中都广泛存在。其基本含义是，一个系统中，个体的行为是第一位的，系统的行为要通过个体行为及其组合推导出来。但在马克思看来，“个人是社会存在物”。这两个假设都是可以质疑的。

其实，只要做细致的自然主义式调查，我们就能确认“利他”是一个普通事实，并非稀有事件，没必要为利他现象的存在感到奇怪。“利己”和“自私”有重大区别。把近似中性的“利己”都划归于“自私”，相当于无形中扩大了“自私”的指称范围。“以恶的眼光看世界，满地都是恶棍；以善的眼光看世界，到处都是圣人。”世界本身多姿多彩，有善有恶，分形交织（be fractally woven），而且善恶并不是一成不变的。另外，“利己”与“利他”都是有条件的，是在系统层面表现出来的一种特征，一个人对某些人有时会展示“利他”、有时会展示“利己”，而不会针对任何条件都给出单一不变的反应。

2. 中国古代学者的人性观念

非西方世界的人性观念，好像并不为“性恶说”所垄断，比如中国古代有著名的孟子“性善说”，长期以来为教育界所称道。当然，中国古代也有荀子的“性恶说”。它们都不是完全建立在自然主义基础上的哲学、科学，但与自然主义比较接近。

著名哲学家张岱年先生认为，人性是一个具体的共相，而非抽象的共相。在先生看来，中国古代学人关于人性善恶有如下几类想法（见《北京大学学报》1986 年第 1 期）：

（1）性善论：孟子，后有宋明理学及王夫之、颜元、戴震。

（2）性无善无不善论：告子，后有王安石。

（3）性恶论：荀子。

（4）性有善有恶论：世硕，后有董仲舒、杨雄。

（5）性三品论：王充、韩愈。

（6）性二元论：张载、程颢、程颐、朱熹等。

其中，类型意义最为明显的是孟子的“道性善”和荀子的“性恶论”。在孟子看来，“仁义礼智，非由外铄我也，我固有之也”。孟子认为人皆有恻隐、羞恶、辞让、是非之心，即有道德的萌芽，但需要培养扩充。“苟能充之，足以保四海；苟不能充之，不足以事父母。”孟子说得也比较有弹性，他只说人可以为善，而不是必定为善。荀子则把恶归于性，把善归于习。把人“欲为善”这种向善的追求说成是“人性恶”的一种证明。张岱年先生认为荀子的观点不妥——若善有待于学习，恶也有待于学习；善固非性，恶也非性。荀子人性学说的贡献在于反对“道德先验论”，认为圣人之性与众人之性一样，尧舜与桀跖其性一也。总结起来，张岱年先生说：“如果所谓性指生而具有无待学习的本能，那么应该说性是无善无恶的，告子所谓‘性无善无不善’也是正确的。如果所谓性包含待学习而后实现的可能性，那么应该承认性有善有恶，世硕‘性有善有恶’或战国时期‘性可以为善，可以不为善’的观点是正确的。”而孟子专讲性善，陷于一偏；荀子专讲性恶，有自相矛盾之处。

按自然主义的思路，人性如何或者人在特定环境下的行为表现如何，不是靠推理能够得出的，需要实际调查。作为哲学假设，比较有说服力的想法是：人性有善有恶，但可以变化；同一个人也可以时善时恶。

3.《人类的善意》在当下的意义

2021 年刚拿到此书、讨论其价值时，编辑也坦言：读者未必买账。如作者所言，“最畅销的历史类图书总是与灾难和不幸、暴政和压迫有关。第一主题是战争，第二主题还是战争，第三也还是战争，最多只是在战争上又加了点佐料而已”。在国内可能不全是这样（但网络好战分子也不少），但耸人听闻、励志、揭秘、卖弄成功学的套路，仍是畅销书的主模式。

电视台、网络媒体希望不断出现惊人的事件，简直迫不及待，就像二流相声演员恨不得下台用手指捅观众的腋下以博取笑声一般。读者、观众也需要新闻，特别的新闻，因为他们已经习惯于消费新闻，就像习惯于吃饭、睡觉、做爱一样。如何能够持续不断地满足这些要求呢？那就是即便没有什么事情，也要造出事情，挖出事情。“高级政客”如果没有足够的智慧，也容易陷入其中，并将整个国家、民族置于争斗的恶性循环。和平、可持续发展，应当成为“人类世”中人这个物种的宏观发展战略，得到所有人的认同。可惜，军事集团助推冲突升级、发言人打口水仗，每天都在发生，令人觉得现实世界一团糟，没有希望。

这正是现代性的悲剧之一。然而当我们这样叙述时，又落入了或者说确证了对人性悲观的信念！

此书不限于讨论对人性的判定，还广泛涉及如何对复杂系统进行研究，比如米尔格拉姆电击实验存在的问题。“控制实验”方法对于无机的力学、物理、化学系统甚至一小部分生命系统具有极好的效果，是培根所倡导的“博物探究与实验探究”中新兴起的一部分（后者），它是当今自然科学四大传统（博物、数理、控制实验和数值模拟）中最核心、最高效的方法。但是，它的确不能简单地应用于人类行为的研究。刻意设置的某些实验条件（即控制）可能是不允许的，由此得来的数据即使可重复，也可能不反映系统的本来面目，就像对嫌疑人用酷刑而导致冤案一般。这样的科学研究，实际上并不够科学，属于不合格探究。但在现实中，它以科学的名义在操作，抢夺了话语权。

在平凡、模式化的世界中，人类行为越来越缺乏内在驱动力。有“进取心”的社会管理者、企业管理者则企图改变这种状态。基于糟糕的行为科学和心理学研究设计的管理措施，相当成问题。比如，经济管理中普遍采用的激励机制会走样，人们为目标、奖金和惩罚的预期所累，“道德指南针”弱化。这相当于人类自己奴役自己，人被当作某种机器对待。调查显示，只有 13% 的员工在工作中感受到了“投入”，即真心喜欢自己的工作。心理学家爱德华·德西（Edward L. Deci）的结论是，不应当过多考虑激励别人，而应当多考虑如何塑造一种好的社区、社会，使人们在其中能够自我激励，即调动个体的主观能动性。

《人类的善意》还谈到学生成长过程中缺少户外游戏、监狱和学校高发的霸凌现象、美国的犯罪率最高、“破窗理论”和“饰面理论”与一般人性的矛盾、“团结才是我们的天性”、“更多的接触有助于缓解和消除仇恨”等，相信许多人都很关心这类事情。

自 2020 年年初以来，人类进入了一个“新（冠）时代”，大家都清晰地感受到了前所未有的不方便、猜忌、压抑，国与国、地区与地区、人与人之间表现出空前的不信任、诿过，悲观主义和阴谋论笼罩全球。而悲观主义又很容易变成一种“自我实现的预言”。不管我们如何纠结于“进步”的定义，人类社会在诸多方面的确在进步。但同时由于多方面的因素导致人们变得焦虑，不够乐观，彼此缺乏信任，无法耐心相处。也许读了此书，这样的负面情绪能够得到部分缓解。

人性比我们想象的要好，是《人类的善意》反复提醒我们的。如何简单地验证这一点呢？我突然想到一个例子，讲出来也许会挨骂，但还是愿意说出来：在当代，诈骗的案例并没有减少，而且受骗与受教育程度关系不大。这世上有谁没有被欺骗过？人为什么会被拙劣的骗局欺骗？骗局有千万种，多数人被骗不是因为傻，而是因为心地善良。如果你很少被骗，未必说明你真牛，很可能验证了你没有那么善良。

指出这一点，并不是希望更多人受骗或者认定他们受骗活该，而是提醒大家善待人性中善良的部分。还能怎样呢？“接受你偶尔会被欺骗这个事实。这只是用来换取对他人的信任的一个小小的代价。”

作者布雷格曼在全书中一再提及的“现实主义者”，我认为更准确的表述应当是“自然主义者”。“我们实际上生活在 A 星球上，这里的人们都天生倾向于善待彼此。”什么是 A 星球？请读《人类的善意》第 1 章。注意，此书不是在宣讲，也不是在忽悠他人行善，只是希望人们对实际情况有恰当的估计，使我们忠实于自己的天性，光明正大地做事。

2022 年 2 月 11 日于肖家河

承认善有多难

段永朝
韦草智酷创始合伙人

今年34岁的布雷格曼，被英国《卫报》誉为“荷兰的新思想神童”。“神”在哪里？说来简单，就是“承认善”。用布雷格曼自己的话说，就是相信“绝大多数人在内心深处实际上都是十分正派的”。

“人之初、性本善”，这原本是远古初民遗留下来的素朴信念，被称作人的“自然状态”。要是这件事仍需要一位“85后”年轻人用近30万字的篇幅来阐释，可见“承认善”有多难。

重新理解、书写人类的演化史，是过去30年来令人瞩目的全球文化现象。美国康奈尔大学教授马丁·贝尔纳（Martin Bernal）从1987年始用时20年，撰写了一部迄今为止仍饱受争议的三卷本鸿篇巨制《黑色雅典娜》，用最新的分子考古学、人类学知识，来论证今天遍布全球的人类都是5万～6万年前最后一次走出非洲的黑人的后裔。他想说什么？无非想说一件事：从更大的尺度看，人类“本是同根生”。

2010年，以色列“75后”历史学家尤瓦尔·赫拉利（Yuval

Harari）出版了一部全球级畅销书《人类简史》，其中赫然写道："农业社会是一个巨大的骗局。"赫拉利的"骗局说"到底有几分道理暂且不论，他试图借此说明，定居之前人类总体上处于"平等"的生存状态，虽难以确证，但总是能打动众多人的心灵。此说其实与法国启蒙思想家卢梭关于私有制起源的论断一脉相承。

万年以来的人类历史，充斥着灾难和屠戮，也充斥着绵延不绝的拷问灵魂的"善恶之论"。田园如画，柔情似水的怜爱与良善、敬虔与谦卑，似乎属于遥远的"黄金时代"，而后的世界便日渐"礼崩乐坏"，进入尔虞我诈、弱肉强食、丧伦败行的"黑铁时代""末法时代"。一部人类万年史，几乎就是无休无止地"吵架"和"打架"的历史。两河流域、印度河谷、尼罗河三角洲、中原大地，代复一代的圣贤先哲们摩顶放踵、奔走呼号，只是想求索一个单纯的问题：同根同类，"相煎何急"？

汗牛充栋的历史篇章和思想著作，将人性的善恶本源的种种解释，已经穷竭到学说林立、流派众多的地步。但一个不容忽视的现象，就是布雷格曼的这部《人类的善意》，以"85后"的视角再次提出了这样一个"扎心"的问题：为何人们对人性持有如此负面的看法？

年轻人，开始重新理解、思考人类的演化史，重新诠释人类的苦难、罪恶与煎熬，重新诠释人性——这样的勇气与担当，无疑是未来的希望所在。但掩卷长息，也不免令人想起安徒生童话《皇帝新装》中的那个率真的孩童。

第二次世界大战之后的1949年，法兰克福学派的创始者西奥多·阿多诺（Theodor Adorno）在《文化批评与社会》中说："奥斯维辛之后，写诗是可耻的。"在阿多诺看来，这个世界已然空前地"融合为一体"，但人的心灵也空前地"物化""荒芜""文化批评正面临着文明与野蛮的辩证法的最后阶段：奥斯维辛之后，写诗是可耻的”。

20 世纪中叶的世界进入了快速的全球化时代。报刊杂志、广播电视和今天的互联网、社交网络，每时每刻都在传播地球上任何一个角落的“坏消息”：种族屠杀、自杀式恐怖袭击、跨国公司财务舞弊、政治丑闻、空难、性奴、物种灭绝、核泄漏、海啸与飓风、地震、洪水与干旱、制裁与反制裁，以及过去两年来肆虐全球的新型冠状病毒肺炎疫情，还有 2022 年新年伊始，汤加岛国的 VEI5 级火山大爆发。

一边是财富的急剧增长和生活条件的空前改善，另一边是政治权术、极端言论、贫富分化、社会撕裂的空前恶化。英国社会学家齐格蒙德・鲍曼（Zygmunt Bauman）在 1989 年出版的《现代性与大屠杀》中阐明：如果不能深刻地认识到自启蒙运动以来的这段波澜壮阔的文明进程——现代化的本质的话，大屠杀可能会再次发生。

在布雷格曼看来，这一“现代化的本质”就是一种极度务实的“现实主义”思潮，占据了人们的心灵。这种“现实主义”思潮，就是在悲怆、绝望的神情之下，无奈地承认并接受人性的天生之恶。

这是一个令人沮丧万分的结论。当然，这一结论的达成也绝非一朝一夕，而是经历了漫长的痛苦累积和苦苦挣扎之后的哀鸣。

西方文明植根于深深的“罪感文化”。“罪感文化”这一术语从何而来，恐难以考证。西方历史上有太多讨论“罪恶”的文字。这种现实主义思潮对人性恶的假设，可以上溯至古希腊历史学家修昔底德、古罗马神学家奥古斯丁以及文艺复兴以来的诸多思想家，如《君主论》的作者马基雅维利、《利维坦》的作者霍布斯。新教改革家约翰・加尔文曾说，“我们的天性不仅毫无善良且无力向善，而且不遗余力地结出了各种各样的邪恶之果”。

受“罪感文化”拖累和折磨的西方人，背负了2000年的沉重肉身与思想重负。

这种对人性恶的恐惧和失望，在现代社会中沉淀为人性的“伤疤”，时时提醒人们生活的刺痛和现实的苍凉。

英国杰出的小说家及诗人戈尔丁爵士（Sir William Golding）撰写了成名作《蝇王》，在1983年获得诺贝尔文学奖时，评奖委员会给予他的颁奖词中有这样一句话，他的作品“具有清晰的现实主义叙述技巧，以及虚构故事的多样性和普遍性，阐述了今日世界人类的状况”。

第二次世界大战之后的现代学者，尝试用所谓科学的手段来论证这种“恶”是天性的组成部分，比如著名的（或者在布雷格曼看来应该是“臭名昭著的”）津巴多监狱实验、米尔格拉姆电击实验等。英国生物学家理查德·道金斯更是在其1976年出版的《自私的基因》中，将这种人性之恶，描绘为“刻写在骨子里”的“自私”。

这是一个令人沮丧、备感绝望的世界。

年轻人布雷格曼不满足于这些观察。他之所以花大量笔墨并身体力行地寻找隐藏在人性底层的“善良”，寻找这些说辞背后的反例，寻找“新蝇王”，就是想回答这样一个问题：为何人们对人性持有如此负面的看法？被无数思想家、学者论证过的所谓“所有人反对所有人”（霍布斯）的人性假设，真的是人性的全部吗？

布雷格曼寻找新蝇王的动机，在于他对用达尔文进化论来解释人性与社会感到极度失望。他希望寻求更加久远的人类演化的证据，希望将新的人性假设建立在更加开放、更有温情、更加柔软的基础上。他在这部著作中提到了人的两个进化特征：“脸红”和“眼白”。人是唯一会脸红的灵长类哺乳动物，也是唯一眼球中有眼白的哺乳动物。这两个生物特征显示：人具有天生的同情心、羞耻心和“关注同类”的本能。在被称作“史前政治学”的篇章里，布雷格曼认为人类祖先非常厌恶不平等，会用羞耻心维持谦逊和友善，他们禁止储存和囤积行为。如卢梭所言，正是由于“定居和私人财产的出现”，人类社会才进入了“私欲横流”的时代，产生了文明与野蛮的较量。

阅读布雷格曼这部著作，除了重新打开“理解人类文明史”之窗的益处之外，还有一个非常重要的功能：帮助新生代的青年重新理解人类的苦难史、奋斗史，帮助他们将面向未来的思想观念奠基在坚实的善的伦理基础之上。

过去 10 年，大量“黑科技”的涌现在加速人类历史进程的同时，也将高度的不确定性带入了人类未来。人工智能、大数据、物联网、数字孪生、区块链、虚拟现实、基因编辑、人工合成生命、纳米材料、元宇宙，这些令人眼花缭乱的新型科技，让“技术介入生命”成为可能，让虚拟化、代码化的数字世界成为可能，让“数字化永生”成为可能。

那些掌握巨额资本、超级算力、底层代码、政治权利的少数阶层，正以前所未有的姿态，雄心勃勃地“重新定义世界”。在令人眩晕的技术至上主义描绘的数字世界里，某种乌托邦的画面近在眼前，似乎人类再次将自己的命运牢牢攥在手里。然而，“这个世界会好吗”？这是 1918 年因悲愤投湖自尽的清末学者梁济先生最终留下的一个沉甸甸的问题，也是向这个日益魔幻的世界投下的一个巨大的问号。

令人欣慰的是，布雷格曼不只是在寻求善良，而且找到了一个至关重要的“线头”：游戏。

“游戏是人的天性”，这几乎尽人皆知。但人们看待游戏的态度却大相径庭。太多的观点将游戏视为“消遣”或者“娱乐”，似乎游戏仅仅是人的辛劳生活之余的调剂和补充。布雷格曼寻找新蝇王的故事，让我联想到刘慈欣早期的一部科幻作品《超新星纪元》。这部 30 年前出版的作品，将未来世界的决定权交给一群平均年龄不超过 12 岁的孩子。当世界上只剩下孩子的时候，这个世界被完全改变了。

在经历了短暂的混乱后，孩子们开始重新让世界变得有序。超新星的能量使孩子们暂时拥有了无尽的能源，孩子们克服了重重困难，建立起超新星纪元最初的新秩序。孩子们一致通过了“建立好玩的国家”的决议。

真正的游戏是生产性的、建设性的，而不纯粹是消耗性的。游戏应该是生动的、活泼的，充满生命气息的。美国纽约大学哲学教授詹姆斯·卡斯（James Carse）在其 1986 年出版的箴言体哲学短篇《有限与无限的游戏》中指出：“世上至少有两种游戏。一种叫有限游戏，另一种叫无限游戏。有限游戏以取胜为目的，而无限游戏以延续游戏为的目。”生命存在的意义，正在于“让生命存续下去”，这里所包涵的哲理，是以超越“零和游戏”为指向的缠绵与诗意，是对生命的赞叹。德国浪漫主义诗人席勒曾说：“只有当人是完全意义上的人，他才游戏；只有当人游戏时，他才完全是人。”毛主席在 1937 年为中国人民抗日军事政治大学所题写的八字校训“团结、紧张、严肃、活泼”，不也正是这一思想的生动写照吗?

未来学家们对未来有各式各样的猜想，技术专家们则描绘出了未来的万般可能。但未来终究属于孩子。让游戏这种天性重新回归孩子的心灵，这才是未来的希望所在。

2014 年，时年 26 岁的布雷格曼出版了他激情四溢的第三部著作《现实主义者的乌托邦：如何构建一个理想世界》（*Utopia for*

Realists: How We Can Build the Ideal World），在这部书中，他以乐观、激昂、恢宏的笔调，畅想了奠基于三大理念之上的富有成效和公平的社会：普遍基本收入、每周工作 15 小时、所有国家的公民自由交流。这三大理念并非布雷格曼的首倡。秉持公平正义、富有人情味的世界，是人们代复一代的期盼。乌托邦更是对“大同天下”“美好未来”的浪漫畅想。100 年前的英国经济学家凯恩斯就曾畅想过 21 世纪的人们每周只需要工作 15 个小时……

然而，这些美好愿望一次又一次落空，一次又一次被重新唤醒，除了提醒人们开创美好生活的路途依然艰难之外，也一再咏赞着对美好生活的向往和不懈追求。正如德国诗人荷尔德林（Hölderlin）所说：“虽充满劳绩，但人依然诗意地栖居在大地上。”

我们应该让新世代的孩童振奋游戏的翅膀，绽放快乐的笑容，虽前路充满荆棘但别无选择。

游戏中所体现的生活态度，既开朗又严肃，既积极又友善。正在崛起的“00 后”和成长中的“10”后，已经在用自己的方式，通过对话、交流、游戏，诠释和再度激活人类原本善良的天性。

相信他们，他们终将重新书写未来“充满希望”的人类历史新篇章。

2022 年 1 月 21 日

目录

HUMANKIND

PART 1

远离自然状态的文明时代

PART 4 新现实主义

PART 5 对抗仇恨的最佳武器

人类共有的特质

早在第二次世界大战爆发前夕，英国陆军司令部就发现自己面临着生死攸关的威胁。伦敦当时正处于极其危险的境地。对此，温斯顿·丘吉尔将这座城市称为“全世界最大的攻击目标，它就像是一头‘身娇肉贵’的大肥牛，而且手脚已经被紧紧绑住了，吸引着一切想捕食的猛兽”。[1]

最凶恶的那只猛兽当然是阿道夫·希特勒和他的战争机器。如果英国人在德军恐怖的狂轰滥炸之下崩溃了，那么也就意味着这个国家将走向灭亡。一位英国将军无比担心地说：“交通将完全瘫痪，到处都会是无家可归的人尖厉的呼救声，整个城市将会陷入彻底的混乱。”[2]一旦数以千百万计的平民在压力之下屈服了，军队就有可能无暇顾及作战，因为他们将会受到那些歇斯底里的乌合之众的严重掣肘。丘吉尔曾预测，至少会有 300 万～ 400 万伦敦人离开这座城市。

任何一个人，如果想要深入了解人性中可以释放出来的种种邪恶，只需要读一下这本书就足够了——《乌合之众》。这本书的作者是法国的古斯塔夫・勒庞，他是那个时代最具影响力的学者之一。希特勒把这本书从头到尾读了很多遍。墨索里尼、丘吉尔和罗斯福也都细读过这本书。

勒庞的书对人们如何应对危机进行了实况转播般的详尽阐述。他说，当危机突然发生时，几乎在一瞬间，一个人“就会在文明的阶梯上倒退好几步”。[3] 恐慌和暴力喷薄而出，人类的本性将暴露无遗。

1939 年 10 月 19 日，希特勒向他的将军们简要介绍了德军进攻伦敦的计划。“纳粹德国空军（Luftwaffe）将对英国抵抗意志的心脏进行残酷无情的打击，”他强调，“攻击能够而且将会在接下来的任何一个时刻展开。”[4]

而在英国，每个人都能够感觉到时间在一分一秒地溜走。在岁月指针的嘀嗒声中，英国政府提出的最后一个计划是在伦敦的地底下挖地道，构建一个避难所网络，但是这个计划最终被放弃了，因为政治家们担心，在地底下生活一段时间后，因恐惧而失去勇气的民众将永远不会返回地面。在最后一刻，英国政府在城外建成了一些战地精神科医院，以照顾第一批受害者。

然后一切就开始了。

1940 年 9 月 7 日，348 架德国轰炸机飞过了英吉利海峡。那是一个周末，天气晴好，很多伦敦人都在户外活动，因此当下午 4 点 43 分警报响起时，所有人的目光都投向了天空。

这一天，作为一个“黑色星期六”而被载入了史册，随之而来的是旷日持久的“伦敦大轰炸”。在接下来的 9 个月里，德国空军仅仅在伦敦城内就投下了超过 8 万枚炸弹。所有街区都被摧毁了。在英国首都，被损坏或摧毁的建筑多达 100 万幢，整个英国则有 4 万多民众失去了生命。

那么英国人的反应又是怎样的呢？在遭到了连续几个月的狂轰滥炸之后，这个国家发生了什么？人们变得歇斯底里了吗？他们做出像野兽一样的行为了吗？

让我从作为一个目击者的一位加拿大精神病学家的描述开始吧。

1940 年 10 月，约翰·麦柯迪医生（John MacCurdy）驱车穿过伦敦东南部，走访了一个受损特别严重的贫困社区。那里只有坑坑洼洼的路面和摇摇欲坠的建筑物，几乎没有任何完好的东西。如果英国只有一个地方会陷入一片混乱，那么肯定就是这里。

在空袭警报响起之后的那些时刻，这位医生在那里又发现了什么呢？

> 幼小的男孩们继续在人行道上玩耍，顾客们继续与摊主讨价还价。有一位警察，他继续庄严地指挥着交通，只是他的动作显得有些单调沉闷，而骑自行车的人则继续无视生命，触犯着交通法规。就我观察所得，甚至没有一个人抬头看一下天空。[5]

如果说所有对“伦敦大轰炸”的描述有一个共同点的话，那就是描述者所说的出奇的宁静了。一位美国记者采访了一对英国夫妇，他注意到，尽管在炸弹爆炸的冲击下窗户都已经嘎嘎作响了，那对英国夫妇仍然悠闲地安坐在厨房内小口品茗，难道他们不害怕吗？这位美国记者想知道答案。“哦，我们不怕，”他们的回答是，“而且如果怕的话，对我们又有什么好处呢？”[6]

很显然，希特勒忘记了一件事：英国人的典型性格。他们一贯坚定沉着，处变不惊。有的时候，这甚至表现为一种颇具反讽性的幽默感。例如，商店老板们会在张贴在被炸毁的店铺前的告示中写道：“我们的门比平时开得更大了。”又或者，酒吧老板会在一片狼藉中放上这样一个广告牌：“我们的窗户是没了，但我们的精神还是很好。进来试试吧。”[7]

英国人能够忍受德国空军的残酷空袭，就像他们能够忍受一趟晚点的火车一样。这一切的确令人恼火，但总的来说还是可以忍受的。碰巧的是，在“伦敦大轰炸”期间，铁路服务也仍然在继续，而且希特勒的这种战术一直没有对英国国内经济造成太大的影响。相比之下，对英国的战争机器的危害大得多的反而是 1941 年 4 月的复活节，那是一个星期一，当时大家都在休假。[8]

在德国人发动轰炸后的几个星期内，相关信息的更新就像天气报告一样，激不起太多涟漪：“今晚很有可能会有轰炸。”[9] 根据一位美国观察家的说法，“英国人对‘大轰炸’感到厌倦的速度比对其他任何事情都要快得多，而且没有人会躲得远远的”。[10]

那么，精神上的伤害又如何呢？许多专家曾经警告过，轰炸后会出现数以百万计的遭受精神创伤的受害者，那么实际情况如何呢？奇怪的是，没有地方可以找到这样的受害者。悲伤和愤怒的确存在，失去深爱之人确实让人悲痛万分，但是精神科病房仍然空空如也。不仅如此，英国民众的心理健康实际上还得到了改善。酗酒现象减少了，自杀人数比和平时期还要少。战争结束后，许多英国人甚至怀念起了“伦敦大轰炸”期间的日子，那时人们互帮互助，没有人关心你的政治倾向，也没有人关心你是富有还是贫穷。[11]

“英国社会的很多方面，都因‘伦敦大轰炸’而得到了改善，”一位英国历史学家这样写道，“这使得希特勒的如意算盘完全落空了。”[12]

用“伦敦大轰炸”期间发生的各种事件来检验勒庞提出的理论，

可以说是完全不靠谱的。危机并没有使人性中最恶劣的那一面暴露出来，反而使人性中最美好的一面展现了出来。如果说危机真的带来了什么东西的话，那就是使英国人在文明的阶梯上前进了几步。“普通英国人的勇气、幽默和善良，”一名美国记者在她的日记中这样由衷地感叹道，“在噩梦般的情况下令人惊叹不已。”[13]

德国空军的狂轰滥炸所带来的这一系列意想不到的“积极”影响，甚至在英国引发了一场关于战争的辩论。当英国皇家空军准备向敌军派遣自己的喷气式轰炸机执行轰炸任务时，他们想要了解的一个问题就是如何让轰炸产生最有效的结果。

奇怪的是，即便是在已经看到了上述可靠证据的前提下，英国的军事专家仍然支持如下这种观点，即一个民族的士气是可能通过空军轰炸来摧毁的。诚然，这种方法对英国人不起作用，但英国人只是特例。这个星球上再没有其他国家的人能像英国人这样头脑冷静、意志坚定。这些专家深信，德国人肯定做不到像英国人这样。因为德国人从根本上“缺乏道德素质”，而这就意味着他们将“无法承受”英国人承受过的“轰炸的25%”。[14]

支持这种观点的人当中，包括了丘吉尔的密友弗雷德里克·林德曼（Frederick Lindemann），即人称“彻韦尔勋爵”（Lord Cherwell）的那位。彻韦尔勋爵留下来的资料不多，从一张罕见的照片来看，他是一个高个子，手拄拐杖，头戴圆顶礼帽，表情冷漠。[15]在关于空战策略的激烈争论中，林德曼一直坚称轰炸是有效的。与勒庞一样，他对普通大众持有一种悲观的看法，认为他们胆小懦弱，且容易惊慌失措。

为了证明他的观点，林德曼派遣了一个由精神科医生组成的研究小组到伯明翰和赫尔去进行调查。这两个城市都在德国空军的轰炸中付出了沉重的代价。这个研究小组采访了数百名在大轰炸中失去家园的男人、女人和孩子，求证了各种微小的细节，“细致到一个人喝了多少品脱①酒、从药店里买了多少片阿司匹林”。[16]

几个月后，这个研究小组向林德曼汇报了调查结果，结论用大号字体印在了扉页上：没有证据表明士气被摧毁了。[17]

那么，林德曼又是怎么处理这个毫不含糊的结论的呢？他的选择是，直接忽略它。因为林德曼早就有了先入之见，他深信战略轰炸的效果，事实也不能改变他的想法。

在发给丘吉尔的一份备忘录中，林德曼说了一些完全背离调查中发现的事实的东西：

> 调查结果似乎表明，房屋被摧毁对士气的威胁是最大的。人们对自己的房屋被毁非常介意，其程度超过他们的朋友甚至亲人不幸身亡。在赫尔，尽管只有10%的房屋被炸毁了，但人们精神受创的迹象还是非常明显的。根据以上情况来看，我们可以确定，对德国58个主要城镇进行轰炸，也可以达到同样的效果。毫无疑问，这种轰炸将可以摧毁德国人的士气。[18]

就这样，关于轰炸威力的辩论结束了。正如一位历史学家后来描述的那样，整个事件带着一股“明显的政治迫害的意味”。[19]在辩论过程中，那些反对以德国平民为轰炸目标的战术的有良心的科学家，却被斥责为懦夫，甚至是叛徒，遭受了不公正的待遇。

与此同时，那些“炸弹贩子”则深信需要给敌人以更严厉的打击。丘吉尔发出了命令，整个德国因遭受空袭而陷入了一片混乱。当轰炸最终结束时，德国的伤亡人数是“伦敦大轰炸”的10倍以上。仅就一

---

① 容积单位，主要在英国、美国及爱尔兰使用。——编者注

个晚上，德累斯顿市被炸死的男人、女人和儿童，就比整个战争期间伦敦的死亡人数还要多。德国有超过一半以上的城镇被轰炸摧毁。整个国家变成了一个巨大的废墟。

在此期间，只有一小部分盟军空军部队以工厂和桥梁等作为轰炸的战略目标。在最后的几个月里，丘吉尔仍然坚持认为，赢得战争最可靠的方法就是向平民投掷炸弹，因为那可以打击民众的士气。1944 年 1 月，英国皇家空军提交的一份备忘录也“令人满意”地证实了这种观点：“我们轰炸得越多，效果就越令人满意。”

英国首相用他那支著名的红笔在这句话下面画了一条线。[20]

那么，轰炸究竟是否达到了预期的效果呢?

好吧，让我再次从一个目击者的描述开始吧，他是一位德高望重的精神病学家。1945 年 5 月至 7 月期间，弗雷德里克·潘泽博士（Friedrich Panse）采访了将近 100 名家园被毁的德国人。“真的，在轰炸之后，”其中一个受访者说，“我可以说全身都充满了活力，还点了一支雪茄。”另一个受访者则说，在遭到空袭后，从总体上说，他们的情绪是欣快的，“就像打赢了一场战争之后的那个样子”。[21]

完全没有任何集体歇斯底里的迹象。相反，在刚刚遭受了空袭的那些地方，居民们感到如释重负。“邻居们非常乐于互相帮助，”潘泽在笔记中这样写道，“相对于空袭时精神紧张的严重程度和持续时间而言，人们的总体状态可以说是非常稳定、非常克制的。”[22]

一直密切关注德国民众心理状态的帝国保安部（Sicherheitsdienst）的报告也传达了类似的信息。空袭过后，人们会互相帮助。他们一起把受害者从废墟中拉出来，他们会一起扑灭大火。希特勒青年团（Hitler-Jugend）的成员们四处奔走，照顾无家可归者和伤员。一个杂货店老板甚至开玩笑似的在他的店门口挂了这样一块招牌："本店出售灾难牌黄油，欲购从速！"[23]

好吧，还是英国式幽默更好一些。

1945 年 5 月，就在德国宣布投降后不久，一个由盟国的经济学家组成的研究小组访问了这个战败国，他们接受了美国国防部的一项任务——研究轰炸的后果。最重要的是，美国人想知道这种战术是不是赢得战争的一个好方法。

经济学家给出的研究结论对"炸弹贩子"们来说是残酷的。对平民进行炸弹轰炸，实际结果是一场"惨败"。空袭似乎还促进了德国战时经济，从而延长了战争周期。这些经济学家发现，在 1940 年到 1944 年之间，德国坦克的产量提升了 9 倍，喷气式战斗机的产量更是提升了 14 倍。

一个由英国经济学家组成的研究小组也得出了同样的结论。[24] 在他们调查的 21 个被摧毁的城镇中，生产增长的速度比 14 个没有被炸毁的城市（控制组）更快。"我们现在已经看得很清楚了，"一位美国经济学家坦承，"这是我们得到的关于这场战争最大的一个发现，它或许也可以说是这场战争中最大的一次误判。"[25]

在整个令人扼腕的故事当中，最令我感兴趣的一点是，几乎所有的"主要演员"都掉进了同一个陷阱。

希特勒、丘吉尔、罗斯福和林德曼——他们全都同意勒庞的观点，即人类文明的厚度非常之浅，只是表面覆盖的一层薄薄的膜而已。他们确信，空袭足以把这层脆弱的遮盖物炸成碎片。但是事实恰恰相反：越是轰炸，它变得越是厚重。看起来，它根本就不是一层薄薄的膜，而是一层厚厚的老茧。

遗憾的是，军事专家们对这个发现的反应非常迟缓。20 年后，美国空军在越南投下的炸弹的威力相当于第二次世界大战时的三倍。[26] 然而，这一次失败得更甚。这是人性的普遍弱点：即便证据明明白白地摆在我们眼前，我们还是会设法去否认它。时至今日，许多所谓的专家仍然深信，英国人在“大轰炸”中表现出的坚毅沉着，可以归结为英国人的一种特质。

但是，这种特质并非英国人独有，它是人类所共有的。

第 1 章
新现实主义

一种激进的思想

在本书中，我将阐述一种激进的思想。

长期以来，这种思想始终让统治者感到紧张。这种思想被宗教和意识形态所否定，被新闻媒体所忽视，并且被刻意地从世界历史的编年史上抹去。

与此同时，这种思想在事实上得到了所有科学分支的背书。这种思想，早就被演化所证实，并且在日常生活中得到了反复确认。这种思想也是人性中所固有的——固有的程度如此之深，以至于它经常被忽视，甚至被忽略。

如果我们能够鼓起勇气更加认真地对待它，那么这种思想可能会引发一场革命。它会让我们这个社会发生翻天覆地的变化。因为一旦你掌握了它真正的含义，它就像一种能够令人精神错乱的药物一样，确保你永远不会再以同样的眼光看待这个世界。

那么这种激进的思想到底是指什么呢？归根结底就一句话：绝大多数人在内心深处实际上都是相当正派的。

我不知道，还有谁能比荷兰格罗宁根大学（University of Groningen）的社会心理学教授汤姆·波斯特姆斯（Tom Postmes）更好地解释这个观点。多年来，他一直在问学生同一个问题。

> 试着想象一下，有一架飞机失事紧急降落，着陆后断成了三截。机舱里浓烟滚滚，飞机上的每个人都意识到：必须离开这里。那么接下来将会发生些什么呢？
>
> 在A星球上，乘客们纷纷询问邻座的人有没有受伤。那些需要帮助的人第一时间被救出了飞机。人们愿意献出自己的生命去救助他人，哪怕面对的是完全陌生的人。
>
> 在B星球上，大家为了自身安全各自匆忙逃离。于是恐慌爆发，出现了推搡和踩踏现象。一些儿童、老人和残疾人被踩在了脚下。
>
> 现在的问题是：人类今天生活在哪个星球上？

“根据我的估计，大约有97%的人认为我们生活在B星球上，”波斯特姆斯教授说，“然而真正的事实是，几乎在所有的情况下，我们都生活在A星球上。”[1]

这跟你向谁提出这个问题没有任何关系。无论是左派还是右派、富人还是穷人、没受过教育的人还是博学的人——他们在下判断时都犯了完全一样的错误。“他们就是不知道正确的答案。大一新生、大三学生和研究生不知道，专业人士在大多数情况下也不知道，甚至急救人员也不知道，”波斯特姆斯对此感叹不已，“而且这并不是因为我们缺乏对这个方面的研究。事实上，自第二次世界大战以来，我们就已经获悉相关信息了。”

在A星球上，即便发生了历史上最深重的那种灾难也不会对人们的处事方式有太大的影响，比如“泰坦尼克号”沉船事件。如果你看过《泰坦尼克号》这部电影，你可能会认为船上所有的人都被恐慌蒙蔽了双眼（除弦乐四重奏小组之外）。然而，事实上，“泰坦尼克号”的疏散行动是相当有序的。一位目击者后来回忆道：“那里完全没有任何恐慌或歇斯底里的迹象，没有人满怀恐惧地呼救，也没有人来来回回地盲目奔跑。”[2]

或者，再以2001年9月11日发生的恐怖袭击事件为例。当纽约世贸双子塔燃烧起来后，成千上万的人平静有序地走下了楼梯，即便他们非常清楚自己的生命处于极大的危险之中，他们还是把路让给了消防人员和受伤者。“人们实际上是在说‘不，不，请您先走’，”一名幸存者后来回忆道，“我简直不敢相信自己，在这样的时刻，人们竟然还是会说‘不，不，请您先走’。这实在太不可思议了。”[3]

人类历史上有一个经久不衰的神话，它说，人类是天生自私、好斗的，而且很容易惊慌失措。荷兰生物学家弗朗斯·德瓦尔喜欢把这种说法称为“饰面理论”（veneer theory），也就是说，人类文明只不过是一层薄薄的“饰面”，一旦受到一丁点儿的冲击就会被撕裂。[4]但是事实恰恰相反。当危机来临时，当炸弹来袭或洪水泛滥时，人类才会成为最好的自己。

2005年8月29日，卡特里娜飓风横扫新奥尔良。原本用来保护城市的大堤和防洪堤转眼之间就被完全摧毁了。暴风雨过后，受灾地区80%的房屋都被淹了，至少有1 836人在这次灾难性事故中丧生。这是美国历史上最具破坏性的自然灾害之一。

在整整一个多星期的时间里，报纸上充斥着关于新奥尔良各地发生强奸和枪击事件的新闻。甚至还出现了一些关于流动团伙趁乱打劫，以及有狙击手瞄准救援直升机等令人恐惧的报道。在这座城市最大的灾难避难所的超级穹顶内，大约有2.5万人挤在一起，没有电，也没有水。有记者报道称，两名婴儿的喉咙被割破了，还有一名7岁的儿童惨遭奸杀。[5]

新奥尔良市警察局局长声称，这座城市陷入了无政府状态，路易斯安那州州长也表示了同样的担心。“最让我愤怒的是，”她说，“像这样的灾难往往会暴露出人性中最丑陋的一面。”[6]

这个结论就像病毒一样四处扩散开来。在英国《卫报》上，曾经备受推崇的历史学家蒂莫西·加顿·艾什（Timothy Garton Ash）发文阐述了许多人的想法。他这样写道：“当灾难剥夺了人类维持有组织的文明生活所需的必需品——食物、住所、饮用水、最低限度的个人安全，短短几个小时之后，我们就会回到霍布斯式的自然状态，这是一场所有人对所有人的战争……少数人变成了临时性天使，大多数人则变回了猿类动物。”

再一次，所有的一切都被归结为饰面理论。加顿·艾什声称，新奥尔良已经在“我们所站立的薄薄地壳之上（这层地壳里面包裹着沸腾的天然岩浆，其中也包括人类的天性）”打开了一个小洞。[7]

直到几个月后，当记者们离开现场，当洪水彻底消退，当专栏作家们的注意力开始转向其他的事件之后，研究人员才开始逐步发现新奥尔良在灾难期间到底发生了什么。

不是说那里发生过枪击吗？那只是听起来像枪声，其实是一只油箱上的安全阀爆裂时发出的声音。在超级穹顶内，确实有六个人不幸离世，但是都与暴力无关：四个人是自然死亡，一个人是服药过量而死，还有一个人是自杀身亡。那个警察局局长后来也承认，他找不到任何关于强奸或谋杀的官方报告。诚然，强抢商店的事件确实曾经发生过，但那都是一些求生小组为了维持成员的生存而干的，在某些时候，这些小组甚至是与警察合作进行这样的活动的。[8]

特拉华大学灾害研究中心的研究人员得出了如下结论："绝大多数的紧急行动在本质上是亲社会的。"[9]一支名副其实的"无敌舰队"从遥远的得克萨斯州赶来，把许多人从不断上涨的洪水中拯救出来。数百个平民组成了多支救援小队，其中最著名的包括自封为"罗宾汉掠夺者"的一支救援队——它是一个由11位亲朋好友组成的小组，小组成员四处采购食物、衣服和药品，然后把它们分发给需要的人。[10]

简而言之，卡特里娜飓风并没有导致新奥尔良遍布自私自利和无政府主义。相反，它使得这座城市充满了勇气和爱心。

卡特里娜飓风也证实了关于人类将如何应对灾难的一系列真知灼见。特拉华大学灾害研究中心自1963年以来完成的近700次实地调查研究表明，与我们通常在电影、电视剧中看到的情况相反，灾难来临时从来不曾引发真正意义上的大骚乱。"人不为己，天诛地灭"的信条，并不适合于所有人。通常来说，在灾难期间，严重的罪行——谋杀、入室盗窃、强奸，反而减少了。人们并没有因震惊而失去思考能力。相反，他们通常都能够保持冷静，并且迅速采取行动。"所谓的'打砸抢'，无论其严重程度如何，"一位灾害研究人员指出，"与体现在商品和服务的分享以及大量捐赠等义举上的利他主义的广泛传播相比，都是微不足道的。"[11]

大灾难激发出了人性中最美好的一面。据我所知，没有任何其他社会学研究结论，在得到如此多的确凿证据的支持之后，还是如此轻率地遭到了完全的忽视。媒体灌输给我们的信息与灾难来袭时所发生的实际情况完全相反。

再回过头来看一看新奥尔良发生的情况。恰恰是那些持续不断地出现的谣言，夺走了许多人的生命。

由于不愿冒险进入这座“未设防”的城市，应急救援人员行动迟缓，不得不出动国民警卫队。在最紧张的时刻，大约有 72 000 名士兵来到新奥尔良。“这些士兵很懂得如何开枪和杀人，”路易斯安那州州长说，“而且我想他们真的会这样做。”[12]

他们也确实这么做了。在新奥尔良市东部的丹济各桥上，警察向六名手无寸铁的无辜的非裔美国人开枪，杀死了一名 17 岁的男孩和一名 40 岁的智障人士（涉案人员当中，有五个后来被判处了长期监禁）。[13]

诚然，新奥尔良的灾难是一个极端的例子。但是，无论是什么灾难，当灾难发生时，情况总是相差无几。当灾难突然降临时，人们总会自发地进行合作应对；而政府当局却往往惊慌失措，引发第二波灾难。

丽贝卡·索尔尼特（Rebecca Solnit）在其 2009 年出版的《地狱里的天堂》（*A Paradise Built in Hell*）一书中对卡特里娜飓风造成的后果进行了精彩的描述。她在书中这样写道：“我个人的印象是，精英阶层的恐慌来自那些总是习惯于以己度人的有权势的人。”[14] 独裁者、暴君、统治者和将军——他们太习惯于通过暴力手段去阻止各种各样的只存在于他们头脑中的混乱无序的情况了，因为他们认为普通人和他们一样，都是完全被私利所支配的。

安慰剂效应

1999年夏天，在比利时小镇伯纳姆的一所小学里，9个孩子患上了一种神秘的疾病。他们那天早上来学校时身体都好好的，没有任何症状，但是吃了午饭后，他们都发病了——头痛、反胃、心悸。为了找出原因，老师们绞尽脑汁，最后所能想到的只是这9个孩子都在休息时喝了可口可乐。

记者们很快就得到了消息。在可口可乐总部，电话也开始响起来。当天晚上，可口可乐公司就发布了一份新闻稿，宣布该公司已经召回了比利时商店货架上的数百万瓶可口可乐。可口可乐公司的一位女性发言人说："我们正在努力调查，希望在未来几天内能够给出一个肯定的答复。"[15]

但是一切都为时已晚了。这些病症很快在比利时蔓延开来，并且穿越边境进入了法国。无数苍白无力的孩子被救护车匆匆送走。几天之内，可口可乐公司的所有产品都受到了怀疑。芬达、雪碧、雀巢冰爽茶、水动乐……它们似乎都对孩子们的健康构成了严重威胁。"可口可乐事件"是该公司在100多年的历史上遭受的最严重的财务危机之一，这个事件迫使该公司在比利时召回了1 700万箱软饮料，并销毁了所有库存。[16]最终，可口可乐公司的损失超过了2亿美元。[17]

然而，奇怪的事情发生了。几个星期后，毒理学家发表了他们的检验报告。在对可口可乐公司的产品进行检测之后，他们发现了什么呢？什么都没有。没有农药，没有病原体，没有有毒金属，什么都没有。他们还对数百名患者的血样和尿样进行了检测，结果又发现了什么呢？仍然是一无所获。科学家们无法找到导致这些严重症状的任何单一化学原因，而那时记录在案的患病男童和女童已经超过了1 000名。

“那些孩子真的得了病，这是毫无疑问的，”一名研究人员说，“但并不是可口可乐导致他们生病的。”[18]

“可口可乐事件”引出了一个古老的哲学问题。

真相到底是什么?

有些事情，不管你相信与否，它们就是那样的。水在100℃时会沸腾；吸烟有害健康；肯尼迪总统于1963年11月22日在达拉斯遇刺身亡。

另外一些事情则不然。如果我们相信这些事情真实存在，那么这些事情就有可能成真。我们的信念会演变成为社会学家所称的“自我实现的预言”：如果你预测某家银行将会破产，并说服许多人从该银行取出存款，那么，毫无疑问，这家银行真的会破产。

或者，再让我们来看看服用安慰剂的效果吧。如果你的医生给你开了一种“药”，并告诉你说它能治愈你的病痛，那么有可能服用之后你会感觉自己好了很多。使用安慰剂时越“郑重其事”，这种可能性就越大。总的来说，以注射或输液的形式使用安慰剂，要比药丸更加有效。在历史上，甚至放血也能达到这种效果——不是因为中世纪医学已经很先进了，而是因为有些人相信某种激烈的方式一定会有相应的效果。

那么“终极安慰剂”是什么呢？是手术！穿上白大褂，让病人全身麻醉，然后你什么都不用做——只需放松一下，给自己冲杯咖啡，等到病人苏醒后，你告诉他们手术很成功就行了。《英国医学杂志》（*The British Medical Journal*）上发表过一篇很全面的综述，对真正的外科手术（仅针对背痛和胃灼热等病情）与这类“安慰剂”手术做了对比，结果表明，所有病例中有75%的“安慰剂”手术都起到了效果，其中有一半甚至与真正的手术达到了一样的效果。[19]

但是，反之亦然。

让你吃一片“药”，然后告诉你它会让你生病，结果很有可能你真的会生病。如果一位医生警告自己的病人某种药物有严重的副作用，那么他的病人可能真的会感受到这些副作用。出于一些显而易见的原因，所谓的反安慰剂效应不可能得到广泛的检验，因为说服健康的人主动染病会涉及一个非常敏感的道德问题。尽管如此，所有的证据都表明反安慰剂效应还是非常强大的。

这也正是比利时的卫生官员在1999年夏天得出的结论。也许真的有那么一两瓶可口可乐出了什么问题，刚好有一两个孩子喝了，结果生了病。谁说得准呢？但是除此之外，科学家们已经有了明确的结论：让数百名儿童中招的，是一种群体心理疾病。简而言之，这种病是他们自己臆想出来的。

当然，这样说并不意味着受害者都在假装生病。那1 000多名儿童确实出现了呕吐、发烧和头晕的症状。如果你确信某件事会发生，那么它就真的会变成现实。如果说我们可以从反安慰剂效应中得到什么教训的话，那就是观念绝不仅仅是观念。我们相信自己是什么人，我们就会成为什么人。我们能够心想事成，我们能够预料成真。

现在，也许你能明白我的意思了：我们对人性的悲观看法也是一种反安慰剂。

如果我们认为大多数人都不值得信任，那我们就会相互防范，如此一来，就会导致大家相互伤害。很少有思想能够像我们对他人的看法那样强有力地塑造世界。因为最终，你会得到你自己预期能够得到的。如果我们想要解决当前这个时代面临的各种重大挑战——从全球变暖到我们越来越不相互信任，那么我认为我们需要从改变对人性的看法开始。

需要说明的是，本书并不是对人性当中最基本的美德的说教。很显然，人类并不是天使。我们是复杂的生物，有好的一面，也有不那么好的一面。问题在于我们要诉诸哪一边。

我的论点可以简单归结如下：当战争爆发、危机来袭时，我们犹如生活在无人居住的荒岛上的孩子，天生地有强烈的偏向好的一面的倾向。我将提出非常多的科学证据，证明对人性持有更积极的看法是多么现实。与此同时，我相信，如果我们开始相信它，那么它就可能会变得更加现实。

互联网上流传着一个来源无从考证的寓言。它蕴含了一个我向来相信的简单而深刻的真理：

> 一位老人对他的孙子说："我的内心正在发生着一场争斗。这是两头狼之间的可怕争斗。一头是邪恶、易怒、贪婪、爱嫉妒、傲慢和卑怯的。另一头则是善良、平和、有爱心、谦虚、慷慨、诚实并值得信赖的。这两头狼也同时盘踞在你的内心深处——不仅是你，任何人的内心深处都盘踞着这两头狼。"
>
> 想了一会儿后，男孩问道："那么，哪头狼会赢呢？"
>
> 老人笑了："你喂养的那头。"

为什么会相信人性本恶

在过去的几年里，每当我告诉别人我正在写这样一本书的时候，他们就会扬起眉毛，表现出难以置信的表情。一位德国出版商直接拒绝了我出书的想法。她说，德国人不相信人性本善。"巴黎知识分子"

的一个会员则向我信誓旦旦地说，法国人需要的是强有力的政府之手。当我在2016年美国总统大选后在美国做巡回演讲时，不管何时何地都有人问我是不是脑子有点转不过弯来：“大部分人都是相当正派的吗？你到底有没有打开电视看过新闻呢？”

不久之前，两位美国心理学家通过一项研究再次证明，人们大多顽固地坚持认为自己拥有自私的个性。研究人员向参加实验的被试展示了好几个展现其他人在做有益于他人和社会的好事的情境。但是那些被试发现了什么呢？他们认为那些人是为了自身的利益才做那些事的。基本上，我们都被训练成了只能看到到处都是自私自利之举的人。看到有人帮助老人过马路了吗？这是在作秀。看到有人送钱给无家可归者了吗？他肯定是想让自己感觉好过一点。

即便在研究人员向被试展示陌生人拾金不昧的确凿数据，或者告诉他们绝大多数人并不会欺骗或偷窃确属事实之后，大部分被试也没有从更积极的角度去看待人性。“相反，”这些心理学家无奈地写道，“他们认为，表面上看起来无私的行为终究是自私的。”[20]

这种“愤世嫉俗论”其实是一种万物理论。是的，愤世嫉俗论者永远都是对的。

不过，现在你可能会想：“等一下，我可不是这样被熏陶长大的。在我的故乡，人们彼此互相信任，互相帮助，夜不闭户，路不拾遗。”你是对的，就拿我们平常密切接触的人来说，人们很容易认为他们都是正派人士。人们都会偏爱自己的家人、朋友、邻居和同事。

但是，当我们把目光移向其他人时，怀疑很快就会占据上风。以“世界价值观调查”为例，这是自20世纪80年代以来由近100个国家的社会科学家组成的调查组进行的一项大型民意调查。它的一个标准问题是："一般来说，你是认为大多数人都是可以信任的，还是认为你在与人打交道时需要非常小心？"

结果相当令人沮丧。几乎在所有国家，大多数人都认为他人是不可信的。即便是在法国、德国、英国和美国这样的老牌民主国家，绝大多数人对他们的同胞也持有这种悲观看法。[21]

长期以来，一个令我着迷的问题是，我们为什么会对人性持有如此负面的看法。我们能够本能地相信周围的人，但是为什么在转而讨论作为一个整体的其他人时，我们的态度会发生这种变化呢？为什么有这么多的法律法规、这么多的企业和机构都是以人们不值得信任为出发点的呢？为什么当科学研究不断地告诉我们，人类确实生活在A星球上时，我们却还是坚持认为自己生活在B星球上呢？

是因为缺乏教育吗？当然不是。在本书中，我将介绍几十位知识渊博的学者的观点，他们都是"道德败坏论"的坚定信徒。是因为政治信仰吗？当然也不是。相当一部分信教人士把人类深陷于罪恶的泥沼中作为他们忠实的人生信条。许多资本家认为我们都是受自身利益驱使的。许多环保主义者把人类看作地球上最具毁灭性的瘟疫源头。观念万千，众说纷纭，但是唯有关于人类天性的观点是始终如一的。

这让我感到疑惑不解。为什么我们总是认为人性是坏的呢？到底是什么让我们相信人性是邪恶的呢？

试想一下一种特殊的新药上市时的情况。它很容易让人成瘾，而且很快每个人都成瘾了。科学家进行了调查研究，很快就得出了结论（用科学家的话来说）：这种药物会引起"焦虑、情绪低落、习得性无助、蔑视和对他人的敌意，以及脱敏的误解"。[22]

那么，我们会“服用”这种药物吗？你会允许自己的孩子去尝试这种药物吗？政府会让它合法化吗？对于以上所有问题，答案其实都是肯定的。因为我们正在讨论的，就是我们这个时代最大的一种成瘾药物。事实上，我们每天都在“服用”这种药物，它还得到了大量的政府补贴，并且被大规模地分发给我们的孩子“服用”。

这种药物就是新闻。

我们从小就相信新闻对自己的个人发展有利。作为一名合格的公民，早上读报、晚上看新闻是你的职责。我们关注的新闻越多，我们的信息就越灵通，我们的民主政治就越健康。

许多父母到今天仍然在这样教育他们的孩子，但是科学家正在得出一些截然不同的结论。数十项研究的结果表明，新闻是一种危害精神健康的有害品。[23]

这个领域最早的开拓者是乔治·格布纳（George Gerbner），他在这方面的研究可以追溯到20世纪90年代。格布纳还创造了一个术语来描述他所发现的现象——“卑鄙世界综合征”（mean world syndrome）。这种“疾病”的临床表现是玩世不恭、愤世嫉俗、悲观厌世。关注新闻的人更有可能同意“大多数人只关心自己”这样的说法。他们也经常认为，个人对改变世界无能为力。他们还更有可能感到压力过大和沮丧。

在几年前的一项研究中，来自30个不同国家的受访者都被问及同一个简单的问题：“总的来说，你认为世界是在变好，还是在原地踏步，抑或是在变坏？”在每一个国家，无论是在俄罗斯还是在加拿大，在墨西哥或是在匈牙利，绝大多数人的回答都是，情况变得越来越糟糕了。[24] 当然现实恰恰相反。在过去的几十年里，极端贫困率、战争受害者、儿童死亡率、犯罪、饥荒、童工、自然灾害中的死亡人数，以及飞机失事的数量都在大幅下降。我们生活在一个有史以来最富有、最安全、最健康的时代。

那么为什么我们没有意识到这一点呢？原因很简单。因为新闻总是特别关注异常情况。一个事件越异常——无论是恐怖袭击、暴力叛乱还是自然灾害，它的新闻价值就越大。你永远不会看到这样的新闻头条：今天与昨天相比，生活在极端贫困中的人数下降了 13.7 万；尽管这种报道是准确的——在过去的 20 年里，每天都至少有这个数量的人摆脱极端贫困。[25] 同样，你永远也不会看到有哪位记者会这样进行现场直播："我现在正站在纽约的锡拉丘兹，今天这儿仍然没有任何战争的迹象。"

几年前，一个由荷兰社会学家组成的研究小组对媒体如何报道坠机事故进行了专题研究。他们发现，从 1991 年到 2005 年，坠机事故的数量一直在持续下降，但是媒体对这类事故的关注度却在持续上升。导致的结果正如你所预料的：人们越来越害怕乘坐这些越来越安全的飞机。[26]

在另一项研究中，一个由媒体研究人员所组成的研究小组创建了一个包含 400 多万条有关移民、犯罪和恐怖主义新闻的数据库，以确定是否存在某种特定的模式。结果他们发现，在移民争端或暴力案件不断减少的那些年，报纸对这类事件的报道却更多了。因此，他们给出的结论是，"新闻和现实之间似乎没有相关性，有时甚至还存在负相关"。[27]

当然，我这里所说的新闻并不是指新闻工作者的所有产品。许多新闻工作者的努力，都有助于我们更好地了解世界。我在这里说的这类新闻——对最近发生的、偶然性的、轰动性的事件进行报道的新闻，才是人们生活中最常见的。西方国家 80% 的成年人每天都看新闻。平均来说，我们每天会花一个小时看新闻，如果把一生中看新闻的时间都加起来，总时长接近三年。[28]

为什么人类如此容易受到悲惨、消沉、无望的新闻的影响呢？这里有两个原因。第一个原因是心理学家所说的负面偏差（negativity bias）：我们对坏的东西比对好的东西更加敏感。回想一下，在狩猎采集时代，人类被蜘蛛或蛇惊吓一百次，总比被它们惊吓一次（被它们咬死）要好。太多次惊吓不会要了你的命，惊吓次数太少反倒会杀死你。

第二个原因是，我们还受可得性偏差（availability bias）所累。如果我们能够很容易地回忆起某个给定的事例，我们就会倾向于认为这类事件是比较普遍的。我们每天都被飞机失事、绑架儿童和恐怖分子取人首级之类的令人惊怖的故事所轰炸——这些事件也往往更容易留在人们的记忆中，因此我们对世界的看法已经被扭曲了。正如黎巴嫩统计学家纳西姆·尼古拉斯·塔勒布（Nassim Nicholas Taleb）以一种尽可能平淡的语气轻描淡写地指出的那样，“我们还没有足够的理性来面对媒体”。[29]

在当今这个数字时代，我们时刻都在被“投喂”各种消息，而且它们一直在变得越来越极端。在过去，记者们不太了解他们的读者，他们是为大众写作的。但是在今天，Facebook、Twitter 和谷歌背后的写手都非常了解你。他们知道什么会让你震惊、什么会让你恐惧。他们也知道什么会让你心动。他们知道如何操纵新闻以“摄取”你的注意力，因为他们的目的是为你提供最赚钱的个性化广告服务。

当今社会这种媒体的狂暴，无异于是对世俗生活的攻击。说实话，大多数人的生活都是可预见的，要形容它，无非就两点：还好，但是有些沉闷无聊。虽然我们更喜欢在沉闷无聊的生活中拥有好的邻居（谢天谢地，大多数邻居都能当得起这个“好”字），但是“沉闷无聊”吸引不了你的关注，仅仅是“还好”也卖不了广告。因此，硅谷不断向我们抛出更多耸人听闻的“钓鱼新闻”，正如一位瑞士小说家曾经以打趣的形式指出的那样，他们深知“新闻之于思想，犹如糖之于身体”。[30]

几年前，我决定做出一些改变。早餐时，我不再观看电视新闻或翻看手机。从那时起，我决定开始多读一些书，可以是关于历史的、心理学的，也可以是关于哲学的。

很快，我就在书中发现了一些熟悉的东西。大多数书也是关于异常情况的。最畅销的历史类图书总是与灾难和不幸、暴政和压迫有关。第一主题是战争，第二主题还是战争，第三主题也还是战争，偶有不同也只是在战争上加了点佐料而已。如果说真有那么一本历史书不是关于战争的，那也只是关于历史学家们所说的“interbellum”的书，即关于两次战争之间的事件的书。

而且，即便是在科学研究领域，“人性本恶”的观点也盛行了几十年。如果你要查阅有关人性的书籍，你会发现诸如《雄性暴力》（*Demonic Males*）、《自私的基因》（*The Selfish Gene*）和《隔壁的凶手》（*The Murderer Next Door*）之类的书。长期以来，生物学家都把演化论假定为一种最悲观的理论，即便某种动物表现出友善的行为，它也会被框定为是自私的。亲情是什么？只不过是裙带关系！猴子分香蕉吃意味着什么？一只猴子被另一只想吃白食的猴子利用了！[31]正如一位美国生物学家的讽刺：“所谓的合作只不过是机会主义和剥削的混合物……给一个‘利他主义者’挠痒，就会看到一个‘伪君子’出血。”[32]

那么在经济学领域又怎么样呢？几乎完全没有什么两样。经济学家把人类这个物种定义为“理性经济人”（homo economicus）：就像一个自私、精于算计的机器人那样总是专注于个人利益。基于这个关于人性的概念，经济学家构建起了一座理论和模型的大教堂，最终为大量的立法提供了依据。

然而，根本没有多少人认真研究过“理性经济人”是否真的存在。事实上，我们可以说直到2000年，这方面的研究才刚起步。人类学家约瑟夫·亨里奇和他的研究小组走访了五大洲12个国家的15个社区，对农民、游牧民、狩猎采集者等的人性进行了检验。他们的目的是找到几十年来一直指导着经济学理论的“理性经济人”假设的原始依据。然而结果一无所获。每一次实验的结果都表明，与“理性经济人”假设相比，人类都更正派、更善良。[33]

在发表了一篇极具影响力的研究论文之后，亨里奇继续围绕这个神话般的假说进行探究（如此之多的经济学家都是在这个假设的基础上构建自己的理论体系的）。最终，亨里奇找到了“理性经济人”的本体，虽然“人”这个词在这里显得不太恰当。亨里奇的探究结果表明，“理性经济人”原来不是人类，而是黑猩猩。“在一些简单的实验中，用‘理性经济人’模型的典型假设去预测黑猩猩的行为已经被证明是非常成功的，”亨里奇冷冷地写道，“所以，所有的理论工作并不是徒劳无功的，只不过完全用在了错误的物种身上。”[34]

这个结论简直令人哭笑不得。而且，更加令人笑不出来的是，几十年来，这种人性悲观论一直在发挥着反安慰剂的作用。20世纪90年代，经济学教授罗伯特·弗兰克（Robert Frank）① 试图找到这个问题的

① 康奈尔大学教授，经济学超级畅销书“牛奶可乐经济学”系列图书作者。他擅长用通俗易懂的语言讲述复杂深奥的经济学问题，广受全球读者好评。其“牛奶可乐经济学”系列图书及重磅力作《成功与运气》已由湛庐策划，分别由中国人民大学出版社、浙江人民出版社、北京联合出版公司出版。——编者注

答案：把人类视作纯粹以自我为中心的人，会对他的学生的行为产生什么影响？于是，他要求学生完成一系列任务，以衡量他们的慷慨程度。结果表明，学生学习经济学的时间越长，他们就变得越自私。弗兰克总结道："我们教什么，他们就成了什么。"[35]

人类天生是自私的，这个信条在西方的正典中有着近乎神圣的传统。尽管关于人类文明，伟大的思想家，如修昔底德、奥古斯丁、马基雅维利、霍布斯、马丁·路德、约翰·加尔文、埃德蒙·伯克、边沁、尼采、弗洛伊德，以及美国的国父们，都有自己的理论，但是他们都认为我们生活在 B 星球上。

这种愤世嫉俗的观点在古希腊时代就已经开始广泛流传了。关于这一点，我们在最早的历史学家之一修昔底德的著作中就能够窥见一二。在描述公元前 427 年希腊科西拉岛爆发的内战时，修昔底德这样写道："在文明生活的常规变得一片混乱之后，哪怕法律仍然存在，人类的天性还是会骄傲地现出其本来面目，即随时都有可能作奸犯科。"[36] 这也就是说，人类会像野兽那样恣意妄为。

一种类似的消极观点也从很早的时期就渗透到了基督教中。伟大的神父奥古斯丁在普及人类生而有罪的观点方面居功至伟。"没有人是无罪的，"他这样写道，"即便是一个婴儿，即便在世的日子只有一天。"[37]

在宗教改革时期，当新教徒与罗马天主教教会决裂时，原罪的概念仍然很流行。根据神学家和宗教改革家约翰·加尔文的说法，"我们的天性不仅毫不善良且无力向善，而且不遗余力地结出了各种各样的邪恶之果"。这个信念后来被编入了《海德堡要理问答》（*Heidelberg Catechism*）等主要的新教教义中，它告诉我们，人类"完全不能做任何好事，并总是倾向于作恶"。

令人感到奇怪的是，不仅传统的基督教，即便是把理性置于信仰之上的启蒙运动，也将“人性本恶论”作为自己的理论根基。东正教信徒确信人类本质上是堕落的，我们所能做的无非是给人性披上一层薄薄的虔诚外衣来伪装。启蒙运动的哲学家也认为我们是堕落的，只不过他们是用一层理性的外衣来掩盖堕落的。

在涉及人性的概念时，这种思想系统的连续性在整个西方都是非常惊人的。政治学的奠基人马基雅维利总结道：“以下是对普通男性的形容：他们忘恩负义、薄情、虚伪。”美国民主制度的创始人之一约翰·亚当斯（John Adams）也表示赞同，他说“如果可能的话，所有人都会成为暴君”。现代心理学创始人弗洛伊德则断言：“我们是无数世代的杀人犯的后代。”

在19世纪，达尔文携他的演化论横空出世。但遗憾的是，这个理论很快就被蒙上了一层伪饰。当时著名的科学家赫胥黎（他自称“达尔文的斗犬”）鼓吹生活就是一场“人与人之间、民族与民族之间”的伟大战斗。[38] 哲学家赫伯特·斯宾塞则在他卖出了数十万本的畅销小册子中断言：“我们应该进一步为这场伟大战斗煽风点火，因为‘自然的所有努力都是为了摆脱这样的群体（贫穷者），将他们从世界中清除出去，从而为更好的群体腾出空间’。”[39]

最奇怪的是，这些思想家几乎都被众口一词地誉为“现实主义者”，而持相反看法的思想家则因为相信人性是美好的而遭到了嘲笑。[40] 女权主义者爱玛·戈德曼（Emma Goldman）一直致力于为自由和平等而战（这使她一生都蒙受种种诋毁和诽谤），她曾经这样写道：“可怜的人性，有多少可怕的罪行假你的名义而行……那些精神骗子越是伪装高明，虚张声势，就越是明确地坚持声称人性的邪恶和弱点。”[41]

直到最近，来自不同领域的科学家才得出了以下结论：现在是时候彻底改变对人性的悲观看法了。当然，这种意识至今在很大程度上仍然处于萌芽阶段，许多科学家还没有意识到他们还有志同道合者。当我告诉一位著名的心理学家，生物学界出现了这种新潮流时，她惊喜地欢呼道："天啊！那里真的发生了这样的事情吗？"[42]

新现实主义登场了

不过，在报告自己对人类天性的新观点的探索历程之前，我想先提出三个警告。

第一，为人类的善良挺身而出，就等于要与九头蛇[①]对抗，因此我们要有智慧和勇气。愤世嫉俗论者在很大程度上就像是九头蛇。你每反驳掉一个"厌人类论"观点，就会有两个以上的"厌人类论"观点冒出来。饰面理论就是这样一个会不断死而复生的僵尸。

第二，捍卫人类的善良就是反对现存的权力。对于掌权者来说，对人性抱有希望的思想是一种彻头彻尾的威胁。因为这种论断是危险的，是具有煽动性的。它意味着我们每一个人都不是那种需要被统治、被约束、被管理的野兽。它还意味着我们需要另外一种截然不同的领导。拥有内在自我激励机制的员工所在的公司是不需要经理的，一个拥有敬业的公民的民主国家是不需要职业政客的。

第三，捍卫人类的善良意味着要经受得住嘲笑风暴的冲击。你会被别人评价为幼稚的、愚蠢的。你的观点中的任何弱点都会被无情地揭露出来。从根本上说，做一个愤世嫉俗论者更加容易。一个宣扬人性堕落学说的、满怀悲观念头的教授可以预言任何他想要预言的东西，

---

① 九头蛇是神话中的一种怪物，它原来有九个头，而且每砍掉一个头就会再长出两个头来。

因为如果他的预言现在不能成真，那就等到未来再看吧——失败随时都会到来。否则，即便预言一直无法成真，他也可以说是他的理性呼吁阻止了最糟糕的情况发生。

相比之下，怀抱希望的理由则总是有条件的、临时性的。还没有出什么问题，是因为你还没有被骗。一个理想主义者哪怕终其一生都是对的，他也仍然会被认为是幼稚的。本书的目的，就是要改变这一点。因为在今天看起来似乎是不合理的、不现实的、不可能的事情，明天就可能会变成不可避免的。

现在，是时候让一种新现实主义登场了。现在，是到了对人性有一种全新的认识的时候了。

第2章
真实的“蝇王”

蝇王

从写这本书的第一天开始，我就知道有一个故事是我必须讲的。

故事发生在太平洋深处的一座荒岛上。一架飞机坠毁了，仅有的幸存者是一些来自英国的男学生。他们简直不敢相信自己的好运气。他们就像在某一本冒险小说中所描述的那样经历了坠机。除了海滩、贝壳和无边无际的海水之外，什么也看不到。更让他们欢呼雀跃的是，没有成年人来管束他们。

在第一天，这些男孩子就建立了一个颇具民主色彩的制度。一个名叫拉尔夫的男孩被推选为这个群体的领导。他体格健壮、魅力非凡、相貌英俊。他是这群人中的金童。拉尔夫的领导策略很简单：（1）大家要玩得开心；（2）大家要活下去；（3）向过往船只发出烟雾信号。

第一项策略取得了成功。那么另两项策略呢？并没有那么成功。

大多数男孩子都更喜欢大吃大喝、嬉闹玩耍，而不喜欢照看火堆。红发杰克对捕猎野猪充满了热情，而且随着时间的推移，他和他的朋友们变得越来越鲁莽了。终于有一天，当一艘轮船从远处驶过小岛时，他们居然擅离职守，没有守在火堆边上，因此未能及时发出烟雾信号。

“你们违反了规则！”拉尔夫愤怒地指责道。

杰克不在乎地耸耸肩说：“谁在乎呢？”

“这些规则是我们现在唯一拥有的东西！”

到了夜幕降临的时候，恐惧紧紧地缠住了他们，男孩们担心会有猛兽潜伏在荒岛上。然而事实是，唯一的野兽隐藏在他们内心深处。不久之后，他们就开始在自己的脸上涂抹有颜色的泥土，还脱光了衣服。冲动战胜了一切，他们相互踢打起来。

在所有的男孩当中，只有一个人始终保持了冷静。别人都叫他“猪崽子”，因为他比其他人都矮都胖。“猪崽子”患有哮喘病，戴着一副眼镜，而且不会游泳。只有“猪崽子”提出过一些理性的建议，但是根本没有人听他的。“我们到底是什么？”他悲伤地想着，“我们是人类，还是动物？抑或是野蛮人？”

几个星期过去了。有一天，一名英国海军军官来到了岛上。整个岛屿变成了一片废墟，燃烧殆尽的火堆上冒着烟。包括“猪崽子”在内，已经有三个男孩子死掉了。“我原以为，”军官责备他们说，“你们这些英国小伙子能够表现得比现在更好一些。”是的，这曾经是一个像模像样、行为规矩得体的群体。大家推举的领袖拉尔夫失声痛哭起来，眼泪如泉水般涌出。

“拉尔夫在为童心的泯灭而痛哭，”书中写道，“也在为人类内心深处的黑暗而悲泣……”

当然，这个故事从来没有真的发生过。它是一位英国教师于1951年虚构出来的。1951年的某一天，威廉·戈尔丁（William Golding）问他的妻子：“写一个关于一群男孩如何在一个荒岛上求生的故事，来描述他们真实的行为，你觉得这个主意怎么样？”[1]

然后，戈尔丁的《蝇王》（*Lord of the Flies*）就问世了。它最终卖出了数千万册，被翻译成了30多种语言，被誉为20世纪的经典著作之一。

从事后诸葛亮的角度来看，这本书成功的秘诀是显而易见的。戈尔丁有一种非凡的能力，能够刻画出人类内心深处最阴暗的一面。“即便我们出生时一身清白，”他在给出版商的第一封信中写道，“我们的天性最后也会迫使自己变得满身污臭。”[2]或者，引用他后来说的一句话：“人类天生会制造邪恶，就像蜜蜂天生会酿造蜂蜜一样。”[3]

当然，戈尔丁拥有着20世纪60年代的时代精神，当时，新一代青年正在就第二次世界大战的暴行质问他们的父母。他们想知道如下问题的答案，奥斯威辛只是一个异常的特例吗？或者，每个人的内心深处都藏着纳粹的灵魂吗？

在《蝇王》一书中，戈尔丁暗示，答案是后者，并凭借它一举成名。著名的文学评论家莱昂内尔·特里林（Lionel Trilling）曾经说过，这本小说甚至“标志着一个文化上的突变”。[4]最终，戈尔丁甚至凭借他这本代表作获得了诺贝尔文学奖。瑞典诺贝尔奖委员会在颁奖词中这样写道，他的作品“具有清晰的现实主义叙述技巧以及虚构故事的多样性与普遍性，阐述了今日世界人类的状况”。

如今，《蝇王》早就不只是一本纯粹的小说了。虽然它讲述的只是一个虚构的故事，这一点与书架上的其他小说没有什么不同；但是依附其上的关于戈尔丁对人性的理解，还使它成了饰面理论的教科书。在戈尔丁之前，从来没有任何作家敢于在一本关于儿童的文学作品中尝试运用如此强烈而直白的现实主义笔法。《蝇王》一书没有讲述如草原上的房子或孤独的小王子那样的“有情感价值”的故事，而是（从表象上）严苛地审视了孩子们的真实模样。

寻找真实的“蝇王”

我第一次读这本书是在我十几岁的时候。我现在还记得很清楚，当我在脑海中一遍又一遍地思考这个故事时，我感到了一种幻想破灭的感觉。但是我从未怀疑过戈尔丁的人性观。

直到几年后，再次拿起这本书，我才意识到戈尔丁对人性的观点可能是有问题的。我深入研究了戈尔丁的生平和著作，结果发现他原来是一个非常不快乐的人。他是一个酒鬼，精神抑郁，而且经常殴打自己的孩子。“我一直都很理解纳粹的所作所为，”戈尔丁曾经坦白道，“因为我自己的天性也有一部分是那样的。”而且，他之所以写作《蝇王》，“部分也是出于那种可悲的自知之明”。[5]

戈尔丁对他人从来不怎么关心。正如他的传记作者所观察到的，他甚至连熟人的名字的正确写法都不愿意花点功夫记一下。用戈尔丁自己的话说：“对我来说，比与他人见面交流更重要的是搞清楚以大写字母 M 开头的这个‘人类’（Man）的本性。”[6]

这让我很是疑惑。有没有人去研究过，如果一群孩子发现一座荒岛上只有他们自己时，真正的做法会是怎么样的。我写过一篇关于这个主题的文章，在那篇文章中，我将《蝇王》与现代的科学研究结论进行了比较，并得出了这样的结论：孩子们的行为十有八九会与《蝇王》的描述截然不同。[7]我引用了生物学家弗朗斯·德瓦尔的话，他说：“没有一丝一毫的证据表明，当孩子们只能依靠自己时，会出现这样的结果。”[8]

不少读者都对我那篇文章的结论表示怀疑。我在文中所举的全部例子，都只涉及孩子们在家里、在学校或者在夏令营时的情景。这些例子没有回答那个最基本的问题：当孩子们被独自留在荒岛上时会发生什么？

于是，我开始努力寻找现实版的《蝇王》的故事。

当然，即便是在20世纪50年代，任何一所大学都不可能允许研究人员让青少年被试在荒野中独自待上几个月。那么有没有可能曾经在某个地方某个时候偶尔发生过类似的事件呢？比如在一场海难之后？

我从最基础的互联网搜索开始：输入“Kids shipwrecked”（遇难的孩子）、“Real-life Lord of the Flies”（现实版的《蝇王》）、“Children on an island”（岛上的孩子）等关键词。我最先搜索到的是一档始于2008年的可怕的英国真人秀节目，节目设置是让参与者们互相竞争。后来，在网上搜索了一段时间后，我发现了一个不知名的博客，博客里讲述了一个引人入胜的故事：“1977年的一天，6个男孩从汤加出发，开始了他们的钓鱼之旅……在一场猛烈的暴风雨后，孩子们遭遇了海难，流落到了一个荒岛上，组成了一个小小的部落。这个小小的‘部落’后来是怎么维持的呢？他们约定永不争吵。”[9]

但是这篇文章没有提供任何消息来源，于是我又在互联网上搜寻了几个小时，最后发现这个故事来自著名的无政府主义者科林·沃德（Colin Ward）的一本书，书名是《乡下的孩子》（*The Child in the Country*）。而沃德又是从意大利政治家苏珊娜·阿涅利（Susanna Agnelli）为某个国际委员会或者其他组织编写的一份报告中引用这个故事的。

我满怀希望地继续搜寻那份报告，而且得到了幸运之神的眷顾。我在英国的一家二手书店里找到了这份报告的一个副本。两个星期后，我终于拿到了它。翻阅之后，我在这份报告的第 94 页找到了自己要找的东西：6 个男孩在一座荒岛上生活的故事。但是，同样的故事、同样的细节、同样的措辞，同样没有任何消息来源。[10]

好吧，我想，或许我可以找到苏珊娜·阿涅利本人，问问她是从哪儿听到这个故事的。但不幸的是，她已经于 2009 年去世了。如果这个故事真的曾经发生过，那么我推测，1977 年之后一定会有相关的消息或报告。不仅如此，那些孩子可能还活着。但是我查了一份又一份档案，却没有找到任何蛛丝马迹。

有时候，你需要的只是一些额外的好运气。具体不记得是哪一天了，我在报纸档案里翻找资料时，不经意间输错了一个年份，结果在 20 世纪 60 年代结束了我的搜索。有时事情就是这么巧！事实证明，阿涅利报告中提到的 1977 年是一个印刷错误。

正确的年份应该是 1966 年。它还是 1966 年 10 月 6 日出版的澳大利亚报纸《时代》（*The Age*）的头条新闻。当时，《汤加漂流者周日秀》（*Sunday Showing for Tongan Castaway*）这个标题，简直“闪瞎”了我的双眼。这个故事讲述了 3 个星期前在汤加南部的一个名为阿塔岛的多石小岛上发现的 6 个男孩的经历。汤加是太平洋上的一个群岛（1970 年以前一直受英国的保护）。这些男孩被困在阿塔岛上一年多后，被一名澳大利亚船长救起。根据这篇文章的描述，一家电视台还将这个故事拍成了一部电影，重现男孩们的历险故事。

那篇文章这样总结道：“他们在荒岛上生存的故事被认为是有史以来最伟大、最经典的海洋故事之一。”

瞬息之间，我的脑海中就冒出了一大堆问题：那些孩子今天是否还活着？我还能找到那部电影吗？最重要的是，我还找到了一条线索：澳大利亚船长的名字叫彼得·沃纳（Peter Warner，见图2-1）。或许他还活着！但是，即便他还活着，我怎样才能找到这位生活在地球另一端的老人呢？

图2-1 彼得·沃纳

图片来源：Maartje ter Horst。

当我真的着手搜索这位船长的名字时，幸运之神又一次眷顾了我。在澳大利亚麦凯出版的当地小报《水星报》（*Daily Mercury*）的最近一期上，我看到了这样一个标题——“50年风雨同舟的伙伴”。旁边印着一张小小的两人合照，他们微笑着，其中一个人的胳膊搭在另一个人的身上。文章是这样开头的：“在利斯莫尔附近的图勒拉（Tullera）的香蕉种植园深处，住着一对令人难以置信的伙伴……他们两人都拥有一双会笑的眼睛，活力四射，你根本看不出他们真实的年龄。年长者今年 83 岁，是一位富有的工业企业家的儿子。年轻的那个今年 67 岁，简直就是一个大自然的孩子。”[11]

那么，他们叫什么名字呢？彼得·沃纳和马诺·托托（Mano Totau，见图 2-2）。那他们又是在哪儿相遇的呢？

在一座荒岛上！

图 2-2　马诺·托托

图片来源：Maartje ter Horst。

彼得船长的发现

9月的一个早晨，我们出发了。我和妻子在澳大利亚东海岸的布里斯班租了一辆汽车，我坐在驾驶座上，焦虑不安。我感到非常紧张，可能是因为我考了6次才通过驾驶考试，而现在，我不得不驾车靠着道路左侧行驶。当然还有一个更重要的原因：我正在前往拜访"有史以来最伟大、最经典的海洋故事之一"的一个主要人物的路上。

大约3个小时之后，我们到达了目的地，这个地方很偏僻，在谷歌地图上根本找不到。然而，那个人就在那里，安闲地坐在坐落于这条泥土道路边上的一幢低矮的房子前面。他就是50年前救了那6个迷途男孩的人：船长彼得·沃纳。

在我讲述彼得的故事之前，读者还应该先了解一些他的生平事迹，因为单是他本人的生平经历就可以拍成一部精彩的电影了。他是阿瑟·沃纳（Arthur Warner）最小的儿子，阿瑟·沃纳曾经是澳大利亚最富有、最有权势的人之一。早在20世纪30年代，阿瑟就掌控着一个名为电子工业（Electronic Industries）的庞大商业帝国，垄断了整个澳大利亚的无线电市场。

彼得的父亲曾经把他当作接班人来培养。然而，在17岁那一年，彼得逃离了这个家族使命，转而开始从事航海探险事业。对此，他解释道："我更愿意与大自然而不是与人类作斗争。"[12]

在接下来的几年里，彼得乘着船走遍了全世界，从香港到斯德哥尔摩，从上海到圣彼得堡。5年后，当他终于回到家时，这个浪子骄傲地向他的父亲展示了瑞典船长证书。老沃纳不为所动，并要求儿子学习一项有用的职业技能。

“最容易学的是什么？”彼得问道。

“会计。”阿瑟撒了谎。[13]

于是，彼得又上了5年的夜校，拿到了会计文凭。他开始在父亲的公司里工作，但是大海仍然在召唤着他，只要一有机会，彼得就会前往塔斯马尼亚岛，在那里，他拥有一支自己的渔船队。1966年冬天，正是这一业余爱好把他带到了汤加。他拜会了国王陶法阿豪·图普四世（Taufa'ahau Tupou Ⅳ），请求国王允许他在汤加水域捕捉龙虾。不过遗憾的是，国王拒绝了他。

彼得失望地踏上了返回塔斯马尼亚的航程。不过在回来的路上，他又绕了一小段路，在汤加皇家水域外撒网捕捞。就在那时，他看到蔚蓝色的大海上有一座很小的岛屿。

这座小岛就是阿塔岛。

彼得知道，那座小岛上已经很久没有船舶停靠过了。曾几何时，阿塔岛也是一个有人类居住的岛屿，直到1863年那个黑暗的日子。那一天，海面上出现了一艘奴隶船，岛上的原住民全被掳走当了奴隶。从那以后，阿塔岛就变成了一座荒岛——它被诅咒、遗忘了。

但是，彼得注意到了一些奇怪的事情。通过双筒望远镜，他看到了绿色悬崖上有烧焦的痕迹。“在热带地区，天然的火是极其罕见的。”半个世纪后，他告诉我们，“所以我决定去调查一下。”当他的船只快抵达阿塔岛的西端时，彼得听到在瞭望台上观察的船员喊叫了起来。

“岛上有人在呼救！”他的一个手下喊道。

“胡说，”彼得反驳道，“那只是海鸟的叫声而已。”

但就在那时，通过双筒望远镜，彼得看到了一个男孩。那简直是个“野人”，全身赤裸，头发一直垂到肩膀上。“野人”从悬崖边跳了下去，一头扎进了海水里。突然，更多的男孩跟了过来，声嘶力竭地尖叫着。

彼得命令他的船员们拿出子弹，把枪上好膛，因为波利尼西亚人习惯把最危险的罪犯流放到遥远的荒岛上。

第一个男孩很快就游到了船边。“我叫斯蒂芬（Stephen），”他用完美的英语叫喊道，“我们有 6 个人，我们可能已经在这里待了 15 个月。”

彼得疑虑重重。这些男孩一上船，就声称自己是汤加首都努库阿洛法（Nuku’alofa）一所英国寄宿学校的学生。因为讨厌学校的伙食，他们决定自行驾船出海捕鱼，结果却遇上了暴风雨。

这件事情可能是真的，彼得想。他用双向无线电对讲机向努库阿洛法发出了呼叫。“我这里有 6 个孩子，”他告诉接线员，“如果我把他们的名字告诉你，你能打个电话去问问学校这些孩子是不是他们的学生吗？”

对方回答：“你别挂机。”

20 分钟过去了。（当讲到这里时，彼得已经有点泪眼蒙眬了。）

最后，“一个接线员在电话的另一端哽咽着说道：‘你找到他们了！所有人都以为这几个男孩早就死了。他们的葬礼都已经举行过了。如果真的是他们，那真是奇迹！’”。

我问彼得是否听说过《蝇王》这本书。“是的，我读过，”他笑着说，“但是，我们这里要说的是一个截然不同的故事！”

6 个男孩的荒岛求生

在接下来的几个月里，我一直试图尽可能精确地重现那座被称为“阿塔”的小岛上发生的事情。即便已经 90 岁高龄，彼得叙述的每一件事情都与其他资料的记载一致。[14]

另一个重要的消息来源地离彼得的住所只有几个小时的车程。当年获救时，马诺·托托只有 15 岁，现在已经年近 70，他一直认为彼得船长是他最亲密的朋友。在我们拜访彼得几天后，马诺在他位于布里斯班北部的迪塞普申湾（Deception Bay）的车库里迎接了我和我的妻子。

马诺告诉我们，这个真实的“蝇王”的故事始于 1965 年 6 月。

故事的主角是 6 个男孩，他们都是圣安德鲁学校的学生，这是一所位于努库阿洛法的校规严苛的天主教寄宿学校。这些孩子里最大的 16 岁，最小的年仅 13 岁，他们都有一个共同的特点：无聊且无知。孩子们渴望冒险而不是做作业，他们渴望出海而不是被关在学校里。

所以他们计划着逃离学校。他们准备去 800 千米外的斐济群岛上，甚至想一直航行到新西兰。“学校里的很多孩子都知道这件事，”马诺回忆道，“但他们都认为这只是一个玩笑。”

制订了计划后，还剩下最后一个障碍，那就是他们都没有船。所以他们决定“借”一艘船，而且是向他们都不喜欢的一个名叫塔尼拉·乌希拉（Taniela Uhila）的渔夫“借”。

不过，对于这次航行，这些孩子并没有花多少时间去准备。两袋香蕉、几个椰子和一个小煤气灶是他们所有的装备。他们谁也没有想到要带张地图，更不用说指南针了。他们中也没有任何一个人是经验丰富的水手。只有年龄最小的戴维（David）知道如何掌舵（据他说，“这就是他们愿意让我参与的原因”）。[15]

旅途刚开始时一帆风顺。那天晚上，没有人注意到那艘小船离开了港口。当时天清气朗，只有徐徐的微风轻抚着平静的海面。

但是那天晚上，孩子们还是犯了一个严重的错误：他们都睡着了。几个小时后，他们醒过来时发现海水正哗哗地从他们身边流过。天很黑，他们所能看到的只是四周翻滚着的浪花。他们扬起了帆，但是肆虐的狂风很快就把它撕成了碎片，紧随其后被摧毁的是船舵。在那一刻，他们还有心情开玩笑，年龄最大的西奥内（Sione）笑着说，“等回到家后，我们一定要取笑一下塔尼拉，告诉他这艘船就像他自己一样——又老又古怪”。[16]

然而，接下来的日子就没有这么轻松了。“我们在海上漂流了 8 天，”马诺告诉我说，“既没有吃的，也没有喝的。”男孩们试着去抓鱼。他们把椰子挖空，想办法用椰子壳收集了一些雨水，然后平均分配给每一个人喝。当然，他们只是在早上和晚上每人各抿一小口。西奥内尝试着用煤气灶烧开海水，但是不小心把煤气灶弄倒了，结果他自己的腿被烧伤了一大片。

到了第八天，奇迹出现了，他们在地平线上发现了一个小点。那是一片陆地，更确切地说，那是一座小岛。当然，它并不是一个热带天堂，那里没有摇曳的棕榈树，也没有松软的沙滩，只有一大片巨大的岩石，突兀地耸立着，高出海平面 300 多米（见图 2-3）。

今天，阿塔岛已经被认定为不适宜人类居住了。几年前，一个勇敢的西班牙探险家重新发现了这座小岛。他原先以为，也许可以把这座小岛建设成一个基地，供那些有特殊爱好的富人在进行沉船探险时使用。于是他对阿塔岛进行了考察，但在短短 9 天之后，这个可怜的家伙就不得不决定放弃。当时有一位记者问他，他的公司是否要把业务扩张到这个满是巨石的小岛上时，他毫不含糊地回答说：“永远也不会。这个小岛的条件太恶劣了。”[17]

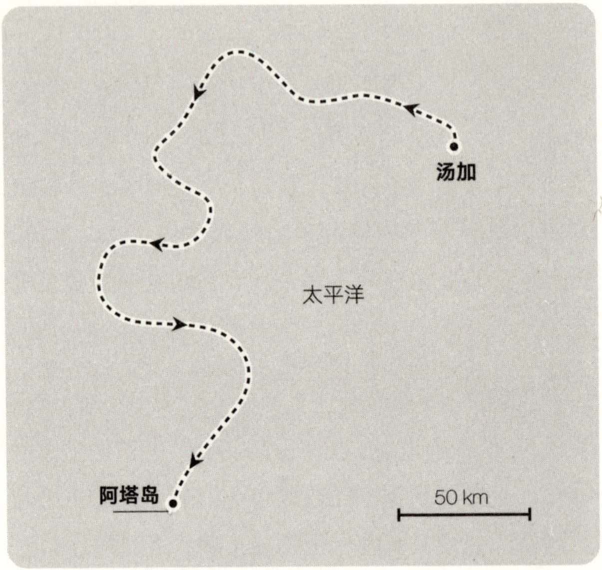

图 2-3　6 个男孩到达阿塔岛的航行路线示意图

然而，那些孩子的经历却截然不同。“当我们到达那个小岛的时候，”沃纳船长在他的回忆录中写道，“男孩们已经建立起了一个小型公社。他们建成了一个可食性植物花园，学会了用有凹槽的树干来储存雨水。他们甚至还建造了一个体育馆，里面放了许多稀奇古怪的哑铃。他们还拥有一个羽毛球场，用羽毛制成了一些笔，并且燃起了一个永不熄灭的火堆。所有这一切都是他们用自己的双手创造的，仅有的工具是一个旧刀片，还有他们坚定的意志。”[18]

这个火堆是斯蒂芬在经过无数次失败后用两根棍子点燃的（他后来成了一名成功的工程师）。当虚构的《蝇王》里的男孩们在相互打斗时，现实生活中的男孩们却点燃了一年多来从未熄灭的火堆。

孩子们制作了花名册，他们一致赞同两人一组分工合作，严格按既定次序分别负责在花园耕种、在厨房中做饭和在岸边警戒瞭望等工作。当然，有时候他们也会吵架，但是每当发生争吵时，他们都会通过暂停的方式来解决问题。争吵的人会分别走到小岛的两端去平息自己的怒火。“大约4个小时后，”马诺后来回忆道，“我们会让他们重新聚到一起，然后告诉他们‘现在请相互道歉’，这就是我们能够一直像朋友一样友好相处的原因。”[19]

每一天，他们都会在歌声和祈祷声中开始劳作，又以唱歌和祈祷结束。科洛（Kolo）用一根漂流木、半个椰子壳和6根从他们船上抢救出来的钢丝做了一把简易吉他，然后用此奏乐来帮助提振士气。在救出孩子们这么多年来，彼得一直珍藏着这件乐器。

是的，他们也确实需要让自己提起精神来。整个漫长的夏季很少下雨，孩子们渴得要命。他们曾经尝试过建造木筏离开小岛，但是木筏很快就被汹涌的海浪撕成了碎片。[20]紧接着，暴风雨席卷了整座小岛，他们辛苦搭起来的小屋也被压倒在了一棵树下。

最糟糕的是，有一天斯蒂芬滑了一跤，从悬崖上摔下来，摔断了腿。好在其他的男孩也迅速跟着爬下了山崖，帮助他回到了山顶。他们用树枝和树叶固定住他的腿。“别担心，”西奥内开玩笑说，“你的工作由我们来做，而你只要像陶法阿豪·图普四世国王那样安心地躺着就行了！”[21]

最后，在1966年9月11日（星期日），这些男孩终于获救了。

获救的时候，他们的身体可以说正处于巅峰状态。当地医生波塞西·福努阿（Posesi Fonua）后来表示，他对他们健壮的体格以及斯蒂芬摔断腿后又完全康复觉得万分惊讶。

但是，这些孩子的冒险故事并没有至此结束。当回到努库阿洛法时，孩子们发现警察正在等着他们。你可能会认为警察是因为失踪的6个孩子平安归来而来迎接的。但是事实并非如此。警察登上了彼得的船，逮捕了这些孩子，并把他们关进了监狱。塔尼拉·乌希拉先生，也就是孩子们在15个月前“借”来的帆船的主人，到那时仍然非常生气，他决定提起诉讼。

所幸，彼得想出了一个计划。他突然想到，孩子们经历沉船、自救并最终平安归来的故事是好莱坞的绝佳素材。6个孩子被困在一座荒岛上……这个故事足以让人们在茶余饭后谈论许多年了。作为他父亲的公司的会计，彼得掌管着公司的电影版权，并且认识不少有权势、经常上电视的人。[22]

彼得船长很清楚自己该怎么做。在汤加，他给悉尼第7频道的负责人打了电话。“把这个故事拍出来后，你们可以拥有在全澳大利亚播放的权利，”他告诉他们，“你们只需把除澳大利亚之外的世界范围内的版权留给我。然后我们把这些孩子从监狱里救出来，把他们带回到那个小岛上。”彼得专程前往拜访了塔尼拉·乌希拉先生，为他的那艘旧船赔付了150英镑。他将孩子们保释出来，条件是他们得配合他拍一部电影。

几天之后，来自第7频道的一个拍摄团队搭乘一架古老的DC-3型飞机抵达了汤加，当时澳大利亚与汤加之间每星期只有一个航班。在向我和妻子描述当时的场景时，彼得情不自禁地笑出了声：“从那架飞机里走出来的拍摄团队中，有三个正儿八经地穿着西服套装和尖头皮鞋的人，那正是那些在电视节目里出现的人的样子。”

当整个拍摄团队与6个男孩来到阿塔岛的时候，第7频道来的那帮家伙的脸都吓绿了。更糟糕的是，他们不会游泳。“别担心，”彼得安慰他们道，“万一有事，这些孩子会救你们上来的。”

彼得划船带着这些战战兢兢的人来到了大浪当中：“孩子们就是从这里冒出头来的，你们也要下去拍摄。”

尽管已经过去50年了，这段回忆还是让彼得泪流满面——不过这一次是笑出了眼泪。“我把他们扔到了海里，这些澳大利亚电视台来的人立刻沉了下去，汤加人马上跳下水去，把他们捞了起来，带着他们穿过海浪，最后把他们放到了岸边的岩石上。”

接下来，他们还必须爬上悬崖，这又花了一整天的时间。当他们终于到达山顶时，摄制组已经崩溃了。他们累得瘫倒在地。因此毫不奇怪，这部名为《阿塔岛漂流记》的纪录片并没有拍摄成功。不仅取的镜头很糟糕，而且当时拍的16毫米电影胶片大部分也丢失了，总共剩下了30分钟。“实际上，”彼得补充道，“里面还有20分钟是附加的广告。”

当我听到第7频道拍过纪录片时，就立刻想到拿来看看。但是彼得手头上并没有备份，在回到荷兰后，我联系了一家专门追踪和修复旧胶片的机构。尽管他们努力寻找了很久，仍然一无所获。

后来彼得又出面介入了此事，帮助我与一位名叫史蒂夫·鲍曼（Steve Bowman）的独立电影制作人取得了联系，他曾于2006年拜访过这些“男孩”。史蒂夫此前一直对他们的故事没有得到应有的关注而感到沮丧。他自己拍摄的纪录片也从来没有被公开播出过，因为发行人破产了，但是他仍然保留了自己的原始采访记录。他好心地拿出了自己摄制的纪录片让我看，还帮我与这群孩子中最年长的西奥内取得了联系。最重要的是，史蒂夫宣布他手里还拥有那部原始的16毫米胶片纪录片的唯一一个备份！

“我可以看看吗？”我问史蒂夫。

“当然可以。”他回答道。

这就是我可以在自己的笔记本电脑上观看摄制于1966年的原始纪录片的原因（幸亏几个月前，我在一个不知名的博客上偶然发现了关于这6个孩子遇险的故事）。“我叫西奥内，”纪录片以这样一句话开始，“1965年6月，我和圣安德鲁高中的5名同学被海浪冲上了这座小岛。”

当男孩们回到汤加时，心情分外欢快。整个哈阿菲瓦岛的居民——有约900人，都出来热情地欢迎他们回家。对此，1966年的纪录片画外音是这样解说的：“这真可谓好事成双！一个派对刚结束，下一个派对就该着手准备了。”

彼得被誉为汤加的国家英雄。不久之后，他收到了国王陶法阿豪·图普四世亲自发来的信息，邀请彼得船长前往为他讲述这个故事。“谢谢你救了我的6个臣民，”国王说，“现在，我能为你做点什么吗？”

这个问题彼得船长想都不用想就可以回答：“我想在这片水域捕捞龙虾，然后在这里做生意。”

这一次，国王同意了。彼得回到了悉尼，从他父亲的公司辞职，委托船厂建造了一艘新船。然后，他把6个孩子叫到了一起，给了他们一个全新的开始：一个探索世界的机会。他聘请了西奥内、斯蒂芬、科洛、戴维、卢克（Luke）和马诺来到他的新渔船上当船员。

那么给这艘新船取什么名字好呢？当然是“阿塔号”啦。

两个完全不同的故事

这就是现实版的《蝇王》的故事。事实证明，这是一个暖心的故事。当然，这也是畅销小说、百老汇戏剧和能够引起轰动的电影大片的素材。

然而，这又是一个无人知晓的故事。阿塔岛上的男孩们默默无闻，威廉·戈尔丁的小说却广为流传。媒体历史学家甚至认为，戈尔丁是当今最受欢迎的电视娱乐节目之一电视真人秀的开先河者。

从《老大哥》(*Big Brother*)到《诱惑岛》(*Temptation Island*)，这些所谓的真人秀节目都有一个前提假设，那就是，一旦任由人类自行其是，他们就会变得与野兽无异。“我读了一遍又一遍《蝇王》，”热门电视节目《幸存者》(*Survivor*)的编剧在一次采访中透露，“我第一次读这本书是在我12岁的时候，第二次是在我20岁的时候，第三次是在我30岁的时候。此后我们就开创了这一类电视节目。”[23]

这类节目的首创者是全球音乐电视台的《真实世界》(*The Real World*)。自1992年首次播出以来，《真实世界》每一集的开场白都是由一位演员背诵的以下内容：“这是关于7个陌生人的真实故事……我们试图揭示，当人们不再彬彬有礼，开始变得注重现实时，究竟会发生些什么。”

撒谎、欺骗、挑衅、敌对……这些就是每一期真人秀节目想让我们相信的“注重现实”一词的含义。但是，如果你真的花了一些时间认真观看这些节目背后的故事，你就会发现节目参与者都是在被诱导、被灌醉、被蒙骗的情况下，才开始以各种各样令人震惊的方式互相竞争的。这恰恰说明，人们只有在如此严重地受到操纵的情况之下，才会把最坏的一面显露出来。

另一档真人秀节目《儿童之国》(*Kid Nation*)曾经尝试过把40个孩子扔进新墨西哥州的一座鬼城里，并希望他们最终以互相残害收场。但是这样的事情并没有如电视制作人之愿发生。“每隔一段时间，他们就会发现我们相处得非常好，”一名参与者后来回忆道，“他们不得不抛出一些东西来诱惑我们，引导我们为它们而争斗。”[24]

你可能会说：“这有什么关系吗？我们都知道这些只是娱乐。”

但故事只是故事的情况少之又少。故事也可以成为安慰剂。在最近的一项研究中，心理学家布莱恩·吉布森(Bryan Gibson)证明，看《蝇王》类型的电视节目会让人们变得更有攻击性。[25]对儿童的研究也表明，幼年观看暴力画面的频率与成年后的攻击性之间的相关性甚至比石棉与癌症之间的相关性，或钙摄入量与骨量之间的相关性更高。[26]

那些愤世嫉俗的故事对我们看待世界的方式有着更为显著的影响。在英国，有一项研究表明，经常看真人秀节目的女孩也会更经常说，以恶意待人和不时撒谎是获得成功的必要条件。[27]正如媒体科学家格布纳所总结的那样：“讲述某种文化故事的人，在实际上支配了人类的行为。”[28]

现在是时候讲述另外一种类型的故事了。

真实世界中的《蝇王》的故事是一个关于友谊和忠诚的故事。这个故事让我们明白，如果能够互相依靠，我们将会变得多么强大。当然，这只是一个故事而已。但是如果我们有意让《蝇王》成为数百万青少年的一本必读书，那么我们也必须告诉他们，现实世界中的孩子发现他们被困在荒岛上时的所作所为是怎样的。多年之后，这6个孩子就读的汤加圣安德鲁高中的一名老师回忆道：“我在社会研究课上讲述了孩子们在荒岛求生的故事，我的学生们总是百听不厌。”[29]

那么，彼得和马诺后来怎么样了呢？他们几乎一直形影不离。如果你偶然走进利斯莫尔附近的图勒拉郊外的一个香蕉种植园里，你很可能会遇到他们：两个老人一边互相开着玩笑，一边把胳膊搭在对方的肩膀上。一个是大企业家的儿子，另一个则出身于草根阶层。然而他们两人却成了终生的挚友。

我的妻子给彼得拍了照片，之后，他走到一个柜子前面，在里面翻找了一会儿，拿出一大堆文件放到了我手里。他解释说，那是他的回忆录，是为他的孩子和孙子写的。

我低下头来，看了看第一页：“生活教会了我很多东西，最重要的一课是，你应该努力去寻找人性中善良和积极的东西。”

远离
自然状态的
文明时代

PART

1

古往今来，世界各地的人类都是如此相似，以至于历史在这方面也不能告诉我们任何新异或奇怪的事情。它的主要用途仅仅是发现人类本性中那些永恒和普遍的原则。

——大卫·休谟

那6个男孩在阿塔岛上的经历，给我们留下了一个感人肺腑的故事。那么，它只是一个例外吗？它是不是还意味着某些更加深刻的东西？它只是一件孤立的“奇闻逸事”，还是关于人类真实本性的一个典型范例？

换句话说，人性到底是更倾向于善良，还是更倾向于邪恶？

这是几百年来无数哲学家一直试图努力解决的问题。先来看一下英国哲学家霍布斯吧，他写的《利维坦》（*Leviathan*）在1651年一经出版就掀起了轩然大波。霍布斯在当时受到了严厉的批评、指斥和谴责，但是他的名字却永垂史册，而他的批判者早已被人遗忘了。我编著的《牛津西方哲学史》（*Oxford History of Western Philosophy*）将他这本代表作描述为“有史以来最伟大的政治哲学著作”。

或者，再以法国哲学家让-雅克·卢梭为例，他写下了一系列著作，还深深地陷入麻烦的旋涡当中。他本人遭到了严厉的谴责，他的书被焚毁，当局还因此对他发出了逮捕令。然而，到了今天，那些迫害过卢梭的人早已被人遗忘，他却依然被人们铭记在心。

当然，卢梭和霍布斯两人素未谋面。卢梭出生的时候，霍布斯已经去世 33 年了。然而在某种意义上，他们两人直到今天仍然在哲学的拳击台上你来我往地相互较量着。拳击台的一角站着霍布斯：他是一个悲观主义者，他想让我们相信人性是邪恶的。霍布斯断言，只有公民社会才能把我们从卑劣的本性中拯救出来。而拳击台的另一角则站着卢梭：他宣称每一个人的内心深处都住着一个善良天使。卢梭认为，“文明”非但不是我们的救赎，反而会毁了我们。

即便你从未听说过他们两个人的名字，这两个哲学史上的重量级人物的对立观点，也正是造成人类社会最深刻的分歧的根源。据我所知，没有任何一场其他的辩论与人类如此利害攸关，或者说没有任何一种分歧的影响对人类如此深远。是施行更严厉的惩罚，还是提供更完善的社会服务；是开办艺术学校，还是增设少年管教所；是推行自上而下的管理，还是向团队授权；是做传统的家庭支柱，还是当家庭“煮男”——几乎所有你能想象得到的辩论，在某种程度上都可以追溯到霍布斯和卢梭之间的对立。

让我们从霍布斯的观点开始讨论吧。他是最早提出如果我们真的想了解自己，就必须先了解我们祖先的生活方式的哲学家之一。想象一下，如果我们回到 5 万年前来一次时光之旅会怎么样。在那些以狩猎采集为生的日子里，人类的祖先是如何互动的？在没有法典、法庭、法官、监狱或警察的情况下，我们是如何行事的？

霍布斯认为他知道这些。要想“读懂你自己”，就必须剖析你自己的恐惧和情感，这样你就能够“读懂并了解在类似情况下其他人的思想和情感”。

当霍布斯把这种方法应用到自己身上时，他得到的诊断结果确实是令人沮丧的。

“在过去，我们是自由的，”霍布斯这样写道，“我们可以为所欲为，但后果是非常可怖的。”人类在这种自然状态下的生活，用他的原话来说，是“孤独的、贫穷的、卑劣的、粗野的、短暂的”。为什么会这样？根据霍布斯的推理，原因其实很简单。人类是受恐惧驱使的，对他人的恐惧，对死亡的恐惧。我们渴望安全，而且我们拥有“死而后已、永无休止的权力欲”。

结果呢？根据霍布斯的说法，将导致“所有人对所有人的战争”。

但是别担心，霍布斯又向我们保证，只要我们都同意放弃个人自由，无政府状态是可控的，和平是能够实现的。把我们自己，包括肉体和灵魂，交给一个绝对的统治者。他用了《圣经》中的那只著名海怪来给绝对的统治者命名：利维坦。

霍布斯的思想为一个论点提供了基本的哲学基础，这个论点在他之后被导演、独裁者、统治者和将军重复了数千次，不，是数百万次……

“赋予我们权力，否则所有人都将一无所有。”

现在按下快进键。快进到大约 100 年后，某一天，我们可能会遇到让－雅克·卢梭，当时他只是一个寂寂无闻的音乐家，而且正在向设在巴黎郊外文森的一所监狱走去。那一天，卢梭要去拜访他的朋友狄德罗，那是一个可怜的哲学家，因为讲了一个关于政府部长情妇的笑话就不幸遭到了监禁。

在前往文森的途中，卢梭在一棵树下暂作休息，他翻开了最新一期的《法兰西信使报》(*Mercure de France*)，这时他的目光落在了一则广告上——它将改变他的一生。这是一个征文活动的广告，由第戎学院(Academy of Dijon)举办。参加征文活动的人必须撰写一篇论文，回答以下问题："恢复科学和艺术是否有助于道德的净化？"

卢梭可以不假思索地回答这个问题。"在读到那句话时，"他后来这样写道，"我仿佛看到了另一个宇宙，自己也似乎变成了另外一个人。"就在那一刻，他意识到，公民社会并非福祉，而是诅咒。当他继续走在前往他那位无辜的朋友被监禁的地方的路上时，他想明白了："人天生就是善良的，只有那种种制度才会让人变得邪恶起来。"

卢梭的论文赢得了最高奖项。

在接下来的几年里，卢梭迅速成长为他那个时代最重要的哲学家之一。不得不说，他的著作今天读起来仍然趣味盎然。卢梭不仅是一位伟大的思想家，还是一位天才作家。下面，让我们来看看他在讨论私有财产制的发明过程时写下的尖刻的冷嘲吧。

> 谁第一个把一块土地圈起来并想到说"这是我的"，而且找到了一些头脑特别简单的人居然相信了他的话，谁就是文明社会的真正奠基者。假如有人拔掉木桩或者填平沟壕，并向他的同类大声疾呼："不要听信这个骗子的话！如果你们忘记土地的果实是平等地归属于大家的，土地本身是不属于任何人的，那么你们就要遭殃了！"那么这个人该会使人类免去多少罪行、多少战争、多少杀戮，免去多少苦难和恐惧啊！

卢梭认为，自从这个被诅咒的文明社会诞生以来，事情就变得每况愈下了。农业的出现、城市化、国家的产生，所有这些并没有把我们从混乱中解救出来，而是使我们遭到了奴役并决定了我们的悲惨命运。文字和印刷术的发明，也只会让事情变得越来越糟糕。“多亏了印刷字体，”他愤然写道，“霍布斯……危险的幻想将永存于世。”

卢梭相信，在官僚和国王出现之前的美好日子里，一切都比后来要好得多。在人类以“自然状态”存在的那个时代，我们是一个富有同情心的物种。现在，我们却变得愤世嫉俗、自私自利。曾经的我们健康而强壮，而现在的我们却懒惰又虚弱。在卢梭看来，文明本身就是一个天大的错误。千不该、万不该，我们都不应该虚掷我们的自由。

卢梭的思想为一个论点提供了基本的哲学基础，这个论点在他之后被无政府主义者、挑拨离间者、追求精神自由者和煽动者重复了数千次，不，是重复了数百万次……

“给我们自由，否则我们将失去一切。”

接下来，再快进 300 年，终于轮到我们这个时代了。

从历史上看，很少有哲学家能够像霍布斯和卢梭这两个人那样对我们的政治、教育和世界观产生如此深远的影响。例如，整个经济学都是以霍布斯的人性观为前提的，他把人类看作理性的、自私的个体。卢梭对教育产生了巨大的影响，因为他相信孩子应该自由地、无拘无束地成长，这个观点在 18 世纪是革命性的。

直到今天，霍布斯和卢梭的影响仍然令人震惊。我们现代的许多思想流派，不管是保守主义的还是进步主义的，也不管是现实主义的还是理想主义的，都可以追溯到他们。每当某位理想主义者主张更多的自由和平等时，卢梭总是会露出赞许的笑容。每当愤世嫉俗论者哀叹自由和平等只会引发更多的暴力时，霍布斯都会点头表示同意。

当然，这两个人的著作都不适合作为我们休闲的消遣读物，尤其是卢梭的作品，他给后人留下了太多可以阐释的空间。但是如今，我们已经可以对他们两个人的颇具竞争性的主要观点进行检验了。说到底，霍布斯和卢梭都只是“纸上谈兵”的理论家而已，而我们几十年来一直在收集科学证据。

在本书的第一部分，我将探讨以下问题：哪位哲学家是正确的？我们是否应该对自己身处远离“自然状态”的文明时代而心存感激？或者，我们曾经是否身为高贵的野蛮人？

这个世界上有太多的东西，都取决于人们对这些问题的回答。

第 3 章
友好与合作

人类真的那么聪明吗

要想真正理解人类这个物种，我们首先要搞明白的是，从演化的角度来看，人类还只是婴儿。作为一个物种，我们才刚刚诞生不久。试着把地球上生命演化的全部历史想象成只跨越了一个日历年，而不是 40 亿年，那么直到 10 月中旬，细菌才登上了历史舞台，然后直到 11 月，我们所熟悉的生命形式才出现，慢慢抽出了嫩芽，长出了枝条，然后发展出了骨骼和大脑。

那么人类呢？我们直到 12 月 31 日晚上 11 点左右才开始登场。然后我们以狩猎采集者的身份四处游荡了大约一个小时，直到晚上 11 点 58 分才开始发明农业。我们称为“人类历史”的一切都发生在午夜来临前的最后 60 秒之内：不管是金字塔和城堡，还是骑士和淑女，抑或是蒸汽机和火箭船（见图 3-1）。

眨眼之间，智人遍布全球，从最寒冷的冻土地带到最炎热的沙漠区域。我们甚至成为第一个冲出地球，踏上月球的物种。

但是，为什么一定得是人类呢？为什么第一个宇航员不是一只香蕉、一头奶牛或一只黑猩猩呢？

这些问题听起来似乎很愚蠢。但是从基因学的角度来看，人类跟香蕉的相似度达 60%，跟奶牛的相似度达 80%，而跟黑猩猩的相似度更是高达 99%。这也决定了是我们给奶牛挤奶，而不是它们给人类挤奶；是我们把黑猩猩关在笼子里，而不是反过来……所有这些都不是完全给定的。那么，为什么仅仅 1% 的不同就会造成如此巨大的差异呢？

很长一段时间以来，我们认为人类所享受的这种特权地位是上帝的计划的一部分。人类比其他生物更优秀、更聪明、更优越，总之，人类就是上帝的巅峰之作。

但是请试着再想象一下，在 1 000 万年前（在前面描述的那个“地球生命日历年”中大约是 12 月 30 日），有一些外星人来到了地球。他们能预测到智人（Homo sapiens）的崛起吗？完全不可能。那时智人属还不存在。地球还是类人猿的天堂，当然更没有人在建造城市、写书或者发射火箭。

一个可能会令很多人觉得不舒服的事实是，人类——无论我们认为自己如何独特，也是那个被称为“演化”的盲目过程的产物。我们属于喧闹的多毛科生物，更多的时候被称为灵长类。直到午夜到来前 10 分钟，我们还有其他古人类物种[1]为伴，直到它们神秘地消失了。

我至今仍然清楚地记得我第一次开始理解演化的意义时的情形。当时我 19 岁，在 iPod 上收听了一场关于达尔文的理论的演讲，听完后我沮丧了整整一个星期。

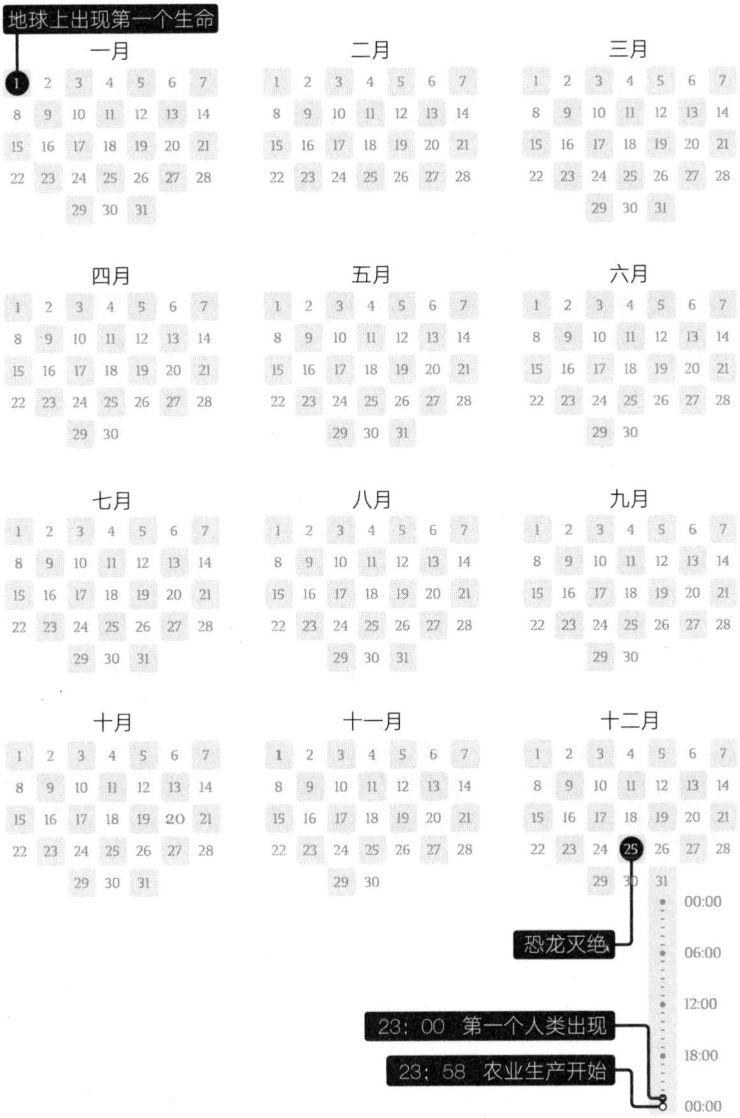

图 3-1　完整日历年内的地球生命演化史

当然，当我还是一个孩子时，我就已经知道这位英国科学家的姓名了，但我上的是一所基督教学校，生物老师把演化论说成了一种古怪的理论。我后来才知道，我的生物老师说得并不准确。

生命演化的基本要素很简单，所需要的东西还包括：

- 许多的苦难。
- 大量的斗争。
- 足够的时间。

简而言之，演化的过程可以归纳为：每种动物都会生下非常多的后代，远远超出它们所能供养的能力。那些能更好地适应环境的动物（比如拥有更厚的皮毛或更好的伪装术的动物），存活下来并繁衍后代的概率会略高一些。试着想象一下，有这样一场淘汰赛，参赛者数以十亿计，而且对每一个参赛者来说，直到死去比赛才会结束。很显然，亿万参赛的生物都将一败涂地，最终被淘汰出局，有些甚至还没来得及把接力棒传给下一代。如果比赛的时间足够长，比如40亿年，那么父母和孩子之间极其细微的差异都会分化为巨大的生命谱系。

就是这样。简单，然而精彩纷呈。

对于达尔文来说（他在年轻时曾经考虑过以后当一名牧师），是残酷的自然与《圣经》中创世记故事之间的完全不可调和性，最终摧毁了他对上帝的信仰。达尔文曾经这样写道，考虑一下寄生蜂吧，这是一种在活的毛毛虫身上产卵的昆虫。寄生蜂幼虫孵化出来后，会把毛毛虫从里到外吃个精光，这导致活毛毛虫不得不经历一个可怕而漫长的死亡过程。

要拥有什么样的病态头脑才能设想出如此残酷的事情？

没有任何人。没有主谋，没有宏伟的计划。痛苦、折磨和斗争仅仅是演化的引擎。你能责怪达尔文把他的理论推迟很多年才发表吗？在给朋友的一封信中，达尔文说，这简直“就像承认自己犯了谋杀罪一样”。[2]

从那以后，演化论似乎再也没有得出过多少令人欣喜的东西。1976年，英国生物学家理查德·道金斯出版了他的关于基因在生命演化过程中所起的作用的巨著《自私的基因》。但这是一本非常令人沮丧的书。你是否指望大自然能让世界变得更加美好？道金斯已经说得很清楚了，你用不着屏住呼吸。“我们要努力去教导人们变得慷慨和富有利他主义精神，”他这样写道，“因为我们天生就是自私的。”[3]

《自私的基因》一书出版40年后，英国公众又把它选为有史以来最具影响力的科学著作。[4]然而，无数的读者在读到该书结尾时都觉得非常沮丧。“这本书对人类本性提出了令人毛骨悚然的悲观看法……但是我又无法提出任何证据来反驳它的观点，”其中一位读者这样写道，“我真希望我从来没有读过它。”[5]

这就是我们，智人，一个残酷而漫长的演化过程的产物。尽管99.9%的物种已经灭绝了，但我们依然傲立在地球上。我们已经征服了地球，接下来还要征服很多星球。谁知道呢？下一个征服的可能是银河系。

但是，为什么是我们呢？

你可能会认为这是因为人类的基因是所有的基因中最自私的，也可能会认为这是因为我们强壮而聪明、高效而精干。然而，我们真的是这样的吗？就身体强壮这一点而言，答案很显然是否定的，并不是这样。黑猩猩可以不费吹灰之力击倒我们。公牛只需要用它的其中一只锋利的犄角就可以毫不费力地刺伤我们。刚呱呱坠地时，我们处于全然无助的状态，而且之后的很长一段时间内，我们都虚弱无力、行动迟缓。我们甚至在逃命时也不擅长爬上大树躲避。

或许，这是因为我们太聪明了？从表面上看，你可能真的可以这么认为。智人种有一颗极大的脑袋，大脑运转消耗的能量类似于在北极蒸桑拿。我们的大脑可能只占人体体重的 2%，消耗的卡路里却占到了人体总消耗量的 20%。[6]

但是，人类真的那么聪明绝顶吗？当我们完成一道很有难度的加法题，或者绘制一幅漂亮的图画时，我们通常都要运用从别人那里学来的技巧。例如，就我个人而言，我当然能数到十，但我非常怀疑自己能否独自构想出一个数字系统来。

多年来，科学家一直在试图找出哪种动物天生是最聪明的。标准的做法是将我们的智力与其他灵长类动物（如猩猩和黑猩猩）的智力进行比较。（通常情况下，人类被试都是蹒跚学步的幼儿，因为他们受他人影响的时间更短。）一个很好的例子是由德国的一个研究团队设计的实验，被试要在实验中完成一系列共 38 项测试。这个实验主要评估了被试的空间理解能力、计算能力和因果关系感知能力。[7] 图 3-2 给出了这个实验的结果。

是的，你没有看错，蹒跚学步的孩子和动物园里的动物（黑猩猩和猩猩）的得分是一样的。更加糟糕的是，事实证明，我们的工作记忆和处理信息的速度（这些在传统上被认为是人类智力的基石之一）也并没有为我们赢得任何优势。

这个结果也得到了日本的研究人员的证实。他们设计了一个实验对成年人和黑猩猩的智力进行对比测试。在实验中，被试要待在屏幕前面，屏幕上闪烁着一组数字（从1到9）。在过一段时间之后（通常短于一秒），这些数字会被白色方块取代。然后，实验者要求所有被试按数字从小到大的顺序点击屏幕上出现白块的地方。

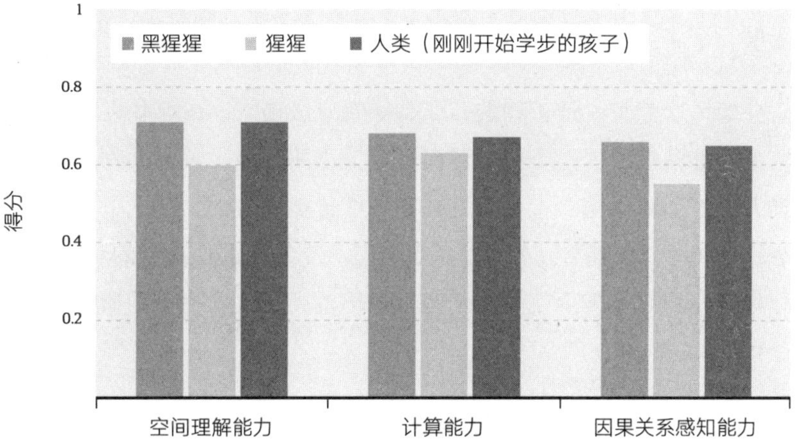

图 3-2　人类与其他灵长类动物的智力比较

乍看起来，人类被试应该能够轻而易举地打败黑猩猩。但是，当研究人员加大测试难度之后（方法是让数字消失得更快），黑猩猩却领先了。黑猩猩被试中的“爱因斯坦”是爱由美（Ayuma），它的速度比其他参与者更快，犯的错误也更少。[8]

好吧，从大脑原始的基本能力来判断，人类并不比我们多毛的表亲表现得更好。那么人类为什么还要使用如此巨大的大脑呢？

或许是因为我们更加狡猾吧。这也正是“马基雅维利式智慧”假说的关键所在。这种假说是以意大利文艺复兴时期的哲学家、《君主论》（*The Prince*）一书的作者马基雅维利的名字来命名的。《君主论》是一本专为统治者而写的“手册”。在这本书中，马基雅维利建议君主，必须编织一张谎言和欺骗的巨网，这样才能够保住权力。根据这种假说的拥护者的说法，那就是人类数百万年来一直在做的事情：设计出越来越有创意的方法来给彼此“下套”。正因为说谎比说真话需要更多的认知能量，我们的大脑容量才会像冷战时期的俄罗斯和美国的核武库那样快速增长。这种智力军备竞赛的结果就是催生了智慧的超级大脑。

如果这个假说是正确的，那么你就应该预测，在那些以欺骗对手为关键的游戏中，人类能够轻而易举地击败其他灵长类动物。但是人类并没有如此幸运。大量研究表明，在这类比赛中，不仅黑猩猩的得分比人类要高，而且还暴露了人类只是一个蹩脚的说谎者的真相。[9]不仅如此，我们还天生就倾向于轻易相信他人，这也解释了那些行骗高手把许多人玩弄于股掌之间的原因。[10]

这让我想起了关于智人种的另一个古怪之处。马基雅维利在他的经典著作中建议，永远不要让你的情绪外露。他强调说，一定要学会不动声色，因为羞耻感一文不值；为了成为赢家，你可以不择手段。但是，如果真的只有无耻之徒才能成为赢家，那么为什么在整个动物王国中只有人类才会脸红呢？

达尔文曾经说过，脸红是“所有表情中最奇特、最具人性的一种”。为了搞清楚这种现象是不是人类世界普遍存在的，他给国外的所有朋友都写了信，调查对象包括传教士、商人和殖民地官员等。[11]结果所有人都回答说，这里的人也都会脸红。

但是为什么呢？为什么脸红这种生理反应没有消失？

尼安德特人的灭绝

1856 年 8 月，在科隆北部的一个石灰石采石场，两名工人发现了一个让他们终生难忘的东西。他们发掘出了曾经行走于地球上的最具争议性的生物的骨骼。

但是，他们当时并没有意识到这一点。古老的骨头，通常大多是熊或鬣狗的。在他们挖掘、采石的过程中，这样的骨头时常会突然冒出来，然后他们会把这些骨头同其他废弃物一起扔掉。但是这一次，垃圾堆里的这些遗骸被他们的工头注意到了。他认为这可能是一只洞穴熊的骨头，于是他决定把这些骨头作为礼物送给当地一所高中的科学老师约翰·卡尔·富尔罗特（Johann Carl Fuhlrott），因为他认为这应该是一个“很酷”的礼物。与奈飞公司问世之前的许多人一样，富尔罗特是一位狂热的化石收集者。

富尔罗特一看到这件礼物，就意识到这些绝不是普通的动物骨头。一开始他以为这副骨架是人类的，但总觉得有某些地方不对劲。这个头盖骨很奇怪。与人类头盖骨相比，它显得有些倾斜且更细长一些，同时眉骨突出，鼻子也很大。

那个星期，当地报纸报道了人们在尼安德特山谷发现了一个令人震惊的“平头人种”（Race of Flatheads）的骨骼化石的消息。波恩大学（University of Bonn）的教授赫尔曼·沙夫·豪森（Hermann Schaaff Hausen）在报纸上看到这篇报道后，立即与富尔罗特取得了联系。他们约定见面交流看法。短短几个小时后，两人就达成了一致意见：这些骨头不属于任何一个人类，而属于一个完全不同的人类物种。

富尔罗特断言：“这些骨头是远古时代的。”[12]这也就是说，这个人类物种生活在上帝发动大洪水淹没地球之前，大洪水使他们变成了某种生物的遗骸。

这个结论在当时令人震惊的程度用什么词来形容都不为过。许多人认为这纯粹是一个异端邪说。当富尔罗特和沙夫·豪森在博学之士云集的下莱茵河科学与医学学会（Lower Rhine Society for Science and Medicine）的一次会议上宣布他们的发现时，他们得到的反馈是与会者的震惊和怀疑。[13]一个解剖学教授大声喊道，这简直荒谬绝顶，并称它只是一具在拿破仑战争中死去的俄国哥萨克人的骸骨。另一个与会者则说，这真是一派胡言，并称这副骸骨的主人只是“某个可怜的傻瓜或隐士”，只是因为疾病而使头骨变得畸形了。[14]

但是，随后人们又发现了越来越多的骨头。整个欧洲的博物馆都忙于埋头收藏，越来越多的长脸形头骨重现天日。起初，大部分科学家认为它们只是一种畸形的头骨，并未加以重视，然而后来他们逐渐开始意识到，这可能确实是一种完全不同的人类头骨（见图3-3）。不久之后，有人将头骨对应的物种命名为“愚蠢的人类”（Homo stupidus）。[15]理由是，他们的“思想和欲望”，正如一位德高望重的解剖学家所阐述的那样，“从来没有超越禽兽的思想和欲望”。[16]《科学年鉴》（*Annals of Science*）记载的分类更加精微，它以发现这些骨骼的山谷来为这个新发现的人类物种命名，叫作尼安德特人（Homo neanderthalensis）。

时至今日，人们对尼安德特人的普遍印象仍然是愚蠢的傻瓜，这一点并不难理解。但是，我们不得不面对这样一个令人不安的事实：直到不久之前，智人还与其他人类物种共同生活在这个星球上。

科学家已经确定，在5万年前，除了我们之外，至少还有五种人——直立人（Homo erectus）、弗洛瑞斯人（Homo floresiensis）、吕宋人（Homo luzonensis）、丹尼索瓦人（Homo denisova）、尼安德特人。他们都属于人类，正如金翅雀、家雀和牛头雀都是雀类一样。所以，除了为什么是我们把黑猩猩关在动物园里，而不是黑猩猩把我们关在动物园里这个问题之外，这里又浮现出了另一个神秘的问题：在“平头种族”身上到底发生了什么？我们对其他人类物种做了什么？为什么他们全都消失了？

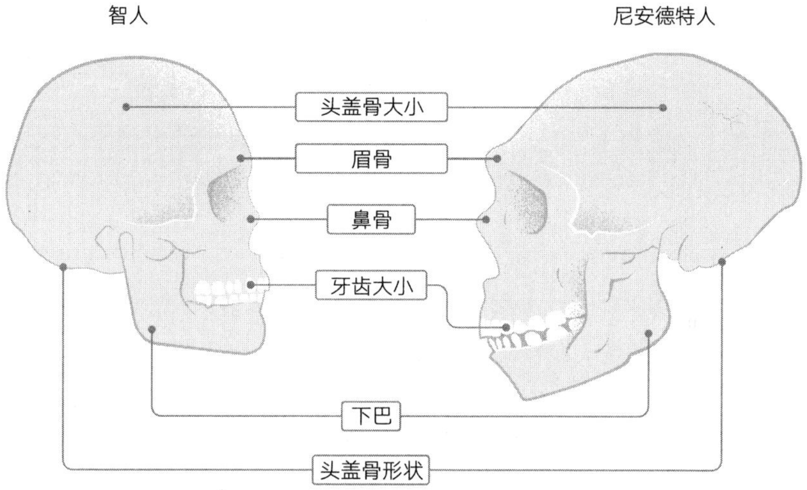

图 3-3 智人与尼安德特人头骨的比较

是因为尼安德特人比我们弱小吗？不是。恰恰相反，他们是典型的“肌肉男”，他们的肱二头肌就像吃了菠菜后的大力水手一样。更重要的是，他们还非常强硬。这是两位美国考古学家在 20 世纪 90 年代对尼安德特人化石中的大量骨折情况进行详细分析后得出的结论。他们认为，尼安德特人与一个现代体育职业群体有很大的相似之处，那就是竞技牛仔，后者也经常与大型动物发生“暴力冲突”。

这两位考古学家与职业牛仔竞技协会取得了联系——我没有跟你开玩笑，根据这个协会的记录，仅仅在 20 世纪 80 年代，其内部成员就发生了 2 593 起受伤事故。[17] 将这些数据与尼安德特人的数据进行比较，他们发现了很多惊人的相似之处。那么唯一的区别是什么呢？那就是，尼安德特人并没有像竞技牛仔那样，骑在狂奔的野马上去用套索追逐野牛，而是用长矛去刺猛犸象和剑齿虎。[18]

排除了尼安德特人并不比我们弱小这个可能，剩下的也许是他们比我们更加愚笨这个猜想了。

要是了解事情的真相，你只会觉得更加不安。平均来说，尼安德特人的大脑容量要比现代人类的大脑大 15% 左右，即前者为 1 500 立方厘米，后者为 1 300 立方厘米。如果我们夸耀自己的大脑是超级大脑，那么尼安德特人的大脑便是“超超级大脑”。或者，如果说我们的大脑是 Macbook Air，那么他们的大脑就是 Macbook Pro。

随着科学家关于尼安德特人的新发现不断增多，大家越来越一致地认为，尼安德特人拥有惊人的智力。[19]他们会生火做饭，会缝制衣服、制作乐器、打磨珠宝和绘制洞穴壁画。而且，有大量迹象表明，智人还借用了尼安德特人的一些发明，比如某些石器，甚至有可能埋葬死者的习俗也是从他们那里学来的。

尼安德特人既然有着巨大的大脑、发达的肌肉，以及在两个冰河世纪中生存下来的能力，但他们最终还是从地球上彻底消失了，这是为什么呢？尼安德特人在地球上顽强地生存了 20 多万年之后，为什么会在智人出现后就退出历史舞台了呢？

这里有一个终极性的，然而也更加邪恶的假说。

如果说与尼安德特人相比，智人既没有更强壮、更勇敢，也没有更聪明，那么或许是因为智人更卑鄙。“很有可能，”以色列历史学家尤瓦尔·赫拉利推测，“当智人遇上尼安德特人之后，结果就是发生了历史上第一次也是最重要的一次种族清洗运动。”[20]普利策奖得主贾雷德·戴蒙德（Jared Diamond）①对此表示赞同："这些谋杀犯是可以根据证明力较弱的间接证据来定罪的。"[21]

稚人的登场

这是真的吗？智人真的对我们的古人类表亲实施了"种族清洗"吗？

快进到1958年的春天。莫斯科国立大学（Moscow State University）生物系学生柳德米拉·特鲁特（Lyudmila Trut）敲开了德米特里·别利亚教授（Dmitri Belyaev）办公室的门。德米特里教授是一位动物学家和遗传学家，正想找一个合适的人帮他管理一个雄心勃勃的新研究项目。尽管柳德米拉当时还是一名学生，但是她下定决心，一定要拿下这份工作。[22]

德米特里教授和蔼可亲、彬彬有礼。他决定让她参与他的秘密研究计划。这个计划要求柳德米拉前往西伯利亚的一个靠近哈萨克斯坦和蒙古边境的偏远地区，教授将在那里着手展开一项实验。

他告诫柳德米拉在同意前往之前要慎重考虑，因为这是一次冒险之旅。那时的政府禁止任何形式的遗传学研究。出于这个原因，研究小组对外宣称这是一个关于珍贵狐狸皮毛的研究。

事实上完全不是这么一回事。"他告诉我，"若干年后柳德米拉这样说道，"他想从狐狸中培养出一条狗来。"[23]

这位年轻的科学家当时没有意识到的是，她刚刚同意开始的是一

① 美国演化生物学家，美国艺术与科学院院士。其讲述人类性行为进化的科普力作《性的进化》中文简体版已由湛庐策划，天津科学技术出版社出版。——编者注

项史诗般的探索。德米特里和柳德米拉将一起揭开人类的起源之谜。

他们从一个与众不同的问题入手：如何将一个凶狠的捕食者变成一只友好的宠物？早在100多年前，达尔文就已经注意到了，许多被驯养的动物，比如猪、兔子、羊等，都表现出了一些惊人的相似之处。首先，它们的个子要比它们的野生祖先小一些。其次，它们的大脑和牙齿通常也更小，平时经常耷拉着耳朵，尾巴则是卷曲着的，皮毛往往有白色斑点。最后，也最有意思的是，它们一生都保留着一些“幼稚”的特征。

这是一个困扰了德米特里多年的谜题。为什么被驯养的动物看起来都是这个样子的？为什么有那么多的农民在那么多年以前就会更喜欢有卷曲的尾巴、下垂的耳朵和一张娃娃脸的小狗和小猪，并且根据这些特征来进行有选择的繁育？

这位遗传学家提出了一个大胆的假说。他怀疑这些可爱的性状或特征仅仅是别的什么东西的副产品。他认为，这是一种“变态”（metamorphosis），如果在足够长的一段时间内，动物一直根据某种特征而被有选择地繁育，那么变态就会发生。这种特征是：友好。

这也是德米特里的计划。他想要在几十年的时间内复制出大自然花费数千年才能形成的东西。他想把野生动物变成宠物，而且他认为这可以通过只选择那些最友善的个体进行繁殖来实现。根据他的研究计划，德米特里选择了银狐作为实验对象，这是一种从未被驯化过的动物，非常凶猛好斗，研究人员只有在戴上厚达5厘米且长及肘部的手套才可以去接触它们。

德米特里警告柳德米拉不要抱太大希望。这项实验可能需要花费很多年的时间，甚至有可能终其一生都一无所获。但是柳德米拉态度坚决。几个星期之后，她就登上了“横贯西伯利亚号”快车。

德米特里承包下来的养狐场规模巨大，里面放了数千个关着银狐的笼子。每个笼子里的银狐都发出了刺耳的嚎叫声。尽管柳德米拉事先已经了解过银狐的种种行为，但是她并没有料到它们会如此凶猛。在第一个星期里，她只是在所有的笼子边上不停地转悠，偶尔会戴上防护手套把手伸进笼子中去，看看那些动物会有什么反应。如果柳德米拉感觉到了某只银狐在攻击前有哪怕一丝犹豫，她就会选择那只狐狸进行繁殖。

事后回想起来，所有的一切都发生得如此之快，实在令人惊叹。

1964 年，当繁育实验进行到第四代的时候，柳德米拉看到了第一只摇尾巴的狐狸。为了确保这些行为确实是自然选择的结果（而不是后天习得的），柳德米拉和她的团队成员与银狐的接触一直保持在了最低限度上。但是，要做到这一点后来变得越来越困难了：因为在几代之内，新的银狐就开始直接乞求得到关注。谁又能拒绝得了流着口水、摇着尾巴的小狐狸呢？

在野外，银狐在出生后 8 星期左右就会变得富有攻击性，但是柳德米拉选择繁育的银狐则永远保持了幼小的特征，整天除了玩耍之外，其他的什么也不喜欢（见图 3-4）。“这些温顺的狐狸，”柳德米拉后来这样写道，“似乎在拒绝长大。”[24]

与此同时，它们的身体也发生了显著的变化。狐狸的耳朵耷拉了下来。它们的尾巴变得卷曲了，皮毛上也出现了白色斑点。它们的鼻子变短了，骨头变薄了，而且雄性变得越来越像雌性。这些狐狸甚至开始吠叫，像狗一样。不久之后，当饲养员叫到它们的名字时，它们就会做出反应，这是人们在银狐身上从未见过的行为。

这些特征中没有一项是柳德米拉所选择的。她选择培育的唯一标准是友好——其他所有的特征都只是副产品。

到了 1978 年，即这个实验进行 20 年之后，生物学家们不再需要隐瞒他们的研究了。演化论毕竟不是资本主义的阴谋，而且政府正在变得热衷于推动科学的发展。

图 3-4　德米特里和他的银狐

这张照片是 1984 年在新西伯利亚市拍摄的，第二年，德米特里去世，但是他的研究项目一直持续到了今天。

图片来源：Alamy。

同年 8 月，德米特里设法安排国际遗传学大会（International Congress of Genetics）在莫斯科举行。与会者成了贵宾，在可以容纳 6 000 人的克里姆林宫受到了热情款待，宴会上香槟畅饮，鱼子酱飘香。

但是，所有这一切都不及德米特里的演讲给与会者留下的印象深刻。简短的介绍之后，灯光暗了下来，影片开始播放。屏幕上出现了一种不太可能见到的生物：一只摇着尾巴的银狐。观众中发出了阵阵惊叹声，激动的声浪在灯光重新亮起来后还持续了很长一段时间。

但是德米特里还没说完。在随后的一小时里，他提出了自己的革命性见解。他说，这些狐狸的变化与激素有关。越温顺的狐狸产生的压力激素越少，血清素（“快乐激素”）和催产素（“爱情激素”）越多。

最后，德米特里在结束时说，这个理论不只适用于银狐。

这个理论“当然也适用于人类”。[25]

回首往事，这可以说是一个历史性的事件和发现。

在理查德·道金斯出版了他那本关于利己主义基因的畅销书，得出人类“天生自私”的结论两年后，这位不知名的遗传学家提出了相反的观点。德米特里的理论是，人类是被驯化的类人猿。在数万年的时间里，最善良的人类拥有最多的孩子。简而言之，人类的演化是建立在“最友好者生存”的基础上的。

如果德米特里是对的，那么人类自己的身体里就应该有很多线索可以用来证明这个理论。就像猪、兔子和现在的银狐一样，人类应该会在演化过程中变得更小、更可爱。

德米特里生前没有办法直接检验他的假说，但幸运的是，科学一直在向前发展。2014年，一个美国团队开始研究过去20万年里不同时期的人类头骨，结果他们摸索清楚了一个明确的模式。[26]他们发现，人类的脸和身体一直在变得更加柔和、更加年轻，也更加女性化。我们的大脑已经萎缩了至少 10%，我们的牙齿和颌骨的形态，用解剖学术语来说也变得更“幼稚”了。通俗地说就是，人类变得孩童化了。

如果你把人类的头与尼安德特人的头放到一起比较，这种差异甚至更加明显。我们的头骨更短、更圆，眉骨更低。人类之于尼安德特人，就像狗之于狼一样。[27] 正如成年的狗看起来像狼崽子，人类演化的结果是，成年人看起来像幼年的猴子（见图 3-5）。

来吧，大家欢迎“稚人”（Homo puppy）登场！

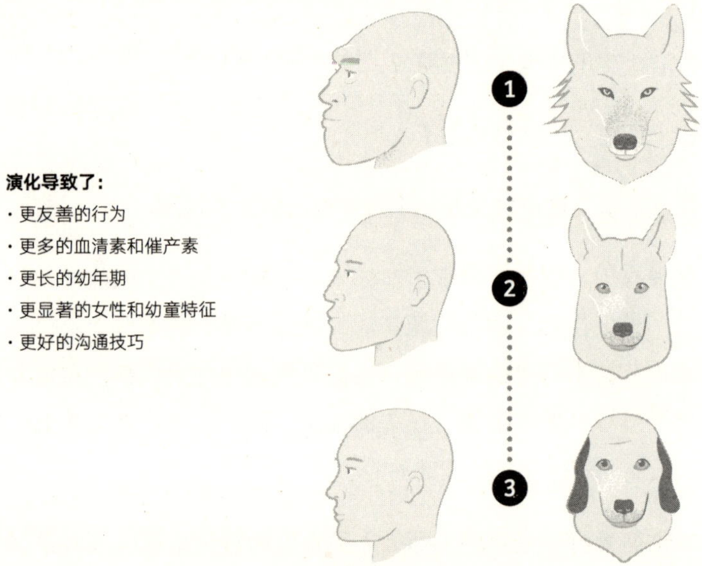

图 3-5　人类与狗的“驯化”

图片来源：Brian Hare，‘Survival of the Friendliest’，*Annual Review of Psychology*（2017）。

人类外貌的这种变化是在大约 5 万年前开始加速的。有意思的是，大约就是在尼安德特人消失的同一时期，人类世界涌现出了许许多多的新发明，比如更好用、更锋利的石器，钓鱼线，弓箭，独木舟和洞穴壁画。所有这些似乎都不具有进化上的意义，因为人类变得更弱小，更易受到伤害，更幼稚了。世界在变得越来越复杂，然而我们的大脑却变得越来越小了。

那么，接下来又如何发展呢？稚人究竟是怎样征服世界的呢？

友好的银狐

谁能比一个真正的小狗专家更有资格回答这个问题呢？布赖恩·黑尔（Brian Hare）在20世纪80年代的亚特兰大长大成人，他一直特别痴迷各种各样的狗。青年时期，他决定学习生物学，却发现生物学家对狗不太感兴趣。毕竟，犬科动物虽然大都很可爱，但是它们似乎都不太聪明。

在大学里，布赖恩上了迈克尔·托马塞洛（Michael Tomasello）的课。托马塞洛是一位发展心理学教授，后来成了布赖恩的导师和同事。托马塞洛的研究集中在黑猩猩身上，那时的人们普遍认为黑猩猩比狗有趣得多。到了大学二年级的时候，当时年仅19岁的布赖恩受托协助托马塞洛进行一项智力测试。

这是一个经典的"对象选择测试"（object choice test）。在这个测试中，一种美味的食物被藏了起来，被试则会被提示在哪里可能找到它。人类幼儿在这项测试中表现出色，黑猩猩却被难倒了。不管托马塞洛教授和他的学生们如何明里暗里地为黑猩猩提示他们藏香蕉的地方，那些黑猩猩仍然毫无头绪。

在又做了整整一天的手势（以提醒黑猩猩）之后，布赖恩脱口而出："我想我的狗能行。"

“那当然啦。”托马赛洛教授不以为然地笑着随口应付道。

“不，真的，”布赖恩坚持说，“我打赌它能通过这项测试。”[28]

20年后，布赖恩·黑尔成了杜克大学的一名演化人类学教授。通过一系列谨慎细致的实验，他证明了狗拥有令人难以置信的智力。在某些情况下，它们甚至比黑猩猩还要聪明（尽管狗的大脑更小）。

在一开始的时候，科学家并不理解这一点。狗怎么可能聪明到能够通过对象选择测试呢？它们的大脑一定不是从它们的狼类祖先那里继承来的，因为在布赖恩的测试中，狼的得分与猩猩和黑猩猩一样低。它们也肯定不是从主人那里学到了什么特别的技巧，因为那些小狗在9星期大的时候就能通过测试了。

布赖恩的同事兼顾问、灵长类动物学家理查德·朗汉姆（Richard Wrangham）认为，犬类的智力可能是自发形成的，就像银狐卷曲的尾巴和下垂的耳朵一样，是一种偶然出现的副产品。但是布赖恩不这么认为，在他看来，像社会智力这样有用的特质，怎么可能是一种意外的产物呢？相反，这位年轻的生物学家猜测，应该是我们的祖先有选择性地培育了聪明的狗。

布赖恩只有一种办法能够用来验证他的猜想。是时候去西伯利亚走一趟了。几年前，布赖恩曾经看到过一篇关于一位遗传学家进行一项鲜为人知的研究的报道，据说他把狐狸变成了狗。2003年，当布赖恩踏上“横贯西伯利亚号”快车时，柳德米拉和她的团队已经繁殖了40代银狐。布赖恩将是第一个研究银狐的外国科学家，而且他将从对象选择测试开始。

如果他的假说是正确的，那么友好的狐狸和凶猛的狐狸无法通过这项测试的概率是一样的。因为德米特里和柳德米拉是根据友好性而不是智力高低来选择繁育它们的。如果布赖恩的顾问理查德是对的，同时智力只不过是友好的一个副产品，那么只有被选择繁育的狐狸能够成功通过测试。

长话短说吧，测试结果支持了副产品理论，证明布赖恩错了。最新一代的银狐不仅非常机敏，而且比它们好斗的同类聪明得多。用布赖恩自己的话来说，“狐狸完全震住了我”。[29]

在此之前，人们一直认为驯化会削弱脑力，同时减少大脑中的灰质，而且这个过程还会牺牲动物在野外生存所需要的技能。我们常常会说类似这样的俗语：狡猾得像只狐狸，笨得像头牛，等等。但是布赖恩得出了一个完全不同的结论。“如果你想要培育出一只聪明的狐狸，”他说，“那么你不要选择聪明的，而应该选择友好的。”[30]

是什么让人类如此独一无二

这样也就把我们带回到我在本章开头提出的那些问题上去了。到底是什么让人类变得如此独一无二的？为什么是我们建造了博物馆，而尼安德特人却被困在了博物馆里？

下面，我们再来看一看灵长类动物和年幼孩童完成前述38项测试的结果。我之前没有提到的是，实验组织者还要评估被试的第四项技能：社会学习能力，也就是向他人学习的能力。正是这最后一项测试的结果揭示了一些相当有意思的东西。

图3-6完美地阐明了到底是哪一项技能将人类与其他灵长类动物区分开来的。在几乎所有的认知测试中，黑猩猩和猩猩的得分都与两岁的人类孩童相当。但是一旦到了社会学习部分，蹒跚学步的孩子就轻而易举地胜出了。大多数孩子的分数是满分，而大部分猿类动物则为零分。

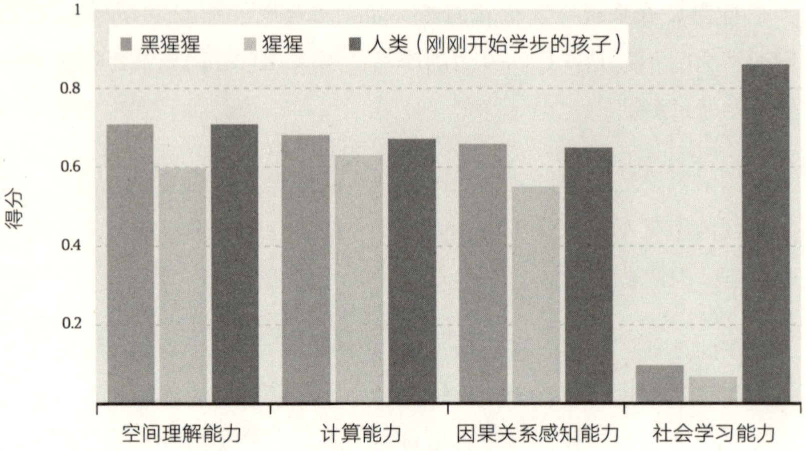

图 3-6 人类与其他灵长类动物的智力比较

事实证明，人类是“超社会”的学习机器。我们天生就会学习，会结伴，会玩耍。或许，会脸红是人类独有的表情这个事实一点儿也不令人感到奇怪。毕竟，脸红是一种典型的社交行为——这是人们在意他人想法的表现，它能加深信任，帮助达成合作。

当我们看着彼此的眼睛时，类似的事情也会发生。因为人类还拥有另一个奇怪的特征：我们的眼睛里存在眼白。这个独一无二的特征让我们的眼睛能够随他人的目光而转动。其他所有的灵长类动物（总共有超过 200 个种类），眼白部分都是黑色的。就像玩扑克的人通常会戴上墨镜一样，黑色的眼白能够“隐藏”它们的视线方向。

但是人类并不需要如此。我们会彼此敞开心扉，无须隐藏自己。请读者试着想象一下，如果我们不能直视对方的眼睛，人类的友谊和爱情将会与现在有多大的差异。我们怎样才能彼此信任呢？布赖恩·黑尔猜测，我们不同寻常的眼睛是人类驯化的另一种产物。随着我们逐渐演化得更为社会化，我们内心的想法和情感也开始越来越多地表露了出来。[31]

此外，在人类身上，高眉骨，即在尼安德特人的头骨和现在的黑猩猩和猩猩身上可以看到的那种近乎可怕的“眶上隆凸”（torus supraorbitalis），也变得更加低平柔和了。科学家认为，突出的眉骨可能会严重阻碍个体间的交流，因为人类现在可以利用眉毛做出各种各样的微表情。[32] 你可以试着在镜子前面做出惊讶、同情或厌恶的表情，然后注意一下你的眉毛会发生怎样的变化。

简而言之，人类绝不是“扑克脸”。我们会不断地流露出自己的情感，并且天生就会与周围的人建立起联系。但是，这绝对不是一个障碍，相反这是我们真正的超能力，因为善于交际的人不仅更有趣，而且最后也会变得更聪明。

将这种思想概念化的最佳方法是，想象一个定居了两个不同部落的星球：一个是天才部落，另一个是模仿者部落。天才部落的人都很聪明，他们中有 10% 的人在人生的某个阶段发明了某件真正令人惊叹的东西（比如一根钓鱼竿）。模仿者部落的人认知能力较差，所以只有 1‰ 的人最终能够学会自己去钓鱼。这也就是说，天才要比模仿者聪明 100 倍。

但是，这些天才也面临着一个问题。不是所有天才都很合群。平均来说，发明了钓鱼竿的天才只能教会一个朋友钓鱼。模仿者则平均有 10 个朋友，这也就是说，他们的社交能力比天才强 10 倍。

现在，让我们进一步假设教会别人钓鱼是一件棘手的事情，而且成功的概率只有一半。我们提出的问题是：哪个群体会从这项发明中获利更多？根据人类学家约瑟夫·亨里奇的计算，答案是，只有 20% 的天才能学会钓鱼，其中一半是靠自己摸索出来的，另一半则是从别人那里学来的。相比之下，虽然只有 0.1% 的模仿者有能力通过自己钻研掌握这门技术，但是最终 99.9% 的模仿者都能学会钓鱼，因为他们能够从其他模仿者那里学会。[33]

尼安德特人有点像天才。从个体层面上看，他们的大脑更大，但是从集体层面上看，他们其实没有那么聪明。就个人而言，尼安德特人可能比智人更加聪明，但是智人生活在规模更大的群体中，而且会更频繁地从一个群体迁移到另一个群体，他们还有可能是更好的模仿者。如果说尼安德特人是一台超级快的电脑，那么智人就是一台老式的个人电脑——不过我们已经连上了 Wi-Fi。虽然我们的计算速度比较慢，但是相互之间能够更好地相互联通。

一些科学家认为，语言的发展也是人类社会性的产物。[34]语言确实是这类系统的一个很好的例子——模仿者可能无法自己创造出来，但是他们可以通过互相学习来掌握它。于是，随着时间的推移，会说话的人类诞生了，就像柳德米拉的银狐开始学会吠叫一样。

那么，尼安德特人后来怎么样了呢？真的是“稚人”最终把他们消灭了吗？

这种观点可能会激发作家或导演的灵感，催生一些令人激动的书籍或纪录片，但是没有一丁点儿考古学的证据可以用来支持它。更加合理的猜想是，智人能够更好地应对上一个冰河时代（距今 11.5 万至 1.5 万年前）的极端恶劣气候条件，就是因为我们发展出了合作的能力。

至于那本令人沮丧的《自私的基因》又该怎么看呢？在我看来，它正好符合 20 世纪 70 年代的思维方式，那个时代被《纽约客》杂志称为“自我的 10 年”。20 世纪 90 年代末，理查德·道金斯的一位狂热粉丝决定把“自私的基因”思想付诸实践。这个人就是能源巨头安然公司（Enron Corporation）的首席执行官杰弗里·斯基林（Jeffrey Skilling），道金斯这本书并没有使他感到悲观，反而激发了他借助贪婪机制来经营整个公司的灵感。

斯基林在安然公司建立了一个“等级与解雇”的绩效考核制度。公司业绩最好的员工位列第一等级，自然拿到手的奖金也极其丰厚。垫底的则是第五等级，这批人被称为“被派往西伯利亚的人”，他们除了要蒙受羞辱之外，如果在两个星期内找不到其他职位转岗，还会被解雇。这种残酷的考核制度的结果是，安然公司形成了霍布斯式的企业文化，员工之间展开了割喉式的激烈竞争。到了2001年年底，有消息披露，安然公司一直涉嫌大规模的会计欺诈。当一切尘埃落定后，斯基林被送进了监狱。

时至今日，至少有60%的美国大公司仍然在应用“等级与解雇”绩效考核制度的某种变体。[35]“这是一个霍布斯式的世界，”记者乔里斯·卢延迪克（Joris Luyendijk）在谈到2008年信贷危机后伦敦金融服务业的状况时表示，“所有人反对所有人，人际关系是恶劣的、粗野的、脆弱的。”[36]亚马逊和优步这类公司也是一样，它们有组织地让员工展开恶性竞争。用一位不愿透露姓名的员工的话来说，优步是一个“霍布斯式的丛林”，“除非别人死了，否则你永远无法前进”。[37]

自20世纪70年代以来，科学已经取得了长足的进步。在《自私的基因》的后续版本中，理查德·道金斯放弃了他关于人类天生自私的主张，相应的理论也失去了生物学家的信任。虽然斗争和竞争显然是生命进化的重要因素，但是现在每一个生物系一年级学生都知道合作更加重要。

这是一个亘古不变的真理。我们遥远的祖先早就知道集体合作的重要性，他们极少搞个人崇拜那一套。世界各地的狩猎采集者，不管是生活在最寒冷的冻土地带还是生活在最炎热的沙漠地带，都相信世间万物是相互关联的。他们认为自己是一个更大的集体的一部分，与所有其他的动物、植物和地球母亲联系在一起。也许他们比今天的我们更加理解人类的真实处境。[38]

既然如此，说孤独确实会导致人们生病，又有什么值得奇怪的呢？缺乏人际接触就相当于一天抽15支烟，难道不是真的吗？[39] 养宠物真能降低我们患抑郁症的风险，你还怀疑吗？[40] 人类渴望团聚和互动。[41] 我们的心灵渴望联系，一如我们的身体渴望食物一样。正是这种渴望，比其他任何东西都更能驱动“稚人”向月球进军。

当我明白这个道理之后，演化的概念就再也不会让我感到沮丧了。也许根本不存在造物主，也不存在什么宇宙计划。也许我们的存在只是一个侥幸，是经过数百万年的盲目摸索的结果。但是至少我们并不孤独，我们拥有彼此。

第 4 章
不曾开枪的士兵

房间里的大象

现在，是时候讨论“房间里的那只大象”了。

人类当然也有黑暗的一面。有时，“稚人”会在动物王国里做出一些前所未有的可怕的事情。金丝雀不会管理监狱，鳄鱼不会建造毒气室。在整个地球的生命史上，也从来没有一只考拉会忍不住去抓捕、关押，对同类种族赶尽杀绝。这类罪行是只有人类才会犯下的。因此，除了一些表现出特别强的亲社会性的行为之外，“稚人”显然也可能做出非常残忍的行为。这是为什么呢？

我们不得不面对一个令人痛苦的事实。“这种机制在让我们成为最善良的物种的同时，”小狗专家布赖恩·黑尔说，“也让我们成为地球上最残忍的物种。”[1] 人是一种群居动物，但是我们有一个致命的弱点：我们总是与跟我们最像的人更亲近。

这种本能似乎已经被编码进了我们的DNA中。以催产素为例，生物学家早就知道它在分娩和哺乳中发挥着关键作用。当他们第一次发现这种激素对爱情也有作用时（柳德米拉培育的可爱的西伯利亚银狐体内这种激素水平也很高），他们兴奋不已。有人猜测，往鼻子里喷点催产素，你可能会体验到一次前所未有的最美妙的约会。

事实上，我们确实可以问一句：为什么不用大型喷雾器在人群中喷洒这种东西呢？催产素可以让我们变得更善良、更温和、更放松、更平静，它甚至能把最恶毒的混蛋变成一只友好的小狗。这也是它经常被吹捧为“人类善良的乳汁”和“拥抱激素”的原因。

与此同时，学界也存在另一种说法。2010年，阿姆斯特丹大学的研究人员发现，催产素的影响似乎仅限于一个人所属的群体内。[2]这种激素虽然能够增强朋友之间的感情，但是也会强化人们对陌生人的厌恶。事实证明催产素并不能激发博爱，但可以强化“我的人优先”的情感。

高贵的野蛮人

或许，托马斯·霍布斯是对的。

也许在史前时代，真的发生过一场“所有人对所有人的战争”。但那不是朋友与朋友之间的战争，而是敌人与敌人之间的战争。不是和我们认识的人斗争，而是和我们不认识的陌生人斗争。如果这是真的，那么现在考古学家应该已经发现了数不清的关于智人的攻击行为的文物。他们的考古发掘肯定会发现一些证据，证明我们天生就爱发动战争。

恐怕他们真的发现了。第一次发现这样的线索是在1924年，当时一名矿工在南非西北部的塔翁村（Taung）外挖出了一个类似猿类幼年个体的头骨。这个头骨后来辗转来到了解剖学家雷蒙德·达特（Raymond Dart）的手中。他把它命名为非洲南方古猿（Australopithecus africanus），这个物种是最早在地球上直立行走的原始人之一，大约生活在距今200万年前，也可能是300万年前。

一开始，达特对他的发现感觉很不安。他在研究这个头骨以及人类其他祖先的骨骼的时候发现了许许多多的伤痕。这么多的伤痕是由什么原因造成的呢？他得出的结论绝对称不上赏心悦目。他认为这些早期人类一定是用石头、象牙和角制品来捕杀猎物的，从这些遗骸的外观来看，动物并不是唯一的受害者，他们还互相残杀。

由此，雷蒙德·达特成了第一批将人类描述为天生嗜血的食人族的科学家之一。他的“杀人猿”理论也成为全球的头条新闻。他说，直到距今约一万年前，随着农业的出现，人类才开始转而采用一种“更富同情心”的饮食方式。人类文明的萌芽可能就是我们“普遍不愿承认”最真实的我们到底是什么人的原因。[3]

但是，达特自己却没有这种不安。他写道，我们最早的祖先“毫无疑问可以被认定为杀手：他们是食肉动物，他们以暴力手段捕杀动物，把它们砸死，撕碎它们残破的身体，肢解它们，用受害者滚烫的血液来解渴，贪婪地吞食它们鲜血淋漓的肉”。[4]

对科学家来说，那是一个开放的时代，而达特奠定了基础，庞大的研究队伍可以跟随他的步伐前进。首先是珍妮·古道尔（Jane Goodall），她在坦桑尼亚研究人类的表亲黑猩猩。黑猩猩长期以来都被人们认为是爱好和平的食草动物，但是在1974年，当古道尔目睹了一场黑猩猩之间的殊死搏斗之后，她受到了巨大的冲击。

整整4年时间，两个族群的黑猩猩在持续进行着一场残酷的战斗。古道尔胆战心惊，但是她一直秘而不宣，最终公开时，许多人都不相信。她描述了黑猩猩争斗时的场景："被害者躺在那里，血从鼻子里喷涌而出，有的黑猩猩捧着受害者的头吸它的血，有的黑猩猩扭着被害者的胳膊，直接用牙齿撕扯它的皮毛……"[5]

20世纪90年代，古道尔的学生、灵长类动物学家理查德·朗汉姆（小狗专家布赖恩·黑尔的顾问）推测，我们的祖先一定是某种类型的黑猩猩。从这些食肉的灵长类动物到20世纪的人类战场，理查德追踪到了一条直接的线索，他认为这种对战争的嗜好根植于我们的血液当中，它使得"所有现代人都是一种在长达5亿年的致命的攻击性习惯中迷迷糊糊地存活下来的生物的后代"。[6]

那么，是什么让他得出这个结论的呢？很简单，弱肉强食，适者生存。黑猩猩有联合同伴伏击落单者的癖好，就像校园恶霸在学校操场上欺凌弱小时表露出来的低级本能一样。

你可能会想，没错，就是这样的，但这些科学家在谈论的不是黑猩猩和其他类人猿吗？"稚人"难道不是独一无二的吗？我们之所以能够征服世界，难道不是因为我们是如此友善可亲吗？关于人类依靠狩猎和采集来维持生存的那些日子，科学家发现的记录到底揭示了什么？

1959年，人类学家伊丽莎白·马歇尔·托马斯（Elizabeth Marshall Thomas）出版了一本关于至今仍生活在卡拉哈里沙漠的昆人（!Kung）[7]的书。这本书的标题是《无害的人》（*The Harmless People*）。它传达的信息与20世纪60年代的时代精神非常吻合，当时新一代的左派科学家登上了人类学的舞台，他们热衷于给人类祖先披上卢梭式的外衣。他们断言，任何一个人，如果想知道人类过去的生活方式，都只需要去观察现在仍然在狩猎和采集的那些非定居部族就可以了。

托马斯和她的同事发现，尽管丛林中或稀树草原上偶尔会出现一些不祥和的声音，但是那些部落之间的所谓“战争”，充其量也不过是相互辱骂而已。有时候，也许有人会施放一两支冷箭什么的，但如果真的有一两个士兵受伤了，这些部落通常就会鸣金收兵。看到了吗？这些持进步主义立场的学者说，卢梭是对的，穴居人确实是高贵的野蛮人。

然而，对于这些嬉皮士来说，相反的证据开始迅速涌现了出来。

更晚近的一些人类学家进行了更有针对性的研究，他们认为“杀人猿”理论也适用于狩猎采集者。他们例行公事式的战斗看起来似乎完全无害，但是在夜幕掩护下的血腥袭击和对男人、女人和孩子的屠杀却并不是那么容易就能解释清楚的。如果你有足够长的时间去细致地观察他们，你会发现，即便是昆人部落的成员也是相当嗜血的。在20世纪60年代，当昆人部落领地被国家控制之后，谋杀率直线下降，这也就是说，当霍布斯式的利维坦开始强制实施法治之后，谋杀率下降了。[8]

不过，这仍然只是一个开始。1968年，人类学家拿破仑·查冈（Napoleon Chagnon）对生活在委内瑞拉和巴西的亚诺玛米人（Yanomami）进行了一项实地研究，结果得出了颠覆性的结论。他的著作的标题是《亚诺玛米人：野蛮的种族》（*Yanomamö: The Fierce People*）。这本书描述了一个“长期处于战争状态”的社会。而且更加糟糕的是，调查表明，恰恰是那些身为杀手的男性，往往拥有更多的妻子和儿女。这意味着说“暴力根植于我们的血液中”是有道理的。

但是直到2011年，当史蒂芬·平克的不朽巨著《人性中的善良天使》（*The Better Angels of Our Nature*）出版之后，这个争论才真正平息下来。这本书是这位早就跻身于世界最具影响力的知识分子之列的伟大心理学家的代表作。它是一本厚达802页且用超小字体印刷的大部头著作，里面塞满了各种图表。它能够完美地给你的敌人以重重一击。

“今天，”平克在书中这样写道，“我们完全可以从讲故事转向列数据。”[9] 这些数字的意义不言自明。在21个考古遗址上发现的骨骼中，有暴力至死迹象的平均占了多大的比例？只有15%。在8个至今仍在过着狩猎和采集生活的部落中，暴力导致死亡的人的平均比例是多少？只有14%。那么，整个20世纪的平均水平，包括两次世界大战呢？3%。现在的平均水平还是一样的吗？

不是的，现在只有1%了！

“人类一开始确实很糟糕。”在这一点上，平克赞同霍布斯的观点。[10] 生物学、人类学和考古学证据都指向了同一个方向：人类或许对自己的朋友是非常友好的，但是在面对外敌时就会变成冷血动物。事实上，我们是这个星球上最好战的生物。幸运的是，平克笔锋一转就开始安抚起他的读者来，他说人类现在已经被“文明的诡计”贵族化了。[11] 农业的出现、文字的发明和国家的存在，抑制了我们好斗的本能，给我们肮脏的、残忍的天性蒙上了一层厚厚的文明外衣。

在这本厚重的巨著所罗列的所有统计数据的重压之下，这个争论似乎已经尘埃落定了。多年来，我一直认为史蒂芬·平克是对的，而卢梭是错的。毕竟，事实就摆在那里，数字是不会骗人的。

然而，我又发现了马歇尔上校的故事。

不曾开枪的士兵

那是1943年11月22日，在太平洋深处的一个小岛上，夜幕降临之时，马金之战刚刚拉开序幕。当奇怪的事情发生时，攻击正在按计划展开。[12]

上校兼历史学家塞缪尔·马歇尔（Samuel Marshall）目睹了这一切。他是随同第一批登陆的美军先遣队上岸的。美军试图占领该岛，但是该岛当时仍然控制在日本人手中。很少有历史学家有机会如此近距离地接触这类事件。这个入侵事件本身是一个完美的独立操作，几乎就等同于一场实验室实验。对于马歇尔来说，这是观察战争在现实中如何上演的一个理想机会。

那一天，美国士兵冒着酷暑前进了约5千米。当他们晚上停止行军的时候，已经没有人有足够的精力去留意敌情了，所以他们没有意识到不远处就有一个日本军队的营地。袭击开始于天黑后，日本军队不断强攻美国人的阵地，总共进行了11次尝试。尽管人数不如美军多，但他们还是几乎突破了美军的防线。

第二天，马歇尔想搞清楚到底哪里出了问题。他知道，只通过观察插在地图上的国旗或者阅读军官的日志，能了解到的东西是有限的。所以他决定做一件以前从未尝试过的事。这在历史学界是革命性的。当天早上，他召集了美国士兵，对他们进行了分组访谈。他请求他们畅所欲言，不论地位高低均可各抒己见。

就战略而言，这是一次天才式的行动。“马歇尔几乎立刻就意识到，他无意中发现了精确作战报告的最大秘密，”一位同事后来这样写道，“每个人都想起了一件事情，那是要拼成一幅完整的拼图所必需的一块碎片。”[13]它也正是马歇尔上校能够得出一个令人困惑的发现的原因。

这个发现就是，大多数士兵从来不曾开过枪。

几个世纪以来，甚至几千年来，将军、统治者、作家和艺术家都认为士兵会打仗是理所当然之事。如果要说哪一件事能够激发人类的猎人本性，那非战争莫属。战争就是人类有能力得心应手地做到最好的那件事情。战争就是我们开枪杀人。

但是，当马歇尔上校继续在太平洋战场和欧洲战场前线采访了大量军人之后，却发现只有 15% ～ 25% 的军人真正动用过他们的武器。在关键时刻，绝大多数军人都退缩了。一名沮丧的军官讲述了他是如何在队列中穿梭喊叫的："该死的！快开始射击！"然而，"他们只是在我盯着他们的时候或其他军官站在他们身边时才开枪"。[14]

那天晚上，马金岛上的美军面临的形势非常清楚：不成功便成仁，这时你会希望每个人都会为保卫自己的生命而奋勇作战。但是，在那个由 300 多名士兵组成的美军军营中，马歇尔只找出了 36 个真正扣动过扳机的士兵。

是因为缺乏经验吗？不。在射击意愿方面，新兵蛋子和有经验的老兵似乎没有任何区别。而且，许多在战斗时没有开过枪的人在训练中都是神枪手。

也许他们只是临阵退缩了？几乎不可能。在场上士兵如果不开火，就意味着他们在拿自己的生命开玩笑，风险极大。作为一个男人，他们都是勇敢、忠诚的爱国者，时刻准备着为他们的战友牺牲自己的生命。然而，到了最后关头，他们却逃避了。

他们终究没有开枪。

第二次世界大战结束几年之后，塞缪尔·马歇尔成了他那个时代最受尊敬的历史学家之一。他说的话，整个美国军队都非常重视。他在1946年出版的《战火英雄》（*Men Against Fire*）一书，直到今天仍然是军事学院的学生的必读书。在这本书中，马歇尔强调，“一般而言，健康的人……都有一种内在的、通常未被意识到的对杀害同胞的抗拒，以至于他不会出于自己的意志而选择夺走他人的生命”。[15]他还写道，大多数人都有一种“攻击恐惧”，那是我们“情感结构”的一个正常组成部分。[16]

这到底意味着什么？马歇尔上校是否发现了某种强大的人类本能？当时，饰面理论正处于鼎盛时期，雷蒙德·达特的“杀人猿”理论也正风靡一时，马歇尔的发现很难让人接受。不过，马歇尔上校有一个预感：他的分析结论不仅适用于第二次世界大战中的盟军，而且适用于历史上所有的士兵——从特洛伊战争中的希腊人到凡尔登战役中的德国人。

尽管马歇尔上校终其一生都享有盛誉，但是到了20世纪80年代，质疑的声音还是浮出了水面。1989年2月19日，《纽约时报》的头版发表文章称：“马歇尔关于战争的关键著作是不真实的。”《美国传统》（*American Heritage*）杂志甚至认为这是一场骗局，声称马歇尔“捏造了整个事件”，说他根本没有进行过任何集体采访。“那家伙歪曲了历史，”一名前军官嘲笑道，“他根本不了解人性。”[17]

马歇尔无法为自己辩护，因为他早在12年前就去世了。随后，其他历史学家对这场争论以及相关档案进行了深入的研究，发现有迹象表明，马歇尔确实偶尔会歪曲事实，但那个集体采访事件是真实存在的，他确实问过士兵是否会向他们的敌人开火。[18]

在花了好几天时间阅读马歇尔上校本人及他的批评者和辩护者的文章之后，我有点不知道该怎么去看待这个问题了。我是不是太急于去相信马歇尔上校了呢？或者，他真的说到点子上了吗？我越深入研究相关争议，就越觉得马歇尔上校是一个直觉型的思考者。当然，也许不能说他是一位出色的统计学家，但是不可否认，他绝对是一位非常有洞察力的敏锐的观察者。

最大的问题是，是否有更进一步的证据来支持他呢？

用简短一点的语言来回答，是的。

那么复杂一点的回答呢？在过去的几十年里，支持马歇尔上校的证据可以说是堆积如山了。

在前线的其他将军也观察到了马歇尔上校注意到的这件事情。1943年，在西西里岛战役期间，莱昂内尔·威格拉姆中校（Lieutenant Colonel Lionel Wigram）抱怨说，他最多只能依靠25%的兵力。[19] 另一个例子是伯纳德·蒙哥马利将军（General Bernard Montgomery），他在一封家书中这样写道："麻烦的是，我们英国的孩子天生就不是杀手。"[20]

后来，当历史学家开始采访参加过第二次世界大战的老兵时，他们发现一半以上的军人从未杀过人，而且大部分伤亡都是由少数士兵造成的。[21] 至于美国空军，不到1%的战斗机飞行员摧毁了近40%的敌机。[22] 一位历史学家指出，大多数飞行员"从未击落过任何一架敌机，甚至连尝试都不曾尝试过"。[23]

在这些发现的推动下，学者们开始重新审视关于其他战争的原有假设，比如，1863年美国内战最激烈时的葛底斯堡战役（Battle of Gettysburg）。后来，在检查了从战场上找回来的27 574支步枪之后，人们得到了一个非常令人震惊的发现：90%的步枪仍然装满了子弹。[24] 这完全说不通。平均而言，在那个时代，一名步枪手95%的时间都是用在装子弹上的，而只有5%的时间是用来开枪的。步枪从开始启用到开枪射击需要经过一系列步骤：用牙齿撕开纸包—把火药倒进药盒—装入子弹—塞进枪管—捣实—拉开击锤，最后扣动扳机。无论如何，至少我们可以说，这么多的枪支仍然装满子弹真是很奇怪。

但是，还有更让人感到奇怪的呢。大约有 1.2 万支步枪装上了双倍的子弹，其中又有一半装了 3 倍多。有一支步枪的枪管里甚至装了 23 颗子弹，这太荒谬了。这些士兵都是经过严格训练的，他们都知道，那些步枪的原始设计目标就是一次发射一颗子弹。

那么，这些士兵在交战时在做什么呢？直到很久以后，历史学家才弄清楚这到底是怎么一回事。“我要装子弹”，其实是不开枪的最佳借口。如果需要开枪时你碰巧在装子弹，那么你就可以避免开枪，所以为了逃避开枪，你只需要一次又一次地装子弹就可以了。[25]

对法国军队的研究也有类似的发现。19 世纪 60 年代，法国陆军上校阿登特·杜·皮克（Ardant du Picq）对他手下的军官进行了一项详细的调查，结果发现士兵们并没有人们想象的那么热衷于战斗。当他们准备开火时，他们通常会瞄准得比目标更高一些。以下这种情况可能会持续好几个小时：两支军队都把子弹射向了对方的头部上方，与此同时，每个人都会找借口做一些其他事情，如补充弹药、装载武器、寻找掩体等。

对此，军事专家戴夫·格罗斯曼（Dave Grossman）这样写道：“显而易见的结论是，大多数士兵并没有试图杀死敌人。”[26]

读到这里，我突然想起了我最喜欢的一位作家写的一篇关于同一现象的文章。乔治·奥威尔（George Orwell）在他的经典著作《西班牙内战》（*Spanish Civil War*）中写道：“在这场战争中，大家都不想伤害他人，这可能正是人性的体现。”[27] 当然，这并不是说战争中没有人员伤亡。根据奥威尔的说法，在医务室里，大多数士兵受伤都是由他们自己造成的，是意外。

近年来，不断有专家提供支持马歇尔上校的结论的证据。社会学家兰德尔·柯林斯（Randall Collins）就是其中之一，他分析了数百张受重伤的士兵的照片，得出的结论与马歇尔的估计相一致，认为只有13%～18%的人开了枪。[28]

“根据最一般的证据来判断，霍布斯式的人类观犯了经验上的错误，”柯林斯断言，“人类天生就渴望……团结，这就是暴力行为会变得如此困难的原因。”[29]

好战并不是我们的天性

直到今天，我们的文化中依然充斥着这样一种误解，即给别人造成痛苦是一件轻而易举的事情。试着想一想像“兰博”这样好战的动作片英雄，以及永远都在战斗的印第安纳·琼斯（Indiana Jones）吧。再看一看电影和电视上永远在上演的打斗场面吧，暴力就像传染病一样被传播开来：某一个角色绊了一跤，跌倒在别人身上，对方意外地给了他一拳，在意识到之前，他已经置身于一场所有人对所有人的战争之中了。

但是好莱坞虚构的这种情节与真实的暴力之间的关系被严重夸大了。科学研究告诉我们，在现实生活中，暴力是不会传染的，它不会持续很久，做出暴力行为绝非易事。

我越深入了解马歇尔上校的分析和随后的研究，就越怀疑人类是否真的具有好战的本性。毕竟，如果霍布斯是对的，我们都应该以杀死他人为乐才对。诚然，杀戮的排名可能不如性爱来得高，但它肯定不会引发如此深切的厌恶。

而如果卢梭是对的，那么那些过着狩猎和采集生活的游牧部落在很大程度上应该是和平的。在这种情况下，“稚人”在地球上繁衍生息的数万年间，一定已经演化出了对流血冲突的内在反感。

难道心理学家史蒂芬·平克在他那本重磅巨著中搞错了吗？他给出的关于史前战争造成的高伤亡的统计数据真的是错的吗？要知道，我在早期的书籍和文章中都曾急切地引用过。

我决定从头开始再梳理一遍。这一次，我避开了面向大众读者的通俗出版物，而是更深入地钻研相关学术文献。没过多久，我就发现了一个规律。当某位科学家把人类描绘成嗜杀成性的灵长类动物时，媒体很快就会开始大肆宣传。但是，如果某位学界同行提出了相反的观点，则几乎没有人理会他。

这个现象让我很好奇。我想知道，人们是否被我们对恐怖和奇观的迷恋所误导了？如果畅销书和被引用得最多的那些出版物努力想让我们相信的东西，其实与真实情况天差地别，那又会怎么样呢？

我们再来看看雷蒙德·达特的观点吧。他就是那个在20世纪20年代研究了第一具出土的非洲南方古猿遗骸的人。在检查了这些200万年前的古人类的残破骨头后，他立即断定他们一定是嗜血的食人族。

这个结论曾经风靡一时。只要看看像《人猿星球》（*Planet of the Apes*）和《2001：太空漫游》（*2001: A Space Odyssey*）这样利用“杀人猿”理论大大赚了一笔的电影就知道了（这两部电影都是1968年发行的）。导演斯坦利·库布里克（Stanley Kubrick）在一次采访中证实：“我对人类的野蛮和暴力本性很感兴趣，因为这是对其的真实写照。”[30]

直到很多年以后，科学家才开始意识到，非洲南方古猿的遗骸所指向的，其实是一个完全不同的方向。在法医鉴定结论的基础上，业内专家现在一致认定，这些骨头上的伤痕，并不是其他（挥舞着石头、象牙或兽角制成的武器的）原始人类造成的，而是食肉动物造成的。雷蒙德·达特在1924年分析过的那个头骨也是如此。2006年，新的结论出来了，“罪犯”是一只大型猛禽。[31]

那么，我们的近亲，会撕咬受害者肢体的黑猩猩呢？它们难道不是证明我们的基因里存在着嗜血欲望的活生生的证据吗？

这仍然是一个争论的焦点。为什么黑猩猩有这么强的攻击性？科学家在这个问题上存在着严重分歧。有人认为，人类的干预才是罪魁祸首。他们指责说，如果你经常给黑猩猩喂香蕉，就像坦桑尼亚的珍妮·古道尔所做的那样，它们就会变得更有攻击性。毕竟，没有任何一只黑猩猩愿意错失这种待遇。[32]

虽然这个解释乍听起来非常吸引人，但我还是不相信事实会如此简单。2014年的一项大型研究证实了我的想法。这项研究收集了18个黑猩猩群落50年来的数据。[33]不管研究人员从哪个角度看待这个问题，他们都没有发现黑猩猩自相残杀的次数和人类的干预之间有什么联系。他们得出的结论是，黑猩猩在没有受到外部刺激的情况下也同样会做出野蛮的暴力行为。

幸运的是，我们的“家族树”还拥有更多的分支。例如，大猩猩就比较“和平”。其实还有更良善的，那就是倭黑猩猩。这种灵长类动物有着瘦长的脖子、纤细的手和小小的牙齿，喜欢整天玩耍，是友善的化身，一副永远长不大的样子。

读到这里，你想起什么了吗？当然，生物学家怀疑，倭黑猩猩和

“稚人”一样，是自我驯化的。顺便说一下，它们的脸看上去与人类极其相似。[34] 如果我们真想要对人类与人类的近亲做比较，那么无疑应该从倭黑猩猩开始。

但是，围绕我们最亲近的亲属展开的这场激烈辩论真的有意义吗？人类毕竟不是黑猩猩。当然，我们也不是倭黑猩猩。现在，地球上总共生活着200多种不同类别的灵长类动物，它们之间存在着显著的差异。著名灵长类动物学家罗伯特·萨波尔斯基（Robert Sapolsky）认为，我们通过研究类人猿了解人类祖先的可能性微乎其微，他说“这种争论是毫无意义的”。[35]

我们需要回到真正的问题上来，也即困扰霍布斯和卢梭的那个问题——最早期的人类有多暴力？

我在前面已经说过了，对于这个问题，可以通过两个途径去寻找答案。第一个途径是，研究与人类祖先的生活方式一样的现代狩猎采集者。第二个途径是，发掘人类祖先遗留下来的骨头和其他遗骸，并加以分析。

让我们从第一种方法开始讨论吧。我在前面提到过拿破仑·查冈撰写的关于亚诺玛米人的那本有史以来最畅销的人类学著作《亚诺玛米人：野蛮的种族》。查冈的研究表明，委内瑞拉和巴西的亚诺玛米人对战争有一种强烈的偏好，嗜杀的亚诺玛米人所生孩子的数量是奉行和平主义的亚诺玛米人（用查冈的话说，后者是“懦夫”[36]）的3倍。

但是，查冈的研究可信度究竟有多高？当前科学界的共识是，今天大多数仍然过着狩猎采集生活的部落，并不能真的代表人类祖先的生活方式。事实上，他们早就陷入了文明社会的包围。例如，他们经常与农学家和都市“文明人”接触。无论如何，谁都不能否认的一个最简单的事实是，他们一直在被人类学家所跟踪，这使得他们作为研究样本受到了“污染”。顺便说一句，按“受污染”的严重程度来说，几乎没有哪个部落比亚诺玛米人更高了。作为对他们提供的帮助的交换，查冈给他们分发了斧头和大砍刀，然后得出结论说，这些人非常暴力。[37]

那么，对于查冈的结论——嗜杀者生下的孩子比爱好和平者更多，又该怎么理解呢？可以毫不夸张地说，这个断言是不成立的。原因在于，查冈犯了两个严重的错误。首先，他忘记修正年龄因素了：在他的数据库中，嗜杀者平均比那些“懦夫”年长 10 岁。35 岁的人比 25 岁的人有更多的孩子，这有什么值得惊讶的呢？

其次，查冈的统计只计算了那些仍然活着的杀人者的后代。他完全忽视了这样一个事实：谋杀他人的人往往会遭到报复。换句话说，不少嗜杀者可能已经死于被害人的亲属的复仇了。正因为忽视了这些因素，查冈才会得出如此荒谬的结论。照搬他的思路，你可能会说，单单从中奖者来看，买彩票很值得呀。[38]

在遇到查冈这位人类学家的频繁拜访之后，亚诺玛米人在他们的词汇表中增加了一个新的单词——人类（anthro）。他们给它下的定义是什么呢？“一个强大的不是人的人，有着强烈的不安倾向和疯狂的怪癖。”[39] 1995 年，这个特别的人类被禁止重返亚诺玛米领土。

因此，我们最好忽略查冈的这本畅销书。但我们必须面对那位著名心理学家史蒂芬·平克提供的可以作为人类暴力本性的权威证据的 800 多页证词，以及所有的图表。

在《人性中的善良天使》一书中，平克计算了 8 个原始社会的平均杀人率，最后得到的数字达到了令人担忧的 14%。这个数字出现在了《科学》等备受推崇的期刊上，报纸和电视也在不断地报道这个数字。然而，当其他科学家仔细检查他的原始资料时，他们发现平克混淆了很多东西。

这可能会涉及一些技术性较强的专业问题，我们必须搞清楚平克究竟在哪里弄错了。我们想要回答的问题是：哪些在今天仍然过着狩猎采集生活的人，可以代表5万年前的人类的生活方式？毕竟，在历史上95%的时间里，人类都是“游牧”民族——人们组成了一个个相对平等的小群体，在世界各地游荡。

平克的选择几乎排他性地集中到了那些混合型文化上。这些文化团体的成员确实过着狩猎采集生活，但他们同时也会骑马，或者一起定居于某处，又或者从事农业。这些活动都是相对较“新”的。人类直到1万年前才开始从事农业耕种。至于马，则直到5 000年前才开始被人类驯养。如果你真的想知道人类的祖先在5万年前是如何生活的，那么从那些策马奔驰和耕地种菜的人身上去推断是没有任何意义的。

而且，即便我们认同他的方法，平克所用的数据也是有问题的。根据平克的说法，巴拉圭的阿奇人（他的列表中的第一个部落）中30%的死亡、委内瑞拉和哥伦比亚的希维人（他的列表中的第三个部落）中21%的死亡，都可以归因于战争。乍看起来，这些人似乎有杀戮倾向。

然而，人类学家道格拉斯·弗莱（Douglas Fry）却对此表示怀疑。在查证了原始资料之后，弗莱发现所有被平克认为可以说明阿奇人的“战争死亡率”较高的46个案例，实际上都与一名被巴拉圭人枪杀的部落成员有关。

根据原始资料的记载，阿奇人实际上并不会相互残杀，而是经常

"被奴隶贩子无情地追击，以及被巴拉圭的边民攻击"。至于他们自己，却是"渴望与更强大的邻居建立和平关系"的。希维人也一样。1968年，所有被平克列举为战争死亡者的男人、女人和儿童都是被当地的牧场主杀害的。[40]

看似居高不下的谋杀率也是如此。这些游牧的狩猎采集者并不习惯于互相残杀，他们反而是手持先进武器的"文明"农民的迫害对象。弗莱写道："柱状图和充满数字的表格……也许传达了一种科学客观性，但这其实完全是一种错觉。"[41]

那么，我们能从现代人类学研究中了解到一些什么呢？如果我们调查的是一个没有定居点、没有农业、没有马匹的社会，即一个可以代表我们的祖先生活方式的社会，又会发生什么呢？

你猜对了。当我们研究这种类型的社会时，结果发现战争极其罕见。道格拉斯·弗莱根据2013年为《科学》杂志编制的一份非常有代表性的部落名单得出的结论是，游牧的狩猎采集者反而会避免使用暴力手段。[42]游牧民会选择把他们之间的矛盾坦率地说出来，或者干脆搬到另一个山谷去居住。这听起来很像阿塔岛上的男孩。当脾气上来时，他们会选择让冲突双方前往小岛的不同地点，让大家都先冷静下来。

还有另一件事。人类学家长期以来都假设，在史前时期，社会网络的规模很小。他们认为，人类祖先是成群结队地活动的，即三四十个具有亲属关系的人组成一个群体，然后一起穿越丛林。与其他群体的任何接触都会迅速演变为战争。

但是在2011年，一个由美国人类学家组成的研究团队绘制出了全世界32个原始社会的成员组成的社会网络，既包括阿拉斯加的努拿穆伊特人（Nunamuit），也包括斯里兰卡的维达人（Vedda）。事实证明，这些狩猎采集者部族的成员都非常“社会化”。他们经常在一起聚餐、唱歌，并且与其他群体联姻。

诚然，他们确实是以 30 ～ 40 个个体组成的小团体的形式去狩猎和采集的，但这些团队成员主要由朋友组成，而不是家人，而且他们还会不断地交换成员。因此，这些狩猎采集者拥有庞大的社交网络。2014 年的一项研究估计，不管是巴拉圭的阿奇人，还是坦桑尼亚的哈扎人，平均每个部落成员一生中会遇到的人多达 1 000 个以上。[43]

简而言之，我们有充分的理由相信史前人类一般都拥有一个庞大的“朋友圈”。不断地结识新朋友就意味着不断地学习新东西，只有这样，人类才能变得比尼安德特人更聪明。[44]

如前所述，我们还有另一种方法来回答早期人类是否具有好斗的天性这个问题，那就是我们可以通过发掘化石来解决这个问题。考古学证据可能是解决霍布斯和卢梭之争的最大的希望所在，因为化石记录不可能会像生活在现代的部落那样被研究人员“污染”。但这里还需要考虑一个问题：狩猎采集者都是光脚旅行者。他们生前拥有的东西并不多，身后留下的东西更是少之又少。

幸运的是，这里有一个重要的例外，洞穴壁画。如果人类的自然状态真的如霍布斯所说，“所有人对所有人的战争”，那么你就有理由预测，在那个时期的某一时刻，某个人会把这种情景绘成一幅画。但是，我们从来没有发现过这类壁画。尽管这个时期留下了成千上万幅描绘狩猎野牛、马和瞪羚的场面的洞穴壁画，你却找不到哪怕一幅描绘战争的。[45]

那么古老的骨骼又如何呢？史蒂芬 · 平克引用了 21 个考古遗址出土的骨骼化石，然后得出结论说，平均谋杀率为 15%。但是与以前提到过的一样，平克在这里给出的表单还是有点过于混乱了。在他引用的 21 个考古遗址的案例中，有 20 个考古遗址的历史背景都是在发明农业、驯化马匹或定居生活兴起之后。显然，他们生活的时期离我们这个时代都太近了。

那么，在农业、驯化和定居社会出现之前，又有多少关于早期战争的考古证据呢？有多少证据可以证明好战是人类的天性呢？

答案是，几乎没有。

到目前为止，足够古老的智人骨骼化石总共有约 3 000 具，它们分别出土于 400 处遗址。这些骨骼化石应该可以告诉我们关于人类“自然状态”的一些事情。[46]但是，所有研究过这些遗址的科学家都没有发现令人信服的关于史前战争的证据。[47]

然而，后来的情况就全然不同了。正如著名人类学家布赖恩·弗格森（Brian Ferguson）所说：“战争永远也不会走回头路，它是一个开端。”[48]

第5章
文明的诅咒

狩猎采集者的生活

那么，让-雅克·卢梭是对的吗？人类的天性真的是高尚的吗？在文明出现之前，人类祖先过得好吗？

我认为这些问题的答案是肯定的。这似乎是理所当然的。让我们来看看1492年一位旅行者在巴哈马登陆时的记录吧。当地居民的和平安宁令他深感“震惊”。“他们没有携带任何武器，甚至根本不知道有武器这回事。因为当我把剑拿给他们看时……他们因为完全不了解怎么使用而把自己给割伤了。”这让他陡然生出了一个念头：“他们会成为非常出色的仆人……只要有50个士兵，我就能征服他们，让他们为我所用。”[1]

哥伦布，也就是想到上面这个主意的游客，立刻着手实施了这个计划。第二年，他带着17艘轮船和1 500名士兵重返美洲，开创了横跨大西洋的奴隶贸易。半个世纪之后，加勒比土著人就只剩下了不到

1%，而且剩下的人也都不得不屈服于对疾病和被奴役的恐怖。

对于这些所谓的野蛮人来说，遇到这样“文明”的殖民者才真的是无比震惊呢。对于他们中的许多人来说，一个人只要产生了绑架或杀害他人的想法就是完全不能接受的。如果这听起来有点牵强，那么请接着看下面的例子，直到今天，仍然有不少地方的人把谋杀当作不可想象的事情。

例如，浩瀚的太平洋中有一个叫伊法利克（Ifalik）的小小环状珊瑚岛。第二次世界大战后，美国海军认为，放映几部好莱坞电影给伊法利克人看，会增进他们与伊法利克人之间的友好关系。然而事实证明，影片放映的内容成了伊法利克岛上的居民见过的最可怕的事情。屏幕上的暴力让毫无戒心的当地人痛苦不已，有些人甚至为此病了好几天。

多年后，当一位人类学家来到伊法利克岛做田野调查时，当地人仍然反复问她：“那些事情是真的吗？在美国真的有人杀死过其他人吗？”[2]

仿佛人类历史的核心就隐藏在这个神秘事件里。如果我们对暴力天生有一种根深蒂固、出于本能的厌恶，那么后来发生的那些罪恶行为到底是哪里出了问题呢？如果说战争必定有一个开始，那么到底是什么推动的呢？

关于史前人类生活，我们必须记住的一个警告是：小心，不要把我们的祖先描绘得过于浪漫。人类从来就不是天使。嫉妒、愤怒和仇恨都是非常古老的情感，它们一直在给我们造成伤害。在人类过着最原始的生活的那些日子里，怨恨也在四处沸溢。平心而论，如果我们真的在任何情境下都没有攻击性，那么身为“稚人”，我们永远征服不了这个世界。

要理解最后一点，你需要了解一些“史前政治学”。从根本上说，人类祖先非常讨厌不平等。做决策是一件集体事务，需要深思熟虑，而且每个人都有发言权。一位美国人类学家在339项令人敬畏的实地调查研究的基础上证实，“游牧的狩猎采集者普遍特别关注如何免受他人权威的束缚”。[3]

如果这些狩猎采集者能够容忍的话，人与人之间的权力差别即便存在，也是暂时的、基于特定目的的。领导者应该更有知识、更有技能、更有魅力。也就是说，他们有能力完成既定的工作。科学家将这种现象称为“基于成就的不平等”。

与此同时，这些社会还利用一种非常简单的“武器”来维持所有成员的谦逊，那就是羞耻心。加拿大人类学家理查德·李（Richard Lee）在卡拉哈里沙漠昆人部落中生活了相当长一段时间，他的描述很好地说明了这种“武器”在人类祖先那里发挥作用的方式。以下是某个部落成员描述的一个成功的猎人应该如何行事的例子：

> 他必须先静静地坐下来，直到有人走到他面前问：“你今天看到了什么？”他必须平静地回答：“啊，我并不擅长打猎。我什么也没看见……也许只是一只小小的猎物吧。”然后我就明白了，他杀死了大“家伙”。[4]

别误会我的意思，骄傲和贪婪在人类社会中已经存在很长时间了。但是几千年来，“稚人”一直在尽其所能压制这些倾向。正如昆人部落的一个成员所说：“我们讨厌夸夸其谈的人，因为总有一天，他的骄傲会让他去杀人。所以我们总是说他的肉其实一文不值。我们是用这种方法让他冷静下来并变得温和的。”[5]

狩猎采集者的禁忌还包括储藏和囤积。在人类演化历史上的大部分时间里，我们收集的不是物件，而是友谊。这一点曾经让欧洲的探险者感到震惊，他们对所遇到的人的慷慨大方感到难以置信。哥伦布在他的航海日志中这样写道："当你伸手向他们要东西时，他们从来没有拒绝过，相反，他们会主动与人分享。"[6]

当然，总会有一些人拒绝遵守公平分享的道德伦理。但是，那些过于傲慢或贪婪的人会面临被流放的风险。如果流放不起作用，那么还有最后一个补救办法。

我们以发生在昆人部落的以下事件为例。故事的主角是特维（Twi），他是昆人部落的一名成员。他变得越来越难以控制，已经杀死了两个人。部落的其他成员对他忍无可忍："他们都用毒箭射他，直到他看起来像一只箭猪。然后，在他死后，所有的女人和男人都走近他的尸体，用长矛刺他，象征性地为他的死亡分担责任。"[7]

人类学家认为，这样的干预在史前时期肯定会偶尔发生，部落会迅速地"干掉"那些产生过高优越感的成员。这是人类自我驯化的方式之一。好斗的人繁殖后代的机会更少，而友善的人繁殖后代的机会更多。[8]

在人类历史的大部分时间里，男人和女人多多少少是平等的。与我们对穴居人的刻板印象不同，我们觉得穴居人像一只拿着棍棒、脾气暴躁、捶胸顿足的大猩猩。事实上，我们的男性祖先可能并不十分强壮，而更像是女权主义的原型。

科学家怀疑，与尼安德特人等其他原始人相比，智人在性别上的平等观念是一个关键的优势。实地研究表明，在男性占主导地位的社会里，男性大多会与兄弟或堂兄弟出去玩。相比之下，在男女平等的社会中，人们往往拥有更加多样化的社交网络。[9]正如我们在第 3 章中已经看到的，拥有更多的朋友最终会让你变得更聪明。

性别平等在养育子女方面的优势也表现得很明显。原始社会的男性花在孩子身上的时间比现在的大多数父亲多得多。[10] 养育孩子是整个部落的共同责任，每个人都会去照顾婴儿，有时甚至母乳喂养也由不同的妇女完成。“这样的早期经历，”一位人类学家指出，“有助于解释为什么在狩猎采集社会中，儿童倾向于获得把世界当作一个‘给予的场所’的工作模型。”[11] 现代的父母不断地告诫他们的孩子不要和陌生人说话，而在史前时代，我们是在信任他人的环境中长大的。

还有一件事。有强烈的迹象表明，狩猎采集者的爱情关系也是相当宽松的。有些生物学家将我们描述为“连续的一夫一妻主义者”。而坦桑尼亚的哈扎人在一生中平均会有两到三个伴侣，选择权则掌握在女性手中。[12] 再比如，在巴拉圭的阿奇地区，那里的女性一生中平均有 12 个丈夫。[13] 这个庞大的潜在父亲网络迟早会派上用场，因为他们都可以参与抚养孩子。[14]

在 17 世纪，当一位法国传教士警告因努部落（Innu Tribe，其活动地区在如今的加拿大）的一名成员“不忠”的危险时，他回答道：“你说的这些完全没道理。你们法国人只爱自己的孩子，但是我们爱我们部落里的每一个孩子。”[15]

统治者的权力

对人类祖先的生活了解得越多，我的疑问就越多。

如果我们真的曾经生活在一个自由平等的世界里，那么我们后来为什么会抛弃它呢？如果游牧的狩猎采集者能够毫不费力地赶走专横的领导者，为什么我们现在却对这样的人无能为力呢？

现有的标准解释是，没有了这些人，现代社会将无法正常运转。国家和跨国公司需要国王、总统和首席执行官，因为正如贾雷德·戴蒙德所说的，“没有做决策的领导者，庞大的组织将无法正常运转”。[16]毫无疑问，这个理论对许多管理者和统治者来说是天籁之音。而且，这听起来似乎也挺有道理的，因为如果没有了傀儡大师的操纵，人类怎么可能建造出寺庙、金字塔或城市呢？

事实并不是这样的。历史上有很多在没有严格的等级制度的情况下，依然有人从零开始建造出了雄伟的寺庙，甚至是整座伟大的城市的例子。1995 年，考古学家在土耳其南部发掘了一个巨大的寺庙群，发现了许多华丽的、精雕细琢的柱子，每根重达 20 多吨。再想一想那个惊人的巨石阵吧，它实在不是“印象深刻”四字就可以概括的。当最终确定了那些石柱的年代之后，研究人员惊讶地发现这个建筑群已经有近 1.1 万年的历史了。时间太过久远，巨石阵不可能是在农业社会（那时才出现了国王或官僚的统治）建立起来的。的确，尽管考古学家在遗址范围内尽其所能地寻找，却根本找不到农业的任何踪迹。这座巨大的建筑一定是游牧的狩猎采集者的杰作。[17]

哥贝克力山丘［Göbekli Tepe，土耳其语叫“大肚山”（Potbelly Hill）］是世界上最古老的寺庙，也是学者们所说的“集体创作事件”（collective work event）的一个突出的例子。成千上万的人捐了款，朝圣者也从四面八方赶来帮忙。完工后，人们举行了盛大的庆祝活动，享用了一顿烤瞪羚大餐（考古学家发现了数以千计的瞪羚骨头）。建造这样的建筑并不是为了迎合某些首领的个人私欲，而是为了让人们团结在一起。[18]

说句公道话，有迹象表明，在史前时代，个人的确偶尔会获得权力。一个很好的例子是，1955 年在莫斯科以北 200 千米的桑吉尔发现的华丽的坟墓。墓中的手镯是用抛光的长毛象象牙雕刻而成的，头饰是用狐狸的牙齿做成的，还有数以千计的象牙珠子，这些东西都有3万年的历史了。在人类建造金字塔或大教堂之前，像这样的坟墓肯定是某个王子或公主最后安息的地方。[19]

但这样的发掘非常罕见，最多也就是几处墓地，而且至少相隔数百千米。科学家现在提出的假说是，这种情况极其罕见。墓地应该是统治者还在掌权时建造的，但是他们的政权很快就被推翻了。[20]在数以万年计的时间里，人们有各种行之有效的方法来对付任何一个装腔作势、作威作福的人。幽默、嘲笑、流言蜚语，诸如此类。如果这些也不管用，那么就直接在他背后射他一箭。

但是，突然之间，这个系统就停止了运转。统治者们似乎在一夜之间就坐稳了位置，并且成功地保住了他们的权力。那么问题来了，为什么会这样呢？

利维坦

要想知道问题到底出在哪里，我们必须追溯到1.5万年前，那是最后一个冰河时代的末期。在那之前，地球上人口稀少，人们抱团抵御严寒。当是时也，人类的祖先不是为了生存而选择了艰苦奋斗，而是“为了生存依偎在一起”，[21]大家需要用此方式相互取暖。

后来，气候发生了变化，西边的尼罗河与东边的底格里斯河之间的地区变成了一个“流淌着奶与蜜之地”。在这个地方，人们的生存不再需要依赖于个体联合，与自然对抗。食物充足使得人们定居下来成为可能。人们开始建造棚屋和寺庙，城镇和村庄也初具雏形，人口也在持续增长。[22]

更重要的是，人们的财产增加了。

卢梭是怎么看待这种事情的呢？如果你还记得的话，他是这样说的：出现了“那第一个人”，他“把一块土地圈起来并想到说‘这是我的’”，这就是问题的起源。

要说服别人相信土地或动物，甚至是其他人类，现在变成了某个人的私产，是一件很困难的事情。毕竟，狩猎采集者一直以来都是共享一切的。[23]这种新的所有权惯例的出现，也意味着不平等开始加剧。一个人死后，他的财产会传给下一代。这种继承一旦开始起作用，人类之间的贫富差距就开始拉大了。

有趣的是，也正是在这个关键时刻，在最后一个冰河时代结束之后，才爆发了第一次战争。考古研究表明，就在人类祖先开始在某个地方定居时，他们建造了第一个军事防御工程。这也是第一批出土的洞穴壁画中所描绘的弓箭手互相攻击的情形出现的时候。考古学家发现的这一时期的大量骨骼也都带有明显的暴力伤害痕迹。[24]

怎么会变成这样呢？学者们认为至少有两个原因。第一，出现了需要人们去争夺的东西，首先是土地。第二，定居生活使得人类祖先更加不信任陌生人。游牧的狩猎采集者有一个相当宽松的“会员”政策：成员会不断地遇到新朋友，同时也可以很容易地加入另一个群体中去。[25]与游牧的狩猎采集者相反，定居的村民却越来越关注自己的社区和财产。就这样，“稚人”从世界主义者变成了仇外主义者。

当然，也确实有那么一些场合，人类祖先还是会与陌生人团结在一起，但最主要也颇具讽刺意味的原因是，他们准备联合发动战争。部族之间需要结成联盟来抵御其他部族的入侵，于是领袖出现了，他们可能是那些在战场上大显身手、富有领袖魅力的人物，每一次新的冲突都会进一步巩固他们的地位。随着时间的推移，这些将军开始深陷权力当中，无力自拔，即便在和平时期也紧紧抓住权力不肯放手。

通常情况下，将军们大多会被迫下台。“肯定有数以千计突然崛起的有权有势者，”一位历史学家指出，“未能一跃成为永久的国王。”[26]但是，也有干预太晚的时候，在那种情况下，掌握着实权的将军会召集足够多的追随者，可以对抗甚至压倒平民。由这类统治者统治的社会只会更加重视战争。

如果想要深入了解战争这种现象，那么我们就必须仔细观察那些发号施令的人。将军和国王、总统和军事顾问，他们都是发动战争的“利维坦”，他们知道战争能增强他们的权力并提升他们的威望。[27]试着想一想《旧约》的告诫吧，先知撒母耳警告以色列人接受国王的统治是非常危险的。这也是《圣经》中最有先见之明，也是最令人不安的段落。

> 管辖你们的王必这样行：他必征取你们的儿子，派他们为他赶车，作他的马兵，奔走在他的车前。又派他们作他的千夫长、五十夫长，并为他耕种田地，收割庄稼，打造军器和车上的器械。他必征取你们的女儿为他制造香膏、作饭烤饼。也必征取你们最好的田地、葡萄园、橄榄园，赐给他的臣仆。你们撒种所得的和葡萄园所出的，他必取十分之一，给他的太监和臣仆。又必征取你们的仆人和婢女、精壮的少年人和你们的驴，供他差役。你们的羊群中，他必取十分之一，你们也必作他的奴仆。

定居点和私人财产的出现在人类历史上开辟了一个全新的时代。这意味着1%的人开始压迫那99%的人了，能言善辩的人从指挥官升到了将军，从部落首领升到了国王。自由、平等、博爱的时代宣告结束。

国家诞生了

在阅读关于这些最近的考古发现的论文时，我的思绪又飘回到了让－雅克·卢梭身上。一些自称为“现实主义者”的作家常常把卢梭当成天真的浪漫主义者。但是现在看来，卢梭才是真正的现实主义者。

这位法国哲学家拒绝接受“文明进步”这个概念。他坚持反对如下观念（但直到今天，学校仍然在讲授这一套）：人类一开始都是满腹怨恨、嘟嘟哝哝的穴居人，习惯于互相残杀。正是农业和私有财产最终给我们带来了和平、安全和繁荣。我们的祖先迫不及待地拥抱了这些礼物，他们已经厌倦了挨饿和整天打打杀杀。

卢梭认为，再没有什么比这种说法更远离真理的了。他强调，只是人类在某个地方定居下来之后，美好的一切才开始分崩离析。这恰恰也正是考古学现在所证明的。卢梭认为农业的发明可以说是一个巨大的失败，对此我们现在也掌握了大量的科学证据。

人类学家发现，狩猎采集者过着相当舒适的生活，他们每星期平均工作 20 ～ 30 个小时。为什么不呢？大自然为他们提供了所需的一切，让他们有充足的时间去放松、闲逛、交友。

相比之下，农民却不得不在田间辛苦劳作，耕种土地几乎剥夺了他们所有的闲暇时间。有的神学家甚至怀疑，有关人类堕落的故事暗示着人们向有组织的农业生产的转变——唯有辛苦耕耘，才能有些许收获，正如《创世记》第 3 章描述的那样：“你必须汗流满面才得糊口。”[28]

定居生活使女人付出了特别沉重的代价。私有财产和农业的兴起结束了原始的女权主义时代。儿子要留在父系所在地耕种土地、照料牲畜，而这就意味着必须把新娘接到家庭农场中来。几个世纪之后，适婚的女儿沦为商品，像牛羊一样在婚姻市场上被买卖。[29]

在新的家庭中，新娘们会被猜疑，只有在为男方生了儿子之后，妇女们才会在一定程度上被接受为家人。而且，妇女所生的孩子必须是合法的儿子。因此，视女性的贞操重如生命绝非偶然。在史前时代，妇女行动自由，来去自如，而如今她们中的一些人却不得不以薄纱遮面，足不出户。父权社会诞生了。

然后，事情变得越来越糟糕了。卢梭又一次说对了，定居的农民不如游牧的狩猎采集者健康。作为狩猎采集者，人类祖先有大量的锻炼机会，享受着各种富含维生素和纤维的饮食，但是作为农民，人们一日三餐的饮食单调乏味，以谷物为主。[30]

人类生活的空间也变得更加狭小了，而且还变得离他们的排泄物更近了。人们驯养了奶牛和山羊等动物，开始饮用它们的奶。这使得城镇变成了细菌和病毒变异的巨大培养皿。[31] 卢梭评论道："我们应该告诉大家，跟随文明社会而来的还有人类的疾病。"[32]

在人类的生活方式从游牧生活变成农耕生活之前，像麻疹、天花、肺结核、梅毒、疟疾、霍乱和鼠疫这样的传染病都是闻所未闻的。那么它们是从何而来的呢？它们都来自人类新驯养的宠物，或者更具体地说，来自它们身上携带的微生物。奶牛让我们感染了麻疹，而流感则来自人、猪和鸭子三者身上的病毒相结合形成的微小的病原体。新的病毒株仍然在不断出现。

同样，通过性传播的疾病也是如此。事实上，在狩猎采集时代，性病几乎是当时的人们前所未闻的，但是在牧民中，性疾病的传播却开始猖獗了起来。为什么会这样呢？原因相当令人尴尬。当人类开始饲养牲畜之后，他们与牲畜发生了性关系。

这也是男性痴迷于女性贞操的其中一个原因。对女性贞洁的要求，除了关乎继承人的合法性之外，也是出于对性传播疾病的恐惧。国王和皇帝坐拥后宫三千，也会竭尽全力确保他们的性伴侣是“纯洁的”。因此，至今仍有数以百万计的人认为婚前性行为是一种罪恶。

饥荒、洪水、流行病——人类刚刚开始在一个地方定居下来，结果就发现自己必须与无穷无尽的灾难作斗争。仅仅是一季歉收，或者一种致命的病毒就足以毁灭整个种群。对于“稚人”来说，这一定是一个令他们无所适从的巨大转折。为什么会这样呢？幕后黑手到底是谁？

学者们一致认为，人们可能一直相信幕后的操纵者是上帝和神灵。[34]但是，我们的狩猎采集者祖先的神灵对凡人的生活并不感兴趣，更不用说惩罚他们的罪行了。我们的狩猎采集者祖先的宗教信仰更类似于美国人类学家所描述的多年来一直生活在坦桑尼亚的哈扎人。

> 我认为，我们确实可以说哈扎人有宗教信仰（当然无论什么宗教信仰都可以归为某种宇宙观），但是它与身处复杂社会中的我们所想象的宗教信仰（基督教、伊斯兰教、印度教等）没有多少相似之处。他们没有教堂、传教士、宗教领袖或宗教卫士，也没有偶像或神灵形象，没有定期的宗教集会，没有宗教道德，没有对来世的信仰——他们的宗教与主流宗教完全不同。[35]

第一批大型定居点的出现引发了宗教生活的巨变。为了解释突然降临的灾难，人们开始相信那些复仇心极重同时又无所不能的神灵，相信那些因我们的所作所为而暴怒的神灵……

整个牧师阶层的人都在孜孜不倦地研究，试图搞清楚为什么众神会如此愤怒："我们是不是吃了什么禁忌的东西？我们是不是什么时候说错话了？我们是不是产生了什么不正当的想法？"[36]在历史上，人类第一次发展出了罪恶的概念。我们开始向牧师寻求忏悔。有时祈祷一番或做完一套严格的仪式就足够了，但是我们通常不得不牺牲珍贵的财产——食物或动物，有时候甚至是人。

例如，我们可以在阿兹特克人身上看到这一点，他们在他们的首都特诺奇蒂特兰建立了一个巨大的活人祭祀产业。当征服者在1519年入侵这座城市，进入该市最大的寺庙——阿兹特克神庙（Templo Mayor）时，他们惊讶地看到巨大的架子和高塔上堆积着成千上万个人类头骨。学者们现在认为，活人祭祀的目的不仅仅是安抚神灵。"杀害俘虏，即便是仅从仪式上看，"一位考古学家得出结论说，"它也是一种强有力的'政治声明'……这是控制人口的一种方式。"[37]

反思所有这些苦难——饥荒、瘟疫、压迫，我们不禁想问：这是为什么？为什么人类祖先会认为在某个地方定居下来是个好主意？为什么我们要放弃狩猎采集者悠闲、健康的生活方式，而去做既辛苦又麻烦不断的农民呢？

对于历史上发生的一切，学者们已经拼凑出了一幅相当"体面"的画面。最初的定居点很可能太过诱人了：我们的祖先发现自己置身于一个人间天堂，树上挂满了沉甸甸的果实，数不清的瞪羚和北美驯鹿在悠闲地吃着草。恐怕只有傻子才不愿意留下来。

在农业方面，情况也大同小异。根本不是因为有人在灵光乍现之下大喊"我找到了！我们开始种植庄稼吧"这么一回事。虽然我们的祖先在数万年前就已经知道了春耕秋收，但是他们同时也很清楚不能走上这条路。"我们为什么要耕种呢，"一个昆人部落的成员对一位人类学家说，"毕竟这个世界上还有这么多坚果。"[38]

最合理的解释是，我们掉进了一个陷阱。这个陷阱就是底格里斯河和幼发拉底河之间那片肥沃的河滩，在那里人们几乎可以不劳而获。每年河水退去之后，河滩上都会留下富含营养的软质沉淀物，人们可以在这层肥沃的土壤里播种。由于大部分工作都是由大自然完成的，因此即便是不喜欢劳作的“稚人”也愿意尝试着去耕种。[39]

我们的祖先无法预见的是，人类的繁衍生息能力意味着什么。随着定居点变得越来越密集，野生动物的数量持续减少。为了弥补食物短缺，耕种的面积不得不扩大到那些没有天然的肥沃土壤的地区。这样一来，耕种就再也不是一件容易的事情了。人们必须从早到晚犁地、播种、施肥、除草。由于对这种工作方式的不适应，人类的身体出现了各种各样的病痛。人类原本已经在演化中适应了采集浆果、放松身体的生活方式，可是后来艰苦、繁重的劳动占据了他们的整个生活。

那么，人类为什么不重新回归以往自由自在的生活方式呢？因为为时已晚。此时我们不仅有太多张嘴需要喂养，而且也失去了狩猎采集的技能。我们不可能简单地收拾行装，说走就走。因为我们已经被困住了，周围到处都是别人的定居点，他们不欢迎入侵者。

没过多久，农民的数量就超过了以狩猎采集为生的人。在农业定居点中，单位土地可以收获更多的食物，这意味着他们也可以建立规模更大的军队。坚守传统生活方式的狩猎采集者部落不得不奋力抵抗入侵的殖民者和随之而来的传染病。最后，拒绝向暴君屈服的部落被武力征服。[40]这些最早的冲突的爆发标志着一场“伟大”的、足以塑造世界历史面貌的竞赛的开始。村庄被小镇征服，小镇被城市兼并，城市又被省份吞并，所有社会无不为了满足无情的战争需求而疯狂地谋求扩张。所有这一切，在最后一个灾难性事件中达到了顶峰，卢梭也因此悲叹不已。国家！终于诞生了。

文明与野蛮

让我们再一次暂时回到托马斯·霍布斯所描绘的人类最早踏足地球时的情景。他认为，无拘无束的生活让我们的祖先陷入了一场“所有人对所有人的战争”。我们的祖先急于拥抱第一个利维坦（首领和国王）和他们承诺的安全是情理之中的事情，霍布斯如是说。

但是我们现在知道了，狩猎采集者祖先实际上是在逃离这些暴君。最早的那些国家，如美索不达米亚的乌鲁克或法老统治的埃及，毫无例外都是奴隶国家。[41] 当时的人们并没有选择“挤”在一起生活，而是被永远渴望俘获新臣民的政权组织圈禁了起来。因为这些国家的奴隶不断地死于天花和瘟疫。

这当然颇具讽刺意味。我们今天认为是“文明里程碑”式的那些东西，比如货币的发明、文字的发明或者法律制度的诞生，全都源于当时用于镇压民众的工具。就拿第一批硬币来说吧。人类之所以开始铸造货币，不是因为这样会使生活更便捷，而是因为统治者想要找到一种行之有效的征税方式。[42] 最早的书面文本并不是浪漫主义诗歌，而是长长的未偿债务清单。[43]

那么法律机构呢？传说中的第一部法典是《汉谟拉比法典》，它充斥着对帮助奴隶逃跑的人必须严惩等内容。[44] 古代雅典被称为西方民主的摇篮，但是那里被奴役的人达到了总人口的约66.7%。像柏拉图和亚里士多德这样伟大的思想家都认为，没有奴隶制，文明就不可能存在。

此外，美国历史上还有一项令人痛苦的禁忌，不过大多数历史教科书对此只字未提。国父本杰明·富兰克林是少数愿意承认这一点的人之一。就在卢梭写书的那几年，富兰克林承认“没有一个尝过野蛮生活之苦的欧洲人能够忍受在我们的社会中生活”。[45] 他描述了那些被印第安人俘虏，随后又被释放的“文明的”白人男女，他们总是会“瞅准时机再次逃进森林”。

殖民者大批大批地涌向荒野，但是相反方向的人流则极其罕见。[46]谁能责怪他们呢？作为印第安人，他们享有比作为农民和纳税人更多的自由。这对女性的吸引力甚至更大。“我们可以随心所欲地悠闲工作。”一位躲避前来“营救”她的同胞的殖民者女性说。[47]“在这里，我没有主人，”另一个人对一位法国外交官说，“只要我愿意，我就可以结婚，只要我愿意，我也可以不结婚。你们城市里有像我这样独立的单身女人吗？”[48]

在最近的几个世纪里，世界各地图书馆都收藏了很多记录各种文明兴衰的文献。试想一想那些早就野草丛生的玛雅金字塔和遭到废弃的古希腊庙宇吧。[49]支撑所有这些书的一个共同前提是，一旦文明衰落，所有一切都会变得更糟糕，世界将会跌入“黑暗的时代”。

但是现代学者认为，更准确地说，我们更应该把这个所谓的“黑暗时代”描述为一种暂时的解脱，在这个时期，被奴役的人重获自由，传染病减少了，饮食改善了，文化繁荣了。人类学家詹姆斯·斯科特（James Scott）在他 2017 年出版的优秀著作《违背心愿》（*Against the Grain*）一书中指出，《伊利亚特》（*Iliad*）和《奥德赛》（*Odyssey*）等著作起源于迈锡尼文明崩溃后的“希腊黑暗时代”（即公元前 1110 年至公元前 700 年）。直到很久以后，这些故事才被诗人荷马记录下来。[50]

那么，为什么我们对“野蛮人”的认知会如此负面呢？为什么我们会自动地将“文明”的缺失等同于黑暗时代呢？众所周知，历史是由胜利者书写的。早期的文献之所以充斥着对国家和君主的宣扬，是因为它们都是压迫者为了抬高自己贬低他人而作的。“野蛮人”这个概念本身就是专门为那些不会说古希腊语的人而创造的。

这就是我们对历史的感受完全被颠倒过来的过程。文明已经成为和平与进步的代名词，而野蛮则变成了战争与衰落的同义词。事实上，对于人类历史上的大部分时期来说，情况恰恰相反。

文明的诅咒

没有人比那个老派哲学家托马斯·霍布斯说得更离谱的了。他把我们祖先的生活和时代描述为“肮脏的、野蛮的、短命的”，但是更加真实的描述应该是友好的、和平的和健康的。

颇具讽刺意味的是，文明的诅咒困扰着霍布斯的一生。就以1628年杀死他的保护人的“黑死病”和1640年迫使他逃离祖国前往巴黎的迫在眉睫的内战为例。事实上，他对人类的看法根植于疾病和他所经历的战争，但是这些灾难在人类历史前95%的时间里几乎完全不为人知。真是不明白为什么霍布斯会以“现实主义之父”的大名载入史册，因为实际上他对人性的看法一点儿也不现实。

但是，文明都是恶的吗？它从来没有给我们带来过任何好的东西吗？除了战争和贪婪，现代世界难道没有给过我们任何值得感激的东西吗？

当然有。但是人们很容易忘记，真正的进步是非常晚近的时代才出现的现象。在1789年发生法国大革命之前，几乎所有的国家内都充斥着奴役和压迫。直到1800年，全球总人口中至少有75%的人仍然生活在富庶农场主的奴役之下。[51] 超过90%的人在土地上辛苦劳作，80%以上的人生活在极度贫困中。[52] 用让－雅克·卢梭的那句著名的话说：“人生而自由，却无往不在枷锁中（Man is born free and everywhere he is in chains)。”[53]

长期以来，文明都是一场灾难。城市、国家、农业和文字的出现，并没有为大多数人带来幸福，而是带来了苦难。只是在过去的两个世纪里——这在人类整个演化历史上只是一眨眼的工夫，事情突然快速变好了，以至于我们忘记了过去的生活有多么糟糕。如果你把人类文明史压缩成 24 小时，那么前面的 23 小时 45 分钟都可以称得上是灾难。只有在最后的 15 分钟里，公民社会才开始看起来像是一个好主意。

也就是在这最后的 15 分钟里，我们消灭了大多数传染病。现在，疫苗每年挽救的生命比我们在整个 20 世纪享有和平时所挽救的生命还要多。[54] 我们现在比以前任何时候都要富有。极度贫困人口在总人口中所占的比例已经下降到了 10% 以下。[55] 奴隶制也已经被彻底废除了。

1842 年，英国总领事写信给摩洛哥国王苏丹，询问他如何禁止奴隶贸易。苏丹感到很惊讶："贩卖奴隶是所有教派和国家从亚当之子那时起就一致同意的一件事情。"[56] 他所不知道的是，150 年后，奴隶制将在世界各地被广泛禁止。[57]

最重要的一点是，我们进入了有史以来最和平的时代。[58] 在中世纪，多达 12% 的欧洲和亚洲人口死于暴力。但是在过去的 100 年里，包括两次世界大战在内，这个数字在全球范围内暴跌至 1.3%。[59] 在美国，现在这个数字是 0.7%，而在我居住的荷兰，这个数字不到 0.1%。[60]

这些事实意味着，我们并没有理由对公民社会采取宿命论的态度。我们可以选择某种有利于所有人的新方式来组织我们的城市和国家。文明的诅咒是可以解除的。我们能做到这一点吗？我们能长期生存并且繁荣发展吗？根本无人知晓。没有人能否认我们在最近的几十年内所取得的进步，但是与此同时，我们也面临着一场事关生死的生态危机。地球正在变暖，物种正在灭绝，现在迫在眉睫的问题是：现代人的文明生活方式有多强的可持续性？

我常常想起20世纪70年代，当被问及1789年法国大革命的影响时，一位政治家说："现在说还为时过早。"[61]

或许这句话也同样适用于人类文明。这是一个好主意吗？

现在说还为时过早。

第 6 章
复活节岛之谜

到现在为止，我对人类历史的理解已经完全改观了。现代科学迅速“干掉了”关于文明的饰面理论。在过去的几十年里，我们积累了大量的反对饰面理论的证据，而且还在继续积累着。

诚然，我们关于史前人类社会的知识永远不可能是无懈可击的。我们永远无法解开围绕人类祖先生活的所有谜题。在解开有关我们祖先的考古学上的众多谜题的过程中，科学家的相当一部分研究工作都不得不采用涉及某些带有“连蒙带猜”意味的方法，因此，我们应该始终保持警惕，不要把现代人类学的研究发现投射到史前时代上去。

这就是我想再来讨论一下人们在放任自流的情况下会怎么做的原因。如果现实世界版“蝇王”里的马诺和其他男孩子并没有陷入完全孤立无援的困境，如果船上还有女孩子，如果彼得没有来救他们，如果他们拥有了自己的子孙后代，并且阿塔岛直到几百年后才被外界发现……

那么又将会发生什么样的事情？当一个社会在完全孤立的状态下发展演化时，会变成什么样子呢？

当然，我们可以利用到目前为止我们对史前人类生活的了解，试着去描绘这样一个虚构的故事。但是，当我们可以聚焦于真实的、记录在案的案例进行研究时，也就没有必要进行人为的推测了。我们接下来就来看看发生在一座岛屿上的真实故事。毫不夸张地说，我在前几章中阐述的所有洞见，全都汇集到了这座长期以来一直被神话和神秘所笼罩的遥远的岛屿上。

神秘的复活节岛

在年轻的时候，雅各布·罗格文（Jacob Roggeveen）曾经向父亲许下了一个诺言：总有一天，他会找到那个消失了的“南方大陆”（Southern Land）。这样一个伟大发现将确保他在历史上地位最崇高的探险家中拥有一席之地，同时也意味着他的家族将永保声名。

人们通常认为，“南方大陆”位于太平洋深处的某个地方。作为一名制图师，雅各布·罗格文的父亲阿伦特·罗格文（Arent Roggeveen）相信，北半球的陆地面积甚广，为了保持平衡，南方必定存在这样一片大陆。还有，旅行者们也带回了各种各样的故事。葡萄牙航海家佩德罗·费尔南德斯·德·奎洛许（Pedro Fernandes de Queirós）称它为人间天堂，说在那里居住的当地土著奉行和平主义理念，并渴望基督教的圣言。它淡水丰富、土壤肥沃，而且还拥有金山、银山，珍珠遍地（这是比较不重要的细节）。

1721年8月1日，也就是在父亲去世40年后，罗格文终于启航了，目的地是南方大陆。他坐镇“阿伦德号”（Arend），指挥着一支由3艘船、70门大炮和244名船员组成的舰队。这位62岁的海军上将向来对创造历史寄予厚望。当然，他确实创造了历史，但是当他意气风发地出发时，应该没有想到他竟然是以这样一种方式创造历史的。

雅各布·罗格文并没有创造新文明，而是发现了一个旧文明。[1]

8个月后发生的事情一直让我感到惊讶。1722年复活节那天，罗格文的舰队的其中一艘船升起了一面旗子。雅各布·罗格文命令“阿伦德号”靠边行驶，他想知道那艘船的船员们看到了什么。答案是什么呢？陆地。他们在右舷方向发现了一座小岛。

这座岛形成于几十万年前，由三座火山汇聚而成。这些荷兰船员把它命名为“Paasch Eyland”，含义就是“复活节岛”。

复活节岛方圆只有162平方千米，是广阔无垠的太平洋上的一小块陆地。罗格文偶然发现它的概率几乎为零。

但是，与这个小岛的存在本身相比，还有一个更让他们惊讶的发现：岛上居然还有人烟。

当这些荷兰人靠近陆地时，他们看到一大群人聚集在海滩上迎接他们。罗格文感到很困惑。这些人是怎么来到这里的？放眼望去，复活节岛上看不见一艘适于航海的船。更令人困惑的是星星点点散布在岛上各处的大量高耸的石像，岛民们称它们为“摩埃”（moai）。这些石像有巨大的头颅，还有庞大的躯体（大概有9米高）。“我们不明白，”罗格文在他的航海日志中记录道，“没有厚重或粗壮的木材，没有结实的绳索，也没有建筑房屋时要用的齿轮，他们是怎么把这些石像竖起来的。”[2]

一个星期后，当罗格文和他的船员起锚离开时，他们带走的问题比得到的答案多得多。即便到了今天，这座太平洋上的小岛仍然是地球上最神秘的地方之一。几个世纪以来，无数人做出了无数堪称疯狂的猜测。例如，有人认为岛上的居民是印加人的后裔，这些雕像是由一个3.6米高的巨人种族建造的。[3]甚至有人说，它们是外星人空投下来的（一家瑞士酒店的经理竟然卖出了700万本以这个理论为噱头的书）。[4]

当然，真相并没有那么神奇，但是也差不了多少。

多亏了DNA检测，我们现在知道，早在罗格文的舰队出现之前，探险家们就已经到过这里了。太平洋上的维京人——波利尼西亚人，是最早发现这个小岛的人。[5]他们带着近乎疯狂的勇气，乘着开放式的独木舟，顶着盛行的季风，从2 500千米外的甘比尔群岛出发。我们永远不知道有多少这样的探险者牺牲了，但是这个故事只需要有一个人成功就够了。

那些巨大的“摩埃”石像呢？1914年，一位名叫凯瑟琳·劳特利奇（Katherine Routledge）的年轻人类学家来岛上进行田野调查时发现，原本高高屹立着的石像不见了。相反，它们都倒在了地上，有些已经成了碎片，表面覆盖着杂草。

这个小型社会是如何成功地建造和移动这些巨大的石像的呢？他们居住的这个岛上没有树木，也没有轮子供他们使用，更不用说起重机了。难道这个地方曾经居住过很多人吗？劳特利奇把问题抛给了岛上最年长的居民。他们给她讲了几百年前发生在这里的故事，一个令人心寒的故事。[6]

从前，岛上住着两个部落：长耳部落和短耳部落。他们和睦地生活在一起，直到发生了一件事，这件事导致两个部落彻底决裂，打破了岛上几个世纪以来的和平，并引发了一场血腥的内战。长耳部落逃往了小岛的东部，开始挖坑把自己隐藏起来。而短耳部落从两边夹击长耳部落的藏身之处，一把火把他们烧成了灰烬，长耳部落的成员悉数死在了他们自己挖的坑里。那条“战壕”的遗迹至今仍然清晰可见。

而这仅仅是一个开始。在接下来的几年里，情况恶化成了一场全面的霍布斯式战争，复活节岛上的居民甚至开始互相残杀。是什么引发了这场惨绝人寰的灾难？劳特利奇只能猜测。但是很显然，一定发生了什么事，让整座岛上的文明走向了毁灭。

几年后的 1955 年，挪威探险家托尔·海尔达尔（Thor Heyerdahl）前往复活节岛探险。海尔达尔可以说是一个名人。几年前，他和 5 个朋友拼凑了一只木筏，从秘鲁出发航行 6 900 千米到达了波利尼西亚，最后在拉罗亚岛遭遇事故。海尔达尔向来认为，波利尼西亚曾经居住着擅长划木筏的印加人，这次长距离的漂流之旅可以说是一个有力的证明。尽管仍然未能说服专家，但是他的理论确实帮他卖出了 5 000 万本书。[7]

海尔达尔的畅销书给他带来了大量财富，使得他有充足的资金前往复活节岛探险。他邀请了几位杰出的科学家加入他的团队，包括美国人威廉·马洛伊（William Mulloy）。马洛伊计划把余生都奉献给复活节岛研究。“我不相信你书中所说的那些该死的东西。”他们出发前，马洛伊斩钉截铁地向海尔达尔表示。[8]

然而事实证明，这位科学家和这个胆大妄为的家伙相处得异常融洽。到达复活节岛后不久，这对搭档就有了惊人的发现。在沼泽深处，海尔达尔团队发现了一棵不知名的树的花粉。他们把它送到斯德哥尔摩，请一位杰出的古植物学家进行显微镜分析。结论很快就出来了，分析结果证明这个岛上曾经存在茂密的森林。

渐渐地，完整的拼图开始展现在人们面前。1974 年，也就是在去世前几年，马洛伊发布了关于复活节岛的真实故事和岛上居民的命运的消息。[9] 剧透警告：结局并不美好。

复活节岛的悲剧

所有这一切，都始于那神秘的“摩埃”石像。

出于某种原因，马洛伊说，复活节岛上的居民无法得到足够的巨石。一个又一个的巨大石像被他们从岩石上凿出来，并拖放到合适的地方。嫉妒成性的部落首领们要求劳工凿刻的“摩埃”石像越来越大，同时也需要越来越多的食物来养活开凿和雕刻石像的劳工，而且为了运输这些石像也需要砍伐更多的树木。

但是，仅靠这个资源有限的小岛不可能维持这种“无限的增长”。终于有一天，所有的树木都被砍光了。土壤受到了侵蚀，导致农作物产量下降。没有了可供制作木筏的树木，捕鱼也就变成了不可能。开凿和雕刻石像的工作无法再进行下去，紧张局势随之加剧。两个部落（劳特利奇曾经说过的长耳部落和短耳部落）之间终于爆发了战争。1680 年左右爆发的一场大战把紧张局势推向了顶峰，长耳部落几乎全军覆没。

马洛伊说，幸存下来的居民接着开始了一场毁灭性的狂欢，他们把所有的“摩埃”石像全都推倒了。更糟糕的是，他们为了果腹，居然开始吃自己的同胞。岛上的居民至今还在讲述他们的食人族祖先的故事——他们在侮辱他人时最喜欢说的一句话是“你母亲的血肉还沾在我的牙齿上呢”。[10] 考古学家发掘出了无数支黑曜石箭头，又称“母亲箭头”（mata’a），这就是大规模屠杀的证据。

当雅各布·罗格文于1722年登上复活节岛的时候，他遇到的岛民只剩下可怜的几千人了。即便是到了今天，复活节岛上拉诺拉拉库（Rano Raraku）采石场（那是当年岛民们用岩石雕刻“摩埃”石像的地方）给人的印象仍像是一个突然被遗弃的巨大作坊。凿子被扔在地上，此外还留下了数百座未完成的“摩埃”石像。

马洛伊的文章是一个重大的突破，标志着复活节岛之谜被逐渐解开了。很快，其他研究人员也陆续为他的理论提供了更多的证据。1984年，两位英国地质学家宣布，他们在该岛上的三个火山口都发现了花粉化石，从而证实了该岛曾被森林覆盖的假说。[11]

贾雷德·戴蒙德的著作使复活节岛的悲剧永远载入了史册。[12]在他的畅销书《崩溃》（*Collapse*）中，戴蒙德总结了如下显著的事实。

- 早在公元900年左右，复活节岛上就已经有波利尼西亚人在那里居住了。
- 对出土的居民遗骸的数量的分析表明，这里的人口曾经达到过1.5万人。
- “摩埃”石像的大小随时间的推移而节节攀升，因此对人力、粮食和木材的需求也在不断增加。这些雕像是被横放在树干上运输的，因此需要大量的劳动力、许许多多的树木和一个强有力的领导人。
- 到最后，树木全被砍伐光了，导致土壤受到了侵蚀，农业发展停滞不前，饥荒在岛上的居民间蔓延。
- 大约1680年，内战爆发。
- 1722年，当雅各布·罗格文到达时，这里只剩下几千名居民了。数不胜数的“摩埃”石像被推倒在地并被砸碎，岛上的居民正在互相残杀。

那么这个故事的寓意到底是什么呢？

寓意跟我们密切相关。如果我们把复活节岛和地球放在一起进行比较，就会发现它们之间存在着一些令人不安的相似之处。请读者试着想象一下复活节岛是浩瀚海洋中毫不起眼的一个小点，地球是广袤宇宙中微不足道的一粒尘埃；复活节岛上的居民没有船可供他们逃离，地球人也没有宇宙飞船来接我们离开；复活节岛的森林已经消失，人口严重过剩，而我们的星球也正在遭受污染，气候不断变暖。

这使得有些学者得出了与我在前面几章中所论证的完全相反的结论。“人类的贪婪是无止境的，”考古学家保罗·巴恩（Paul Bahn）和约翰·弗伦利（John Flenley）在他们的书《复活节岛，地球岛》（*Easter Island, Earth Island*）中这样写道：“从遗传学的角度来讲，人的自私自利似乎是与生俱来的。”[13]

当你以为你已经摆脱了霍布斯的饰面理论时，它却像回旋镖一样又飞了回来。

复活节岛的故事似乎证实了愤世嫉俗论者的观点。随着我们的消费欲望不断增长，我们居住的这个星球正在持续变暖，污染也在日益加剧，复活节岛似乎隐隐约约成了我们这个星球未来的完美隐喻。请暂时忘记我们是什么人吧——无论是“稚人”，还是高贵的野蛮人，我们这个物种似乎更像是一种病毒，或者是一大群蝗虫。又或者说，我们就是一场到处蔓延的瘟疫，所到之处一切都会变得贫瘠无比、破碎不堪，直到无可挽回的地步。

这就是复活节岛的教训。它的悲惨历史已经反复出现在了各种纪录片和小说中，也载入了百科全书和环境报告，你在各种学术文章和科普书籍中都可以找到。我自己也曾亲笔描述过它。在很长的一段时间里，我一直都相信威廉·马洛伊、贾雷德·戴蒙德和他们的许多同行确实解开了复活节岛的谜团。既然已经有如此多杰出的专家学者都得出了相同的、令人沮丧的结论，还有什么可争论的呢？

直到后来，我偶然看到了简·波尔塞马（Jan Boersema）的著作。

并不悲剧的复活节岛

当来到简·波尔塞马在莱顿大学（Leiden University）的办公室门口时，我听到了里面传出来的背景音乐，那是巴赫的康塔塔。我敲响了门。门口映入眼帘的是一大堆书，然后书堆中走出了一位穿着鲜艳的印花衬衫的男人。

波尔塞马可能是一名环境生物学家，不过他的书架上摆满了历史书和哲学书，他的工作既具有艺术性，也具有科学性。也许正是因为他的这种工作方式，他于2002年有了一个简单而深刻的发现，这个发现与我们以前对复活节岛的所有认识都是相互矛盾的。他注意到了许多其他研究人员和作家都没有注意到的东西，或许他们只是不想注意到。

波尔塞马当时正在准备他受聘教授的就职演讲，他需要一些关于复活节岛衰亡的背景知识。他不知道罗格文的航海日志是否还保存着，于是他去查阅了图书馆的检索系统。短短半个小时之后，《雅各布·罗格文先生的发现之旅的航海日志》（*Journal of the Voyage of Discovery of Mr. Jacob Roggeveen*）一书就已经摊开在他的书桌上了。

"一开始，我简直不敢相信自己的眼睛，"波尔塞马本以为会在书中看到可怕的大屠杀和食人场景，但是摆在他面前的只是一本积极乐观的旅行日志，"里面根本没有谈到什么正在衰落的社会。"

罗格文称，复活节岛上的居民从外表上看起来友好健康，肌肉发达，牙齿洁白。他们并没有向外人乞食，相反，他们还为这些荷兰船员提供了丰盛的饮食。罗格文还注意到，这座小岛拥有“异常肥沃”的土壤，但是他完全没有提到倒塌的雕像，更不用说武器或食人现象了。恰恰相反，他实际上是将这座小岛作为一个人间天堂来描述的。

“然后我就想，”波尔塞马咧嘴一笑，“这到底是怎么回事呢？”

对于复活节岛已经“被彻底毁了”这个公众广泛接受的说法，波尔塞马是第一个表示严重质疑的科学家。当我读到他在2002年发表的那篇演讲的文字稿时，我立即意识到复活节岛的历史就像是一个绝佳的神秘故事，绝对可以写成一本科学侦探小说。所以，就像波尔塞马一样，让我们一步一步来解开这个谜团吧。我们将核实目击者的叙述，查验复活节岛上的居民的不在场证明，尽可能精确地确定时间轴，并把镜头对准凶器仔细观察。我们在调查时将从历史学、地质学、人类学、考古学等多门学科入手。[14]

让我们先回到主要的“犯罪现场”——1680年长耳部落用来藏身并葬身于此的壕沟，看看这个野蛮故事的起源到底是什么。

我们拥有的第一条记录是，1914年凯瑟琳·劳特利奇所分享的复活节岛上的居民的回忆。每个研究者都知道人类的记忆是很容易出错的，而且这里处理的是口耳相传的记忆。试着想象一下，如果我们现在被要求描述人类祖先在二三百年前是什么样子的，同时我们又没有历史书，而只能依靠回忆中的故事情节，情况会怎样？

那么结论是什么呢？或许劳特利奇的笔记并不是获取证据的最佳来源。

但是，道听途说并不是这场屠杀的唯一证据。托尔·海尔达尔探险队的一名成员——考古学家卡莱尔·史密斯（Carlyle Smith），决定在被认为是长耳部落屠杀遗址的壕沟周围进行发掘。他得到了两份木炭样本，并寄出去测定年代。其中一个样本的年份被锁定在了1676年。对史密斯来说，这一点至关重要。这个日期与口耳相传的故事描述的对长耳部落的屠杀时间相一致，所以他认为这个故事是真实的。[15]

虽然史密斯后来在这个解释的基础上又增加了一些说明，而且对木炭样本的年份进行了再次测定；虽然随后的进一步分析表明，木炭样本的年代有可能是1460年到1817年之间的任何时候；虽然在那个遗址里没有发现过任何人类遗骸；虽然地质学家确定，这条壕沟根本不是人工挖掘出来的，而是天然形成的……但是，1680年左右发生了大屠杀的这个神话般的故事依然继续流传着。[16]而且，由于海尔达尔、马洛伊和戴蒙德的努力，它的传播范围变得极其广泛。

从法医证据的角度考虑，说复活节岛上两个部落之间发生过战争的那些理由就更加站不住脚了。主张发生过战争的那些人的理论是，战争是岛上的居民当中因为饥饿出现了人吃人的现象导致的结果。但是近期研究人员对数以百计的居民的骨骼进行的考古学分析表明，罗格文的观察结果实际上是正确的。18世纪初，复活节岛上的居民身体很健康，[17]没有任何迹象表明他们当时遭遇了饥荒。

好吧，那么那些指向大规模暴力的线索呢？

史密森学会（Smithsonian Institution）的一个人类学研究团队最近检查了复活节岛上发掘的469个头骨，结果没有发现任何证据表明当地人之间发生过大规模的战争。事实上，只有两块头骨上有受伤的痕迹。我们或许可以假设，这些伤痕可能是由于被那种臭名昭著的“母亲箭头”（黑曜石箭头）射中而留下的。[18]

但是，科学家们已经不再相信“母亲箭头”是一种武器了。更有可能的是，它们是被当作普通的削皮刀来使用的，就像罗格文舰队的一位船长看到的，当地居民会用黑曜石去收割香蕉。2016 年，一个美国研究团队检查了 400 个“母亲箭头”，最后得出的结论是，作为武器它们毫无用处，因为它们实在太钝了。[19]

当然，这个结论并不意味着复活节岛上的人不知道如何制造致命的武器。但是，正如该团队的负责人不动声色地指出的那样：“他们的决定是，不去制造这种致命的武器。”[20]

因此，事情变得复杂起来。因为如果复活节岛上的居民并没有互相残杀，那么曾经生活在岛上的数以千计的人到底遭遇了什么？他们都去了哪里？罗格文告诉我们，当他去拜访的时候岛上只剩下几千人了，然而根据戴蒙德的说法，那里曾经生活着 15 000 人。如何解释这些人的消失呢？

如果能确定事情发生的时间轴，那么我们就可以更好地估计人口了。最初，科学家们认为，公元 900 年左右就有人居住在复活节岛上了，甚至可能早在公元 300 年左右就有人居住了。但是最近，我们利用先进的技术确定岛上开始有人居住的日期实际上要更晚一些，大约为公元 1100 年。[21]

利用这一更晚近的数据，简・波尔塞马做了一个简单的计算。我们假设，在公元 1100 年的时候，大约有 100 名波利尼西亚海员在复活节岛登陆，并且假设人口每年以 0.5%（这是前工业化社会所能达到的最高水平）的速度增长。那么这就意味着，到罗格文上岸时，岛上可能已经有多达 2 200 名居民了。这个数字与 18 世纪欧洲航海者在该岛停留时所作的估计非常吻合。

当然，这也就意味着那些“凭空消失”的数以千计的复活节岛的居民，那些被认为饱受折磨、被杀害以及被吃掉的人，都有绝佳的“不在场证明”——他们本来就从未存在过。

下一个未解之谜是复活节岛上的森林到底发生了什么。如果贾雷德·戴蒙德、威廉·马洛伊和其他科学家的说法是可信的，那么所有的树都是被那些想要建造尽可能多的“摩埃”石像的贪婪居民砍倒的。一位加拿大历史学家甚至从“躁狂”和“意识形态病理学”角度对此进行了“诊断”。[22]

但是，只要用心计算一下，你很快就会发现这个结论有点草率。简·波尔塞马估计，要将一座石像运到合适的地方，大约需要15棵树。复活节上约有1 000座石像，那么总计需要1.5万棵树。但是，岛上到底有多少棵树呢？根据生态学研究，岛上应该有数百万棵树，甚至可能有多达1 600万棵树！[23]

这些石像中的大多数甚至从未离开过拉诺拉拉库（采石场，它们是在那里被雕刻完成的）。原来人们认为，这些石像是岛上突然发生“内战”时被抛弃在那里的。但科学家们现在认为，这些石像并没有被“抛弃”，而是被岛上的居民故意留在那里充当采石场的“监护人”的。[24]

到最后，有493座石像被滚动着运输到了另一个地方。这个数字听起来似乎很多，但是不要忘记，数百年来，复活节岛的居民一直认为每座石像都有属于它自己的地方，因此他们一年里面最多只会搬动一两座石像。

那么，他们为什么要搞这么多石像，而不是搞个十几座就收手呢？波尔塞马认为，对这个现象的解释也很简单，是因为他们太无聊了。他笑着说：“住在那样的岛上，你会有很多空闲的时间，因此，雕刻石像、砍树、用树拉石像，这些活儿都有助于你消磨时光。”[25]

我认为，制作“摩埃”石像实际上应该被认为是一项集体工程，就像一万多年前人们在哥贝克力山顶建造寺庙一样（请参阅第 5 章）。或者更晚近一些，在苏门答腊岛以西的尼亚斯岛上，在 20 世纪早期，仍然有人见过 525 人一起用木制橇机拖着一尊巨大的石像到处“走动”的盛况。[26]

毫无疑问，像这样的事情本可以做得更高效一些，但那不是重点。真正的重点是，所有这些都不是出于某个狂妄自大的统治者日思夜想的宏伟计划。相反，它们只是一种把人们聚集在一起的公共仪式而已。

请读者千万不要误会，复活节岛上的居民确实砍倒了很多树。但是，他们砍树的目的不仅仅是移动“摩埃”石像，他们还要采集树汁，建造独木舟，开垦土地种植庄稼。即便如此，光凭这些也很难解释全部森林消失的现象。还有一个更可能的原因，那就是在复活节岛上肆虐的一种鼠类动物，又名波利尼西亚鼠（Rattus exulans）。

这些啮齿类动物可能是通过第一批到达复活节岛的船只偷渡上岸的，由于在复活节岛上没有天敌，它们可以自由地觅食和繁殖。在实验室里，老鼠的数量每 47 天就会增加一倍，而这意味着在短短 3 年时间里，单单一对老鼠就能繁殖出 1 700 万只老鼠。

对复活节岛来说，这是一场真正的生态灾难。生物学家怀疑这些快速繁殖的老鼠以树的种子为食，阻碍了树木的繁殖，最终导致了森林的消失。[27]

对于复活节岛上的居民来说，砍伐森林并不是什么大事，因为每砍倒一棵树都能腾出一小块耕地。在 2013 年的一篇文章中，考古学家玛拉·穆罗尼（Mara Mulrooney）证明，在树林消失后，岛上的粮食产量实际上还增加了，这要归功于岛上居民使用了实用性强的农业技术，比如利用小石头分层保护作物免受风吹，保持热量和水分。[28]

考古学家说，即便复活节岛的人口已经达到1.5万人，岛上的食物仍然是充足的。穆罗尼甚至认为，我们或许应该把复活节岛当作“人类智慧如何带来成功而不是失败”的典范。[29]

来自欧洲的船只

然而，成功是短暂的。

最终摧毁复活节岛的瘟疫并非来自本岛内部，而是来自欧洲的船只。悲剧的序幕于1722年4月7日正式拉开，当时雅各布·罗格文和他的船员们正准备登上复活节岛。一个全身赤裸的男人划着船过来了。他看上去有50多岁，体格健壮，皮肤黝黑，身上有文身，还留着山羊胡子。

一上船，这个家伙的活力和好奇心就给船员们留下了深刻的印象。他对“桅杆的高度、绳索的粗度、船帆、大炮，以及他所看到的一切”都表示很惊讶。[30] 当他在镜子里看到自己时，当船上的钟声响起时，当他把一杯白兰地倒进自己的眼睛里时，他都结结实实地吓了一大跳。

给罗格文留下深刻印象的是这个岛民激昂的情绪。他又跳又唱又笑，还反复喊着：“啊！多洛加！啊！多洛加！”直到很久以后，欧洲的研究人员才断定他可能在大喊着“欢迎”。

没有人知道这样热情的欢迎会为他们日后的悲惨命运埋下伏笔。罗格文携带着三艘轮船和两艘拖船以及134名船员靠岸了。复活节岛上的居民表现得非常高兴，但是荷兰人却排出了战斗队形。没有任何预兆地，枪声响起来了，一共有四声或五声。有人大喊：“赶快！赶快！快开火！”接着又响起了 30 多声枪响。岛民们向内陆逃窜，海滩上留下了约 10 具尸体。死者当中就包括那个从一开始就不停地大喊着“啊，多洛加”，前来欢迎舰队成员的友善的当地土著。

罗格文对那些攻击者的行为感到很愤怒，他们声称这是一场误会。但是，罗格文的日记里没有提到任何对攻击行为的惩罚措施。夜幕降临时，罗格文坚持要离开，他非常急切地想继续他的使命——寻找南方大陆，以便创造历史。

过了 48 年，另一支舰队再次停靠在了复活节岛。这支探险舰队由唐·费利佩·冈萨雷斯（Don Felipe Gonzalez）带领，他们在岛上布下了三个木制十字架，并且升起了西班牙国旗，宣布将该岛命名为圣玛利亚岛。岛上的居民对此并不以为意。

这些“征服者”后来指出：“我们没有看到丝毫仇恨的迹象。”[31] 当西班牙人向当地居民赠送了一套崭新的弓箭当礼物时，爱好和平的当地居民完全不知道应该怎样使用它。最后，他们决定把它当项链来戴。

4 年后的 1774 年，一支由詹姆斯·库克（James Cook）指挥的英国探险队又来到了这里。正是这位库克船长，在完成三次穿越太平洋的史诗般的航行后，最终证明南方大陆只是一个神话。他挤进了历史上的著名探险家行列，而罗格文的名字早已被人遗忘。

图 6-1 是艺术家加斯帕德·德·万西（Gaspard de Vancy）的一幅版画，他是在 1786 年 4 月 9 日来到复活节岛的。

库克的崇高地位或许可以解释，为什么灾难预言者对他关于复活节岛的观察抱有如此大的信心。库克是第一个报道发现倒塌的“摩埃”石像的人。此外，也许更加重要的一点是，他率先把当地土著描述为

"矮小的、瘦弱的、胆小的、悲惨的"。

或者更确切地说，这是他的作品中经常被引用的部分。奇怪的是，当多伦多大学的一名研究人员重读库克的日志时，却没能找到这种有意贬损的描述。[32] 相反，根据库克的航海日志记载，复活节岛上的土著"活泼好动、五官端正、面容清秀，而且对陌生人热情友好"。[33]

图 6-1 复活节岛

这幅版画可能更多地反映了这位法国人和他作为一名殖民者的视角，而不是生活在复活节岛上的当地土著的视角。它能留存下来简直是个奇迹，因为德·万西是一支命运多舛的探险队的一员。这个探险队名为拉·佩洛斯伯爵探险队（Comte de La Pérouse），由探险家让-弗朗索瓦·德加劳普（Jean-Francois de Galaup）和拉·佩洛斯伯爵（Comte de La Pérouse）率领。1787 年，这些法国人抵达了俄国东北部的堪察加半岛。在那里，安全起见，拉·佩洛斯决定把这次航行的先期报告提前寄回家乡（其中就包括了这幅画）。一年之后，他的探险队遭遇了海难。探险家拉·佩洛斯、探险队中的艺术家德·万西，以及其他船员究竟遭遇了什么，至今仍是学者们试图解开的一个谜。

图片来源：Hulton Archive。

那么，库克到底是在什么场合下做出上面那些严苛的判断的呢？我们在哪里才能找到这几句话？它们是如此巧妙地迎合了有些人对复活节岛崩溃的叙述，并出现在了科学杂志《自然》神圣的页面上。[34]贾雷德·戴蒙德引用保罗·巴恩和约翰·弗伦利的描述作为其资料来源，但是反过来他们没有给出任何引用的依据。于是，我决定自己去寻找那句神秘的引言。在图书馆待了漫长的一天后，我在一本 1961 年专门为学界的读者撰写的枯燥读物中找到了它。[35]

这本书的书名是什么？《挪威人远征复活节岛》（*A Norwegian Expedition to Easter Island*）。作者是谁呢？托尔·海尔达尔。

没错，最早记载着库克说了前面这些带有诽谤性质的话的，正是这位挪威探险家。当然，他还是许多其他相当愚蠢的想法的始作俑者。事实上，他在那之前不久刚刚出版过一本畅销书，在书中他幻想，复活节岛在被短耳的波利尼西亚食人族占领之前，居住在这里的是长耳的印加人。同样是这个托尔·海尔达尔，把库克笔下无害而友好的岛民歪曲成了原始食人族。[36]

神话就是这样产生的。

这里还有一个未解之谜等待着我们去揭开：为什么复活节岛上的居民要破坏那么有纪念价值的石像？

要找到答案，我们还是必须回到雅各布·罗格文的航海日志上去。在他到来之前，岛上的居民几百年来一直认为自己在这个世界上是独一无二的。也许并非偶然，所有的“摩埃”石像都是朝内的（面向岛内），而不是朝外的（面向大海）。

然而，在经过很长时间之后，三艘巨轮出现在了地平线上。岛上的居民是如何看待这些奇怪的荷兰人以及他们所拥有的神奇的船只和可怕的火力的呢？他们是先知吗？或者他们是神明吗？他们的到来以及海滩大屠杀必定给岛民带来了深深的震撼。“在见证了此事后，他们的孩子的孩子的孩子在将来的某一时间会重新讲述这个故事。”一个荷兰水手预测道。[37]

紧随其后来到岛上的是声势更加浩大的西班牙人。他们敲锣打鼓，挥舞旗帜，举行了一个游行仪式，并以三声雷鸣般的礼炮结束。

假设我说这些事件影响了岛民以及岛民对世界的看法，你应该不会觉得过于牵强吧？罗格文描述道，他看到岛民跪在“摩埃”石像前。库克说，这些雕像“不再被现在的居民视为偶像了，尽管我不知道在荷兰人刚刚到来的那个时候，他们是怎么看的”。而且，库克还指出，岛上的居民“甚至都放弃了去修复石像岌岌可危的地基”。[38]

到了1804年，根据一名俄国水手的描述，只有少数“摩埃”石像还矗立着。其余的石像可能是自己倒塌的，也可能是被人故意推倒的，又或者两者兼而有之。[39]不管怎样，围绕着“摩埃”石像的一系列传说都逐渐消失了。我们永远也不知道确切原因是什么。人们提出了两种假说，可能其中某一种是正确的，也可能两者都是对的。第一种假说是，复活节岛上的居民发现了一种新的消遣方式。森林消失后，巨石的移动变得更加困难了，所以人们想出了新的方法来使他们的日子变得更加充实。[40]

第二种假说则涉及学者们所说的“货物崇拜”。也就是说，复活节岛上的居民变得沉迷于西方人以及他们带来的物品。[41]出于某种原因，复活节岛上的居民特别痴迷帽子。一支法国探险队到达复活节岛后，队员们所有的帽子在一天之内就“丢光”了，而且这引起了岛上居民的哄笑。

大约也就是在这个时候，岛上的居民建造了一座欧洲船只形状的房子，还用石头垒成了一些像轮船的石堆，并且模仿欧洲水手举行了仪式。学者们认为，岛民们可能是想让这些外国人能够带着那些奇怪而又受欢迎的礼物再次回来。

他们确实回来了，但是这次他们没有给岛民带来可供交易的商品。相反，这一次，岛民们自己也成了商品。

希望的源泉

1862 年，一个阴云密布的日子，第一艘贩卖奴隶的船出现在了复活节岛外的地平线上。

复活节岛是秘鲁奴隶贩子完美的“狩猎地”。它与世隔绝，上面住着一群身强力壮的人，而且还不曾被任何一个世界强国占领。“简而言之，”一位历史学家总结道，“谁也不可能会知道或关心发生在他们身上的事情。”[42]

事后统计，启航时总共有 16 艘轮船载着 1 407 人离开，这占了全岛人口的约 33.3%。在这些人当中，有一些是被虚假的承诺所欺骗的，而其他人则是被武力劫持离开的。事实证明，这些人贩子与绑架阿塔岛居民的奴隶贩子是同一批人（100 年后现实版的《蝇王》故事就发生在阿塔岛上）。一到秘鲁，被奴役的岛民们就开始大批量地死亡。他们不是死在矿井内，就是死于传染病。

1863 年，秘鲁政府迫于国际压力，同意将幸存者用船遣送回家。为了准备返程，岛民们都聚集到了秘鲁的港口城市卡亚俄。他们几乎没有什么东西可以吃。更加糟糕的是，停泊在这个港口城市的一艘美国捕鲸船上有一名船员感染了天花。岛民们因此感染了天花病毒。随后，在前往复活节岛的漫长的海上航程中，每天都有尸体被抛入海里，最终 470 名被释放的奴隶中只有 15 人活着回到了家。

假设他们全都病死了，那么结局可能还会更好些。然而他们回来了，把天花病毒也带了回来，这种病毒在其余的岛民中迅速传播开来，在岛上播下了死亡和毁灭的种子。复活节岛的命运终于成为定局。现在，来到复活节岛的欧洲人确实可以看到岛民们之间的严重对立。一名法国船长写道，那里有堆积如山的骨骼和头骨，疾病把土著居民逼到了极其绝望的境地，以至于数十人选择以跳崖的方式结束自己的生命。

当这种流行病最终在 1877 年平息下来时，岛上已经只剩下 110 名居民了——大约与 800 年前第一次划着独木舟上岸的人一样多。所有传统都消失了，一切仪式都被遗忘了，文化也被彻底摧毁了。奴隶贩子和疾病最终完成了当地土著和老鼠没有完成的“伟业”——他们摧毁了整座复活节岛。

那么到现在，最初的那个故事还剩下什么呢？那个故事强调，是那些以自我为中心的岛民们把自己的文明搞得一塌糊涂的。

那个故事什么都没有留下。复活节岛上没有战争，没有饥荒，没有人吃人。砍伐森林并没有使土地变得不适宜居住，反而提高了生产力。1680 年前后也没有发生过大规模屠杀事件，真正的衰退直到几个世纪后，即大约在 1860 年才开始。登陆小岛的外来者所发现的，并不是一个正在消亡的文明。事实上，正是他们把这座小岛逼上了绝路。

然而，这样说并不意味着当地土著居民自己没有造成任何破坏。他们也有一些责任，比如意外地引入了一场鼠患，杀死了当地的植物和动物。但是在经历了这个艰难的时期之后，最突出的是他们的恢复能力和适应能力。事实证明，他们比外部世界的人长期以来认为的要聪明得多。

那么，复活节岛对我们来说依然是一个恰当的隐喻吗？在我与波尔塞马教授谈话几天之后，我看到了一份报纸的头版头条新闻：“气候变化危及复活节岛石像。”这是科学家们对海平面上升和海岸侵蚀的影响进行分析之后得出的预测。[43]

现在，我对气候变化的影响早已不持任何怀疑态度了。毫无疑问，我认为这是我们这个时代面临的最大的挑战，而且留给我们的时间已经不多了。然而，我确实对这种关于崩溃的宿命论修辞深表怀疑。有人认为人类天生是自私的，或者更糟糕的是地球上即将瘟疫横行。当这种观念被叫嚣为“现实主义”的时候，我要大声表达质疑；当我们被告知人类将会无路可走时，我也要大声表达质疑。

许多环保主义者都严重低估了人类的适应能力。我担心的是，他们的愤世嫉俗论会变成一种自我实现的预言——这是一种用绝望麻痹我们的“反安慰剂”，同时气温仍然在不断攀升。气候保护运动也需要一种新的现实主义。

“人们没有认识到，不仅仅是问题，而且是解决方案也会呈指数级增长，”波尔塞马教授告诉我，“我们无法事先保证必定如此，但是它们真的可以。”

至于证据，我们只需要看看复活节岛就足够了。当最后一棵树消失后，岛上的居民利用新的技术重新发展起了农业，并大大提高了产量。复活节岛的真实故事，其实是关于一个足智多谋、坚韧不拔的民族的故事，是关于在逆境中坚持不懈地奋斗到底的故事。它不是末日逼近的寓言，而是希望的源泉。

社会学实验背后的故事

PART 2

我没有放弃我所有的理想，这简直是一个奇迹，它们看起来是那么荒谬和不切实际。然而，我一直紧紧地抓着它们，因为我仍然相信，不管怎么样，人的内心都是真正善良的。

——安妮·弗兰克

如果人类本性善良是真的，那么现在就到了解决一个不可避免会遇到的问题的时候了。这个问题如果回答得不好，会使许多德国出版商对我的书失去兴趣。事实上，在我写这本书的时候，这个问题也一直困扰着我。

对奥斯威辛集中营，我们应该做何解释?

要怎么解释空袭、大屠杀、种族灭绝和集中营呢? 如何解释那些自愿与希特勒签下魔鬼契约的刽子手?

在 600 多万犹太人遭到系统性的谋杀之后，科学和文学在第二次世界大战结束后不约而同地开始聚焦于人类到底是如何变得如此残忍的问题。一开始，很多人过于轻易地把德国人看作一种完全不同的生物，把一切都归咎于他们扭曲的灵魂、病态的思想或野蛮的文化。不管怎样，他们显然跟我们分属完全不同的物种。

但是，这里存在一个问题：人类历史上最令人发指的罪行并不是发生在某个原始落后的地方。它发生在世界上最富有、最先进的其中一个国家，而这个国家还孕育了康德、歌德、贝多芬和巴赫。

难道公民社会根本无法提供任何保障吗？难道卢梭是对的，文明真的是一种潜在的腐败吗？大约就是在这个时候，一门新的科学学科变得声名鹊起，并开始提供许多令人不安的证据，证明现代人类确实从根本上讲就是“有缺陷”的。这门学科就是社会心理学。

20 世纪五六十年代，社会心理学家专注于研究这样一个问题：到底是什么东西把普通的男人和女人变成了怪物？为此，他们采取了种种方法——窥探、调查、刺激……研究这门新兴学科的科学家设计了一个又一个实验，证明人类确实有能力做出非常可怕的行为。他们声称，所需要做的只是稍稍限制一下人类的处境，然后每个人身上的“纳粹特质”就会显现出来。

在《蝇王》一书荣登畅销书排行榜榜首的那些年里，一位名叫斯坦利·米尔格拉姆（Stanley Milgram）的年轻研究员证明，人们会如何乖乖地遵从那些看上去非常可疑的权威人士的命令（请参阅本书第 8 章）。纽约市发生的一名年轻女子被谋杀的案件，则为关于现代社会人情冷漠的数百项研究奠定了基础（请参阅第 9 章）。心理学教授穆扎费尔·谢里夫（Muzafer Sherif）和菲利普·津巴多（Philip Zimbardo，第 7 章）做的实验证明，哪怕是一个小男孩，也可能随时变成集中营的暴君。

让我着迷的一点是，所有这些研究都是在相对较短的一段时间内集中进行的。那是社会心理学最狂野的年代，年轻有为的研究人员可以借助令人震惊的实验结果一跃成为科学界的明星。

50 年过去了，这些当年的“高手”要么已经去世，要么已经成为全球知名的教授。他们的研究结论变成了经典，并被教授给新一批的学生。与此同时，他们在第二次世界大战期间或之后做的那些实验的档案也已经公开了。历史上第一次，我们能够看清楚幕后究竟发生了什么。

第 7 章
津巴多的监狱实验

臭名昭著的监狱实验

1971 年 8 月 15 日上午 10 点左右，在西海岸，帕洛阿托的警察赶到现场，将 9 名年轻男子从床上拉了起来。其中 5 人因偷窃被起诉，4 人因持械抢劫被起诉。当看着这些人被搜身，铐上手铐，然后被警车带走时，邻居们感到非常惊讶。

但是这些旁观者并不知道，这些都只是实验的一部分。这个实验将成为历史上最臭名昭著的“科学研究”之一。这个实验将会登上新闻头条，并进入数百万大学新生的教科书。

当天下午，这些所谓的罪犯（实际上都是无辜的大学生）从 420 号楼的石阶上走下来，进入了斯坦福大学心理学系的地下室。欢迎他们的只有一块指示牌，上面写着“斯坦福郡监狱”。楼梯的尽头是另外一组学生，总计有 9 个人，他们都穿着制服，戴着墨镜。他们像那些戴着手铐的学生一样，来这里只是为了挣些外快。但是这些学生并不会成为“囚犯”，相反，他们被指派充当“狱警”的角色。

“囚犯”被命令脱光衣服，在走廊里一丝不挂地站成一排。他们的脚踝上戴着锁链，头上套着尼龙帽，每个人都分配了一个编号，从那一刻起，他们的名字就由这个编号代替了。最后，他们穿上囚服，被关进了监狱，三人一间（见图 7-1）。

接下来发生的事情震惊全世界。在短短几天时间内，斯坦福监狱实验就失去了控制。在这个过程中，关于人性的一系列残酷“事实”暴露无遗。

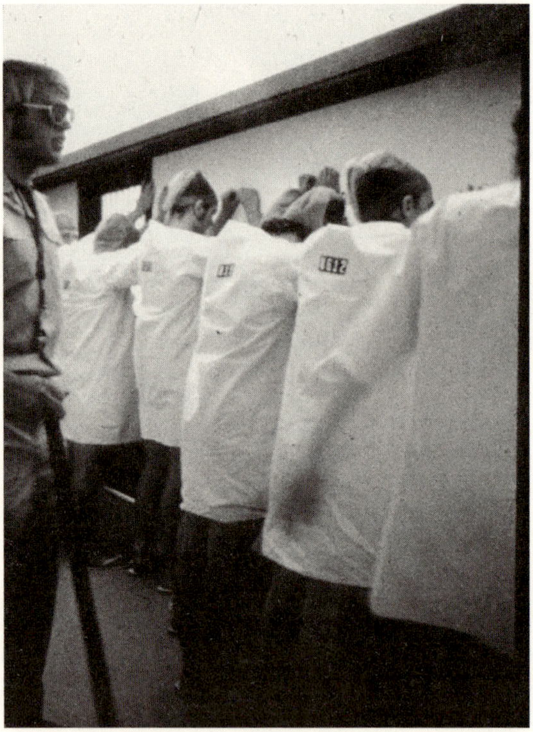

图 7-1 斯坦福监狱实验

资料来源：Philip G. Zimbardo。

实验的参与者是一群普通的、健康的年轻人，他们中的一些人在报名参加这项研究时自称为和平主义者。

但是到了第二天，情况就开始恶化了。“囚犯”发动了暴乱，而“狱警”则用灭火器充当武器对他们进行了严酷的镇压。在随后的日子里，“狱警”想出了各种各样的策略来对付他们管辖的“囚犯”。牢房内到处是粪便，恶臭满室，“囚犯”无法入睡。在睡眠被剥夺的恶劣环境之下，他们不得不一个接一个地表示屈服，而“狱警”则陶醉于自己所掌握的权力中。

终于，8612号“囚犯”忍不住了。他不停地踢着监室的门，尖声叫道：“我全身像火烧一般！难道你们不知道吗？我要出去！这里面乱七八糟！我一个晚上也忍受不了了！我再也待不下去了！”[1]

主导这项研究的首席研究员、心理学家菲利普·津巴多也被卷入了这场闹剧。他扮演的是监狱管理者的角色，决心不惜一切代价实施严格管理。实验进行到第6天，他才终于决定结束这个噩梦般的实验，因为一名惊恐不已的研究生——他的女朋友——质问他到底在做什么。当时，有5名“囚犯”已经表现出了“情绪极度低落、哭泣、愤怒和极度焦虑”的迹象。[2]

这次实验草草结束了，津巴多和他的研究团队却不得不面临一个痛苦的问题：那里到底发生了什么？今天，你几乎可以在任何一本心理学入门教科书中找到所谓的答案。在好莱坞大片、奈飞公司的纪录片，以及像马尔科姆·格拉德威尔（Malcolm Gladwell）的《引爆点》（*The Tipping Point*）这样的超级畅销书中都有提及。又或者，去办公室的饮水机旁问问看，你也可以从同事口中了解所谓的真相。

答案通常都是这样的。在1971年8月15日，一群普通的学生变成了怪物。不是因为他们原本就是坏人，而是因为他们被置于一个糟糕的环境中。例如，格拉德威尔告诉我们："如果你想知道如何才能对来自优秀学校、幸福家庭和良好社区的普通人的行为产生巨大影响，仅仅通过改变他们当前生活环境的一些细节就可以做到。"[3]

后来，菲利普·津巴多反复地说，一开始时没有人想到这个实验会如此失控。后来，他不得不得出了这样一个结论，那就是每个人都有潜在的可能做出最令人发指的行为。他总结说，对于发生在斯坦福大学地下室里的那些事情，必须这样来理解：那是"人们穿了'狱警'制服后会表现出的'自然'行为的后果"。[4]

罗伯斯山洞实验

很少有人知道的是，比津巴多的实验还要早 17 年，就已经有人进行过类似的实验了，而且也得出了几乎相同的结论。在学术界之外，恐怕大多数人都已经遗忘了这个几十年来一直激励着社会心理学家的罗伯斯山洞实验（Robbers Cave Experiment）。与斯坦福的研究不同的是，它的研究对象不是学生志愿者，而是毫无戒心的孩子。

1954 年 6 月 19 日，12 个大约 11 岁的男孩站在俄克拉何马城的一个公交车站等车。他们彼此之间都不认识，但是他们都来自正直体面的家庭，他们的父母经常带他们去教堂。他们的智商属于平均水平，在学校里的成绩也处在中间水平。他们当中没有人是麻烦制造者，也没有人是被欺凌者，他们都是适应能力相当强的普通孩子。

在这个特别的日子里，他们个个都表现得很兴奋。那是因为他们即将出发，前往俄克拉何马州东南部的罗伯斯山洞州立公园（Robbers Cave State Park）参加夏令营。这个营地曾经是贝尔·斯塔尔（Belle

Starr）和杰西·詹姆斯（Jesse James）等传奇亡命之徒的藏身之所，占地大约8万平方米，有森林、湖泊和洞穴。男孩们没有意识到的是，他们将与第二天到来的另一群露营者共享这个天堂。他们还不知道的是，这是一个科学实验。所有露营者都是被试。

这项研究是由出生于土耳其的心理学家穆扎费尔·谢里夫组织进行的，他一直以来都对群体之间的冲突是如何产生的这个问题非常感兴趣。他针对这个夏令营所做的准备工作称得上一丝不苟，他对研究小组的指示也非常明确：孩子们可以自由地做他们想做的任何事，不受任何限制。

在研究的第一阶段，这两组男孩都不会意识到对方的存在。他们会待在不同的建筑里，以为公园里就只有他们一组人。到了第二个星期，他们会被带到一起，小心翼翼地进行接触。接着会发生什么呢？他们是会成为朋友，还是会闹得天翻地覆？

罗伯斯山洞实验是一个关于表现良好的小男孩，即“最优秀的男孩”的故事，但他们在几天之内就堕落成了一群“邪恶的、不安分的和恶毒的孩子”。[5]谢里夫组织这个夏令营的那一年，也正是威廉·戈尔丁出版《蝇王》的同一年。但不同的是，戈尔丁认为孩子们的天性是坏的，而谢里夫认为一切都取决于环境。

事情一开始很顺利。在第一个星期，当两组人没有意识到彼此的存在时，每个营地的男孩们在一起时都能进行完美的合作。他们建造索桥和跳水板，还一起烤汉堡、搭帐篷，很快就成了朋友。

接下来的一个星期，实验发生了转折。这两个分别自称为“响尾蛇队”和“老鹰队”的小团体被组织者小心翼翼地介绍给了对方。当响尾蛇队听说老鹰队在“他们的”棒球场上比赛，并且向他们提出挑战时，两个团体间发生了长达一个星期的对抗和竞争。从那以后，事态迅速升级。第二天，老鹰队在拔河失利后焚烧了响尾蛇队的旗帜。响尾蛇队则通过发动午夜突袭来进行报复，他们撕破了老鹰队的窗帘，抢走了老鹰队的漫画书。然后，老鹰队决定，将大石块塞进袜子里用作武器，然后用武器来一劳永逸地解决冲突。在关键时刻，夏令营的工作人员设法对此进行了干预。

在那个星期的比赛结束时，老鹰队被宣布为胜利者，并获得了令人垂涎的奖品——每人一把闪闪发光的小刀。响尾蛇队则发动了另一场突袭，抢走了所有战利品，以此作为报复。当面对愤怒的老鹰队时，响尾蛇队只是报以嘲笑。“来吧，你们这些胆小鬼。”其中一个孩子挥舞着刀子嘲弄道。[6]

当孩子们开始抡起双拳时，谢里夫博士伪装成了营地管理员，坐在一边忙于写他的笔记。他当时就已经非常清楚地意识到：这个实验将是一座大金矿。

近年来，有关罗伯斯山洞实验的故事又重新走进了人们的视野。我无法告诉你有多少权威人士把这项研究当成了理解我们这个时代的一把钥匙。响尾蛇队和老鹰队之间的冲突，难道不正是左翼与右翼、保守派与进步人士之间无处不在的冲突的象征吗？

一些电视制片人在了解到这项研究的前提假设之后，立即看到了其中隐藏着的卖点。在荷兰，他们试图毫不掩饰地重拍一部名为《这意味着战争》（*This Means War*）的电影。但是当事实证明这个概念真的意味着战争时，他们不得不提前终止了行动。

现在，我们有足够的理由公开穆扎费尔·谢里夫写于1961年的原始研究报告。读完这份研究报告后，我可以向你保证：它根本不是一部引人入胜的作品。在开头那几页里，谢里夫告诉我们“人们对外来者的负面态度会在环境影响下激发出来”。解读：这就意味着战争。

但是，在抛开所有学术性很强的抽象概念之后，我发现了一些有趣的事实。决定举行为期一星期的竞赛活动的并不是孩子们自己，而是实验者。老鹰队队员对这个主意并不感兴趣。“或许我们可以和那些家伙做朋友，”一个男孩的建议是，“这样就不会有人犯傻，也不会产生任何怨恨了。”[7]

正是在研究人员的坚持下，这两个小组才去参加那些有明确的赢家和输家的游戏的，比如棒球赛和拔河比赛。比赛没有安慰奖，而且分数是由研究人员操纵的，目的是确保两队看上去势均力敌，以此强化竞争。

而且事实证明，这些阴谋诡计只是一个开始。

被误解的孩子们

我是在2017年夏天在墨尔本见到吉娜·佩里（Gina Perry）的，几个月后，她的新书《罗伯斯山洞实验》（*The Robbers Cave Experiment*）出版了。佩里是澳大利亚的一位心理学家，也是第一个深入研究谢里夫实验的原始档案的人。在翻阅挖掘了大量的笔记和录音之后，她发现了一个与过去50年来在教科书中重复出现的内容相矛盾的故事。

佩里发现，谢里夫在那个实验之前曾试图检验他的“现实冲突理论”（realistic conflict theory）。他曾经在1953年在纽约州的米德格罗夫小镇郊外组织了另一个夏令营。在那里，他也曾尽他所能让孩子们互相竞争。后来，谢里夫唯一透露的信息藏在一个脚注里，“由于出现了各种各样的困难和不利条件”，实验不得不暂时中止了。[8]

在墨尔本，佩里告诉我，她从档案中了解到，在另外一个被巨人遗忘的夏令营里究竟发生了什么。在到达营地两天后，所有的男孩子都成了朋友。他们一起玩游戏，一起在树林里狂奔、射箭，扯着嗓子唱歌。

然后，到了第三天，实验组织者把所有男孩分成了两个小队——黑豹队和巨蟒队。在那一星期接下来的时间里，组织者使用了书中提到的所有技巧去挑拨离间，试图让这两个小队互相对抗。当黑豹队想要设计印有象征和平的橄榄枝的队服时，工作人员阻止了他们。几天后，其中一名工作人员偷偷撕毁了巨蟒队的一顶帐篷，他满心以为黑豹队会因此而遭到巨蟒队的指责。但是最后，他只能沮丧地看着两个小队的男孩们齐心协力把帐篷重新支了起来。

接下来，工作人员又秘密突袭了黑豹队的营地，希望巨蟒队会因此而受到指责。再一次，孩子们还是表现出了互帮互助的精神。有一个男孩在发现自己的尤克里里琴被弄坏了之后，甚至叫来了工作人员，要求他们提供不在场证明。“也许，”他指责道，“你们只是想看看我们会有什么反应。”[9]

随着时间的推移，研究小组的成员的情绪变得越来越糟糕。他们这个昂贵的实验似乎注定要以失败告终了。孩子们并没有像谢里夫的“现实冲突理论”所说的那样反目成仇，相反，他们成了很好的朋友。谢里夫责怪了除他自己之外的所有人。他一直待到了凌晨两点，不断地踱步，就像佩里在研究录音中听到的那样，然后开始喝酒。

就在最后那几天的某一个晚上，紧张局势终于迎来了一个爆发点。当孩子们安安安静地熟睡的时候，谢里夫威胁要打一名研究助理，指责他没有尽最大努力在孩子们中间挑拨离间。这名助理出于自卫抓起了一块木头。“谢里夫博士！”整个营地都回荡着他的声音，“如果你真的打我，我会狠狠还击的。”[10]

当其中一个男孩发现一个记载了详细的观察结果的笔记本后，孩子们终于意识到自己被操纵了。事已至此，除了中止实验之外别无选择。如果说这个实验真的证明了什么东西的话，那就是一旦孩子们成为朋友，他们就很难再互相攻击了。“研究者误解了人性，”一位参与那个实验的心理学家多年后谈到此事时说，“至少他们一定误解了那些孩子。”[11]

人性还是骗局

穆扎费尔·谢里夫博士在米德格罗夫小镇实验中的操纵行为是令人愤慨的，但与 17 年后其他心理学家精心营造的实验场景相比，它们只不过是小巫见大巫罢了。从表面上看，斯坦福监狱实验和罗伯斯山洞实验有很多共同之处。它们都有 24 名白人男性被试，它们都被设计用来证明好人可以自发地变坏。[12]但是，斯坦福监狱实验要更进一步。

菲利普·津巴多的研究不仅仅是可疑的，甚至可以说是一个骗局。

我的怀疑是我在阅读津巴多出版于 2007 年的著作《路西法效应》（*The Lucifer Effect*）时浮上心头的。原先我一直以为，他的实验中的那些“狱警”是自动变成施虐狂的。津巴多自己也曾经无数次在采访中声称，甚至在美国国会的听证会上做证时也说，这些“狱警会为了维护法律、维持秩序和获得尊重，来制定专门的规则”。[13]

但是在这本书的第 55 页，津巴多突然提到，在实验开始前的一个星期六，他与“狱警”见过一次面。那天下午，他向“狱警”简要地介绍了他们的任务。他给出的指示非常明确，不可能有任何误解：

> 我们可以制造一种挫败感。我们可以在他们身上制造出恐惧……我们将以各种方式剥夺他们的个性。他们将会穿着囚服，无论在什么时候都不会有人叫他们本来的名字。他们每个人都有一个编号，这个编号将代替他们的名字。总的来说，所有这一切都会在他们心中造成一种无力感。[14]

在读到这一段时，我惊呆了。这位本该完全独立于被试的科学家，却直截了当地说，他曾经训练过他的“狱警”。这些“狱警”原本完全没有想到要用编号来称呼“囚犯”，他们也没有想到要戴墨镜，更没有想到要玩虐待狂的把戏。所有这些都是津巴多明确指示他们去做的。

不仅如此，在实验开始前的那个星期六，津巴多就已经在谈论“我们”和“他们”了，就好像他和这些“狱警”是同一个团队的成员一样。这意味着，他后来讲述的自己随着实验的推进而迷失在监狱管理者角色中的故事，不可能是真的。津巴多从始至终都在发号施令。

要深刻理解津巴多的所作所为对客观研究造成的致命影响，我们必须先了解社会科学家所称的“要求特征”（demand characteristics）指的是什么。这是非常重要的。如果被试能够猜测出研究的目的，那么他们就会表现出这些行为，从而将整个科学实验变成一场舞台剧。我们发现，在斯坦福监狱实验中，正如一位心理学研究人员所说的那样：“这种要求无处不在。”[15]

那么，这些“狱警”真的明白实验组织者希望他们做什么吗？他们本来可能会围坐在一起，打打牌，聊聊体育运动和女孩子。在后来的一次采访中，一名学生“狱警”说他事先就计划好了自己要做什么：“我心里有一个明确的计划，也在努力去执行，迫使某些事情发生，这样研究人员就可以推进工作了。说到底，如果我们都像乡村俱乐部的会员那样无所事事地坐着，研究者又怎么能从这个实验中得到一些东西呢？”[16]

即使在这样的证词大量出现之后，斯坦福监狱实验还是没有从教科书中删除，这已经够糟糕的了。但是情况还在变得更糟糕。2013年6月，法国社会学家蒂博·勒·特谢尔（Thibault Le Texier）偶然发现了津巴多在2009年做的一场TED演讲。作为一名兼职电影制作人，他的注意力很快被津巴多在屏幕上展示的画面吸引了。在勒·特谢尔经验老到的审视中，那些不断尖叫的学生的原始视频，看起来就像是一部扣人心弦的纪录片的完美素材，所以他决定先做一些研究。

勒·特谢尔向一家法国电影基金申请，获得了一笔补助金，于是他预订了飞往加利福尼亚州的机票。在斯坦福，他有了两个惊人的发现。第一个发现是，他是第一个查阅津巴多的实验的原始档案的人。第二个发现是，这些档案中包含了一些奇怪的内容。勒·特谢尔的热情很快就被困惑取代了，接着是沮丧。就像吉娜·佩里一样，他发现自己被成堆的文件和录音包围着，这些文件和录音呈现给他的是一个与教科书完全不同的实验。

“我花了很长时间才接受津巴多所说的一切都可能是假的这个事实。”2018年秋勒·特谢尔告诉我。一年后，他的严苛的分析结果发表在世界顶尖的心理学专业期刊《美国心理学家》（*American psychologist*）上。“起初，我并不愿意相信自己的发现。我想，那是斯坦福大学的一位有名望的教授，一定是我弄错了。”

但是证据本身说明了一切。

斯坦福监狱实验最初并不是津巴多构想出来的。事实上，这是他指导的一名本科生，一个名叫戴维·贾菲（David Jaffe）的年轻人想出来的主意。在一次课程作业中，贾菲和其他4名同学认为把他们宿舍的地下室变成一个监狱是个绝妙的主意。他们召集了一些自愿参加的朋友，并于1971年5月与6名“狱警”、6名“囚犯”一起进行了初步尝试，贾菲自己则充当了监狱长一职。

“狱警”制定了一些规则，比如“囚犯之间只能用编号来称呼对方”“‘囚犯’必须始终称呼‘监狱长’为‘首席惩教官先生’”。接下来的星期一，贾菲在课堂上讲述了他激动人心的“实验”以及这个实验在参与者中激起的强烈情绪。津巴多被说动了，他决定亲自尝试一下。

但是，还有一个顾虑让津巴多踌躇了一下。真的能找到足够多的残暴的“狱警”吗？谁能帮助他把人最坏的一面激发出来呢？这位心理学教授决定聘请这名大学生做顾问。“基于我之前有作为虐待狂大师的经验，津巴多要求我提供一些策略。”贾菲后来这样解释道。[17]

40 年来，在数以百计的采访和文章中，菲利普·津巴多一直坚持声称，斯坦福监狱实验中的那些“狱警”没有接到过任何指令。所有一切都是他们自己想出来的：规则、惩罚，以及对“囚犯”的羞辱。津巴多把贾菲描绘成了纯粹充当“狱警”角色的被试，和其他人完全一样。

真相远非如此。事实证明，全部 17 条规则中有 11 条是贾菲制定的。为了迎接“囚犯”的到来，贾菲起草了一份详细的操作规程。在“囚犯”的脚踝上绑上链条的主意也是贾菲想出来的。脱光“囚犯”的衣服呢？也是他的主意。强迫他们光着身子站 15 分钟呢？还是他的主意。

不仅如此，在实验开始前的那个星期六，贾菲还花了整整 6 个小时和其他“狱警”待在一起，向他们解释如何使用铁链和警棍达到最佳效果。“我有一张清单，上面列明了需要做的事情，”贾菲告诉他们，“都是必须保证要让它们发生的事情。”[18] 在整个折磨施虐事件结束后，他的“狱警”朋友对他“施虐的创意”称赞不已。[19]

与此同时，津巴多本人也对这个施虐的游戏计划做出了诸多“贡献”。他制定了一个紧凑的时间表，让“囚犯”没有足够的睡眠——“囚犯”会在凌晨2点30分和6点被叫醒进行点名。他提出的惩罚“囚犯”的建议包括让他们做俯卧撑，或者在他们的毯子里放带刺的贴纸或草刺。他还认为单独囚禁也许是一个不错的补充惩罚措施。

如果你想知道为什么津巴多要花这么多精力来控制实验，答案其实很简单。一开始，津巴多对“狱警”并不感兴趣。最初他的实验集中关注的是“囚犯”。他想弄清楚“囚犯”在巨大的压力下会怎么做。他们会有多无聊、多沮丧、多害怕？

“狱警”则把自己视为他的研究助理，考虑到津巴多正是这样对待他们的，他们这样想是有道理的。津巴多对他们施虐行为的震惊反应，以及声称这是实验的真正内容，都是事后捏造出来的。在实验过程中，他和贾菲迫使“狱警”对“囚犯”采取格外严厉的措施，包括训斥那些没有严苛对待“囚犯”的“狱警”。

在后来被公开的一段录音中，我们可以听到贾菲在严厉告诫一个“过于温柔的狱警”约翰·马库斯（John Markus），督促他在第二天对“囚犯”采取更强硬的态度：

贾　菲：“总的来说，你有点像缩头乌龟……我们真的想让你积极参与进来，因为身为‘狱警’你必须知道，每一个‘狱警’都必须表现‘强硬’，到目前为止，嗯……”

马库斯：“我不太强硬……”

贾　菲：“是的，但是，你必须试着强硬起来。”

马库斯：“我不知道……”

贾　菲：“我说的强硬是指，你知道，你必须……嗯……坚决一些，你必须在行动中……呃……做诸如此类的事情。嗯，这对整个实验工作真的很重要……”

马库斯：“对不起，我很抱歉……如果完全由我决定，我不会做任何事。我会让事情缓和下来。”[20]

令人意外的是，在斯坦福监狱实验中，大多数“狱警”即便在压力越来越大的情况下，仍然对要不要采用“强硬策略”犹豫不决。有2/3的人拒绝参与到这种残酷的游戏中来，有1/3的“狱警”对“囚犯”很友善，对津巴多和他的团队感到失望。其中一名“狱警”在实验开始前的那个星期天就提出了拒绝，表示他无法按照指示行事。

大多数被试坚持下来是因为津巴多许诺的报酬不错。他们每天可以赚1美元到5美元——这相当于现在的100美元，但是得坚持到最后才能拿到钱。“狱警”和“囚犯”都担心，如果他们不按照津巴多的剧本来演，就会拿不到钱。

但是，对于其中一名“囚犯”来说，金钱并不能构成足够大的激励，他在经过第一天的折腾之后就觉得厌倦了，想退出实验。他就是编号为8612的“囚犯”，22岁的道格拉斯·科尔皮（Douglas Korpi）。事实上，科尔皮在第二天就崩溃了。[21]他的崩溃形象出现在了所有的纪录片中，并成为整个斯坦福监狱实验中最著名的画面。

2017年夏天，一名记者找到了道格拉斯·科尔皮。[22]科尔皮告诉记者，他们的整个崩溃过程都是假装的——从头到尾都是假的。这并不是他一个人的秘密。事实上，他在实验结束后告诉了好几个人，其中就包括津巴多，但是津巴多没有理睬他。科尔皮还告诉了一个纪录片导演，但是后者把这个故事从他的电影中删掉了。

道格拉斯·科尔皮后来还获得了心理学博士学位。他在接受采访时说，他一开始很喜欢这个实验。第一天“真的很有趣，”他回忆道，“我大喊大叫，表现得歇斯底里。我想自己要表现得像个囚犯，而我一直是个好学生，那是一段美好的时光。”[23]

这种乐趣是短暂的。科尔皮本来是希望能花点时间复习备考的，但是自打他进了“监狱”，“津巴多公司”就不让他接触课本了。所以在第二天，他决定退出。

令他吃惊的是，津巴多拒绝让他离开实验。“囚犯”只有在出现身体或精神上的问题时才会被释放，因此科尔皮决定装假。首先，他假装胃痛。当这不起作用时，他尝试假装自己精神崩溃了：“我全身都像火烧一般！难道你们不知道吗？我要出去！这里面乱七八糟！我一个晚上也忍受不了了！我再也待不下去了。”[24]

这些呼喊声后来在全世界都变得“臭名昭著”。在这个实验结束后的几十年里，数以百万计的人“爱”上了菲利普·津巴多制造的这场闹剧。

“最糟糕的是，”其中一名“囚犯”在2011年这样说道，“津巴多在这40年来获得了太多的关注……”[25]津巴多甚至在分析数据之前就把实验的录像提供给了电视台。在接下来的几年里，他逐渐成了他那个时代最著名的心理学家，他的晋升之路畅通无阻，直到最后当上了美国心理学协会的主席。[26]

在一部摄于20世纪90年代的关于斯坦福监狱实验的纪录片中，学生“狱警”戴夫·埃谢尔曼（Dave Eshelman）表示，他也想知道如果研究人员没有逼迫“狱警”做那些事情，可能会发生什么。当时他无奈地说：“我们永远也不会知道了。”[27]

事实证明，我们是可以知道的。

埃谢尔曼不知道的是，当时两位英国心理学家正在为另一个实验做着准备工作。这个实验旨在回答这个问题：当普通人穿着囚服走进监狱时，他们身上会发生什么？

另一个监狱实验

这个实验始于英国广播公司在 2001 年打给这两位心理学家的一个电话。

那时正是电视真人秀节目开始大行其道的早期。当时《老大哥》（*Big Brother*）刚刚播出，各地的电视台都在忙着构思下一档能够吸引眼球的节目，所以英国广播公司的要求并不完全出人意料：你有兴趣再尝试一次那个关于“囚犯”和“狱警”的令人惊恐的实验吗？只不过现在这个实验要在黄金时间播出。

对于亚历山大·哈斯拉姆（Alexander Haslam）和斯蒂芬·莱克尔（Stephen Reicher）这两位心理学博士来说，这正是他们梦寐以求的。斯坦福监狱实验最大的问题是，它太不道德了，以至于一直没有人敢去复制它，所以津巴多几十年来一直都在独享这个“最新成果”。但是现在，这两位英国心理学家得到了一个能够在电视屏幕上复制这个实验的机会。

哈斯拉姆和莱克尔同意了，但是有两个条件。第一，他们必须能够完全控制这项研究。第二，如果事情出现了失控的危险，那么伦理委员会将有权在任何时候叫停实验。

在节目播出前的几个月里，英国媒体上充斥着各种猜测。“人们会陷得多深？”“这档真人秀节目会变得疯狂而不受控制吗？”《卫报》这样问道。[28] 甚至连菲利普·津巴多也表达了某种厌恶之情：“很明显，他们做这项研究是希望能像我最初的研究那样创造出戏剧性的结果。”[29]

2002年5月1日，当《实验》(*The Experiment*)的第一集播出时，全英国数以百万计的人紧紧地盯着电视机，接下来发生的事震惊了……

……事实上，它并没有令任何人感到震惊。

接下来发生的事情几乎可以说寡然无味。我耐着性子坐下来看完了所有剧集，总计4个小时，我很少看到如此枯燥乏味的电视节目。

那么，英国广播公司的节目在哪里出了问题？哈斯拉姆和莱克尔漏做了一件事：他们没有告诉“狱警”应该做些什么。心理学家所要做的就是观察。当这些普通的被试像在乡村俱乐部一样闲坐着的时候，他们能做的就只是在一旁看着。

事情刚刚开始，一名“狱警”就宣布他觉得自己不适合担任狱警的角色：“说实话，我宁愿当一名‘囚犯’……”

第二天，另一名“狱警”建议与“囚犯”分享“狱警”的食物，以提振士气。到了第四天，当“狱警”与“囚犯”之间似乎要发生一些摩擦时，一名“狱警”却对一名“囚犯”说：“如果我们能够坚持到最后，我们可以去酒吧喝上一杯。”另一名“狱警”还插话道：“让我们像人类一样来讨论这个问题。”

第五天，一名“囚犯”提议建立民主制度。第六天，一些“囚犯”溜出了牢房。他们径直走到“狱警”食堂抽烟去了，不久“狱警”也加入了他们的行列。第七天，这些人投票通过了建立一个公社的提案。

有几名“狱警”确实曾经试图说服其他人回到原先的管理机制中，但是他们的建议没有被认真对待。由于实验陷入了僵局，事情只能到此为止了。最后一集主要是这些人懒洋洋地躺在沙发上的镜头。在剧集的最后，我们看到了一些令人感伤的镜头，人们互相拥抱，其中一名“狱警”还把自己的夹克送给了一名“囚犯”。

与此同时，观众却觉得自己被欺骗了。双脚被铁链锁着的“囚犯”在哪儿？为什么“囚犯”的头上没有蒙纸袋？他们期待的那些残酷的“游戏”什么时候才会开始？英国广播公司播出的长达 4 个小时的节目从头到尾都是一些抽烟、闲聊和不停走动的镜头。或者，正如《星期日先驱报》（*The Sunday Herald*）总结的那样：“当你把好人放在一个邪恶的地方，然后拍成电视节目，会发生什么呢？实际上什么都不会发生。”[30]

对于电视制片人来说，这个实验所揭示的事实对收视率是非常“残酷”的：如果你让普通人独处，那么什么都不会发生。或者，更糟糕的是，他们会尝试去建立一个和平的公社。

但是从科学研究的角度来看，这个实验却是非常成功的。哈斯拉姆和莱克尔在著名的学术期刊上发表了十多篇关于他们的研究结果的文章。但是从其他方面来看，比如社会影响，我们还是可以说这是一次失败的尝试。英国广播公司这项监狱实验研究自此之后就完全淡出了公众的视野，人们津津乐道的仍然是斯坦福监狱实验。

对此，菲利普·津巴多有什么要说的吗？2018 年，一名记者问他，后来发现的这些关于他的实验在很大程度上受到了操纵的新证据，是否会改变今天的人们对他的实验的看法，这位心理学家回答说，他不在乎。“人们可以畅所欲言嘛，这是当时心理学史上最著名的研究。很少有研究是人们在 50 年后还会讨论的。一般人都知道这一点……现在它已经有了自己的生命……我不会再为它辩护了，最好的辩护就是它的长盛不衰。”[31]

第 8 章
米尔格拉姆的电击实验

平庸之恶

不过，还有一个心理学实验比斯坦福监狱实验更出名，还有一个心理学家比菲利普·津巴多更广为人知。当我开始写这本书的时候，我就知道我绝不能略过这位心理学家。

他就是斯坦利·米尔格拉姆。

米尔格拉姆是在 1961 年 6 月 18 日开始他的这项研究的，当时他还只是一名年轻的助理教授。那一天，米尔格拉姆在《纽黑文纪事报》（*The New Haven Register*）上刊登了一则整版广告："我们将支付你每小时 4 美元的报酬。"[1] 他想通过广告招募 500 名普通人，包括理发师、调酒师、建筑工人和商人等，让他们参与一项有关人类记忆的研究。

在接下来的几个月里，数以百计的人来到了耶鲁大学斯坦利·米尔格拉姆的实验室。这些人通过抽签被分成两人一组，一个人扮演"老师”的角色，另一个人扮演“学生”的角色。“老师”会坐在一个巨大的设备前，他们被告知这是一个电击器。然后，他们被要求与“学生”一起进行记忆测试，“学生”则被绑在隔壁房间的椅子上。如果“学生”给出了错误的答案，“老师”就必须按下电击器的开关对“学生”进行电击。

实际上，“学生”这一角色一直都是由米尔格拉姆的研究团队成员来担任的，而且电击器也根本不会真的产生电击。但是“老师”并不知道这一点。他们以为这是一项关于惩罚对记忆的影响效果的研究，并没有意识到这项研究其实是针对他们的。

实验刚开始时设备显示的电压很小，只有 15 伏特。但是每当“学生”给出错误答案时，一个穿着灰色制服的人就会指示“老师”提高电压，从 15 伏特提高到 30 伏特，从 30 伏特提高到 45 伏特……不管隔壁房间里的“学生”尖叫得有多大声，有人甚至将电压提升到标有“危险：严重电击”的值。当电压达到 350 伏特时，“学生”会敲打墙壁。之后，他就会被电击至“昏迷而死”。

米尔格拉姆让大约 40 名心理学家同行预测这些被试会在多大程度上遵照执行实验员的指示。绝大多数心理学家一致认为，最多只会有 1% 或 2% 的人，即那些彻头彻尾的精神病患者，才会一直坚持到实施 450 伏特的电击。[2]

那么真实情况又是怎样的呢？高达 65% 的研究参与者一直坚持到了最后，并实施了 450 伏特的电击。很显然，在这些再普通不过的父亲、朋友和丈夫中，有 66.7% 的人会随随便便就电死一个陌生人。[3]

为什么会这样？因为有人让他们这么做了。

当时，米尔格拉姆只有 28 岁，他一下子就成了一个大名人。几乎所有的报纸、广播电台和电视频道都对他的实验进行了报道。“65% 的人在测试中盲目地服从命令，制造极度痛苦。”《纽约时报》头版头条这样写道。[4] 报纸进而问道，什么样的人会愿意把数以百万计的人送进毒气室？从米尔格拉姆的实验结果来看，答案很明确——我们所有的人。

斯坦利·米尔格拉姆（见图 8-1）是犹太人，他从一开始就把自己的研究结果作为对大屠杀的最高解释。穆扎费尔·谢里夫假设，只要一群人开始对峙，战争就会爆发，津巴多（他和米尔格拉姆一起上的学）则声称我们一穿上制服就会变成怪物，而米尔格拉姆的解释则要精确得多，也聪明得多。当然，也更加令人不安。

图 8-1　斯坦利·米尔格拉姆和他的电击器

资料来源：*The Chronicle of Higher Education*。

对米尔格拉姆来说，一切都取决于权威。他说，人类是一种盲目服从命令的生物。在他位于耶鲁大学地下室的实验室里，成年男子变成了不加思考的孩子，变成了训练有素的拉布拉多犬，当有人命令他们“坐下”“摇尾巴”或“跳下凳子”时，他们会欣然服从。这种说法，与那些在第二次世界大战结束后继续炮制陈词滥调的纳粹分子对自己的辩护惊人地相似。他们说，“Befehl ist Befehl”（命令就是命令）。

从这个实验中，米尔格拉姆只能得出一个结论：人类的天性带有一种致命的先天缺陷，这种缺陷会让我们表现得像听话的小狗一样，做出最可怕的事情。[5]“如果要在美国建造一个死亡集中营，”这位心理学家声称，“那么在美国的任何一个中等规模的城镇，都能找到足够的人员来建成这些集中营。”[6]

米尔格拉姆进行这个实验的时机恰到好处。就在第一个志愿者走进实验室的那一天，一场颇具争议的审判正进入最后一星期。纳粹战犯阿道夫·艾希曼（Adolf Eichmann）正在700名记者的见证下在耶路撒冷接受审判，这其中就有犹太哲学家汉娜·阿伦特（Hannah Arendt），她曾为《纽约客》杂志报道过这个事件。

在审前受羁押期间，艾希曼接受了6名专家的心理评估，没有发现他有行为障碍方面的症状。据其中一位医生说，他唯一令人感到奇怪的地方是，看起来“比普通人更加正常”。[7]阿伦特写道，艾希曼既不是精神病人，也不是怪物。他和所有走进米尔格拉姆实验室的理发师、调酒师、建筑工人和商人一样，都是平凡的普通人。阿伦特在她的书的最后一句话中对这种现象下了结论：“平庸之恶。”[8]

从那时起，米尔格拉姆的实验研究就与阿伦特的哲学观点紧紧联系在了一起。汉娜·阿伦特被认为是20世纪最伟大的哲学家之一，米尔格拉姆则提供证据证明了她的理论。此后涌现了大量的纪录片、小说、舞台剧和电视连续剧，它们都围绕着米尔格拉姆那台臭名昭著的电击器而展开：从当时很青涩的约翰·特拉沃尔塔（John Travolta）主演的电影，到《辛普森一家》这个超长连续剧，再到法国电视上的游戏节目，都有这台机器的影子。

穆扎费尔·谢里夫甚至说："米尔格拉姆的服从实验是社会心理学领域，或许是整个心理学领域对人类知识的最大贡献。"[9]

在此我不妨坦诚一些。说真心话，从开始撰写这本书的第一天起，我就想把米尔格拉姆这个实验拉下神坛了。当你着手写一本宣扬人性之善的书时，你肯定会列出一个清单，把必须驳倒的那几个最大的论战对手列出来。威廉·戈尔丁和他黑暗的想象力，理查德·道金斯和他的《自私的基因》，贾雷德·戴蒙德和他关于复活节岛的道德败坏的故事。当然还有菲利普·津巴多，这个仍然健在的世界上最著名的心理学家。

但是排在我的清单最前面的是斯坦利·米尔格拉姆。据我所知，没有其他研究能像他利用电击器完成的实验那样令人愤怒，那样令人沮丧，同时又如此广为人知。在花好几个月时间对有关这个实验的一切进行细致的研究之后，我确定我已经收集了足够的"弹药"来解决他遗留下来的问题。他的个人档案最近向公众公开了，事实证明里面隐藏着不少不可告人的秘密。

吉娜·佩里在我前往墨尔本拜访她的时候告诉我："当我听说有档案材料可供利用时，我就迫不及待地想看看幕后的情况如何。"（就是那个揭露罗伯斯山洞实验是一场骗局的吉娜·佩里，参阅第 7 章。）就这样，佩里走入了她所说的"幻灭的过程"。她的幻灭感，在她写的详细记录她的研究发现的批判性著作中达到了顶峰。她所发现的真相，使她从一名米尔格拉姆迷变成了一个激烈的批评家。

让我们先来看看佩里的发现吧。这又是一个关于一位胸怀大志的心理学家追逐名望和赞誉的故事。从根本上讲，米尔格拉姆是一个为了得到他想要的结果而故意误导和操纵被试的心理学家，是一个故意让那些因为真心想帮助他从而轻信他的人遭受严重困扰的心理学家。

被导演的实验

1962 年 5 月 25 日，实验结束前的倒数第三天。当米尔格拉姆意识到实验中还少了些什么的时候，已经有将近 1 000 名志愿者参与了他的电击实验。那么实验少了什么呢？摄像设备。

于是，米尔格拉姆匆忙安装了一个隐蔽的摄像头，用来记录被试的反应。正是在这个过程中，米尔格拉姆找到了他的明星被试，这个人的名字后来成了“平庸之恶”的代名词。更确切地说，是他的笔名——弗雷德·普罗齐（Fred Prozi）。如果你曾在纪录片或 YouTube 视频中看过米尔格拉姆实验的片段（这样的纪录片和视频已经有成百上千部了），那么你可能已经看到过普罗齐的所作所为了。就像津巴多实验中的 8612 号“囚犯”一样，正是普罗齐的录音让米尔格拉姆传递的信息击中了人们的心灵。

在视频中，我们看到的是一个非常不情愿按照指示去做的 50 岁左右的人，他看上去很友好，体格魁梧。“但是他可能已经死了！”他手足无措地哭喊着，但是依然按下了开关。[10] 随着剧情的展开，观众被深深地吸引了，他们既害怕又好奇普罗齐到底会进行到哪一步。

这简直不亚于一部轰动一时的电视剧，米尔格拉姆当然很清楚这一点。“太棒了。”他是这样形容普罗齐的表演的。他对普罗齐“完全的放弃和极佳的紧张感”感到兴奋，并且决定把这个角色选为他的影片的主角。[11] 如果你认为米尔格拉姆听起来更像是一个导演，而不是一名科学家，那你可太棒了，因为这位心理学家正是以导演的身份而大放光彩的。

任何偏离他剧本的人都会感受到巨大的压力。一个身穿灰色制服的人是米尔格拉姆特别聘请来的生物学老师约翰·威廉姆斯（John Williams），他会尝试八到九次让人们继续按下电压更高的开关。他甚至和一位把电击器关掉的46岁的女人打了起来。威廉姆斯把开关重新打开，并要求她继续按下电压更高的开关。[12]

吉娜·佩里写道："当你听到这些录音时，你会觉得所谓的对权威的奴性服从，听起来更像是屈服于实验员当场的恃强凌弱和胁迫。"[13]

关键的问题是，被试是否相信他们是在实施真正的电击。实验结束后不久，米尔格拉姆写道："除了极少数个例之外，其他被试都相信实验情况是真实的。"[14]然而，他的档案中却充满了实验参与者表达怀疑的陈述。其实，只要稍加考虑，任何人都会发现实验中的这种情况看起来是多么不合理，心生疑虑一点儿也不奇怪。人们真的会相信有人在耶鲁大学这样的著名机构的科学家的监视下被折磨、被杀害吗？

研究结束后，米尔格拉姆给参与者发了一份问卷。其中一个问题是："你觉得这种情况的可信度有多高？"直到10年后，他才终于在他那本关于这个实验的书的最后一章里公布了答案。我们也是在那里发现，只有56%的被试认为，他们是真的在给那些"学生"施加痛苦。当然，这还不是全部。米尔格拉姆的一名助手揭露，在一份从未发表过的分析报告中有这样一句话："如果人们确实相信电击是真实的，那么绝大多数人会选择退出。"[15]

既然有近一半的参与者认为电击是假的，那么对米尔格拉姆的研究结果又该怎么看呢？在公开场合，米尔格拉姆声称他的发现揭示了"人性中深刻而令人不安的真相"。但是在私下里，他自己也疑虑重重。

1962年6月，他在自己的私人日记中写道："所有这些大吹大擂，到底是指向重要的科学发现，还是仅仅指向富有感染力的戏剧，这是一个悬而未决的问题，我倾向于接受后一种解释。"[16]

当他在1963年发表研究结果时，米尔格拉姆令人震惊的实验遭到了人们的嫌恶。"明目张胆的折磨""卑鄙无耻""与纳粹的人体实验别无二致"，以上这些只是媒体描述他的所作所为的少数几种方式。[17]公众的强烈抗议为实验研究带来了新的伦理准则。

然而，在那段时间里，米尔格拉姆还保守着另外一个秘密。在实验结束之后，他选择不告诉大约600名参与者，实验中的电击不是真实的。米尔格拉姆担心研究的真相一旦泄露出去，就再也找不到被试了，因此有数以百计的人认为他们可能真的通过电击杀死了别人。

"实际上，在实验结束后，我在至少两个星期的时间里，每天都会去查看《纽黑文纪事报》上的死亡通知，"其中一个被试后来说，"我想知道，我是否参与了那个所谓的'学生'的死亡事件，他的死因是否与我有关。"[18]

一场闹剧

在本书的第一版手稿中，这一章写到这里就结束了。当时我得出的结论是，就像菲利普·津巴多的施虐表演一样，米尔格拉姆的这个实验研究也是一场闹剧。

但是在与吉娜·佩里会面后的几个月内，我仍然在被一个挥之不去的疑问所困扰。我会不会太急于把米尔格拉姆的电击实验踢出局了？回想起来，米尔格拉姆曾经在近40名同事当中进行过一次"民意调查"，要求他们预测有多少被试愿意按下450伏特电击的开关。结果是，每个心理学家都预测，只有那些真正疯狂或精神失常的人才会按下最后那个开关。

有一件事是肯定的，那些心理学专家完全错了。即便考虑到了米尔格拉姆失之偏颇的先入之见、他恃强凌弱的助手以及志愿者们的怀疑态度，仍有太多的人向权威低头了。太多的普通人，即便相信电击是真实的，仍然按下了最高电压的开关。不管你怎么看，米尔格拉姆得出的实验结果仍然足以让人产生严重的不安感。

而且，这不仅仅涉及米尔格拉姆的实验结果。世界各地的心理学家已经在诸多不同的“迭代变体”中重复了他的电击实验。这些变体通常只是做了一些细微的调整（比如缩短实验时间），以满足大学伦理委员会的要求。尽管对于这些研究的批评很多，但是一个令人不安的事实是，一次又一次，结果都是一样的。

米尔格拉姆的研究似乎无懈可击、刀枪不入，就像一个永生不死的僵尸，会不断地复活。一位美国心理学家说：“人们试图击倒它，但它总是能够再次站起来。”[19] 因此结论似乎很显然，普通人确实会残忍地对待他人。

但是为什么呢？如果我们天性善良，为什么“稚人”会按下450伏特电击的开关呢？

这是我需要回答的问题。

我想知道的是，米尔格拉姆的服从实验是否真的测试了服从。就拿他为威廉姆斯撰写的剧本来说吧，威廉姆斯就是那个穿着灰色制服的“实验者”，这个剧本要求他给那些挑战权威的被试四种特别的“提醒”。

- 第一种是："请继续。"
- 第二种是："这个实验要求你继续。"
- 第三种是："你绝对有必要继续下去。"
- 第四种是："你别无选择，必须继续。"

现代心理学家指出，只有最后那一句才是命令。而且，只要你听一下实验中留下的那些录音带，你就可以非常清楚地听到，只要威廉姆斯说出了这个命令，那么所有听到的被试就都会停下来。这就是说，结果立即变成了不服从。在1961年的实验中，这种情况是真实存在的，而且此后当米尔格拉姆的实验被其他人复制时也是如此。[20]

对米尔格拉姆电击实验的数百个片段的细致分析进一步表明，穿灰色制服的那个家伙越专横，实验被试就越不服从。另一种说法是，"稚人"绝非只会没有头脑地一味听从权威的命令。事实证明，人类会对专横的行为产生一种彻头彻尾的厌恶感。

那么，米尔格拉姆是如何诱导被试不断地按下更高电压的开关的呢？对此，主持英国广播公司的监狱研究的心理学家哈斯拉姆和莱克尔提出了一个有趣的说法：被试决定加入穿着灰色制服的实验者的行列，而不是屈从于他。为什么？因为他们信任他。

哈斯拉姆和莱克尔指出，大多数自愿参加这项研究的人都觉得自己是对实验有帮助的。他们想帮助威廉姆斯先生完成他的工作。这也就解释了为什么当这个实验不在耶鲁大学富丽堂皇的环境下进行，而转移到一间朴实无华的办公室里进行时，合作的参与者的比例会下降。这也可以解释为什么那些旨在告诉被试他能够帮助实现科学研究目标的"提醒"（比如"这个实验要求你继续"）是最有效的，[21] 同时这也解释了为什么参与者的行为虽然并不像没有头脑的机器人，但是也经常会被怀疑所折磨。

一方面，“老师”认同那个穿灰色制服的人，那个人不断地重复强调所有事情都是服务于科学事业的。另一方面，他们也不能忽视另一个房间里的“学生”的痛苦。因此，参与者才会不断地叫喊着“我再也受不了了”，以及“我不干了”，即便他们已经进入了下一个阶段。

一名男子后来说，他是为自己的女儿——一个 6 岁的脑瘫患者才坚持下来的。他希望医学界有一天能找到一种治疗方法：“我只能说，我愿意做任何事情来帮助人类，姑且就让我这样说吧。”[22]

当米尔格拉姆后来告诉他的被试，他们的贡献将会推动科学事业的进步时，许多人都松了一口气。“我很高兴我能帮上忙，”这是一个典型的回答，“只要能够带来好的结果，就一定要让实验继续下去。在这个疯狂而混乱的世界里，每一点改善都是需要的。”[23]

当心理学家唐·米克森（Don Mixon）在 20 世纪 70 年代重复米尔格拉姆的实验时，他得出了同样的结论。他后来指出，“事实上，人们是在忍受着巨大的痛苦，竭尽所能地让自己成为一个善良的人……”。[24]

换句话说，如果把人逼得太紧，如果从中挑拨离间、搬弄是非，如果进行引诱和操纵，那么我们中有许多人确实是有能力去作恶的。通往地狱的道路往往是由善意铺成的。但邪恶并不是直接藏身于一层薄薄的、一碰即碎的脆冰之下的，相反，要把它拉出来需要付出巨大的努力。至关重要的是，邪恶必须以行善作为自己的伪装。

颇具讽刺意味的是，从前面的第 7 章来看，良好的意图在斯坦福监狱实验中也起到了重要作用。学生“狱警”戴夫·埃谢尔曼想知道，如果没有得到明确的指示，他是否会把事情做到那种地步。事实上，他也称自己“在内心深处是一个科学家”。[25] 后来，他说他觉得自己做了一些积极有益的事情，“因为我在某种程度上对理解人类的本性做出了贡献”。[26]

津巴多的助手，最初提出监狱研究想法的贾菲也是如此。贾菲一直在通过指出研究背后的崇高意图以鼓励好心的“狱警”采取更强硬的措施。“我们想要做的是，”他对一个举棋不定的“狱警”说，“能够……把我们所做的一切展现给全世界的人看，然后告诉他们，‘看，如果狱警的行为是这样的，那么就会发生这样的事情’。”[27]

最终，贾菲和津巴多还声称他们的工作能够促进对监狱系统的全面改革。“希望这项研究能够帮助我们提出一些非常严肃的改革建议，”贾菲向“狱警”保证，“这是我们的目标。我们这么做不是因为我们都是虐待狂。”[28]

为什么我们总是相信人性本恶

这也就把我们重新带回到了阿道夫·艾希曼那里。1961 年 4 月 11 日，对这位德国纳粹军官的战争罪审判开始了。在接下来的 14 个星期内，数以百计的证人出庭做证。在那 14 个星期的时间里，控方尽了一切努力，迫切地试图证明他是一个无比可怕的怪物。

但是，这不仅仅是一个单纯的上诉至法庭的案件，它还是一堂规模宏大的历史课，是一场数以百万计的人时刻关注着的审判。在这些人当中，就包括了斯坦利·米尔格拉姆，他的妻子说，他是一个“新闻迷”，密切追踪了审判的每一步进展。[29]

与此同时，汉娜·阿伦特也坐在了法庭的旁听席上。“艾希曼的问题，”她后来写道，“准确地说，在于像他一样的人太多了，他们既不变态，也没有暴虐成性，他们过去是，现在仍然是，非常正常的人。”[30]在接下来的几年里，艾希曼逐渐变成了不会思考、没心没肺的“案头杀手”（desk killer）的代表，也成了每个人身上的“平庸之恶”的“代言人”。

直到最近，历史学家才得出了一些截然不同的结论。当以色列特勤局在 1960 年逮捕艾希曼时，他一直躲藏在阿根廷。在那里，荷兰前纳粹党卫军军官威廉·萨森（Willem Sassen）曾经与他对谈了好几个月。萨森希望能够说服艾希曼，让他接受如下观点：所谓的“大屠杀”完全只是为了诋毁纳粹政权而编造的一个谎言，但是萨森的希望落空了。

“我决不后悔！”艾希曼斩钉截铁地对萨森说。[31] 或者，就像他在 1945 年宣称的那样：“我会大笑着跳进坟墓，因为我的良心背负着 500 万犹太人的死亡，这个事实让我获得了无比巨大的满足。”[32]

通读 1 300 页的访谈记录，我们不难发现其中充斥着扭曲的思想和幻想，很显然，艾希曼不是一个没有头脑的官僚。他是一个狂热分子。他的行为不是出于冷漠，而是出于坚定的信念。就像米尔格拉姆的实验中的那些被试一样，他之所以做坏事是因为他相信自己在做好事。

虽然在审判刚开始时，法庭就得到了对萨森的访谈笔录，但是艾希曼还是成功地使陪审团对其真实性产生了疑问，并借此把整个世界引入一个错误的轨道。那段时间，录有访谈内容的磁带一直在科布伦茨的联邦档案库里保存，直到 50 年后，才被哲学家贝蒂娜·斯坦尼思（Bettina Stangneth）再次发现。她在录音带中听到的东西证实了萨森在他的访谈录里说的一切都是真实的。

艾希曼在审判中做证说：“我做的任何一件事，无论大小，都事先得到了阿道夫·希特勒或我的上级的明确指示。”这是一个无耻的谎言。而且他的谎言得到了无数声称“自己只是服从命令”的纳粹分子的模仿。

历史学家后来认识到，在第三帝国的官僚机构内部，上级下达的命令往往是含混不清的。官方的命令很少公开发布，所以希特勒的追随者不得不依靠自己的“创造力”去理解它。历史学家伊恩·克肖（Ian Kershaw）解释说，这些纳粹分子，从来不会简单地服从他们的领袖，而是“朝着领袖指引的方向不断努力”，试图按照元首的精神行事。[33]这激发了一种“我一定要胜人一筹”的文化，在这种文化氛围下，越来越激进的纳粹分子想出了无数越来越残忍的措施来博取希特勒的好感。

换句话说，“大屠杀”之所以会发生，并不是说人类突然之间就变成了机器人。就像米尔格拉姆实验中的那些志愿者一样，他们不先停下来思考一下是不会按下开关的。换言之，作恶者真的相信他们是站在历史正确的一面的。奥斯威辛集中营是一个漫长而复杂的历史过程的高潮，在这个过程中，随着“电压”慢慢地不断升高，邪恶被更有说服力地伪装成了善良，得以过关斩将、畅行无阻。纳粹的宣传机器，包括它笼络的作家、诗人、哲学家和政治家，花了很多年的时间才完成了这项工作，毒化了德国民众的心灵，钝化了德国民众的心智。因此，“稚人”是被欺骗、被强行灌输、被洗脑、被操纵了。

只有这样，所有这些不可思议的事情才会发生。

那么，当汉娜·阿伦特写道，艾希曼并不是一个怪物时，她是不是也被误导了？当她坐在旁听席上时，她被艾希曼的言行欺骗了吗？

也正因为如此，许多历史学家都把她那本书看作一个“好主意，坏榜样”。[34]但也有一些哲学家不同意这个观点，他们争辩说，这些历史学家没有理解阿伦特的思想。因为阿伦特在审判期间也曾研究过萨森对艾希曼的访谈的部分内容，她没有在任何地方写过艾希曼只是在简单地服从命令。

而且，阿伦特还曾公开批评了米尔格拉姆的服从实验。尽管这位年轻的心理学家很钦佩这位哲学家，但是阿伦特对米尔格拉姆的实验不以为然。阿伦特指责米尔格拉姆“天真地认为诱惑和镇压是一回事”。[35] 与米尔格拉姆不一样，阿伦特并不认为我们所有人心里都藏着一个纳粹分子。

那么问题来了，为什么米尔格拉姆会与阿伦特一道载入史册呢？一些研究阿伦特的专家认为，这是因为她被误解了。她是那种特别喜欢说格言警句的哲学家之一，她也经常使用一些容易被人误解的有很多言外之意的措辞。就以她说艾希曼“不会思考”为例吧。她的意思并不是说艾希曼是一个机械地服从命令的案头杀手，而只是说艾希曼不会换位思考，正如研究阿伦特的专家罗杰·伯科威茨（Roger Berkowitz）指出的那样。[36]

事实上，汉娜·阿伦特正是少有的相信大多数人在内心深处都很正直善良的哲学家当中的一个。[37] 她认为，我们的人性更多地体现在对爱和友谊的需要上，而不是体现在仇恨和暴力的倾向上。当我们选择走向邪恶的道路时，我们会用谎言和各种陈词滥调把自己伪装起来，从而给人一种拥有美德的假象。

艾希曼就是一个绝佳的例子。他确信自己从事的是一项伟大的事业，他要完成的是一件具有历史意义的大事，他将因此受到后人的敬仰。这种想法并没有使他成为一个怪物或机器人，而只是使他成为一个“接合者”（joiner）。许多年之后，对于米尔格拉姆的实验研究，许多心理学家也得出了同样的结论：那个电击实验并不是关于服从的研究，而只是关于一致性的研究。

汉娜·阿伦特在得出了完全相同的观察结论时，无疑远远领先于她所在的时代，这是多么令人震惊的一件事呀。

可悲的是，米尔格拉姆过于简单的推论（即人类会不假思索地屈从于邪恶），比汉娜·阿伦特的“分层哲学”（layered philosophy，即人类会被伪装成善良的邪恶所诱惑）给人留下的印象更加深刻持久。这说明米尔格拉姆确实具有导演才能，他有杰出戏剧家的眼光，也具备对电视发展趋势的敏锐洞察力。

但是我认为，这位年轻的心理学家得以闻名于世的最重要的原因是，他提供的证据为一个古老的信念提供了有力的支持。对此，心理学家唐·米克森这样写道，米尔格拉姆的“实验似乎为有史以来最古老、最重要的一个自我实现的预言提供了强有力的支持——人类生来就是罪人。大多数人，甚至是无神论者，都相信提醒自己所有人都天生有罪是有好处的”。[38]

那么，是什么导致我们如此渴望相信自己是堕落的？为什么饰面理论会以如此多的不同排列组合的形式不断回归？我怀疑这与它的便利性有很大关系。在这里，通过一种诡异的方式，人们相信自己天生有罪居然变成了一种安慰。它为人们提供了一种宽恕。因为如果大多数人都是坏的，那么参与也好，抵制也好，都无所谓，人们就不用为此付出努力了。

相信人类天生有罪也为邪恶的存在提供了一个合理化的解释。当你面对仇恨或自私时，你可以告诉自己：“好吧，这就是人性。”但是，如果你相信人本质上是善良的，你就不得不质疑为什么会存在邪恶。人性本善暗示着参与和抵抗是值得的，它赋予了我们采取正确行动的义务。

2015 年，心理学家马修·霍兰德（Matthew Hollander）全面回顾了米尔格拉姆电击实验中的 117 次电击的录音。[39] 经过深入细致的分析，他发现了一种模式，成功地叫停实验的那些被试使用了三种策略。

第一，与受害者交谈。

第二，提醒穿灰色制服的人注意他自己的责任。

第三，一再拒绝继续下去。

沟通与对抗、同情与反抗，霍兰德发现，几乎所有的参与者都使用了这些策略。毕竟，几乎所有人都想停止实验，但只有那些最终取得成功的人更多地使用了这些策略。好消息是，这些都是可以通过训练掌握的技能。反抗需要练习。“在米尔格拉姆的实验中，这些英雄之所以能够脱颖而出，”霍兰德观察到，“很大程度上是因为他们身上具备习得的抵抗可疑权威的能力。”[40]

如果你认为抵抗注定失败，那么关于这个问题，我还有最后一个故事要讲给你听，它发生在第二次世界大战期间的丹麦。这是一个普通人展现出非凡勇气的故事。它表明，抵抗总是值得的，即便是在将要失去一切的时候。

暗黑之海中的灯塔

故事发生在1943年9月28日。

在哥本哈根罗默斯加德大街24号——工会总部大楼，社会民主党的领导们正在开会。一个穿着纳粹制服的来访者突然站在他们面前，引得大家满脸震惊。

“灾难近在眼前，”那人急切地说，“一切都已经计划得很周全了。很快就会开来一些船，它们将停靠在哥本哈根附近的码头上。那些被盖世太保抓住的可怜的犹太同胞将被强行带到船上，送往他处，命运未卜。”[41]

说这话的人浑身颤抖，脸色苍白。他的名字叫乔治·费迪南德·达克维茨（Georg Ferdinand Duckwitz）。后来，他因作为“改变信仰的纳粹分子”而被载入史册，他的警告也创造了奇迹。

根据纳粹党卫军制订的详细计划，这次突袭行动将于1943年10月1日星期五进行。从那天晚上8点开始，数百名德国士兵将会在全丹麦境内各地挨家挨户地搜索，围捕所有的丹麦犹太人。他们将被押到港口，然后登上一艘可容纳6 000名囚犯的船。

如果以电击实验来类比，当时的丹麦面临的处境，并不是电压从15伏特提高到30伏特，也不是从30伏特提高到45伏特。相反，丹麦人被告知即将进行最高450伏特的电击。因为到那个时候为止，丹麦还不曾实施过歧视犹太人的法律，也没有强迫人们佩戴那种黄色的徽章，更没有没收过犹太人的财产。如果纳粹的计划得逞，那么丹麦的犹太人将会在明白到底是什么人对他们发动袭击之前，就发现自己已经被驱逐到了波兰的集中营。

至少计划是这样的。

幸运的是，成千上万的普通丹麦人——理发师、调酒师、建筑工人和商人，拒绝按下电击器上最后的那个开关。原定实施计划的那天晚上，德国人发现，丹麦的犹太人事先得到了突袭警告，大部分人都已经逃走了。多亏了那个人的警告，99%的丹麦犹太人都在第二次世界大战中幸存了下来。

我们如何解释丹麦发生的这个奇迹？到底是什么东西使得这个国家成了暗黑之海中的一座灯塔？

第二次世界大战结束后，历史学家设想了许多答案。其中一个推想的重要原因是，纳粹当时还没有全面掌控丹麦，希望对外界保持两国政府和谐合作的印象。因此，抵抗德国人在丹麦并不像在其他国家那么危险，比如在已经被纳粹占领的荷兰。

但是，最终脱颖而出的是这样一个解释。“答案是不可否认的，”历史学家博·利德加德（Bo Lidegaard）写道，“丹麦犹太人在他们同胞们的一致行动下得到了保护。”[42]

在纳粹要搜捕犹太人的消息传开之后，丹麦各地、各个阶层都发起了抵抗。从教会、大学、商界、皇室、律师委员会到丹麦妇女全国委员会，所有的人都表达了他们的反对意见。丹麦人几乎立即就组建了一个逃生路线网，尽管没有什么集中的规划，也没有人出面协调数千个个体的努力，人们也根本没有时间去建立什么组织。成千上万的丹麦人，无论贫穷还是富有，无论青年还是老年，都明白现在是立即采取行动的时候了，如果袖手旁观就是对国家的背叛。

历史学家莱尼·亚希尔（Leni Yahil）指出，“即便是犹太人自己提出的请求，也从未遭到过拒绝”。[43]所有的学校和医院都敞开了大门。许许多多小的渔村都接纳了数百名难民。丹麦警察们也在尽其所能地提供援助，并且拒绝与纳粹分子合作。

“我们丹麦人是不会拿我们的宪法做交易的，”一家持抵抗立场的报纸《丹麦先驱者邮报》（*Dansk Maanedspost*）刊文愤怒地说，“尤其是在公民平等这个问题上。”[44]

德国多年来一直受着种族主义宣传的鼓动，而谦逊的丹麦则一直秉持着人道主义精神。丹麦领导人始终坚守着民主法治的神圣地位。任何企图挑拨离间的人都会被认为配不上丹麦人这个身份。这里根本就不存在“犹太人问题”，这里只有同胞。

在短短几天内，就有7 000多名丹麦犹太人乘坐小渔船通过丹麦和瑞典之间的松得海峡被送到安全的地方。在那个时代，他们的营救行动为漆黑的暗夜注入了一束虽然很弱却无比明亮的光线。这是人性和勇气的胜利。“丹麦这个例外表明，调动公民社会的人道主义精神……不仅在理论上是可能的，”利德加德激动地写道，“而且是可以做到的。我们可以确认这一点，因为它已经发生了。”[45]

丹麦人的抵抗运动发展得如此之快，以至于连希特勒在丹麦最忠实的追随者也开始对自己原来的立场产生了怀疑。对于他们来说，要想继续表现得自己好像在支持一项正义的事业已经变得越来越困难了。“即便是非正义的也需要法律的外衣，”利德加德观察到，“当整个社会都在否定强者的权力时，非正义现象就很难找得到了。”[46]

在整个欧洲大陆，除了丹麦之外，纳粹只在保加利亚和意大利遇到了类似的抵抗，那里的犹太人死亡率也很低。历史学家强调，在被占领地区，犹太人被驱逐的强度和规模取决于各国对德国要求的合作程度。[47]多年后，阿道夫·艾希曼在丹麦告诉威廉·萨森，德国人在丹麦比在其他地方遭遇了更多的困难，“结果很糟糕……我也不得不回忆起我的运送犹太人的计划——这对我来说真是奇耻大辱”。[48]

这里需要澄清的一点是，驻扎在丹麦的德国军队绝对不是软弱可欺之辈。德国纳粹派驻丹麦的最高长官是维尔纳·贝斯特（Werner Best），他本人就足以证明这一点。后来，贝斯特被冠以“巴黎的侦探犬”（Bloodhound of Paris）之称，变得臭名昭著。甚至连哥本哈根那个转变了的纳粹分子达克维茨，在整个20世纪30年代也一直是一个狂热的反犹分子。但随着时间的推移，他在丹麦的人道主义精神的感染下转变了立场。

在《艾希曼在耶路撒冷》（*Eichmann in Jerusalem*）一书中，对于这个拯救丹麦犹太人的故事，汉娜·阿伦特给出了生动细致的描述。这位哲学家这样写道："这是我们所知道的唯一一个纳粹遭到公开的本土抵抗的案例，其结果似乎是让那些涉事的人改变了主意。很显然，他们自己也不再把让整个犹太民族灭绝看作一件理所当然的事了。他们遇到了以原则为基础的有力抵抗，于是他们的'强硬'就像阳光下的黄油一样融化了……"[49]

第9章
凯瑟琳·苏珊·吉诺维斯之死

我们不知道

在本章中，我们还要讲述一个发生在20世纪60年代的故事。这又是一个揭露人性令人不快的真相的故事。不过，这一次不是关于我们做了什么，而是关于我们没有做什么的。这个故事，也呼应了许许多多德国人、荷兰人、法国人、奥地利人以及其他欧洲国家的人在第二次世界大战后给出的一种说辞，他们对于数百万犹太人在第二次世界大战中被逮捕、被驱逐、被杀害的事实一再表示："Wir haben es nicht gewußt（我们不知道）。"

1964年3月13日凌晨3点15分，凯瑟琳·苏珊·吉诺维斯（Catherine Susan Genovese）开着她的红色菲亚特牌汽车，驶过一个在黑暗中隐约可见的"禁止停车"标志后，停在了奥斯汀街地铁站外。

凯瑟琳的朋友都知道，她是一个精力充沛的人。那一年，她28岁，非常痴迷跳舞，而且她的朋友比她的空闲时间还多。凯瑟琳热爱纽约，纽约也热爱她。这是一个她可以做自己想做的任何事情的地方——一个让她感到自由的地方。

那天晚上外面很冷，凯瑟琳急着回家与女朋友团聚。那天是她们相识一周年纪念日，凯瑟琳唯一想做的就是和玛丽·安相拥而眠。她迅速关掉车灯，锁上了车门，朝着她们不到300米之外的小公寓走去。

凯瑟琳不知道的是，那将会是她生命中的最后一小时。

“啊！他刺伤了我！救命呀！”

凌晨3点19分，凯瑟琳呼救的尖叫声穿透了夜空，声音大得足以吵醒熟睡的邻居。几个公寓房间里，灯光迅速地亮了起来。有人打开窗户，在夜空中低声嘟囔着，其中一个人大声喊道：“放开那个女孩！”

但是，攻击凯瑟琳的人却走了回来。他用刀第二次刺向她。凯瑟琳跌跌撞撞地走到拐角处，哭喊道：“我快要死了！我快要死了！”

没有一个人从家里走出来，没有一个人伸出援助之手。相反，数十位邻居透过窗户冷眼旁观着，就好像他们正在看的是一场真人秀表演。有一对夫妇甚至还搬来了两把椅子，把灯光调暗，以便看得更清楚。

当攻击者第三次回来时，他发现凯瑟琳躺在她自己住的公寓房间的楼梯边。

玛丽·安则在楼上安睡着，浑然不觉。

攻击凯瑟琳的人一次又一次地刺向她。

凌晨3点50分，第一个报警电话打进了警察局。打电话的人是其中一个邻居，在此之前，他已经花了很长时间考虑该做点儿什么好。

警察在两分钟内就赶到了现场，但是已经太晚了。“我不想让自己卷入是非。”打电话的那个人向警方承认。[1]

“我不想让自己卷入是非”这几个字此后迅速传遍了世界各地。

事情就这么发生了。过后，一开始似乎一切都很平静。毕竟，凯瑟琳的被杀只是那年纽约市发生的 636 起谋杀案之一。[2] 生命短暂，爱情易逝，都市生活依旧热闹喧嚣。但是两个星期之后，这个故事登上了报纸。凯瑟琳谋杀案被及时地载入了“史册”，但并不是因为凶手或受害者，而是因为那些旁观者。

媒体风暴始于耶稣受难日——1964 年 3 月 27 日。《纽约时报》（见图 9-1）头版头条刊登的新闻标题是：“37 个人目击了凶杀案，却无一人报警。”文章的开头是这样写的：“在半个多小时的时间里，皇后区有 38 位可敬、守法的市民，目睹一名杀手在邱园跟踪并三度袭击，用刀刺死了一名女子。”报道称，凯瑟琳本来是可以活下来的，正如一名侦探所说的，“只要有人打个电话就可以了”。[3]

从英国到俄罗斯，从日本到伊朗，凯瑟琳的死都登上了头版头条。一位布鲁克林的牧师则在布道时说，美国社会已经变得“和钉死耶稣的那个社会一样病入膏肓了”。而一位专栏作家则谴责他的同胞是一些“冷酷无情、胆小怯懦和不道德的人”。[4]

记者、摄影师和电视台工作人员蜂拥而至，在凯瑟琳曾经居住过的公寓附近到处打探。他们谁也不曾想到，这里一直是一个非常和谐、整洁且体面的社区。居住在这样一个地方的人怎么可能表现得如此可怕和冷漠呢？

有人声称，这是电视看得太多而导致的迟钝效应。另一个人则说，是女权主义运动把男人变成了懦夫。另一些人则认为它充分说明了大城市生活的匿名性。我想要问的是，这个事件是不是让你想起了大屠杀之后的德国人？他们也曾无辜地声称："我们不知道。"

那时，人们广泛接受的是《纽约时报》都市版编辑、"杰出"记者阿贝·罗森塔尔（Abe Rosenthal）给出的分析。"发生在奥斯汀街的公寓和房间里的事情，"他这样写道，"是人类生存环境中的可怕现实的一个征兆。"[5]

说到底，我们都是孤身一人。

图 9-1　凯瑟琳·苏珊·吉诺维斯

这是凯瑟琳最著名的一张照片。事实上，这是警方在 1961 年拍摄的一张犯罪嫌疑人存档照片，当时凯瑟琳刚刚因行为不端而被捕（她在一家酒吧工作，帮助赛马的顾客下注）。凯瑟琳被处以罚款 50 美元。这张存档照片被《纽约时报》裁剪修饰后在全球范围内广泛传播。

图片来源：wikimedia。

一个完全不同的故事

当第一次读到凯瑟琳不幸遇害的故事时，我还是一个学生。与千百万其他人一样，我看了记者马尔科姆·格拉德威尔的处女作《引爆点》。在那本书的第27页，我了解到这个案件有38名目击者。[6]

就像米尔格拉姆的电击实验和津巴多的监狱实验一样，这个故事立刻深深地吸引了我。“我现在仍然会收到关于它的邮件，”罗森塔尔多年后说，“（人们）被这个故事迷住了。它就像一颗宝石，常看常新。”[7]

决定凯瑟琳命运的那个夜晚成了许多戏剧和歌曲的主题。《宋飞正传》（*Seinfeld*）、《都市女孩》（*Girls*）和《法律与秩序》（*Law and Order*）等热门剧集都讲到了它。1994年，比尔·克林顿在邱园的一次演讲中回忆了凯瑟琳被杀这个“令人心寒的消息”给他带来的震撼。美国国防部副部长保罗·沃尔福威茨（Paul Wolfowitz）甚至将它当作2003年入侵伊拉克的间接理由——他暗示那些反对战争的美国人就像那38个目击者一样冷漠无情。[8]

人们认为这个故事包含了什么寓意呢？为什么没有人来帮助凯瑟琳呢？因为人们对他人总是冷酷无情和漠不关心的。这种看法在凯瑟琳成为一个家喻户晓的名字时得到了广泛认同。也正是在同一时期，《蝇王》成为一本畅销书，阿道夫·艾希曼站在了审判台上，斯坦利·米尔格拉姆的实验在全世界引起轰动，菲利普·津巴多开启了他成功的职业生涯。

但是，当我认真阅读关于凯瑟琳被杀案的一系列研究报告之后，我发现自己再一次追踪到了一个截然不同的故事。

比布·拉塔内（Bibb Latané）和约翰·达利（John Darley）当时是

两位年轻的心理学家。他们一直在研究紧急情况下旁观者的反应和行为，并注意到了一些奇怪的事情。凯瑟琳被杀后不久，他们决定做一个实验。在他们的研究中，被试是一些毫无戒心的大学生，他们被要求独自坐在一个封闭的房间里，通过对讲机与一些同学闲聊，内容是彼此的大学生活。

但是事实上，并没有其他学生与被试对话，研究人员是用播放预先录制好的录音带来做实验的。“我真的非常非常需要帮助，”被试会听到一个声音呻吟着说，“所以如果有人能够帮我一下的话，请一定要帮……帮……我一下……下下……（听起来像是窒息了一般）我快要死了……”[9]

接下来会发生什么？当某个被试以为只有自己一个人听到了呼救声时，他们就会冲出房间，冲到走廊里焦急地四处张望、搜寻。全部人，无一例外，全都跑去干预了。但是，还有另一些被试，他们被告知附近的房间里还有其他 5 名学生，这些被试中只有 62% 的人采取了行动。[10] 瞧，这就是旁观者效应。

拉塔内和达利的发现为社会心理学做出了最关键的贡献之一。在接下来的 20 年里，关于旁观者在紧急情况下如何行动，科学家发表（出版）了超过 1 000 篇（本）论文（著作）。[11] 他们的研究结果也解释了邱园的那 38 名目击者为什么没有采取行动。关于凯瑟琳的死因，我们不能说尽管她的呼救声吵醒了所有的邻居，但她最终还是死了，而应该说正是因为她吵醒了所有的邻居，她才会死。

这一点似乎也得到了那幢公寓的另一位居民的证实。她告诉记者，当她的丈夫打算去报警时，是她阻止了他：“我告诉他，一定早就有超过 30 个报警电话打出去了。”[12] 换句话说，如果凯瑟琳是在一条无人的巷子里遭到的袭击，当时只有一个目击者，她也许还能活下来。

当然，所有这一切只会让凯瑟琳的故事被传得更远。她的故事被写进了排名前十位的心理学教科书中，并且直到今天仍然在被记者和权威人士所引用。[13] 它甚至已经变成了一个现代寓言，说明匿名生活在大城市里，鲜为人知是多么危险的一件事情。

旁观者效应

多年来，我也一直认为旁观者效应是大都市生活中不可避免的一部分。但是后来，我工作的城市发生了一件事，迫使我不得不重新评估自己的假设。

2016 年 2 月 9 日下午 4 点 45 分，桑内（Sanne）把她的白色阿尔法罗密欧牌汽车停在了阿姆斯特丹运河边的斯洛特凯德大街上。[14] 她下车走到副驾驶位，想把还在蹒跚学步的孩子从座位上抱下来，突然，她发现车子还在移动。桑内奋力跳回到了驾驶座上，但是已经来不及刹车了。汽车倒栽进了河里，并且开始下沉。

坏消息是，有数十个路人目睹了这一切。

毫无疑问，还有更多的人听到了桑内的尖叫声。就像在邱园一样，这里也有可以俯瞰事故现场的公寓，而且同样是一个不错的中产阶层社区。

但是意想不到的事情发生了。街角一家房地产中介公司的老板鲁本·亚伯拉罕斯（Ruben Abrahams）后来对当地一家电视台的记者说："这就像是瞬间的条件反射一样，我立刻想到的是'车子进水了没有？这可不是什么好事情'。"[15] 他跑进办公室，赶紧从工具箱里抓了把锤子，然后一头扎进了冰冷的河水里。

鲁本身材高大、体格健壮，留着灰白的胡须。我与他约在寒冷的1月的某一天见面，他把我带到了事故发生的地点。“这真是一个神奇的巧合，”他告诉我，“就在一眨眼的时间里，所有的事情都凑到了一起。”

当鲁本跳入河里时，瑞克·肯特（Rienk Kentie）——他也是一名旁观者，已经游向了下沉的汽车，而另一名旁观者雷尼尔·博世（Reinier Bosch）也已经跳下了水。在最后一刻，一个女人递给了雷尼尔一块砖头，这在片刻之后被证明是至关重要的。第四名旁观者威茨·摩尔（Wietse Mol）从他的车里抓起一把应急锤，最后一个跳进了水里。

鲁本告诉我：“我们开始击打窗户。”[16]雷尼尔试图砸碎其中一扇侧窗，但是没有成功。同时，汽车还在倾斜着往下沉，车头朝下。雷尼尔用砖头重重地砸向后窗，最后玻璃上终于出现了裂缝。

之后，一切都发生得很快。“那位母亲通过后窗把孩子递给了我。”鲁本继续说道。可是孩子被卡住了，几秒钟后，鲁本和雷尼尔联手救出了孩子。雷尼尔把孩子带到了安全的地方。此时母亲还在车中，而车子离完全沉进水里只有几十厘米了。鲁本、瑞克和威茨及时把她从车里救了出来。

然后不到两秒钟，汽车就消失在了墨水一般漆黑的河水里。

这时，一群旁观者聚集在河边。他们齐心协力把母亲、孩子和四名男子从水里拉了出来，并用毛巾把他们包裹起来。

整个救援行动用时不到两分钟。在这段时间里，这四个人连一句话也没说过，他们完全不认识彼此。如果他们中的任何一个人有丝毫犹豫，那么一切就会变得太晚了。如果不是这四个人都跳入了水中，营救行动很可能会失败。如果不是那个不知名的旁观者在最后一刻递给了雷尼尔一块砖头，他也不可能砸碎后窗的玻璃把母亲和孩子救出来。

换句话说，桑内和她还在蹒跚学步的孩子之所以能够活下来，不是因为旁观者人数众多，而正是因为有这些伸出援手的人。

90%

当然，你可能会想，这确实是一个感人的故事，但它可能是旁观者效应的例外。或者，你也可能认为这是因为荷兰文化有其独特之处。又或者，这可能是因为阿姆斯特丹的这个社区，甚至是这四个男人有什么特别之处。

恰恰相反。尽管旁观者效应仍然是许多教科书讲授的内容之一，但是2011年发表的一项荟萃分析为旁观者在紧急情况下采取的行为提供了新的解释。荟萃分析，也称元分析，是关于研究的研究，意思是说它要分析大量的其他研究。这项荟萃分析回顾了过去50年来关于旁观者效应的105项重要研究，包括拉塔内和达利的第一个实验（让学生独自待在一个房间里）。[17]

这项研究得出了两个洞见。第一个洞见是，旁观者效应确实是存在的。有时我们会认为在某些紧急情况下自己无须涉入其中，因为由别人来出手干预更有意义。有时候我们担心自己会做错事，因为害怕因此受到指责而不敢介入。有时候我们根本不认为这有什么不对，因为我们没有看到有其他人采取行动。

那么第二个洞见是什么呢？如果紧急情况危及他人生命（有人溺水或被袭击），并且旁观者之间能够相互沟通（他们并非被隔离在单独的房间里），那么就会出现相反的旁观者效应。这篇文章的作者写道："更多的旁观者甚至会带来更多的帮助，而不是更少。"[18]

这还不是全部。在与鲁本见面，听他介绍那次自发的救援行动几个月后，我又在阿姆斯特丹的一家咖啡馆与丹麦心理学家玛丽·林德加德（Marie Lindegaard）见了面。那一天，她进到咖啡馆先抖掉了身上的雨滴，然后坐到桌前，打开了笔记本电脑，把一沓纸放在我面前，然后开始了她的讲述。

林德加德是最早追问人们为什么会想出这么多复杂的实验、问卷和访谈的研究人员之一：为什么我们不去直接观看真实的人在真实情况下的真实表现呢？毕竟，现代城市里到处都安装有摄像头。

好主意，林德加德的同事们回答道："但是你永远也拿不到那些视频。"对此，林德加德回答说："我们走着瞧吧。"如今，林德加德已经建立了一个数据库，里面包含了来自哥本哈根、开普敦、伦敦和阿姆斯特丹的上千个视频。它们记录了大量斗殴、强奸和谋杀现场（包括未遂情况），她的发现已经引发了社会科学领域的一场小小的革命。

她把笔记本电脑推到我面前，然后对我说："看看这篇文章。明天我们就要把这篇文章投给一家顶尖的心理学杂志了。"[19]

那篇文章暂定的标题是《你以为你知道的关于旁观者效应的一切几乎都是错的》（*Almost Everything You Think You Know About the Bystander Effect is Wrong*）。

林德加德把鼠标往下拉，指向一张表格："看，你可以看到在90%的情况下，人们都是会互相帮助的。"

90%！

我们并不孤单，我们拥有彼此

既然如此，在那个2月的下午，鲁本、雷尼尔、瑞克和威茨为什么会跳入阿姆斯特丹运河冰冷的河水中，也就不足为奇了。这是一种自然反应。现在的问题是：1964年3月13日，在凯瑟琳被谋杀的那天晚上到底发生了什么？那个众所周知的故事中有多少是真实的？

第一个质疑目击者态度冷漠的说法的人是邱园的一个新来者约瑟夫·德·梅（Joseph De May）。这位业余历史学家是在凯瑟琳死了10年之后才搬到这里的，他对让这个社区出名的谋杀案很感兴趣。德·梅决定自己做一些研究。于是他开始查阅档案，找到了很多褪色的照片、旧报纸和警方通告。当他把所有的碎片都拼凑到一起时，一幅真实的画面便浮现了出来。

让我们从头开始再讲一遍整个故事吧。以下是对1964年3月13日发生的事件的叙述，只不过这一次是根据德·梅和其他追随他的人在长期艰苦勤勉的调查之后得出的。[20]

凌晨3点19分，一声可怕的尖叫声划破了奥斯汀街的宁静。但是外面很冷，大多数居民家的窗户都关着。街上的灯光很暗，大多数往窗外看的人都没有注意到有任何不寻常的事情发生。有几个人好不容易才辨认出一个女人的侧影，她蹒跚地走在街上，他们以为她一定是喝醉了。这并不奇怪，因为街的另一头就有一家酒吧。

尽管如此，还是至少有两个目击者拿起电话报了警。其中有一位是迈克尔·霍夫曼（Michael Hoffmann）的父亲（霍夫曼后来也加入了警队），另一位则是住在附近公寓里的海蒂·格伦德（Hattie Grund）。“他们（警方的接线员）说，”几年后格伦德一再重复道，“我们已经接到过报警电话了。”[21]

但是，警察并没有来。

警察真的没有来吗？他们为什么不驾着警车鸣着警笛冲出警局？

原因是，根据这第一拨报警电话，警察局的人认为这只不过是一次夫妻间的争吵。现在已经退休的霍夫曼认为，这就是警察迟迟没有出现的原因。请记住，在那时，人们并不会太关注丈夫殴打妻子，婚内强奸甚至还没有被认定为是一种应受惩罚的罪行。

那 38 个目击者又是怎么回事呢？

这个出现在歌曲、戏剧、流行大片和畅销书中的数字，其实源自曾经被警察盘问过的所有人的名单。名单上的绝大多数人都不是目击者。他们最多只是听到了一点什么，而有些人当时根本没有醒过来。

这里只有两个人明显是例外。其中一位是约瑟夫·芬克（Joseph Fink），他是与凯瑟琳同住一栋楼的邻居，是一个古怪、孤独的人。事情发生的时候，他已经完全清醒了，而且他看到了凶手对凯瑟琳的第一次攻击，但是他无动于衷，什么也没有做。

另一个置凯瑟琳的生死于不顾的人是卡尔·罗斯（Karl Ross），他是凯瑟琳和玛丽·安的邻居兼朋友。罗斯目睹了歹徒在楼梯边对凯瑟琳发起的第二次袭击（实际上袭击就发生了两次，而不是三次），但是他惊慌失措地离开了现场。罗斯就是那个告诉警察他“不想让自己卷入是非”的人，但是他本来的意思是他很不想“出名”。那天晚上他喝醉了，他生怕别人发现他是同性恋者。

罗斯害怕警察，也害怕《纽约时报》之类的报纸，因为它们称同性恋为一种危险的疾病。[22]

当然，所有这些都不能成为卡尔·罗斯对邻居的安危无动于衷的理由。即便他喝醉了，即便他感到害怕，他也应该对邻居伸出援助之手。事实上，罗斯也不是什么都没有做。他给另一个朋友打了电话，对方立即催促他赶快报警。但是，罗斯不敢在自己的公寓里用自己的电话报警，所以他从屋顶爬到了隔壁房间，叫醒了住在他隔壁的一个女人。

这个女人是索菲娅·法拉（Sophia Farrar）。当索菲娅听说凯瑟琳倒在楼下的血泊中时，她一刻都不曾犹豫，马上冲出了公寓，尽管当时她的丈夫还在穿裤子，叫她先等一下。索菲娅非常清楚地知道，她很有可能会遇到凶手，但是这并没有让她却步。“我想赶紧跑过去救她。这似乎是一件很自然的事。”[23]

当她打开楼梯间的门时，马上看到凯瑟琳躺在那儿，凶手不见了。索菲娅用双臂搂着她的邻居，凯瑟琳靠在了她身上。这才是凯瑟琳真正的死亡方式。她是在邻居的怀抱里死去的。多年以后，当凯瑟琳的哥哥比尔听到这个故事时，他说：“知道凯瑟琳是在她邻居的怀里死去的，这对我的家庭有非常大的意义。”[24]

索菲娅为什么会被世人遗忘？

为什么没有任何报纸提到她？

事实是相当令人沮丧的。据索菲娅的儿子说，“我妈妈当时和一家报社的一个女人说过整个过程”。但是到了第二天，当那篇文章发表时，她却说索菲娅不想卷入其中。索菲娅读到这篇文章后极为震惊，发誓再也不跟记者说话了。

索菲娅并不是唯一一个遇到这种事情的人。事实上，邱园的数十个居民都抱怨说，他们的话不断地被媒体曲解，以至于他们中有许多人都搬离了这个社区。与此同时，记者们不断地到这里来采访。1965

年3月11日，凯瑟琳去世一周年纪念日的前两天，一位记者甚至设想，半夜去邱园假装遭遇“血腥谋杀”而大声尖叫应该会是一个不错的玩笑。摄影师们则拿着相机站在那里，随时准备捕捉居民们的反应。

整个事情看起来已经陷入了疯狂状态。就在同一年，激进主义者开始在纽约酝酿发动各种政治活动，马丁·路德·金被授予了诺贝尔和平奖，数以百万计的美国人开始上街游行，皇后区涌现出了超过200个社区组织，媒体则仍然痴迷于鼓吹“冷漠的流行病”。

当时只有一名电台记者——丹尼·米南（Danny Meenan），对关于“冷漠的旁观者”的一切报道持怀疑态度。当他设法核对事实时，发现大多数目击者都认为他们那天晚上看到的是一个醉酒的女人。当米南问《纽约时报》的那个记者为什么不把这些信息写进文章里时，那个记者的回答是，“这样做会毁了整个故事”。[25]

那么，米南为什么要保守这个秘密呢？在那个时代，没有一个记者敢去质疑世界上最有权势的报纸，如果他们想保住自己的工作的话。

几年后，当另一位记者终于发出批评的声音时，马上就接到了《纽约时报》的罗森塔尔打来的电话。“你难道没有意识到这个故事已经成为今日美国的象征了吗？”这个编辑尖叫着吼道，怒火似乎要把电话线烧断，“你难道不知道它已经成为社会学课程、书籍和文章永恒的主题了吗？！”[26]

令人震惊的是，报纸一开始讲的那个故事几乎是站不住脚的。在那个灾难性的夜晚，失败的不仅仅是普通的纽约人，还有政府当局。凯瑟琳并不是孤独地死去的，她是在邻居的怀抱里闭上眼睛的。归根结底，旁观者的影响与科学界长期以来所坚持的观点恰恰相反。在大城市里，在地铁里，在拥挤的街道上，我们并不孤单，我们拥有彼此。

凯瑟琳的故事并没有就此结束，还有一个离奇的转折。

凯瑟琳死后5天，皇后区居民拉乌尔·克利里（Raoul Cleary）在街上发现了一个陌生人。他在光天化日之下从拉乌尔的一个邻居家里走了出来，手里还搬着一台电视机。当拉乌尔叫住他时，那人自称是一个搬家工人。

但拉乌尔还是起了疑心，给另一个邻居杰克·布朗（Jack Brown）打了电话。

“班尼斯特一家在搬家吗？”他问。

“绝对不可能。”杰克·布朗回答。

于是，拉乌尔和杰克·布朗没有丝毫犹豫便采取了行动。杰克破坏了那人的车子，拉乌尔报了警，当小偷再度现身时，警察把他逮住了。几个小时后，这名男子承认了他的罪行。他不仅入室抢劫，还在邱园杀死了一名年轻女子。[27]

没错，警方之所以能够抓到杀死凯瑟琳的凶手，还得感谢两名旁观者的及时干预，但是没有一家报纸报道这件事。

这才是凯瑟琳案件背后的真实故事。这个故事应该要求心理学一年级学生必读，还应该要求一切有抱负的记者必读，因为它至少可以教会我们三件事。第一，我们对人性的看法常常是多么的不一致。第二，一些不称职的记者是如何“巧妙地”运用技巧来炮制耸人听闻的报道的。第三，在紧急情况下，人类是可以互相依赖的。

当我们在阿姆斯特丹眺望着河面时，我问鲁本，当他跳入河中，身体浸泡在冰冷的河水里时，是否觉得自己像个英雄。“不，”他耸耸肩说，“在生活中我们必须互相帮助。”

为什么好人会变坏

PART 3

我努力不去嘲笑人们的所作所为，既不去为他们哭泣，也不因他们所做的事而去憎恨他们，而只是试图去理解他们。

——巴鲁赫·斯宾诺莎

不久前，我坐下来重读了自己在2013年写的一本书——《进步的历史》(*The History of Progress*)。没想到，重读这本书让我产生了一种极不愉快的体验。在那本书中，我不加批判地介绍了菲利普·津巴多的斯坦福监狱实验，用这个“研究”来证明好人是有可能自发地变成怪物的。很显然，在那个时候，这种观察报告对我极具诱惑力，我根本无法抗拒。

当然，我并不是唯一一个这样做的人。自第二次世界大战结束以来，许多学者提出了无数饰面理论的变体，支持它们的证据似乎越来越多，越来越不容置疑。米尔格拉姆用他的电击实验证实了这种理论。凯瑟琳不幸被杀后，媒体更是大肆公开宣扬这种理论。威廉·戈尔丁和菲利普·津巴多也凭借这种理论享誉世界。人们认为邪恶因子在每一个人的表皮之下酝酿着，随时都有可能沸腾着奔涌而出，就像托马斯·霍布斯300年前所说的那样。

但是，现在凯瑟琳凶杀案和其他相关实验的档案都已经公开了，事实证明我们一直都把事情弄反了。津巴多的监狱实验中的“狱警”？他们只是一些扮演特定角色的演员。米尔格拉姆的电击实验中操作电击器的被试？他们只是想做“正确”的事。那么凯瑟琳呢？她是死在邻居的怀里的。

看起来，这些人中的大多数人都只是想帮忙。如果说在这中间有谁失败了，那也只能说是当时的那些负责人——科学家、主编、政府官员和警察局局长。他们才是撒谎和操纵他人的“利维坦”。这些人不但没有保护被试不受实验本身的邪恶倾向的影响，而且还尽其所能地让人们互相争斗。

这样一来，也就把我们带回到了那个最基本的问题上来：为什么人们会去做坏事？为什么“稚人”这种友好的两足动物，也是唯一一个建造了监狱和毒气室的物种？

在前面几个章节中，我们了解到，人类可能会被伪装成善良的邪恶所诱惑。但是，这个发现立即引发了另一个问题：为什么在人类历史的进程中，邪恶会变得如此擅长愚弄我们？它是如何把我们带到彼此宣战的地步的？

在本书第 3 章中，我们引用过“小狗专家”布赖恩·黑尔的一句话。我一直在想着这句话。他是这样说的：

> 这种机制，在让我们成为最善良的物种的同时，也让我们成为地球上最残忍的物种。

在本书的第一部分，我们已经看到，在人类历史上的绝大部分时间里，这种说法并不适用。人类并不总是那么残忍的。在数万年的时间里，我们的狩猎采集者祖先在世界各地游荡，远离冲突。

但是，如果黑尔真的发现了什么呢？那又会怎样呢？如果他的观察确实适用于人类历史后 5% 的时间内的状况，即人类开始过上永久定居生活时的历史呢，又会如何？第一批与战争相关的考古学证据突然出现在大约一万年前，与私有财产和农业出现的时间相吻合，这绝不是偶然的。难道是在那个节骨眼上，人类选择了一种自己的身体和心灵都无法适应的生活方式吗？

演化心理学家把它称为“失配”（mismatch），意思是说，我们在身体上或精神上都没有准备好过现代社会这种生活。最常见的一个例证是肥胖。当人类还是狩猎采集者的时候，大多数人都是苗条而健康的，而现今世界上更多的是超重的人而不是挨饿的人。我们经常吃糖、脂肪和盐，摄入的热量远远超过了身体所需。

那么，人们为什么会一直吃停不下来呢？很简单，我们的 DNA 认为我们还在丛林里到处奔跑。在史前时代，无论什么时候，只要碰到一棵结着丰硕果实的果树，狩猎采集者就会马上把自己的肚子塞得满满的，这是很有意义的。因为这种情况并不会经常发生，所以储备热量是一种有效的自我保护策略。[1] 但是现在，在这个充斥着廉价快餐的世界里，长得过于肥胖更像是一种自我毁灭手段。

我们能够以同样的方式去思考人类历史上最黑暗的那些篇章吗？它们也可能是戏剧性失配的结果吗？在这种情况下，当我们面对现代“文明”世界的生活时，人类的本性必然会在某些方面诱发问题——有些倾向几千年来都没有困扰过我们，但是后来却在突然之间暴露出了它的缺陷。

那到底是什么呢？

在接下来的三章中，这就是我要探索的东西。我将向你们介绍一位年轻的美国人，他决定弄明白为什么德国人会如此“不知疲倦”，直到第二次世界大战结束。我们将深入评述一系列针对伴随权力而生的犬儒主义的心理学研究，然后我们还将讨论最后一个问题：当人们意识到这种失配并选择接受一种新的、现实主义的人性观时，将会构建一个什么样的社会?

第10章
同理心为什么使人盲目

士兵为何而战

在第二次世界大战爆发时，莫里斯·贾诺威茨（Morris Janowitz）才22岁。一年后的某一天，他发现自己家门口的地垫上放着一张美国军队的征兵通知。最终，莫里斯打算应征入伍。作为两个来自波兰的犹太难民的儿子，他迫不及待地想穿上军装，帮助美军打败纳粹德国。[1]

这个年轻人长期以来都对社会科学很感兴趣。那时的他刚刚以全班第一名的成绩从大学毕业，他完全可以将自己的专长用于打击纳粹。当然，莫里斯并不是戴着头盔、扛着步枪上前线去冲锋陷阵的，而是手握笔和纸去战斗的——他成了美军派驻到伦敦的心理战分部的一名成员。

在位于考文特花园附近的机构总部，莫里斯加入了一个由数十位顶尖科学家组成的团队。他们中的许多人后来都在社会学和心理学领域取得了杰出的成就。但是，现在不是研究抽象理论知识的时候，而是要求人们运用科学去协助参与战争的时候。如今要做的工作，一分钟也不能耽搁。

当最聪明的物理学家在美国西南部的洛斯阿拉莫斯研制第一颗原子弹的时候，当最杰出的数学家在英国乡下的布莱切利公园破解德国人的恩尼格玛密码的时候，莫里斯和他的同事正在努力应对另一项艰巨的任务。

他们必须揭开“士兵为何而战”的核心秘密。

莫里斯和希尔斯证实，战术、训练、意识形态，所有这一切都对军队至关重要。但最终，军队的强大程度取决于士兵之间的情谊。“同志之谊”才是赢得战争的终极武器。

其实，美国人在第二次世界大战中的战斗表现也是如此。1949 年，由一些社会学家组成的研究团队公布了一项针对大约 50 万名参加第二次世界大战的美国老兵进行的大规模调查的结果。结果表明，这些美国军人主要也不是受理想主义或意识形态所激励的。一个美国士兵的爱国精神并不比一个英国士兵的民主法治精神更强烈。这些人之所以愿意战斗，与其说是为了他们的国家，不如说是为了他们的“同志”。[2]

这种友谊是如此深厚，以至于有可能导致一些特殊的情况。如果晋升意味着要调到其他部门去，军人们就会拒绝晋升。许多伤员和病人之所以拒绝休假，是因为他们不想让新招募来的士兵取代他们的位置，甚至还有军人会从医务室的病床上偷偷溜出来，逃回前线。

“一次又一次，”一位社会学家惊讶地指出，“我们在反复验证一个真理：一个人之所以不去根据个人利益行事，只是因为（担心）其他人会失望。”[3]

天生的部落主义倾向

1990年秋天，就在米尔格拉姆30年前进行电击实验的那所大学里，成立了一个新的研究中心——耶鲁大学婴儿认知研究中心（Yale's Infant Cognition Center），也被称为“婴儿实验室”。现在，这个研究中心正在进行一些令人兴奋的研究。这里研究的问题可以一直追溯到霍布斯和卢梭。什么是人性？教养的作用是什么？人性本恶还是人性本善？

2007年，婴儿实验室的研究人员基利·哈姆林（Kiley Hamlin）发表了一项开创性的研究成果。她和她的团队成功地证明了，婴儿天生就拥有道德感。6个月大的婴儿不仅能分辨对错，而且他们喜善胜于喜恶。[4]

也许你会想问哈姆林为什么可以给出如此肯定的结论。毕竟，婴儿自己是无法完成很多事情的。老鼠会走迷宫，但是婴儿不会。不过，他们可以做到一件事——用眼睛观察。因此，研究人员为他们的婴儿被试（6个月和10个月大）表演了一场木偶戏，其中一个木偶表现得乐于助人，另一个则表现得像个混蛋，然后测试婴儿会去接近哪个木偶。

你猜对了，婴儿喜欢那个乐于助人的木偶。“这并非只是一个微妙的统计趋势，”一名研究人员后来写道，“几乎所有的婴儿都去抓那个乐于助人的木偶了。”[5]几个世纪以来，人们一直在猜测婴儿是如何看待世界的，现在有一些初步的证据表明，人类拥有与生俱来的道德指南针。“稚人”并不是一张白纸。我们生来就偏爱美好的东西，这是我们的天性。

然而，随着我对婴儿研究这个领域的挖掘不断深入，我很快就变得不那么乐观了。

问题在于，人性还有另一个维度。第一次实验结束几年后，哈姆林和她的团队设计了一个实验变体。[6]这一次，他们让婴儿在全麦饼干和青豆之间做出选择，以确定他们更喜欢哪一种。然后他们给婴儿呈现了两个木偶：一个喜欢全麦饼干，另一个喜欢青豆。再一次，他们想要测试婴儿到底喜欢哪个木偶。

不出所料，绝大多数婴儿都被与自己有相同口味的木偶吸引了。更令人惊讶的是，即便在发现与自己口味相投的木偶很坏很卑劣，而另一个木偶很友善之后，这种偏好仍然存在。“我们一次又一次地发现，”哈姆林的一位同事说，“婴儿会选择那些实际上很卑劣（但与他们相似）的人，而不是那些与自己持有不同意见的（友善的）人。”[7]

这个实验意味着，甚至在学会说话之前，我们似乎就会对自己不熟悉的东西产生厌恶感了。婴儿实验室的研究人员做了几十个类似的实验。这些实验进一步表明，婴儿不喜欢不熟悉的面孔、气味、语言或者奇怪的口音，就好像我们天生就是仇外者。[8]

然后我开始思考，这是我们进化失配的症状吗？我们对已知事物的本能性偏好，在人类进化的大部分时间里都不是什么大问题，但是，随着文明的兴起，这种偏好变成了一个问题，是这样吗？毕竟，我们在 95% 的历史时间里都过着狩猎采集生活。不管什么时候遇到陌生人，我们都可以停下来与他聊聊天，这样一来，陌生人就变成了熟人。

如今，情况大不一样了。我们在城市中过着默默无闻的匿名生活，我们中的一些人一直生活在数以百万计的陌生人当中。我们对其他人的了解大多来自媒体和记者，而他们往往只关注一些不怎么好的事情。我们对陌生人变得如此多疑丝毫不奇怪，但我们对陌生事物天然的厌恶感会不会成为一颗定时炸弹呢？

自哈姆林的开创性研究之后，出现了越来越多测试婴儿道德感的研究。这是一个令人着迷的研究领域，尽管它还处于起步阶段。这类研究的一大障碍是婴儿的注意力很容易分散，这使得设计一项可靠的实验成为一件很困难的事。[9]

幸运的是，当人类长到18个月的时候，就会变得聪明得多。以德国心理学家费利克斯·沃内肯（Felix Warneken）的研究为例，在攻读博士学位的时候，他对蹒跚学步的孩子是否愿意助人这个问题产生了浓厚的兴趣。但是他的导师否定了他的全部设想，导师认为，蹒跚学步的孩子基本上处于完全自我状态，而这种观点在21世纪初很常见。但沃内肯并没有泄气，他最终设计出了一系列能够在全世界范围广泛复制的实验。[10]

所有实验的结果都出奇地一致。这些实验表明，即便是在18个月大的时候，孩子们也非常渴望去帮助别人，他们会很高兴地从玩耍和游戏中抽出时间来帮别人的忙，甚至当你把他扔到一个海洋球池里之后，他也愿意费很大劲爬出来去帮助一个陌生人，[11] 而且他们不要求任何回报。[12]

但是现在，我也要报告一些坏消息。在了解了费利克斯振奋人心的研究结果之后，我也接触到了其他一些研究，它们的结果并不那么乐观，而是表明孩子们可能在他人的挑拨离间之下互相对立。在前面的章节中，我们已经讨论了谢里夫的罗伯斯山洞实验，20世纪60年代另一个臭名昭著的实验又一次得出了同样的结论。巧合的是，这个实验正好是在马丁·路德·金遇刺后的第二天进行的。

1968年4月5日，在艾奥瓦州里奇维尔的一所小学里，简·埃利奥特（Jane Elliott）决定给她的28名三年级学生上一堂关于种族主义的“实践课”。

“在这个房间里，棕色眼睛的人更优秀，”老师开始了，“他们更干净、更聪明。”她在黑板上用大写字母写下了“MELANIN”（黑色素）这个词，然后解释说这是一种能够让人变得更聪明的化学物质。因为棕色眼睛的孩子有更多的黑色素，所以他们更聪明，相应的，蓝色眼睛的孩子“只知道干坐着，什么也不会做”。[13]

没过多久，拥有棕色眼睛的孩子就开始对拥有蓝色眼睛的孩子表达了歧视。接着，拥有蓝色眼睛的孩子开始失去信心。一个平常很聪明的蓝眼睛女孩在数学课上开始接连犯错。课间休息时，三个棕色眼睛的孩子来找她。“你妨碍到我们了，你最好向我们道歉，”其中一个说，“因为我们比你优秀。”[14]

几个星期之后，埃利奥特作为一名特邀嘉宾出现在了约翰尼·卡森（Johnny Carson）主持的《今夜秀》（*Tonight Show*）上，这引起了美国白人的愤怒。一位愤怒的观众写信投诉道：“你怎么敢在白人孩子身上做这种残忍的实验？黑人孩子在成长过程中习惯了这种行为，但是白人孩子，他们是无法理解这种行为的。这对白人孩子来说太残酷了，会给他们造成很大的心理伤害。”[15]

事实上，简·埃利奥特一生都在与种族主义作斗争。但遗憾的是，她的实验设计并不科学。她煞费苦心地让她的学生们互相对立，例如强迫蓝眼睛的孩子坐在教室的后排，减少他们休息的时间，不允许他们和棕色眼睛的同学一起玩。她的实验并没有回答当你把孩子划分为几个不同“种群”时会发生什么这个问题，也没有以任何其他方式进行过适当的干预。

不过，在 2003 年秋天，一个由心理学家组成的研究团队设计了一个实验，精确地弥补了上述实验的缺陷。他们要求得克萨斯州的两家日托中心为所有 3 ～ 5 岁的孩子穿上两种颜色的衬衫，一种是红的，一种是蓝的。仅仅三个星期之后，研究人员就得出了一些结论。[16]首先，如果成年人忽略衣服颜色的差异，那么孩子们也就不会再关注它。不过，尽管如此，孩子们还是形成了一种依赖于衣服颜色的群体认同感。在与研究人员的交谈中，孩子们都表达了认为和自己穿同一种颜色衣服的孩子"更聪明""更优秀"的看法。在这个实验的一个变体中，当成年人强调衣服颜色的差异时（例如，说"早上好，红色和蓝色！"），这种效果就会变得更明显。

在随后的一项研究中，参加实验的是一群5岁的孩子，他们穿着类似的红色或蓝色的衬衫，然后研究人员给他们看穿着相同或另一种颜色衬衫的同龄人的照片。即便对图片中人物的其他情况一无所知，这些孩子对照片中穿着与自己不同颜色衣服的孩子的看法也要消极得多。研究人员观察到，这些孩子的认知"普遍被社会群体的成员身份扭曲了，这个发现隐藏着一些令人不安的信息"。[17]

蹒跚学步的孩子并不是"色盲"，恰恰相反，他们对颜色的差异甚至比大多数成年人还要敏感。即便当人们试图平等地对待每一个人，表现得好像肤色、外貌或财富的差异不存在一样，孩子们仍然能感觉到差异。似乎人类的大脑中天生就存在部落主义的开关，只需要某个东西把它打开就可以发挥作用。

同理心的两面

当我读到婴儿和蹒跚学步的孩子天性上的不同时（基本上是友好的，但是也已经有了排外倾向），我想起了被称为"爱情激素"的催产素。柳德米拉·特鲁特在西伯利亚培育的狐狸体内，这种物质的浓度特别高（请参阅第3章）。科学家现在已经知道了，这种激素在爱情和其他情感中起着至关重要的作用，但是它也会使我们更加不信任陌生人。

催产素有助于解释为什么好人会做坏事吗？与自己所属的群体的紧密联系，会让我们对他人产生敌意吗？让“稚人”征服世界的社交能力，同时也是人类犯下最严重的罪行的根源吗？[18]

起初，我觉得这种猜测不太可能是对的。毕竟，人们还有另一种深深植根于“稚人”天性中的令人印象深刻的强大本能：同理心。我们能够跳出自己的圈子，设身处地为别人着想。在情感层面上，我们天生就拥有与陌生人共情的能力。

我们不仅能做到这一点，而且我们也擅长这一点。人类是情感“真空吸尘器”，总是能“吸纳”别人的感情。试想想看，小说和电影能够轻易地让我们笑、让我们哭。对我本人来说，乘飞机旅行时看伤感电影一直是一个糟糕的选择（我总是得不时按下暂停键，这样其他乘客才不会觉得有必要来安慰我）。[19]

很长时间以来，我一直认为这种感知他人痛苦的奇妙本能可以帮助人与人之间走得更近。这个世界需要的是更多的同理心，这似乎是理所当然的。但是后来，我读到了一位名叫保罗·布卢姆（Paul Bloom）① 的婴儿研究专家写的一本新书。

当人们问布卢姆教授他的书是关于什么的时候，他回答说：“它是关于同理心的。”

他们微笑着点点头，直到他冷冷地补充道:“我是反对同理心的。”[20]

保罗·布卢姆并不是在开玩笑。根据这位心理学家的说法，同理心并不是照亮整个世界的慷慨的太阳。相反，它更像是一盏聚光灯，

① 知名认知心理学家、发展心理学家，讲述其研究同理心现象的畅销书《摆脱共情》中文简体版已由湛庐策划、浙江人民出版社出版。——编者注

或者说一盏探照灯。它会在你的生命中照亮一个特定的人或一群人，当你忙着吸收沐浴在那一束光线下的所有情绪时，世界上的其他东西都会消退。

不妨先以另一位心理学家的一项研究为例来说明。在这个实验中，一组被试首先会听到关于谢丽·萨默斯（Sheri Summers）的悲惨故事。萨默斯才 10 岁，却得了一种致命的疾病。她正在排队等待能够挽救她生命的手术，但是留给她的时间不多了。被试被告知他们可以把萨默斯的名字在排队名单中往前挪，但是必须客观地做出决定。

在这组被试中，大多数人都不曾考虑要给萨默斯特权。因为他们知道，名单上的每个孩子都生病了，都需要治疗。

而第二组被试也面临着同样的场景，但是随后还被要求想象一下萨默斯的感受：这个小女孩病得这么重，难道不令人心碎吗？这一次，同理心改变了一切。第二组被试大都想让萨默斯插队。如果你仔细想想，就知道这是一个相当不可靠的道德选择。对萨默斯的这种关注和优待，可能意味着排队名单上的其他孩子需要等待更长的时间，甚至导致他们因得不到及时治疗而死亡。[21]

现在你可能会想："完全正确！这就是为什么我们需要更多的同理心。"我们不仅应该设身处地地为萨默斯着想，也应该设身处地地为世界各地同样在等待名单上的其他孩子着想。我们需要更多的情感，更多的感性，更多的同理心！

但是"同理心聚光灯"并不是这样应用的。设身处地想象一下，你站在 100 个其他人的立场上会如何？站在 70 亿人的立场上又如何？

我们根本做不到。

布卢姆教授说，在实践中，同理心是一种极其有限的技能。

同理心只是我们对与自己亲近的人的一种感觉；是对我们能够闻到、看到、听到、摸到的人的感觉；是对家人和朋友、对喜欢同一个摇滚乐队的粉丝，对经常可以在街角看到的流浪汉的感觉。甚至当我们吃着视线之外的工厂化农场中被虐杀的动物的肉时，我们对可以拥抱和爱抚的可爱小狗也会产生同理心。对出现在电视里的人物，尤其是被放大的人物，搭配悲伤的背景音乐，我们也会产生同理心。

当我阅读布卢姆的书时，我开始意识到同理心最像现代社会的一种现象：新闻。在第 1 章中，我们看到新闻也起到了聚光灯的作用。正如同理心通过放大细节误导我们一样，新闻也会通过放大例外情况欺骗我们。

有一件事情是肯定的，一个更美好的世界不是从人们拥有更多的同理心开始的。如果说有什么不同的话，那就是同理心会让我们变得不那么宽容，因为我们越同情受害者，就觉得自己的敌人越多。[22] 我们对少数人的关注会使自己对对手的正确观点视而不见，因为其他人都不在我们的视野范围之内。[23]

这也就是小狗专家布赖恩·黑尔谈到的那种机制，这种机制使人类成为地球上最友好同时也最残忍的物种。一个可悲的事实是，同理心和仇外心理是相辅相成的，它们是一枚硬币的两面。

为什么好人会变坏

那么，为什么好人会变坏呢？

我想我们现在可以着手构思答案了。

而且我们已经看到，即便是在战场上，士兵们也仍然很难下手去杀人。在本书第4章中，我们讲述了马歇尔上校在太平洋战事中发现的真相，大多数士兵从未开过枪。与此类似，在西班牙内战期间，作家乔治·奥威尔也注意到了同样的事情。有一天，他发现自己被同理心压倒了：

> 就在那一刻，有一个人……从战壕里跳了出来，在众目睽睽之下沿着防护墙顶部奔跑。他连衣服都没穿好，一边奔跑一边用双手提着裤子。我忍住了，没有向他开枪。……我没有开枪，部分是因为我注意到了他用双手提着裤子这一细节。我到这儿来是要与“法西斯分子”战斗的，我只向他们开枪。但是一个双手提着裤子的人不会是一个“法西斯分子”，他显然跟我们是同类，就跟你自己一样，你不会想朝他开枪的。[24]

马歇尔和奥威尔的观察表明，我们很难去伤害那些与我们很接近的人。总有一些东西会让我们退缩，让我们无法扣动扳机。

军事历史学家发现，还有一件事比对敌人开枪更难做到。这件事就是用刺刀刺杀其他人类同胞。例如，在滑铁卢战役（1815年）和索姆河战役（1916年）中，只有不到1%的伤亡是由士兵用刺刀攻击敌人造成的。[25]那么，那数百家博物馆里展出的成千上万件刺刀又是怎么回事？其实，大多数刺刀从来没有被使用过。正如一位历史学家所指出的：“一方或另一方通常会在刺刀刺向对方时想起还有另外的紧急任务。”[26]

在这方面，我们同样被电视和电影产业误导了。像《权力的游戏》（*Game of Thrones*）这样的电视剧和《星球大战》（*Star Wars*）这样的电影会让我们相信，用刀刺死另一个人简直是小菜一碟。但是在现实生活中，人们要想用刀剑刺穿另一个人的身体，其实是很难过得了自己的“心理关卡”的。

那么，我们又该如何解释人类社会过去一万年间发生的数以亿计的战争伤亡呢？那些人到底是怎么死的？回答这个问题需要对死者进行全面的法医检查，所以不妨让我们以第二次世界大战中英国士兵的死亡数据为例来说明吧。[27]

- 其他：1%
- 化学物质中毒：2%
- 爆炸、压死：2%
- 地雷、陷阱：10%
- 子弹、反坦克地雷：10%
- 迫击炮、手榴弹、空投炸弹、炮弹：75%

注意到其中的共同点了吗？如果说有什么共同点能把这些受害者联系到一起的话，那就是大多数人都是被“远程”消灭的。绝大多数士兵都是被按下按钮、投下炸弹或埋下地雷的人杀害的。或者说，是被某个从未见过他们的人杀死的。

大多数时候，战争期间的杀戮都是在很远的距离完成的。你甚至可以把军事技术的整个发展过程描述为敌我之间的距离越隔越远的过程。从棍棒、匕首到弓箭；从滑膛枪、大炮到炸弹和手榴弹。在历史的进程中，正是为了解决一切战争必须化解的核心问题，即人类从根本上厌恶使用暴力，武器的杀伤力才变得越来越大的。

古往今来，赢得大多数战争的方法都是一样的，那就是尽量从远处射杀尽可能多的敌人。[28]这就是在英法百年战争（1337 — 1453 年）中英国人如何在克雷西和阿金库尔击败法国人，西班牙征服者如何在 15 世纪和 16 世纪征服美洲的答案。美国军队今天之所以大量装备无人机，原因也在这里。

除了远程攻击武器外，军队还会使用其他多种手段扩大与敌人的心理距离。如果你能把对方看成是非人类，那么你就更容易残忍地处置他们，就好像他们真的不是人类一样。

你也可以给士兵"下药"，以减弱他们天生的同理心，消解他们对暴力的反感。从特洛伊战争到滑铁卢战争，很少有军队在作战时从来没有得到过酒精辅助的，学者们现在甚至认为，如果德国军队没有受到3 500万颗甲基苯丙胺药丸的刺激，那么巴黎在1940年可能不会那么快沦陷。[29]

军队还可以"调整"士兵的状态。第二次世界大战之后，在马歇尔上校的建议下，美国陆军就在这样做。新兵全身心投入了新兵营内的训练中，那里不仅有兄弟情谊，还有最残酷的暴力，士兵们被迫尖声喊叫着"杀！杀！杀"，直到声嘶力竭为止。连参加第二次世界大战的老兵（他们中的大多数从未学会杀戮）看到这种训练图片时都会觉得非常震惊。[30]

今天，士兵们已经不再用普通的纸靶训练射击了。现在训练中使用的是非常真实的人体模型，士兵们需要做到的是，模型一闪现，就本能地向它开火。开枪变成了一种自动的、巴甫洛夫式的反应，士兵们可以不加思考地完成。对于狙击手来说，训练甚至更为激进。其中一种实验和测试过的方法是，把受训者绑在椅子上，利用一种特殊的设备确保他们始终睁大眼睛，观看一系列越来越恐怖的视频。[31]

一些国家的军队，现在正在拼命寻找能够根除人类与生俱来的、根深蒂固的对暴力的厌恶感的方法。在现代军队中，同志之谊早就变得不那么重要了。用一位美国老兵的话来说，人们在有意地"造成彼此之间的蔑视"。[32]

而且，这种“调整”确实会起作用。使用这些方法训练出来的士兵在面对一支“老派”的军队时，每一次都能把对方击打得溃不成军。就拿1982年的马岛战争为例，尽管阿根廷军队在人数上占有绝对优势，但是由于其使用的是老式的训练方法，在面对英国用新式训练方法训练出来的“杀人机器”时，简直连还手的机会都没有。[33]

美国军方也设法大幅度地提高了士兵的“开枪射击率”。但是，美军士兵也为此付出了高昂的代价。如果有人在训练中对数百万年轻士兵进行过这样的洗脑，那么当他们带着创伤后应激障碍症（post-traumatic stress disorder，简称PTSD）回国时，你就不应该再感到惊讶。[34]这样的士兵简直数不胜数，他们不仅杀死了别人，还杀死了自己内心深处的某种东西。

当然，还有一个群体的成员可以轻易地与敌人保持一定的距离，那就是领导者。

这样也就引出了下一个谜题：如果“稚人”是一种天生友好的动物，那么为什么极端利己主义者、机会主义者、自恋者和反社会人格者总是能够“脱颖而出”，甚至成为“最高领袖”呢？

人类作为唯一会脸红的物种，怎么会让那些无耻至极的家伙成为领导者呢？

第 11 章
权力是如何腐化的

马基雅维利的哲学

如果你想讨论权力，那么有一个名字必定是你无法回避的。我们已经在第 3 章中对这个人做过一些简短的介绍了，在那里我讨论了一个理论：任何人想要获得任何东西，最好的方法是编织一张由谎言和欺骗组成的网。

你肯定记得，这个人的名字叫马基雅维利。

1513 年冬天，在酒吧度过又一个漫长的寒夜后，马基雅维利，一个穷困潦倒的城市小职员，开始撰写一本以《君主论》为标题的小册子。马基雅维利本人把他在这本书中阐述的思想描述为“我的小小奇想”，它后来成了西方历史上最具影响力的著作之一。[1] 查理五世（Emperor Charles V）、路易十四（King Louis XIV）的床头柜上都摆放着《君主论》。强大的德意志帝国总理俾斯麦有一本，丘吉尔、墨索里尼也各有一本。甚至有人在滑铁卢战败后的拿破仑的马车上也发现了它。

马基雅维利哲学的一大优点是切实可行。他写道，“如果你想要获得权力，你就必须紧紧抓住它。你必须无耻至极，不受原则或道德的束缚，为达目的不择手段”。马基雅维利警告，“如果你不小心翼翼地维护自己的权力，人们就会踩到你的头上去”。根据马基雅维利的说法，“一般来说，人类的本性总是忘恩负义、变化多端、弄虚作假、怯懦软弱、生性贪婪的”。[2] 如果有人帮了你的忙，不要被他愚弄，那会是一个骗局，因为“除非必要，否则人们不会做任何好事”。[3]

马基雅维利这本书经常被称为“现实主义”的经典之作。如果你想阅读这本书，那么就去最近的书店，直奔常销书柜就可以了。或者你也可以选择一本阐发他的哲学思想的励志书，这种书籍也很多，从《马基雅维利式经理》（*Machiavelli for Managers*）到《马基雅维利式母亲》（*Machiavelli for Moms*），应有尽有。或者，你也可以观看在他的思想启发下创作出来的无穷无尽的戏剧、电影和电视剧。《教父》（*The Godfather*）、《纸牌屋》（*House of Cards*）、《权力的游戏》，基本上都体现了这位生活于 16 世纪的意大利人的思想。

既然马基雅维利的理论如此广受欢迎，那么我们就有充足的理由去追问一声：他说的这些东西到底是不是正确的？人类必须无耻地撒谎和欺骗，才能获得和维持权力吗？最新的科学研究又给出了什么样的证据呢？

达切尔·凯尔特纳教授（Dacher Keltner）是一名“应用马基雅维利主义”领域的顶尖专家。在 20 世纪 90 年代，当他第一次对权力心理学产生兴趣时，就注意到了两件事情。第一件是，几乎所有人都相信马基雅维利是对的。第二件是，几乎没有人做过支持其理论的科学研究。

凯尔特纳决定成为第一个吃螃蟹的人。在他所称的“自然状态”

实验中，这位心理学家分析了一系列人类“自由地争夺统治地位”的环境，从宿舍到夏令营，等等。凯尔特纳希望能够在这些地方观察到马基雅维利永恒的智慧的充分展现。

但是他很失望。凯尔特纳发现，如果真的遵照《君主论》的指引去行事，那么人们就会被赶出营地。就像史前时代一样，这些小团体也无法容忍傲慢和权势。人们如果认为你是一个混蛋，那么他们就会把你拒之门外。凯尔特纳发现，在那些地方，那些升至“高位”的人是最友好、最具同理心的人。[4] 最友好的人最具生存能力。

现在，你可能已经在想了，这个教授应该到我的办公室走一趟，见识一下我的老板的厉害，这样他就可能会纠正他这个关于“好领导”的理论了。

但是请先不要急，这个故事还没有说完呢。凯尔特纳还研究了另一个问题：一旦人们拥有了权力之后，权力又会产生什么影响。这一次他得出了一个完全不同的结论。也许最有趣的一点是，他把这项研究称为“饼干怪兽”研究，这是用电视节目《芝麻街》（*Sesame Street*）中的饼干怪物来命名的。[5]1998年，凯尔特纳和他的团队让三名志愿者组成一个小组进入他们的实验室，其中一名志愿者被随机地指定为组长。根据要求，这几个志愿者都必须完成一项枯燥的任务。不久之后，一名实验助手端来了一个盘子，里面装着五块饼干，让大家分享。最后，所有的小组都在盘子里留下了一块饼干（这显然符合礼仪方面的一条黄金法则），但是，几乎每组的第四块饼干都是被那个随机指定的组长狼吞虎咽地吃掉的。更重要的是，凯尔特纳的一名博士生注意到，“领导”们吃的时候也似乎更加不注意仪态。重放这些视频，可以清楚地看到这些“饼干怪兽”经常张着嘴大嚼，而且吃东西时发出的声音更大，掉在衬衫上的饼干屑也更多。

或许，这听起来是不是很像你的老板？

在一开始的时候，我倾向于对这种愚蠢的实验一笑置之，但是近年来世界各地的研究者陆续发表了数十篇类似的研究论文。[6]此外，凯尔特纳和他的团队还做了另一项关于高档汽车的心理效应的研究。在这个实验的第一部分，研究人员让第一组被试驾驶一辆破旧的三菱车或福特平托车（Ford Pinto），并让他朝着人行横道的方向开去，那时行人刚好经过人行道。所有的司机都依法把车子停了下来。

第二组被试驾驶的是一辆非常时髦的奔驰车。这一次，45%的司机没有停车让行人先走。这个实验证明，车子越贵，驾驶者的行车礼仪越粗鲁。[7]另一名研究人员告诉《纽约时报》："开宝马车的人（表现）最糟糕。"[8]如今这个研究已经被重复了两次，都得到了类似的结果。[9]

通过观察司机的行为，凯尔特纳终于意识到这让他想起了什么。用一个医学术语来表达，那就是"获得性社会性病态"（acquired sociopathy）：一种非遗传性的反社会型人格障碍。它是在19世纪首次被心理学家诊断并命名的。通常，这种症状是在人们头部受到重击之后产生的，重击会损害大脑的某些关键区域，并可能把最善良的人变成最恶毒的马基雅维利式的混蛋。

掌权者也表现出了同样的倾向。[10]他们的行为实际上就像那些大脑受损的人一样。他们不仅比一般人更加冲动，更加以自我为中心，也更鲁莽、更傲慢、更粗鲁，也更有可能欺骗自己的配偶，对他人漠不关心，对别人的观点不感兴趣。

权力就像麻醉剂，会让掌权者变得对别人完全"无感"。在2014年进行的一项研究中，三名美国神经病学家使用"经颅磁刺激仪"来测试有权势者和没权势者的认知功能。他们发现，权力感会干扰人们所谓的“镜像”行为。镜像是一种心理过程，在同理心中起着关键作用。[11] 在日常生活中，可以说我们一直都在“照镜子”。别人笑，你也会笑；有人打哈欠，你可能也会跟着打哈欠。但是，有权势者表现出来的镜像行为要少得多，几乎就像是他们与自己的人类同胞没有什么联系一样，也好像是他们大脑中的某个插头被拔掉了一样。[12]

既然有权势者觉得自己与他人没有什么“联系”，那么他们自然会变得更加张扬跋扈，这有什么值得奇怪的吗？无数研究表明，权力的其中一个重要影响正是，它会让人们以负面的眼光看待他人。[13] 如果你很强大，你就很可能认为大多数人都很懒惰，都靠不住，你会认为他们都需要受到监督和监视，你会觉得你必须管理他们、限制他们和审查他们，并告诉他们什么该做、什么不该做。

非常可悲的是，权力对无权无势的人的影响恰恰相反。心理学研究表明，觉得自己无能为力的人同时也会很不自信。他们不愿发表自己的意见。在群体中，他们会努力让自己看起来微不足道，还会低估自己的智力。[14]

这种不确定的感觉客观上为那些当权者提供了便利，因为自我怀疑使人们不太可能做出反击。甚至连审查也变得没有必要了，因为缺乏自信的人往往会要求自己保持沉默。这里我们看到了一种“反安慰剂”所发挥的作用。如果统治者像对待蠢人一样对待他人，那么无权无势者真的会开始觉得自己是愚笨不堪的，而这反过来又进一步导致统治者认为无权势者太迟钝，没有能力独立思考，因此他们更觉得应该发挥自己的“远见”和“洞察力”去管控人们。

但是，真正的事实恰恰相反。权力使我们变得目光短浅。

这可能也有助于解释为什么女性在同理心测试中的得分往往要比

男性高。2018 年，剑桥大学的一项大型研究发现，这种差异并没有遗传基础，相反它应该归因于科学家所说的社会化。[15] 由于传统中权力的分配方式，导致人们大部分情况下都不得不依赖女性去理解男性。另外，一直以来，人们都认为女性的直觉比男性更加出色，这可能也源于同样的不平衡——人们希望女性从男性的角度看问题，而很少希望男性从女性的角度看问题。

权力的悖论

“权力导致腐败，绝对的权力导致绝对的腐败。”这是 19 世纪英国历史学家阿克顿勋爵（Lord Acton）说过的一句非常著名的话。几乎所有心理学家、社会学家和历史学家都一致同意阿克顿勋爵的观点，而这在历史上是很少见的。[16]

凯尔特纳则把这种现象称为“权力的悖论”。大量研究表明，我们会选择最谦虚、最善良的人来领导我们。但是，一旦他们登上了权力的顶峰，权力便深入他们的脑髓。

生物学家弗朗斯·德瓦尔在 20 世纪 80 年代初出版的《黑猩猩的政治》（*Chimpanzee Politics*）一书中这样写道：“马基雅维利的整段论述似乎直接适用于黑猩猩的行为。”[17] 雄性领袖——黑猩猩群体中的“君主”，像个男子汉一样趾高气扬地走来走去，操纵着其他黑猩猩，迫使它们听从它的命令。它的副手们帮助它维持统治，但是只要有机会，就会密谋在背后捅它一刀。

早在几十年以前，科学家们就已经知道人类与黑猩猩有 99% 的 DNA 是相同的。1995 年，这个事实激发了时任美国众议院议长纽特·金里奇（Newt Gingrich）的灵感，他向他的同事分发了几十本德瓦尔的

《黑猩猩的政治》这本书。在他看来，美国国会和黑猩猩社会并没有什么不同。国会议员们充其量只是在隐藏自己的本能方面更加努力一些罢了。

当时尚未广为人知的是，人类还有另一个灵长类近亲，与我们也有99%的DNA相同。这个灵长类近亲就是倭黑猩猩。德瓦尔第一次看到这种黑猩猩是在20世纪70年代初，当时它们还被称为“侏儒黑猩猩”。在很长一段时间里，黑猩猩和倭黑猩猩甚至被误认为是同一个物种。[18]

实际上，倭黑猩猩是一种完全不同于黑猩猩的动物。在本书第4章中我们看到，这些类人猿已经驯化了自己，就像“稚人”一样。雌性倭黑猩猩在这一过程中似乎扮演了一个关键的角色，虽然它们不如雄性强壮，但是每当自己的同类被异性骚扰时，它们就会团结在一起进行反抗。如果情况危急，它们甚至还会把雄性倭黑猩猩的阴茎咬成两截。[19]感谢这种权力的平衡，雌性倭黑猩猩可以挑选自己的伴侣，因此最友善的那些雄性倭黑猩猩通常会最早“成家”。

如果你认为所有雌性倭黑猩猩的这种“解放”，可能会使得它们的性生活枯燥乏味的话，那你就错了。“倭黑猩猩的性行为就好像他们读过《印度爱经》（*Kama Sutra*）一样，”德瓦尔这样写道，“能够做出一个人能想象到的所有姿势和变化。”[20]当两群倭黑猩猩第一次相遇时，往往会以一场盛大的性狂欢作为结尾。

当然，我们无须对倭黑猩猩的生活方式表现得太过热情，人类不是倭黑猩猩。但是，仍然有越来越多的研究表明，与马基雅维利式的黑猩猩相比，我们与这些善于社交的倭黑猩猩有更多的共同点。首先，在人类历史上的大部分时间里，我们的政治制度与倭黑猩猩的政治制度非常相似。回想一下昆人部落成员的如下策略吧。

我们讨厌夸夸其谈的人，因为总有一天，他的骄傲会让他去杀人。所以我们总是说他的肉其实一文不值，我们是在用这种方法让他冷静下来并变得温和的。

一位美国人类学家在对48项关于狩猎采集社会的研究进行综合分析后得出结论说，马基雅维利主义几乎总是导致灾难的原因。为了说明这一点，我们可以把一个人想当选为史前社会领导者必须具备的所有特质列出来看一下。

- 慷慨；
- 勇敢；
- 明智；
- 有魅力；
- 公平；
- 公正；
- 可靠；
- 机智；
- 强大；
- 谦虚。[21]

狩猎采集者群体中，领导者永远都是临时性的，因为决策是集体做出的。任何愚蠢到按照马基雅维利（在后来给出）的规则去行事的人，都是在拿自己的生命冒险。自私和贪婪的人会被赶出部落，从而面临饥饿而死的威胁。毕竟，没有人愿意和只顾自己吃饱的人分享食物。

与黑猩猩相比，人类的行为与倭黑猩猩更相似的进一步的证据是，人类和倭黑猩猩都对不平等有天生的厌恶倾向。如果你在“谷歌学术”中搜索关键词“不平等厌恶”（inequality aversion），你会发现那里有超过一万篇关于这种原始本能的科学文章。3岁大的孩子就已经懂得要平均分配一块蛋糕了，而6岁大的孩子宁愿扔掉也不愿让某一个人分得更多的蛋糕。[22]就像倭黑猩猩一样，人类也狂热、频繁地进行着分享。

尽管如此，我们也不应该夸大这些发现。“稚人”并不是天生的共产主义者。心理学家强调，如果我们认为有些不平等是合理的，我们就不会介意。只要事情看起来公平就好办了。如果你能让民众相信你更聪明、更善良、更神圣，那么让你掌管一切就是有道理的，你就不必害怕遭到反对。

随着第一批定居点的出现和不平等的加剧，部落首领和国王们不得不着手将他们比臣民享有更多特权的原因合法化。换句话说，他们要进行宣传和布道。狩猎采集部落的首领们都很谦虚，但是现在的领导者则开始大摆特摆起架子来了。国王们宣称他们的统治地位是神授予的，或者干脆宣称他们自己就是神。

现如今，权力的宣传早就变得更加微妙了，但其本质没有变，关键仍然是构建巧妙的意识形态，来证明为什么有些人比其他人“更值得拥有”更大的权力、更高的地位、更多的财富。我们确实一直在这样做。在资本主义社会，我们倾向于根据“对社会的价值”来论功过、分蛋糕。但是，社会如何决定谁最有价值呢？你如何确定谁对社会的贡献最大呢？是银行家还是垃圾回收者？是护士还是总能够跳出思维定式的颠覆性改革者？你为证明自己的价值而编造的故事越精彩，你能分到的蛋糕就越大。[23]

但是，这里有一件事情很奇怪。为什么我们会相信这些故事呢？

一些历史学家说，这是因为我们太天真了，而这可能恰恰是人类作为一个物种的超能力所在。[24]简单地说，他们这个理论是这样的：如果你想让成千上万的陌生人组成一个团队一起工作，你就需要找到一些东西把他们组织起来。这个“黏合剂”必须比“友好”更加强大，因为尽管“稚人”的社会网络是所有灵长类动物中最大的，但是它还没有大到足以形成一个城市或国家的地步。

一般来说，我们的社交圈子的人数不会超过150人。科学家早在20世纪90年代就得出了这一极限数字。当时两名美国研究人员要求一组被试列出他们能够寄出圣诞贺卡的所有朋友和家人的名单。结果显示，平均会有68个家庭，包括大约150个人。[25]

如果你注意观察，你就会发现这个数字几乎无处不在。从罗马军团到虔诚的殖民者；从公司部门到我们在Facebook上的真正的朋友，这个神奇的门槛无处不在。这个事实表明人类的大脑没有能力处理超过150种重要的人际关系。

问题是，即便将这150个朋友全部动员起来，组成一个规模不算小的团队，离建造一座金字塔或完成登月计划也还远得很。后面这种规模的巨型项目，无疑需要更大规模的团队进行合作，所以领导者需要找到激励我们的方法。

那么，如何激励呢？编造一个个神话故事，于是我们学会了想象自己与从未见过面的人之间的关系。宗教、政府、公司、国家，所有组织的意义都只存在于我们的头脑中，存在于我们的领导者和自己的叙事当中。没有人见过“法国”，也没有人与“罗马天主教会”握过手，但是如果我们认同这个虚构的东西，一切也就无关紧要了。

这种神话故事最明显的一个例子是上帝。在十几岁的时候，我就想知道为什么在我成长的过程中，基督教的这位造物主会如此关心人类和我们的世俗行为。那时，我还不知道我们的狩猎采集者祖先对神有一个非常不同的概念，他们的神对人类世界的生活完全不感兴趣。

问题在于，我们是从哪里习得的这种对全能上帝的信仰的？上帝真的曾经被人类的罪孽激怒过吗？科学家最近提出了一个有趣的理论。要理解它，我们必须再次回到本书第 3 章，在那里我们了解到“稚人”的眼睛有一个非常独特的地方。多亏了虹膜周围的白色物质，我们才能随着自己凝视的方向转动眼睛。这让我们有机会窥探他人的想法，与他人建立彼此信任的关系。

然而，当我们开始和数以千计的陌生人一起生活时，一切都变了。可以毫不夸张地说，我们看不见彼此了。你不可能与成千上万的人（甚至数百万人）一一进行眼神交流，所以人与人之间开始变得不信任了。越来越多的人开始怀疑别人在“搭”集体的便车。当自己在辛苦工作时，其他人却在坐享其成。

因此，统治者需要一个人来替他监视广大民众。一个什么都能听见、什么都能看到的人，他拥有一双无所不知的眼睛，这就是神。

新出现的神是复仇型的，当然这并非偶然。[26]

人类族群以及我们的领导人之所以能够做其他物种以前从未做过的许多事情，神话的助力是一大关键。它们使我们能够与数百万陌生人一起完成大规模的工程和项目。此外，这个理论还说，伟大的人类文明就是从这些巨大的虚构力量中产生的。以色列历史学家尤瓦尔·赫拉利在他的著作《人类简史》（*Sapiens*）一书中也写道：“一切都是以讲故事，并说服人们信任他们为中心的。”[27]

这是一个很有吸引力的理论，但是有一个缺点，它忽略了人类 95% 的历史。

我们的狩猎采集者祖先早就已经突破了那个最多只能拥有 150 个朋友的神奇门槛。[28] 当然，人类祖先是以小群体的方式去狩猎和采集的，但是不同群体之间也经常会交换成员，这使我们成为一个巨大的“异种传粉”的“稚人”网络的一部分。我们在前面第 3 章中已经看到了，巴拉圭的阿奇人部落和坦桑尼亚的哈扎人部落，他们的成员在一生中会遇到 1 000 多个人。[29]

更重要的是，史前人类也拥有丰富的想象力。他们总是能编造出一些巧妙的神话故事，并把这些故事传给彼此，从而推动群体之间的合作。世界上最早的寺庙位于现在土耳其的哥贝克力山丘，这个寺庙就是在成千上万人的共同努力下建成的。

唯一不同的是，在史前，这些神话的地位没有那么稳固。部落首领可能会被快速地推翻，纪念碑也会被拆毁。用两位人类学家的话来说，当时的情况是这样的：

> 在拔掉瓶塞释放出不平等的精灵之前，史前人类并不是在原始的、天真无邪的状态下终日无所事事的。他们似乎能够成功地定期打开再塞上瓶子，把不平等精灵禁锢在仪式性的古装戏剧上，他们就像建造纪念碑一样构造出了神和王国，然后又高高兴兴地拆除了它们。[30]

几千年来，我们一直在怀疑自己听到的故事。如果某个吹牛大王站起来宣布说他被上帝选中了，人们会一笑置之。如果那个人变得很讨厌，那么他或她迟早会被别人在背后放冷箭。“稚人”是友好的，但并不是天真无知的。

直到军队及其指挥官出现之后，这一切才开始发生改变。你能够勇敢地面对一个残忍虐待反对者的铁腕人物吗？你会发觉你在突然之间就不会那么急切地去批评他了。对此，马基雅维利这样写道："这就是为什么所有武装的先知总能取胜，而徒手的先知总是失败。"

从此以后，众神和国王就没那么容易被推翻了。不支持或不相信某个神话可能会给你带来致命的后果。如果你信错了一个"上帝"，你必须把它藏在心里。如果你认为单一民族国家是一个愚蠢的幻想，那么这种信念可能会让你付出惨重的代价。马基雅维利对君主的建议是，事先安排好一切是很有好处的，"这样当他们不再相信的时候，就可以用武力来使他们相信"。[31]

你可能会认为，现在暴力已经不再是统治公式的一个重要组成部分了。但事实是，暴力威胁仍然大量存在，而且无处不在。[32]

试想想看，为什么人们要每个星期都在我们称为"办公室"的笼子里待 40 小时以上的时间，以换取一些金属、纸张或银行账户上的某个数字呢？是因为我们被当权者的宣传说服了吗？如果确实是这样，那么为什么几乎没有人站出来反对呢？为什么没有人走到国家税务局的官员面前说："嘿，先生，我刚读了一本关于神话的力量的书，意识到货币原来只是虚构的，所以我今年不打算交税了。"

原因是不言自明的。如果你无视法律规定或不申报纳税，你就会被罚款或监禁。如果你不服从，警察就会找上你。货币可能是虚构的，但它是通过非常真实的暴力威胁来强制实施的。[33]

寡头政治的铁律

当我阅读凯尔特纳的著作以及其他有关权力心理学的著作之后，我就逐渐明白了，私有财产和农业的发展是导致"稚人"走上歧途的可能原因。

几千年来，我们选择好人来当我们的领导者。即便在史前时代，人们也很清楚权力会导致腐败，因此我们同时还一直在利用一个结合羞耻感和同侪压力的体系来约束群体成员，并确保随时可以推翻统治者。

但是后来，在一万年前，要想推翻强权统治实际变得更加困难了。当我们在城市和国家中定居下来之后，我们选择的统治者获得了整个军队的指挥权，仅仅凭借一些流言蜚语、一支毒箭或一柄长矛已经不足以推翻统治了。国王们不再允许自己被废黜，总统们也不会再被奚落和嘲笑打倒。

一些历史学家怀疑，我们现在实际上是依赖不平等的。赫拉利曾写道："复杂的人类社会似乎需要想象出来的等级制度和不公平的歧视。"[34]可以肯定的是，这样的"宣传"必定能得到最高统治者的赞同。

但是，真正让我着迷的是，世界各地的人们一直在寻找驯服领导者的方法，甚至在部落首领和国王出现之后也是如此。一个明显的方法是革命。无论是法国大革命（1789 年）还是俄国大革命（1917 年），任何一次革命都是由同样的动力推动的，那就是民众试图推翻暴君。

然而，大多数革命最后都以失败告终。一个暴君刚被打倒，一个新的领导人就会取而代之，并且新的当权者会对权力产生更加贪得无厌的欲望。法国大革命之后，拿破仑上台了，社会学家把这种现象总结为"寡头政治的铁律"。

有一些社会试图通过设计一个分权制衡的权力系统来应对这种情况，这个系统也被称为民主制度。

卢梭在很早以前就指出，更准确地说，这种形式的政府是一种"选举产生的贵族政治"。我们所能决定的，无非是由谁来统治我们而已。

同样重要的是，我们还要认识到这种制度最初就是为了排除社会等级体系中的普通成员而设计的。以美国宪法为例，历史学家一致认为，美国宪法“本质上是一部贵族文件，旨在遏制那个时期的民主倾向”。[35]美国的国父们从未想过让普通民众在政治中发挥积极作用。即便是现在，尽管任何公民都可以去竞选公职，但是如果没有贵族式的捐助者和说客网络的支持，普通人是没有希望赢得选举的。因此，美国的“民主制”表现出了王朝倾向也就丝毫不奇怪了，想一想肯尼迪家族、克林顿家族和布什家族吧。

一次又一次，我们一直在憧憬会有一个更好的领导人，但是所有这些希望往往都会以破灭告终。凯尔特纳教授说，原因在于，权力会使当权者失去当选时的善良和谦逊，或者说那些人从一开始就不具备那些优秀的品质。在一个等级森严的社会里，马基雅维利们领先了一步。他们拥有击败竞争对手的终极秘密武器，那就是厚颜无耻。

我们在前面的章节中已经看到了，“稚人”演化出了羞耻感。在动物界的所有物种中，我们是极少数会脸红的物种之一。几千年来，羞耻感是驯服我们的领导者最可靠的方法。直至今天，它仍然有效。羞耻感比规章制度、谴责或胁迫更加有效，因为有羞耻感的人会约束自己。当他们让别人失望时，他们的讲话就会变得结结巴巴。当意识到自己成了流言蜚语的主角时，他们会脸红。[36]

很显然，羞耻感也有其黑暗的一面（例如由贫穷引起的羞耻感），但是试着想象一下，如果羞耻感完全消失了，社会将会变成什么样子，那将会是一座人间地狱。

在我们身边，总有一些人没有羞耻感，原因可能是他们被权力麻醉了，也可能是他们属于少数天生就具有病态人格的人。这样的人在狩猎采集部落里是活不了多久的。他们会被赶出群体，在阴暗的角落里自生自灭。但是，在现代庞大的社会组织中，反社会者实际上会比其他人表现得更加“优秀”。有研究表明，4% ～ 8% 的首席执行官都可以诊断为是反社会者，而在普通人中这个比例只有不到 1%。[37]

在这种类型的世界里，爬到最顶层的，往往不是最友好、最富有同情心的领导者，而是相反的人。

第 12 章
启蒙运动错了吗

解除文明的诅咒

在开始研读“权力心理学”之后，我的思绪又飘回到了本书导论中讲述的那个故事上。令我从深思中惊醒的是，从根本上讲，前面几章的教训都可以在“伦敦大轰炸”的故事中找到，也可以在炸弹落下时伦敦发生的事情中窥见。

英国当局曾预测，大轰炸时会出现大范围的恐慌、抢劫、骚乱，还说这类灾难会激发出我们内心的兽性，把我们推入一场所有人对所有人的战争当中。但是事实恰恰相反。灾难激发出了人类最好的一面。这就像灾难扳动了一个集体复位开关，所有人都变回了那个更好的自己。

“伦敦大轰炸”带给我们的一个教训是，人类是群居动物。英国人认为他们在炮火下所表现出来的勇气是一种典型的“英国人特质”。他们认为他们的适应能力类似于他们的坚定沉着和冷幽默感，也是他们优越文化中的一个组成部分。在第10章中，我们看到，这种群体偏见也是人类的典型特征之一。我们都倾向于用“我们”和“他们”来思考问题。如前所述，“战争的悲剧就在于，正是人性最好的一面——忠诚、友爱、团结，激发‘稚人’拿起了武器”。

然而，一旦真的来到了前线，我们却往往没有那么气势汹汹了。在本书第4章，以及本书第10章中，我们看到人类对暴力有着根深蒂固的厌恶感。几个世纪以来，许多士兵甚至无法说服自己扣动扳机，也不曾用刺刀去刺过敌人。绝大多数伤亡都是远距离攻击造成的，是由那些根本不需要直视敌人眼睛的飞行员或枪手造成的。这也是“伦敦大轰炸”的一个教训，最猛烈的攻击总是来自“高层”。

当英国人着手发动自己的轰炸计划时，丘吉尔核心集团的成员之一林德曼无视轰炸根本不能打击敌军士气的所有证据，武断地认定德国人会在轰炸下屈服，任何想反驳他的人都被贴上了叛徒的标签。

后来一位历史学家指出：“轰炸策略是在几乎没有反对的情况下强行通过的，这是权力的催眠作用的一个典型例子。”[1]

这为我们最终找到霍布斯和卢梭提出的问题的答案指明了方向，人性本质上是好还是坏的？

这个问题的答案有两个方面（因为“稚人”本身是一种完全矛盾的生物）。一方面，我们是动物王国中最友好的物种之一。在过去的大部分时间里，我们一直生活在一个平等的世界里，没有国王和贵族，也没有总统或首席执行官。当然，偶尔也会有人掌权，但很快就会被推翻。

我们对陌生人的本能警惕在很长一段时间内没有造成什么大问题。我们熟知朋友的名字和长相，如果我们遇到陌生人，我们也很容易找到彼此之间的共同点。那里没有广告，也没有宣传，更没有新闻或战争把人们置于对立的两边。在构建不断扩展的社会关系网络的过程中，我们可以自由地离开一个群体，加入另一个群体。

但是，到了距今约一万年前的时候，麻烦来了。

另一方面，从我们开始在某个地方定居下来并积聚起私人财产的那一刻起，我们的集体本能就不再是无害的了。

随着人类文明的诞生，“稚人”最丑陋的一面开始显现出来。历史书籍记载了数不胜数的屠杀：以色列人和罗马人、匈奴人和汪达尔人、天主教徒和胡格诺派教徒，还有更多的其他人，都发起过屠杀。发起者会变，但是机制没变：在友谊的激励下、在愤世嫉俗的铁腕人物的煽动下，人们对彼此做出了最可怕的事情。

这就是我们几千年来难以摆脱的困境。我们甚至可以把整个文明史看作一场与这个有史以来最大的错误作斗争的史诗。“稚人”作为一个物种，是被强行从天然栖息地中拽出来的。自那之后，“稚人”这种动物就一直在不断地挣扎、翻腾，试图弥合巨大的失配问题。几千年来，我们一直在努力消除我在第 5 章中提到过的疾病、战争和压迫的诅咒，即解除文明的诅咒。

直到最近，我们才看到了一丝曙光，看起来似乎我们可以做成这事儿。

自私的人性

17 世纪早期，一场运动应运而生，我们现在把这场运动称为“启蒙运动”。这是一场哲学革命，启蒙运动的思想家为现代世界奠定了基础——从法治到民主，从教育到科学，均有赖于它。

乍一看时，像霍布斯这样的启蒙思想家似乎与早期的神父和牧师没有太大的区别。他们都以人性本恶这个假设为出发点。哲学家大卫·休谟将启蒙运动的基本观点总结为："应该把每个人都视为无赖。在他的全部行动中，除了谋求一己私利之外，别无其他目的。"[2]

尽管如此，根据这些思想家的看法，我们还是可以有效地利用自己的私利。他们说，人类有一种非凡的才能，它是我们有别于其他生物的一个可取之处，也是一个我们可以依赖的礼物，更是我们可以寄予希望的伟大奇迹，那就是理性。

不是同理心，不是情感，也不是信仰，而是理性。如果说启蒙运动的哲学家还有什么信仰的话，那么他们唯一相信的就是理性思维的力量。他们非常确信，人类可以设计出反映人类自私天性的智能型机构。他们相信我们可以在人类的黑暗本能之外镂刻出一层文明的外壳。或者，更确切地说，他们相信我们可以利用人类邪恶的本性来为追求共同的利益服务。

如果说只有一种罪恶是启蒙运动的思想家支持的，那就是贪婪。他们鼓吹我们应该以"私人的罪恶，公共的利益"为座右铭。[3]这代表了一个独特的观点，即个人层面上的反社会行为可能会给更广泛的社会带来好处。启蒙运动时期的经济学家亚当·斯密在其经典著作《国富论》中阐述了这个观点，这是第一本捍卫自由市场原则的著作。亚当·斯密在《国富论》中这样写道：

> 我们每天所需的食物，不是出自屠夫、酿酒师和面包师的恩惠，而是来自他们的自利打算。我们不用向他们乞求仁慈，而只需唤起他们的自利之心。我们从来不说我们有需要，而说

对他们有好处。

现代经济学家也认为，自私不应该被压制，而应该让它释放出来。通过这种方式，对财富的渴望将会帮助我们实现任何一支传教士军队都无法达到的目的：让全世界的人民团结在一起。如今，当我们在超市为自己所购买的东西付款时，我们就是在与成千上万为放在我们购物车里的商品的生产和分配做出贡献的人一起工作。这不是因为我们善良，而是因为我们在为自己着想。

启蒙运动的思想家还试图用同样的原则去论证他们的现代民主模式。以美国宪法为例，它是世界上仍然有效的最古老的成文宪法。美国国父在制定宪法时，是以一种悲观主义的观点为前提的，那就是人类自私的天性需要得到抑制。为此，他们制定了一套制衡制度，让每个人盯着其他所有人。

这个制度背后的理念是，如果这些当权者（从右翼到左翼，不管是共和党还是民主党）在各个政府机构内（参议院和众议院，白宫和最高法院）能够做到互相牵制，那么尽管他们可能腐败，但是美国人民依然能够和谐共处。[4]这些理性主义者认为，控制腐败政客的唯一方法就是让他们与其他政客保持一种相互制衡的关系。用美国政治家詹姆斯·麦迪逊（James Madison）的话说，那就是“必须用野心来对抗野心”。

与此同时，这个时代也见证了现代法治的诞生。这是我们的黑暗本能的另一剂解药，因为正义女神显然是盲目的。公正，不受同情、爱或任何偏见的羁绊，只受理性的支配。理性也为我们的新官僚体制提供了基础，保证所有人都必须遵守同样的程序、规则和法律。

从现在开始，你可以和任何你喜欢的人做生意，不管他们的宗教背景或信仰如何。这里的一个副作用是，在那些拥有强大法治、确保监管和合同得到尊重的国家，人们对复仇之神的信仰没有那么强。圣父的角色被对国家的信仰所取代了。在启蒙运动之后，宗教表现出一种更为友好的姿态。如今，很少有国家仍然遵从上帝的审判之眼，而是代之以类似于“一场温柔的革命”这样暖心的演讲。[5]

在丹麦和瑞典这样的国家里，无神论者最为集中，这有可能是一个巧合吗？这些国家拥有最健全的法制和最值得信赖的官僚机构。[6]在这些国家里，宗教事实上已经被取代了。正如大规模生产一度使传统手工业者“靠边站”一样，上帝的工作也被官僚们抢走了。

就这样，我们在进入理性时代几个世纪之后，终于来到了今天。综上所述，我们不得不得出这样的结论：启蒙运动是人类的一次胜利，为我们带来了资本主义、民主和法治。统计数据已经说得很清楚了。人类生活水平的改善是指数级的，世界变得比以往任何时候都更富有、更安全、更健康。[7]

仅仅在200年前，无论你生活在世界的哪个角落里，只要你过着普通人的安定生活，都意味着极度贫困。现如今，全世界的极度贫困人口只有不到10%。我们几乎已经完全战胜了所有严重的传染病。尽管新闻可能会试图引导你产生不同的看法，但不争的事实是，在过去几十年里，儿童死亡人数、遭遇饥饿的人数以及谋杀和战争导致的伤亡人数，都在大幅下降。[8]

那么，如果不信任陌生人，我们要怎样才能过上和谐的生活呢？我们怎样才能驱除文明、疾病、奴役的诅咒，以及摆脱困扰我们一万年之久的压迫呢？启蒙运动思想家鼓吹的冷酷无情的理性，为这个古老的困境提供了出路。

而且这是最好的答案，但只是迄今为止。

说实话，启蒙运动也有其黑暗的一面。在过去的几个世纪里，我们知道，资本主义可以肆意妄为，反社会者可以掌权，一个由规则和议程主导的社会几乎完全不尊重个人。

历史学家指出，如果说启蒙运动给了我们平等，那么它同时也发明了种族主义。18 世纪的哲学家也是最早一批将人类划分为不同的“种族”的学者。例如，大卫·休谟写道，他“倾向于怀疑黑人……天生就不如白人”。远在法国的伏尔泰表示同意：“如果他们的理解与我们的没有本质的区别，那么也至少要比我们低劣得多。”这种种族主义思想已经被编码进了当时的立法和行为准则中。在美国《独立宣言》中写下“人人生而平等”这句不朽名言的托马斯·杰斐逊也曾经是一名奴隶主。他说过的另一句话是：“我从来没有发现一个黑人能说出比平淡如水的叙述更高层次的想法。”

接着，历史上最血腥的冲突爆发了。大屠杀是在被誉为启蒙运动摇篮的地方发生的。[9]

当我们审视启蒙运动对人性的刻画时，就会发现它的矛盾之处。至少从表面上看，大卫·休谟和亚当·斯密等哲学家似乎都持有一种愤世嫉俗的观点。现代资本主义、民主和法治都是建立在“人是自私的”这个原则上的。但是如果你真的认真读过他们的著作，你就会意识到启蒙运动的作者根本不是顽固的愤世嫉俗论者。在《国富论》出版 17 年前，亚当·斯密就写过一本书，名为《道德情操论》(*The Theory of Moral Sentiments*)。我们在《道德情操论》中发现了这样一段话：

> 人，不管被认为有多么自私，在他的人性中显然还有一些原理，促使他关心他人的命运，使他人的幸福成为他的幸福必备的

> 条件，尽管除了看到他人幸福他自己也觉得快乐之外，他从他人的幸福中得不到任何其他好处。

像斯密和休谟这样有影响力的理性主义者，也在强调人类在移情和利他主义方面表现出了明显的倾向。既然所有这些哲学家都如此认同人类所拥有的这些令人钦佩的品质，那么为什么他们提出的各种制度（民主、法治、贸易和工业）却总是以悲观主义为前提的呢？为什么他们还要继续宣讲人性消极的一面呢？

我们可以在大卫·休谟的一本著作中追踪到相关答案的线索。在这本书中，这位哲学家精确地阐明了启蒙运动思想中的这一矛盾之处。

> 把每个人都设想为无赖之徒，确实是一条正确的政治格言。虽然这看来有些奇怪。这条格言在政治上是真理，在现实中则是谬误。

换句话说，休谟认为，人类的行为应该表现得好像人都是自私的，即便我们明明知道他们并不自私。当我意识到这一点时，我的脑海中突然闪过了一个词：反安慰剂。难道这就是启蒙运动，乃至现代社会所犯的错误吗？我们的社会难道一直都在错误的人性模型的基础之上运行？

在本书第 1 章中，我们已经看到了，有些事情仅仅是因为我们相信就能变成现实——悲观主义变成了一个自我实现的预言。当现代经济学家假定人天生自私时，他们也就是在提倡那些会助长自私自利行为的政策。当政客让自己确信政治其实是一场玩世不恭的游戏时，事情也就真的变成那个样子了。

因此，现在我们不得不追问一声：事情能够改变吗？

我们能利用我们的头脑和理性来设计出全新的制度吗？一些基于关于人性的不同观点的制度？如果学校、企业、城市和国家都“认为”人类会表现出最好的一面，而不总是做最坏的打算，又会怎么样呢？

对这些问题的答案的探究，正是本书剩余部分的重点。

PART 4

新现实主义

我们必须先通过某种途径成为理想主义者，因为只有在那之后，我们才能成为真正的现实主义者。

——维克多·弗兰克尔

怀疑的意愿

我第一次去听哲学讲座是在 19 岁。那天早上，我坐在乌得勒支大学礼堂明亮的日光灯下认真听讲，开始对英国数学家和哲学家伯特兰·罗素有了一定的了解。从那一天起，他成了我的新英雄。

罗素不仅是一位才华横溢的逻辑学家和一个革命性的哲学学派的创始人，还是一位预见到了俄国革命将会在痛苦中结束的自由思想家，更是一位在 89 岁高龄时因非暴力抵抗而被投入监狱的反战积极分子。当然，他也是 60 多本著作以及 2 000 多篇论文的作者，是飞机失事的幸存者。哦，他还获得了诺贝尔文学奖呢。

我个人最欣赏罗素的地方是他的智慧以及他对真理的忠诚。罗素非常清楚，人类总是倾向于相信那些适合自己的东西，但是他一生都在抵制这种倾向。一次又一次，他逆流而行，虽然他知道这将会让他付出高昂的代价。他有一句话令我印象深刻。1959 年，英国广播公司问罗素，他会给未来几代人提什么建议，他的回答是：

> 当你在做任何具体研究或哲学思考时，一定要问问自己，事实到底是什么，事实所支持的真相又是什么。一定要专注于事实，并且只能专注于事实。永远不要让自己被自己希望相信的东西所左右，也不要让你认为如果人们相信了会对社会有利的东西所左右，一定要只看事实。

罗素这段话对我产生了很大的影响。从那以后，罗素的警告就一直萦绕在我心头："永远不要让自己被自己希望相信的东西所左右。"

写这本书的时候，我想我已经尽力这么去做了。

我是否真的成功听取了罗素的建议？我希望是的。同时，我也有我的疑问。我知道我需要很多愿意提出批判性意见的读者来帮助我，使我走在正轨上。但是，引用罗素的原话来说，"我们的信念没有一个是完全正确的，它们至少都有一个模糊和错误的半影"。因此，如果我们的目标是尽可能地接近真相，那么我们就必须避开确定性，并在前进的每一步中质疑自己。罗素称这种方法为"怀疑的意愿"（The Will to Doubt）。

直到我对这位英国思想家有所了解多年之后，我才发现他的格言具有很大的参考价值。罗素创造的"怀疑的意愿"这个短语，也使他站到了另一位哲学家威廉·詹姆斯（William James）的对立面。

威廉·詹姆斯是我现在要向你介绍的人。他是西奥多·罗斯福（Theodore Roosevelt）、格特鲁德·斯坦（Gertrude Stein）、杜波依斯（Du Bois）和许多其他美国历史上的杰出人物的导师。他是一个受人爱戴的人物。据曾经与詹姆斯见过面的罗素说，詹姆斯"充满了人性善良的温暖"。

然而，罗素对这位美国思想家的思想却没有那么痴迷。1896 年，詹姆斯发表了一个关于“相信的意愿”（The Will to Believe）的演讲。詹姆斯强调有些事情是我们必须相信的，即便我们不能证明其正确性。

就拿友谊来讲吧，如果你总是怀疑别人，你的行为肯定会让别人无法喜欢你。友谊、爱情、信任和忠诚之所以是真实存在的，是因为我们相信它们。虽然詹姆斯承认一个人的信念有可能被证明是错误的，但是他认为“因希望而产生的欺骗”比“因恐惧而产生的欺骗”更加可取。

罗素不喜欢这种“脑力运动”。尽管非常喜欢詹姆斯本人，但是罗素对詹姆斯的哲学思想则不以为然。他说，真相并非一厢情愿的思考所能得到的。多年来，这也是我的座右铭，直到我开始怀疑怀疑本身。

皮格马利翁效应与戈莱姆效应

1963 年，也就是罗素接受英国广播公司采访 4 年之后。

在马萨诸塞州的坎布里奇市，年轻的心理学家鲍勃·罗森塔尔（Bob Rosenthal）决定在他哈佛大学的实验室里做一个小小的实验。在两个关着老鼠的笼子边上，他做了不同的标记，标明其中一个笼子里关着受过专门训练的聪明的老鼠，另一个笼子里则关着迟钝、愚笨的老鼠。

当天晚些时候，罗森塔尔指导他的学生把老鼠放进迷宫里，并记录下每只老鼠找到出去的路需要多长时间。他没有告诉学生的是，实际上这两个笼子里的所有老鼠都没有任何特别之处，它们都只是普通的实验用鼠。

然后奇怪的事情发生了。学生们认为更聪明、能更快找到出路的那些老鼠确实表现得更好。这就像变魔术一样。“聪明”的老鼠虽然与“迟钝”的老鼠别无二致，但是它们的表现却比“迟钝”的老鼠更出色。

实验结果出来后，一开始并没有人相信罗森塔尔。几十年后，他回忆道：“我在发表这些研究成果时遇到了很大的麻烦。”[1]其实，甚至连他自己最初也觉得难以接受，如果没有某种神秘的力量在起作用，那么怎么才能给出一个完全合理的解释呢。后来，罗森塔尔逐渐意识到，他的学生在对待“聪明”老鼠，即那些他们寄予更高期望的老鼠时更加热情、更加温和。这种对待方式改变了老鼠的行为，使得它们的表现更出色。

在完成这个实验之后，一个激进的想法在罗森塔尔的头脑中深深地扎下了根：他坚信自己发现了一种肉眼看不见的根本动力。罗森塔尔在发表于《美国科学家》杂志的文章中推测说：“如果人们期望某只老鼠更聪明，它就会变得更聪明，那么我们应该可以推测孩子会因为老师期望他更聪明而变得更聪明。这种现象本不足为奇。”

几个星期后，这位心理学家收到了一封信。它是旧金山云杉小学（Spruce Elementary）的校长写给他的，这位校长认真地读了罗森塔尔的文章，并且在来信中提出了一个让他无法拒绝的请求。“请让我知道我是否能够对你的实验研究帮上一点忙。”她这样写道。[2]罗森塔尔根本不需要“三思而后行”，他立即着手设计了一个新的实验。而且，这一次他的被试不再是小白鼠，而是学龄儿童。

新学年伊始，云杉小学的老师们得知，一位名叫罗森塔尔的著名科学家将对他们的学生进行一项测试。据称，这种“习得变化测试”（Test of Inflected Acquisition）能够表明，当年哪些学生将会在学校里取得最大的进步。

事实上，这只是一个普通的智商测试，在统计完学生们在测试中的成绩之后，罗森塔尔和他的团队就把它们全都抛至脑后了。他们用掷硬币的方式选出了一些孩子，并告诉老师这些孩子“有很高的潜质”。不过，所有的孩子都对此一无所知。

果然，期望的力量很快开始发挥它的魔力了。老师们对这些“聪明”的学生给予了更多的关注、鼓励和赞美，也因此改变了孩子们对自己的看法。这种影响在年龄最小的孩子身上表现得最为明显，他们的智商测试成绩在短短一年内平均提高了 27 分。最大的受益者是那些看起来像是拉丁裔的孩子，要知道在加利福尼亚州这个群体通常只会被寄予最低期望。[3]

罗森塔尔将他的这个发现称为“皮格马利翁效应”（Pygmalion Effect）。皮格马利翁是神话中的一位雕塑家，他爱上了自己的雕塑作品，于是众神决定将生命赋予他的雕像。我们所信奉的信念，无论是真实的还是想象的，都可以成为现实，使世界产生真实的改变。皮格马利翁效应类似于安慰剂效应，只不过，这种期望不是对自己有利，而是对他人有利。

一开始，我以为这项古老的研究的结论现在肯定已经被推翻了，就像 20 世纪 60 年代其他很受媒体关注的实验一样。

但是事实并非如此。50 年过去了，皮格马利翁效应今天仍然是心理学研究中的一个重要发现。它经受住了在军队、大学、法庭、家庭、养老院和各类组织中进行的数百个实验研究的考验。[4] 诚然，这种影响并不总是如罗森塔尔最初设想的那么强大，尤其是涉及儿童在智商测试中的表现时。2005 年的一项批判性综述研究得出的结论是：“大量的自然观察结果和实验证据都表明，教师的期望毫无疑问会影响学生，至少在有的时候是这样。”[5] 对人寄予较高的期望是一种强大的工具。当管理者使用这种工具时，员工会表现得更好。当将军使用它时，士兵会更勇猛。当护士使用它时，病人会恢复得更快。

尽管如此，罗森塔尔的发现并没有引发他和他的团队所希望看到的革命。“皮格马利翁效应是一个没有得到充分应用的伟大发现，”一位以色列心理学家哀叹道，“可惜它没有给世界带来应有的改变，这是非常令人失望的。”[6]

而且，我还要带给大家更多的坏消息，就像积极的期望能够产生真正积极的影响一样，噩梦同样也会在期盼中成真。皮格马利翁效应的另一面是所谓的“戈莱姆效应”（Golem Effect），它是以一个犹太传说命名的。在这个传说中，一只原本应该保护布拉格市民的生物变成了一个怪物。就像皮格马利翁效应一样，戈莱姆效应也无处不在。当我们对某些人持有消极的期望时，我们就不会经常去关注他们。相反，我们会与他们保持距离。我们也不会经常微笑着对待他们。基本上，我们所做的和罗森塔尔的学生把“愚蠢”的老鼠放进迷宫时所做的一模一样。

至今鲜少有关于戈莱姆效应的研究。（这并不奇怪，在实验中让人们产生消极的期望有悖道德。）但是我们所了解的已经足以让人感到震惊了。就以心理学家温德尔·约翰逊（Wendell Johnson）1939 年在艾奥瓦州达文波特市所做的研究为例。他把 20 名孤儿分成了两组，告诉其中一组的成员他们是能说会道的好人，而告诉另一组的成员他们注定会变成口吃的人。这是一项臭名昭著的实验研究（后来被称为“怪物研究”），它导致很多人终其一生都带有语言障碍。[7]

戈莱姆效应是一种反安慰剂效应：这种反安慰剂效应会让差生更差，让无家可归者失去希望，让被孤立的青少年变得偏激。这也是种族主义背后隐藏的机制之一，因为当你受到低期望的影响时，你就无法表现出最佳状态，而这样一来，又会进一步降低别人对你的期望，从而进一步削弱你的表现。甚至有证据表明，戈莱姆效应和这种不断增长的负面期望的恶性循环会拖垮整个组织。[8]

相信的意愿

皮格马利翁效应和戈莱姆效应已经深深地渗透进了我们生活的世界。每一天，我们都在让彼此变得更聪明或更愚笨，更坚强或更孱弱，更敏捷或更迟缓。通过我们的眼神、肢体语言和声音，我们不由自主地流露出了对他人的期望。我对你的期望决定了我对你的态度，而我对待你的方式反过来又会影响你对我的期望，进而影响你对待我的方式。

如果你仔细想想，就会发现这正是当今人类面临的境况的症结所在。“稚人”就像一根天线，不断地要与他人进行相互调谐。如果别人的手指被门卡住了，你就会退缩不前。如果你看到一个走钢索的人仅仅依靠一根细杆子艰难地维持着平衡，你也会感到自己的胃部在抽搐。如果你看到别人打了一个哈欠，你也会跟着打起哈欠来。我们天生就会互相模仿。

大多数情况下，这是镜像在起作用。它能促进人与人之间的联系，还能塑造良好的氛围，就像大家一起在舞池里跳舞一样。正是因为这个原因，我们倾向于用积极的眼光看待我们模仿他人的本能，但是这种本能也有两面性。我们也会模仿一些负面情绪，比如仇恨、嫉妒和贪婪。[9]当我们采纳另外一个人的不好的观点时，当我们认为身边的每一个人都持有这个观点时，结果就可能导致一场彻头彻尾的灾难。

就拿经济泡沫来说吧，早在 1936 年，英国经济学家约翰·梅纳德·凯恩斯（John Maynard Keynes）就已经意识到了，金融市场与选美比赛有着惊人的相似性。想象一下，你面前有 100 名参赛者，你需要做的不是选出自己最喜欢的一个，而是要猜其他人更喜欢哪一个。[10]在这种情况下，我们倾向于猜测别人会怎么想。同样的道理，如果每个人都以为其他人认为某只股票的价值会上升，那么这只股票的价值就真的会持续上升。这种情况可能会持续很长时间，但是泡沫终究是会破灭的。例如，1637 年 1 月，郁金香热席卷荷兰，一颗郁金香球茎曾一度以 10 倍于一名熟练技工年薪的价格售出，但在短短几天后就变得一文不值了。

而且，这种泡沫并不是金融世界所独有的，它们无处不在。杜克大学心理学家丹・阿里利（Dan Ariely）曾在一次大学演讲中做过精彩的演示。在解释他所从事的行为经济学领域的研究时，他向学生们提出了一个听起来非常专业的定义。然而，学生们不知道的是，他使用的所有术语都是由计算机生成的，由一系列随机的单词和句子拼凑而成，产生了诸如“辩证法的神秘理论”和“新解构主义的理性主义”等陌生的短语。

就读于世界顶尖大学的学生全神贯注地听着这种“混搭”语言，时间一分一秒地过去，没有人发笑，没有人举手提问，也没有人表示他们听不明白。

“这就引出了一个很大的问题……”阿里利最后总结道，“为什么就没有人问我一声，我正在说的这些……是什么东西？”[11]

在心理学的圈子里，那个教室里发生的这种事情被称为“多元无知”（pluralistic ignorance）。不过，这并不是一个由机器生成的术语。单独来看，阿里利的学生发现他的叙述让人难以理解，但是因为他们看到其他同学都在聚精会神地听着，所以他们就认为问题肯定出在自己身上。对于参加过“网络社会中的颠覆性共同创造”这一类研讨会的读者来说，这种现象无疑是非常熟悉的。

在上面这个例子中，“多元无知”也许是无伤大雅的，但是研究表明，它的影响也可能是灾难性的，甚至是致命的。考虑一下放纵饮酒的情况吧。一项针对大学生的调查的结果表明，大多数人都表示喝得酩酊大醉并不是他们最喜欢的消遣方式。但是因为他们认为其他同伴很喜欢喝得烂醉如泥，所以他们也会选择继续饮酒，导致最后每个人都落得个蹲在排水沟边呕吐的下场。

研究人员已经收集到了大量的数据，这些数据表明这种恶性循环还会导致更深层次的社会罪恶。[12] 作恶者一方面在心里谴责这些行为，另一方面又担心自己被孤立，从而不得不在行为上随大流。毕竟，如果说还有一件事是“稚人”经过艰苦的内心斗争也很难下定决心的，那就是站出来与整个群体对抗。我们宁愿暗自承受极端的悲伤痛苦，也不愿在整个群体前经历一丝孤立或窘迫。

这让我不得不思考以下问题：如果我们对人性的负面看法实际上是一种“多元无知”，那么又会怎么样呢？我们之所以担心大多数人都想方设法最大化个人利益，会不会只是因为我们假定别人也是这么想的呢？当大多数人内心深处都渴望一种更加善良和团结的生活时，反而是我们自己采取了一种自私自利的立场呢？

我有时候会想起蚂蚁如何被困在原地不停打转的情形。蚂蚁天生就是通过追踪彼此的信息素进行交流的。因此通常情况下，蚂蚁都会留下整齐的“足迹”；但是偶尔也会出现一群蚂蚁一起走弯路的情况，那样的话，它们就会在“行进”中形成一个连续的圆圈，然后成千上万只蚂蚁会被困在直径为几百米的圆圈里。它们不断地做着无用功，直到精疲力竭而死。

我们可能会一直在原地打转，并且把彼此往最坏处想。在这个过程中，很少有人会奋起反抗，眼睁睁看着整个群体走向自我毁灭之路。

罗森塔尔的职业生涯已经有 50 年了，直到今天，他仍然想弄清楚我们如何才能将期望的力量转化为优势。他知道，信任就像仇恨一样也是会传染的。

信任往往开始于一个敢于逆流而上的人，尽管这个人最初可能会被认为是不切实际的，甚至可能会被认为是过于天真的。在本书的下一部分，我将向读者介绍几个这样的人，他们是对员工充满信心的管理者，是能够让孩子们自由玩耍的老师，是将选民视为有创造力的、对政治有参与热情的人的民选官员。

毫无疑问，这些人都是深受哲学家威廉·詹姆斯所称的“相信的意愿”鼓舞的人，也是一些按照自己的想象重塑世界的人。

第 13 章 内在动机的力量

新现实主义倡导者

一段时间以来，我一直渴望与乔斯·德·布洛克（Jos de Blok）见上一面。我曾经读到过他的居家护理机构“博组客”（Buurtzorg）成功的故事，我有一种预感，他将会成为新现实主义的倡导者之一，或者说，他将会成为一种全新的人性观的代表人物。

但是说实话，我第一次和布洛克交谈时，他并没有给我留下一个伟大思想家的印象。在一份影响广泛的声明中，布洛克对整个管理行业不屑一顾：“管理什么的都没有用，只需让人们各司其职就是了。”

你可能会想，布洛克就是这样一个人。但如果你再试着想一想，就会意识到，说这些话的这个人当然不是疯子。布洛克建立了一个非常成功的组织，雇用了 1.4 万人。他曾五次被选为荷兰年度最佳雇主。从纽约到东京，世界各地的众多管理学教授不远万里来到荷兰籍籍无名的小镇阿尔梅洛（Almelo），以便亲眼见证他的管理智慧。

我回过头去重读了一遍布洛克接受采访时的记录。很快，我就笑了：

采访者：你有什么自我激励的方法吗？据报道，史蒂夫·乔布斯每天早上都会对着镜子问自己：如果今天是生命的最后一天要怎么过？

布洛克：我也读过这本书，但是我一个字也不信。[1]

采访者：你参加过网络会议吗？

布洛克：在这种会议中，大多数情况下，除了每个人又复述一遍其他人的观点之外，什么也不会发生。那不适合我。[2]

采访者：你如何激励你的员工？

布洛克：我从不激励员工，激励听起来就像是施舍。[3]

采访者：你的近期目标是什么？激励着你和你的团队的远期目标是什么？

布洛克：我没有长远的目标。不是所有的长远目标都是由近期目标激发出来的。[4]

这些话听起来不太像出自一个成功人士之口。但是布洛克不但获得了伦敦皇家艺术学会（Royal Society of Arts）颁发的享有盛誉的艾伯特奖章（Albert Medal），而且还经常被人们与万维网背后的天才蒂姆·伯纳斯-李（Tim Berners-Lee）、解开DNA结构之谜的弗朗西斯·克里克（Francis Crick）以及才华横溢的物理学家斯蒂芬·霍金相提并论。2014年11月，几乎英国的全部学术精英都出席了布洛克的主题演讲，这对来自荷兰小镇的他来说无疑是一个巨大的荣誉。布洛克用蹩脚的英语承认，起初他以为这是一个玩笑。

但这当然不是一个玩笑，而且来得正是时候。

激励与管理

要理解是什么东西使得布洛克的思想如此具有革命性，几乎可以与破解 DNA 结构之谜的贡献相媲美，我们必须追溯到 20 世纪初的一些事情。

那是工商管理刚刚登上历史舞台的时候。这个全新的学科领域，根基全系于霍布斯提出的人类天生贪婪的思想。员工需要有管理人员管着，才会安分守己。沿着这种思路，管理者必须为员工提供正确的“激励”。银行家之所以能够得到奖金，是因为奖金能够激励他们更加努力地工作。失业救济金的发放，也是以迫使人们再次回到工作岗位上为条件的。孩子们在考试中得了 F，可以促使他们在下学期付出更多的努力。

令人着迷的一个事实是，20 世纪的主流意识形态都持有这种人性观。

尽管存在着种种差异，但是有一个基本前提是大家必定能达成共识的——人类不会自我激励。

现在你可能会想：没那么糟糕吧，就我而言，我自己就很有动力。

我不打算争辩。事实上，我相信你是对的。我的观点是，我们倾向于认为其他人缺乏自我激励的能力。斯坦福大学教授奇普·希思（Chip Heath）将这种现象称为外部激励偏差（extrinsic incentives bias）。这也就是说，我们倾向于假设其他人的行为动机仅仅是为了获得金钱。例如，希思在对法律系学生进行的一项调查中发现，大约有 64% 的学生说他们学习法律是因为这是他们的一个长期梦想，或者说是因为他们对此感兴趣。但是只有 12% 的学生认为他们的同学也是如此。那么他们认为其他学生是为了什么才来求学的呢？他们认为其他人都是为了钱。[5]

正是人性观奠定了资本主义的基础。在约100年前，世界上最早的商业顾问之一弗雷德里克·泰勒（Frederick Taylor）就曾断言："工人们最想从雇主那里得到的是高工资。"[6] 泰勒因发明科学管理（scientific management）而闻名于世。科学管理是以这样一种理念为基础的：为了使工厂尽可能地实现高效率生产，管理者必须以尽可能高的精度来评定绩效。管理人员必须驻守在每条生产线上，随时准备好秒表，记录工人拧紧一个螺丝或包装一个盒子需要多长时间。泰勒自己把理想的员工比作一个没有大脑的机器人："他是如此愚蠢，如此迟钝，更像是一头公牛。"[7]

因为发现了这个"振奋人心"的现象，弗雷德里克·泰勒成了有史以来最著名的管理学家之一。20世纪初，全世界都沉醉在他的科学管理思想当中，泰勒的管理哲学不断地得到传播。用泰勒的传记作者的话来说，泰勒主义"就像病毒一样快速传播，它几乎适合所有的地方"。[8]

当然，自泰勒成名的时代以来，很多事情都发生了变化。现在你会发现，在许多初创公司，员工可以穿着人字拖出现在办公室。还有许多员工可以灵活地设定自己的工作时间。但是泰勒的人性观，以及"只有胡萝卜加大棒才能让人动起来"的信念，一如既往、深入人心。泰勒主义的幽灵至今仍然存在于时间表、计费工时和关键性绩效指标中，存在于医生按绩效取酬的项目中，存在于仓库员工的日常工作中，他们的一举一动都受到了监控摄像机的监控。

内在驱动力

最早的反对声音出现在1969年的夏天。

爱德华·德西是一位年轻的心理学家，当时正在攻读博士学位。

在那个时代，心理学领域深受行为主义观点的束缚。行为主义观点与弗雷德里克·泰勒的理论一样，认为人是一种懒惰、无能的动物。唯一足以激励我们采取行动的是对奖赏的承诺或对惩罚的恐惧。

然而，总有一种感觉萦绕在德西的心头挥之不去，他认为这个理论是站不住脚的。毕竟，人们会做出各种各样完全不符合行为主义者观点的奇怪的事情，比如爬山（多辛苦呀！）、做志愿者（免费付出！）、生孩子（多紧张啊！）。事实上，我们一直都在根据自己的自由意志从事各种各样的活动，哪怕这些活动未曾帮助我们挣得一分钱，或者它们本身就是非常累人的，那又是为什么呢？

那年夏天，德西偶然发现了一个奇怪的反常现象：在某些情况下，胡萝卜加大棒反而可能导致员工表现不佳。例如，当他说愿意付给学生志愿者一美元，以便让他们帮助解决一个难题时，学生们对这个任务的兴趣就会大大降低。对此德西后来解释说："金钱的作用恰恰可能是，将某个人从事某项活动的内在动机'买走'。"[9]

这无疑是一个极具革命性的假说，以至于经济学家的第一反应就是拒绝接受。经济学家坚持认为，经济上的激励的唯一作用就是增强人们的内在驱动力，而且激励的这种作用能够一直维持下去，所以如果某个学生喜欢解决难题，那么奖励只会让她更有激情。其他心理学家也同样鄙视爱德华·德西及他的观点。"我们脱离了主流，"他的同事和最亲密的朋友理查德·瑞安（Richard Ryan）后来回忆道，"奖励有时会削弱内在驱动力的想法是行为学家们所深恶痛绝的。"[10]

但是，随后出现的一系列研究证实了德西的怀疑。就拿20世纪90年代末以色列海法的那些日托中心做过的尝试来说吧。那里有很多日托中心负责人都发现他们陷入了一个困境：差不多有25%的父母都会很晚才去接他们的孩子（即过了关门时间才去接），结果导致员工们不得不加班照顾这些难搞的孩子。对此，日托中心决定征收“滞接金”：父母每迟到一次，就罚款 3 美元。

这听起来应该是一个相当不错的计划，对吧？看上去，父母们有了两种促使他们按时去接孩子的动机，一种是道德上的，另一种是经济上的。

新政策公布了，迟到的家长人数不但没有变少，反而更多了。不久之后，超过 33% 的家长都会在关门时间过后才到达日托中心。几个星期之后，接孩子迟到的家长人数达到了 40%。原因很简单，家长们把“滞接金”简单地理解为是一种额外加收的费用，而不是罚款，这样一来，也就免除了他们准时去接孩子的义务。[11]

许多其他研究也证实了这一发现。这种结果表明，在某些情况下，人们做某一件事情的多个理由会产生叠加效应，而有的时候它们会相互抵消。

几年前，马萨诸塞大学的研究人员分析了 51 项有关工作场所中经济激励效应的研究。他们发现的“压倒性的证据”表明，奖金会削弱员工的内在驱动力，并弱化“道德指南针”的作用。[12] 而且更加糟糕的是，他们还发现奖金和设置考核目标会降低员工的创造力。外部激励通常需要按某个实物指标来支付。如果按工作小时数予以奖励，那么就会出现更多需要付酬的工作时间。如果按出版或发表的著作和论文的数量予以奖励，那么就会出现更多的出版物。如果按完成的手术台数予以奖励，那么就会出现更多的手术。

有管理人员通常按实物目标的完成度来进行激励。当数量目标提高时，比如家具厂按生产出来的家具的数量来进行奖励时，家具质量就会直线下降。而当管理人员决定对桌椅按重量来进行奖励时，工厂就会生产出重得搬都搬不动的家具产品。

这听起来可能很有趣，但可悲的事实是，在现实世界中，今天仍然有许多机构在这样做。如果以手术台数计酬，那么外科医生更倾向于磨利手术刀而不是提供更好的治疗。美国一家大型律师事务所要求自己的员工必须工作够一定的时长（例如规定一年至少工作 1 500 小时），并不会激励所内的律师更好地工作，而只是使他们延长了自己的工作时间。

那么，发放奖金完全是在浪费金钱吗？不完全是。行为经济学家丹·阿里利的研究表明，当任务很简单且可以程序化时，就像弗雷德里克·泰勒用秒表在生产线上进行精确计时的那些任务，奖金是有效的。[13] 换句话说，这类任务也就是现代工厂越来越多地让机器人去完成的任务，而且机器人不需要内在驱动力。

但是人类没有了内在驱动力是不行的。

可悲的是，爱德华·德西总结的这个教训至今还没有充分应用到日常实践中。在很多时候，人们仍然被当作机器人来对待，在办公室、学校、医院和社会服务机构里都是如此。

一次又一次，我们始终在假设别人只关心自己。除非有奖励，否则人们宁愿无所事事地虚度生命。英国最近的一项研究发现，与财富、地位和权力相比，绝大多数人（占 74%）更看重乐于助人、诚实和公正等价值观。但是也有相同数量或更多的人（占 78%）认为其他人是自私的（实际上他们可能并不自私）。[14]

一些经济学家认为，这种对人性的偏见并不会导致什么大问题。例如，诺贝尔经济学奖得主米尔顿·弗里德曼（Milton Friedman）就认为，只要你的预测被证明是正确的，那么你对人性的假设哪怕是错误的，也无关紧要。[15]但是，弗里德曼忘记把反安慰剂效应考虑进去了。只要你相信某事会成真，那么这件事就一定会成真。

你获得劳动报酬的方式甚至会让你变成另外一个人。两位美国心理学家几年前的研究证明，按小时计酬的律师和咨询师会为他们所有的时间设定一个价格，即便当他们不在上班的时候也是如此。结果是，那些在平时工作中按工作时数计酬的律师，在参加公益活动时也一样会斤斤计较，因此他们都不太愿意做公益工作。[16]

我们就是这样被目标、奖金和惩罚的预期所累的。这实在令人难以置信。请试着想象一下以下情形吧：

- 首席执行官只关注季度业绩，结果把公司搞得一团糟。
- 根据发表的成果的数量对学者进行评估，结果导致许多学者禁不住诱惑而在研究中弄虚作假。
- 根据标准化考试成绩进行评估，导致许多学校完全忽略了那些无法量化评估的技能的教学。
- 按照治疗时间来收费，导致有些心理咨询师故意延长不必要的咨询时间。
- 由于出售次级抵押贷款能够获得奖金，导致银行家最终将全球经济推到了全面崩溃的边缘。

这样的例子不胜枚举。在弗雷德里克·泰勒的科学管理思想问世100年之后，我们仍然忙于大规模地破坏彼此的内在驱动力。一项针对142个国家23万人的大型调查的结果表明，只有13%的人在工作中真正感受到了“投入”。[17]只有13%！只要认真思考一下这类数字的含义，你就会意识到有多少抱负和精力都被浪费掉了。

但是从另一个角度来看，这说明了可以做出改变的空间还很大！

管理的简单与复杂

让我们重新回到乔斯·德·布洛克那里。在2006年之前，布洛克一直担任荷兰一家大型医疗机构的董事。他提出了一个又一个关于“团队自主”和“不干涉管理”的想法，但都被其他管理人员否决了。布洛克本人没有接受过商业培训，也没有学位。他在多年前曾经学习过经济学，但是后来退学成为一名护士。

“在医疗、教育以及其他很多领域，管理者和一线工作人员之间隔着一条巨大的鸿沟。”当我到他位于阿尔梅洛的办公室里拜访时，布洛克告诉我，“经理们往往会抱团。他们设定各种各样的议程，召开各种各样的会议，并且告诉别人说他们这样做是对的。”

但事实上这样做会切断他们与现实世界的联系。“有这样一种观念，声称实干家无法进行战略性思考，”布洛克继续说道，“因为他们缺乏远见。但是在一线工作的人其实也会提出各种各样的想法。但是即便他们提出了1 000种想法，还是不会有人听到，因为经理们一直在忙着参加公司的各种会议，制订各种计划，然后展示给无暇顾及的员工看。”

布洛克对此有着完全不同的看法。在他看来，他的员工都具有很强的内在驱动力，都是知道如何完成工作的专业人士和专家。“根据我的经验，经理们往往没什么想法。他们之所以能够得到那份工作，只是因为他们适合某个系统，是因为他们能够服从命令，而不是因为他们有远见。他们学习了一些‘高效能领导力’的课程，就突然觉得自己就是那个可以改变游戏规则的人，是创新者……”

当我向布洛克指出，“医疗经理”是 1996 年至 2014 年间荷兰增长最快的一个职业群体时，他叹了一口气。[18]

“从所有这些 MBA 课程上，你能够了解到的无非是，人们坚信他们已经学会了一种重建世界秩序的便捷方法。人力资源经理、财务主管、IT 工程师等，所有人都是如此。最后，他们会开始相信他们所在组织完成的很多事情都是自己的功劳。许许多多的管理人员的想法都跟他们一样。但是你把管理这种职能岗位砍去，整个公司的运行依然会像以前那样井然有序，丝毫不会受到影响，甚至可能会变得更好。”

布洛克能够说出这样的话足以证明，他倾向于逆潮流而动。

他是一个不喜欢“管理”的管理人员，他是一个有实践经验的首席执行官。因此，随着护理成为一种产品，病人成为顾客，布洛克决定放弃他的管理工作，开始一份全新的工作。他梦想在这片巨大的官僚主义荒原上找到一片绿洲。这个绿洲的蓬勃发展依靠的不是市场的力量和增长，而是小规模的团队和信任。

博组客项目始创于恩施德，当时只是由四名护士组成的一个小团队。恩施德是荷兰东部边境地区一个拥有 15 万人口的小城市。今天，这个项目已经有 800 多支团队活跃在荷兰各地了。然而，使博组客与众不同的并不是这个组织有什么，而是这个组织没有什么。它没有经理，没有呼叫中心，也没有规划人员。它也没有目标或奖金。管理费用可以忽略不计，花在会议上的时间也少之又少。博组客也没有在荷兰首都设立一个华丽的总部，相反，它的总部坐落在偏远的阿尔梅洛一个简陋的商业园区里。

每个团队有 12 名成员，他们拥有最大的自主权。团队有自己的计划，可以决定雇用成员。与美国护理行业其他只会“照本宣科”的从业者不同，博组客的团队并不提供如代码H126（“个人护理”）、代码H127（“附加个人护理”）、代码H120（“特殊个人护理”）或代码H136（“补充远程个人护理”）等十分细化的服务项目。他们只提供一样东西，那就是关怀。在保险公司所定义的“护理产品”的详尽“保险产品手册”中，博组客现在拥有了自己的代码：R002——博组客。

这个组织有一个内部网站，成员们可以在那里共享他们的知识和经验。每个团队都有自己的培训预算，每50个团队为一个组，每组都拥有自己的教练。如果团队遇到了困难，那么教练就会提供帮助。最后，组织内还有一个负责处理所有财务事物的主办公室。

采用这种简单的架构，没有人力资源团队的博组客连续五次被评为荷兰年度最佳雇主。而且，尽管它没有人力资源部门，也没有市场营销部门，它还是获得了荷兰“护理行业最佳营销奖”等奖项。毕马威会计师事务所（KPMG）的一名顾问总结道：“它的员工和客户的满意度高得惊人，虽然费用比平均水平略低，但是他们的护理质量明显高于平均水平。”[19]

没错，对病人来说，博组客的护理质量更佳；对员工来说，博组客更人性化；对纳税人来说，博组客的价格更低。这是一个三方共赢的局面。与此同时，这个组织仍然在发展壮大。每个月都会有几十名护士离开原本的工作岗位，签约博组客。这当然不足为怪，因为博组客给了他们更多的自由和更高的报酬。最近，博组客收购了一家破产护理企业的部分股份，布洛克宣布：“我们要做的第一件事情就是提高员工的工资。”[20]

请不要误解，博组客并不是完美无瑕的。它的内部也有分歧，它也会做错事。真的，他们都是普通人。而且，如果说还有什么不好的地方的话，那就是它的组织架构（如果说它也有组织架构的话）似乎是过时的，因为布洛克的目标一直是回归荷兰20世纪80年代简单的家庭医疗服务。

布洛克在2006年开创的这项事业可谓非同一般。例如，你可以说，他的组织融合了左右两派的精华，因此能够把纳税人的钱花在刀刃上，由独立的从业者提供精准的小规模医疗服务。

布洛克这样总结他的哲学："让事情变得困难很容易，但是让它们变得容易却很难。"所有记录都清楚地表明，管理人员更喜欢复杂的工作。"因为这会使他的工作更'有成就感'，"布洛克解释道，"这会让他有机会说，'看吧，你需要我来帮你应对这种复杂性'。"

难道这也是我们所谓的"知识经济"的主要驱动力吗？"经验丰富"的管理人员和顾问总是认为把简单的事情变得越复杂越好，因此我们真的需要他们来指导我们应对所有的复杂性吗？有时我私下里认为，这不仅是华尔街银行家的收入模式，也是兜售难以理解的术语的后现代哲学家的收入模式。两者使用的伎俩，都是使简单的事情变得复杂。

布洛克却恰恰相反，他选择的是简单。尽管在各种医疗保健会议上，那些拿着高薪的所谓趋势观察家不断地在鼓吹颠覆和创新，在布洛克看来，更重要的是将那些已证明有效的东西保留下来。他断言："世界从连续性而不是从持续的变化中获益更多，现在有很多变革管理者、变革代理人等，但是当我观察社区中的实际护理工作时，我发现30年来这个工作几乎没有发生什么变化。我们需要与处于艰难困境中的那些人处理好关系，这是护理工作的常规。当然，我们可能还要学习一些新的知识和技术，但是最基本的东西并没有发生改变。"

布洛克还会告诉你，真正需要改变的是医疗体系。近几十年来，医疗保健一直是律师们的领地。"现在你们站在了对立的阵营里。一个阵营是卖方，另一个阵营是买方。就在上个星期，当我去一家医院时，他们告诉我，他们有了自己的销售团队。这太疯狂了！医院配有商业部门和采购团队，而所有的员工都没有医疗保健方面的背景。一方负责买，一方负责卖，但他们谁都不知道医疗是什么。”

与此同时，官僚机构则一直在迅猛地膨胀，因为当你把医疗保健变成一个市场时，你将会收到成堆的文件。“没有人信任其他人，所以他们要建立一切可能需要的保障措施，而各种各样的检查会导致工作量大增，”布洛克说，“保险公司的顾问和管理人员的数量在增加，而承担实际护理工作的人的数量却在减少，这简直是荒谬之极。”

对于医疗资金，布洛克提倡采取一种完全不同的方式。他说，要摒弃产品心态，重新把护理放在中心位置，大幅度削减成本。他解释道：“账单越简单，对护理的重视程度就越高。账单越复杂，就会有越多的人去寻找系统中的漏洞，会有越来越多的人将内心的天平倾向会计部门，直到由他们来界定护理的概念。”

通过与布洛克的交谈，我们很快就发现他的经验不仅适用于护理领域，也适用于其他领域，如教育、执法、政府、工业，等等。

法国汽车零部件供应商FAVI公司就是一个很好的例子。1983年，让·弗朗索瓦·佐布里斯特（Jean Francois Zobrist）被任命为该公司的新任首席执行官。当时，FAVI公司拥有严格的金字塔结构，按照极其传统的方式运行。努力工作，你会得到奖金；如果迟到，就扣你工资。

从上任第一天起，佐布里斯特就设想了一个不是由他，而是由他的员工来做决定的组织。在这个组织里，员工会觉得准时上班是他们的责任（而且你可以相信，如果他们没有准时上班，他们一定有合理的解释）。“我梦想有一个地方，”佐布里斯特后来回忆道，“每个人都能把它当成自己的家，别无他求。”[21]

他当上首席执行官后的第一个行动就是用砖头把那扇方便管理层监视整个车间的巨大窗户给堵上了。接下来，他捣毁了考勤钟，摘除了储存室的锁，取消了奖金制度。佐布里斯特将公司员工拆分成了多个由 25 到 30 人组成的“迷你工厂”，让员工自由选择自己的团队领导。他让员工自由决定自己的一切：工资、工作时间、雇用哪些应聘者以及其他事务。每个团队都直接对他们的客户负责。

佐布里斯特还决定，对于公司年龄较大的管理人员，即便退休了也不把他们替换掉。他还撤掉了人力资源部门、计划部门和营销部门。FAVI 公司由此转而采取了一种“反向委托”的工作方法。所谓反向委托是指，除非团队成员本身想要求助管理层，否则所有事情都由他们自己来负责。

这听起来像是一个挥霍无度的嬉皮士社区的公约，但实际上 FAVI 公司的生产率提高了。公司的员工人数从 100 人增加到了 500 人，并占领了变速叉市场 50% 的份额。关键部件的平均生产时间从 11 天缩短到了 1 天。当竞争对手被迫将工厂迁往人力成本更低的国家时，FAVI 公司的工厂却依然屹立在欧洲。[22]

自始至终，佐布里斯特的管理哲学都是非常简单的。如果你把员工当成有责任心和值得信赖的人来对待，他们就会成为这样的人。他甚至写了一本这方面的书——《相信所有人都是好人的公司》（*The Company that Believes People are Good*）。

自我激励

当你把怀疑换成对人性更积极的看法时，一切都会改变，像博组客和FAVI公司这样的案例就是明证。

技能和能力成为主导价值，而不再是收入或生产率。试想一下，这对其他工作和职业意味着什么。首席执行官执掌整个公司是出于对公司的忠诚，学者因对知识的渴望而挑灯夜战，老师出于对学生负责的态度而尽心教学，心理咨询师按需对病人进行治疗，银行家将从他们提供的服务中得到满足感。

当然，现在已经有许多教师、银行家、学者和管理人员是出于内心的驱动力在热情地帮助他人了。但是，他们不是因为复杂的目标、规则和程序的要求而去帮助他人的，而是在排除了这些的限制之后去帮助他人的。

美国心理学家爱德华·德西颠覆了我们对动机的看法，他认为，问题不应该再是如何激励他人，而是如何塑造一个社会，使人们能够自我激励。这个问题既不属于保守主义，也不属于进步主义。它代表了一种新的运动，一种新的现实主义。因为没有什么人能够比那些因为想做而去做的人更有力量。

第 14 章
游戏的人

不再游戏的孩子

在与布洛克交谈后的那几天里，我的脑海里不断地浮现出同一个问题：如果整个社会都建立在信任的基础上又会怎么样呢？

要实现如此巨大的 180 度大转弯，我们必须从头开始。我们不得不把信任植入孩子的内心。但是当我深入研究教育文献时，我很快就发现了一些残酷的事实。在过去的几十年里，儿童的内在动机被系统性地扼杀了。

孩子们的时间已经被大人们安排的家庭作业、体育运动、音乐、戏剧、课后辅导、考试练习等各种各样的活动填满了。而这也就意味着他们做游戏的时间大大减少了。我这里说的“游戏”，指的是广义的游戏，即自由地探索好奇心指引的任何方向。孩子应该自由地去探索、去发现、去实验、去创造，而不是按照父母或老师设定的路线去走，他们应该只基于因为自己觉得有趣而去做。

在大人的监控之下，孩子们的自由受到了严重的限制。[1] 1971 年，80% 的英国儿童都是自己步行上学的。现在，这个比例只剩下 10% 了。最近在 10 个国家的 12 000 名父母中进行的一项调查显示，连监狱里的犯人在户外活动的时间都比大多数孩子要多。[2] 密歇根大学的研究人员发现，从 1981 年到 1997 年，孩子们待在学校里的时间增加了 18%，花在家庭作业上的时间则增加了 145%。[3]

社会学家和心理学家都针对这些趋势发出了警告。美国的一项长期跟踪调查发现，儿童的“内在控制点”（internal locus of control）在不断地降低，这意味着他们越来越觉得自己的生活是由别人决定的。在美国，这种变化已经造成了令人震惊的结果：21 世纪初的孩子觉得自己“掌控”的时间平均比 20 世纪 60 年代的孩子少了 80%。[4]

虽然这些数字在荷兰并没有那么引人注目，但它们的趋势是一样的。2018 年，荷兰研究人员发现，30% 的孩子要么每个星期只出去玩一次，要么根本不出去。[5] 与此同时，经济合作与发展组织对在校学生进行的一项大型研究显示，在所有受调查的国家中，荷兰学生的学习积极性最低。考试和成绩报告单削弱了他们的内在动机，以至于在面对不用评分的作业时，他们的注意力便不复存在了。[6]

还有一个显著的变化是，父母现在必须花更多的时间和孩子待在一起。父母要和孩子一起阅读，帮助孩子完成家庭作业，开车送他们去运动场馆训练，等等。在荷兰，如今父母花在养育子女上的时间比 20 世纪 80 年代的父母多了 150%。[7] 在美国，如今的职场母亲与孩子待在一起的时间比 20 世纪 70 年代的全职妈妈还要多。[8]

为什么会变成这样呢？发生这种改变的原因是什么？看起来并不是因为父母突然获得了大量的时间。相反，自 20 世纪 80 年代以来，世界各地的父母都在更加努力地工作。也许以下才是问题的关键所在：我们对工作的执着，牺牲了其他一切。随着教育政策制定者推行各种排名和追求成绩提升，家长和学校也开始日益被考试和分数所累。

现在，孩子们被贴上各种各样的标签的年龄越来越小。即便是在孩子们还很小的时候，我们就已经在按照能力和潜质给他们分类了。家长们担忧孩子受到的挑战够不够多，担忧孩子跟不跟得上其他同龄人，没把握他们会不会被大学录取。最近一项针对一万名美国学生的调查显示，80% 的学生认为他们的父母更关心的是自己的成绩好坏，而不是有没有同情和善良等品质。[9]

与此同时，人们普遍认为许多有价值的东西正在逐渐消失，比如自主性和童心。作为孩子的父母，你可能正在被各种各样的育儿建议轰炸，它们告诉你应该如何让自己和孩子坚强起来，化解各种压力，实现目标。专家们同时还为你提供了一整套关于如何达到事半功倍的效果的教育方法。但是，如果这些方法根本不奏效，那又该怎么办呢？

为了更好地理解到底发生了什么，我们需要先对我这里所说的“游戏”给出一个明确的定义。我所指的游戏不受固定的规则和条例的约束，它是自由的、无拘无束的。它不是那种家长们站在铺着人工草皮的球场边大喊大叫的游戏，它是孩子们在没有父母监督的情况下在外面尽情玩耍，并在玩耍的过程中创造出属于自己的游戏。

当孩子们全身心地投入这种游戏时，他们就能学会独立思考。他们会变得敢于冒险，善于跳出条条框框思考，并在这个过程中锻炼自己的思维和培养内在动力。非组织性的嬉戏也是一种缓解无聊的自然疗法。如今，我们为孩子们提供了各种各样的娱乐产品，从包含详细的组装说明的乐高®星球大战雪上飞车（Star Wars Snowspeeder™），到带有电子烹饪声音的美诺豪华厨房美食系列玩具（Miele Kitchen

Gourmet Deluxe），等等。

有人也许会问，如果一切都是“预制好”的，我们还能培养出自己的好奇心和想象力吗？[10] 无聊可能是创造力的源泉。“你无法教授创造力，”心理学家彼得·格雷（Peter Gray）写道，“你所能做的只是让创造力开花结果。”[11]

生物学家则一致认为，游戏玩耍的本能深深植根于我们的天性之中。几乎所有的哺乳动物都会玩耍，许多其他动物也无法抗拒这种本能。阿拉斯加的乌鸦喜欢在白雪皑皑的屋顶上呼啸而过。[12] 在澳大利亚的一个海滩上，有人发现鳄鱼在冲浪取乐。加拿大的一些科学家观察到章鱼会向空药瓶喷射水箭“玩耍”。[13]

从表面上看，玩耍纯粹就是浪费时间。但有意思的是，最聪明的动物也会表现出玩耍的行为。在本书第 3 章中，我们已经看到了，被驯养的动物一生都在玩耍。更重要的是，没有其他物种能够像“稚人”那样享受如此长的童年。玩耍可以赋予生命以意义，荷兰历史学家约翰·赫伊津哈（Johan Huizinga）在 1938 年甚至将人类称为“Homo ludens”，即“游戏的人”。赫伊津哈说，被我们称为“文化”的一切都起源于游戏。[14]

许多人类学家怀疑，在人类历史上的大部分时间里，孩子们都是可以随心所欲地玩耍、做游戏的。尽管在狩猎采集文化中个体之间可能存在相当大的差异，但是从整体上来看，游戏文化却是非常相似的。[15] 研究人员说，最重要的是孩子们所享有的巨大自由。因为这些史前游牧者几乎从来不会觉得他们可以支配孩子的发展，所以他们允许孩子整天玩耍，从清晨到深夜。

如果孩子们从来没有上过学，那么他们又怎样才能为成年后的生活做好准备呢？答案是，在这些社会中，玩耍和学习是同一回事。蹒跚学步的孩子不需要通过考试或分数来证明他们掌握了走路或讲话。他们是自然而然地学会的，因为他们热衷于探索世界。与此类似，狩猎采集者的孩子也是通过玩耍来学习的——捕捉昆虫，制作弓箭，模仿动物的叫声，在丛林里有很多事情可以做。想要生存，他们就必须掌握大量的动植物知识。

通过一起玩耍，孩子们能学会合作。狩猎采集社会的孩子几乎总是不分年龄、性别地混在一起玩耍。这样一来，年幼的孩子可以向年长的孩子学习，年长的孩子则会觉得有责任把自己所知道的教给其他人。因此，毫不奇怪，那些有极强竞争性的比赛在这些社会中几乎是闻所未闻的。[16] 与成人之间的“锦标赛”不同，这种无结构的游戏则需要参与者不断做出妥协。如果有人不想玩了，他们就会停下来（但是每个人的乐趣都会消失）。

消失的游戏文化

当人类开始在某一个地方定居下来时，游戏文化发生了根本性的变化。

对孩子们来说，“文明”的曙光其实只是给人类戴上了单调乏味的农场劳动的枷锁。而且，“文明”还带来了一种观念，即孩子是需要养育的，就像西红柿需要种植一样。因为如果孩子生下来就是邪恶的，你就不能让他们自由发展。他们首先需要获得那种文明的外衣，而这往往需要借助于强有力的手段。不打不成器的观念是最近才出现的，是在我们的祖先发明了农业，并且定居在城市里后才出现的。[17]

随着第一批城市和国家的出现，出现了教育体系的多种雏形。教会需要虔诚的信徒，军队需要忠诚的士兵，政府需要勤劳的工人。于是三者一致认定，游戏是天敌。“我们不允许有任何玩耍的时间，”英国牧师约翰·卫斯理（John Wesley）在为自己的学校制定的规则中写道，“3 岁看大，7 岁看老，小时候爱玩的人，长大后也只知道玩。”[18]

直到 19 世纪，宗教教育才逐渐被国家教育体制所取代。但是国家教育体制的管制更严。用一位历史学家的话来说：“当时是上午 10 点 20 分，法国的教育部部长吹嘘说，他可以准确地告诉你，全法国某个阶段的学生正在学习西塞罗的不朽名篇的哪个段落。”[19] 良好的公民意识必须从小就灌输给所有的未来公民，这些公民同时也必须学会热爱自己的国家。法国、意大利和德国都能在地图上找到，现在是培养法国人、意大利人、德国人的时候了。[20]

在工业革命期间，大部分制造业的脏活累活都转交给了机器去做（当然，并非所有的地方都是使用机器生产的。在孟加拉国，孩子们今天还在用脚踏式缝纫机为全球消费者生产便宜货）。这也改变了教育的目标。现在的孩子们必须学会读和写，学会设计和组织，这样他们长大后才可以自食其力。

直到 19 世纪末，孩子们才再一次拥有了更多的时间去玩耍。历史学家把这个时期称为无组织玩耍的“黄金时代”。童工被明令禁止了，父母也越来越多地把时间留给孩子自己去支配。[21] 在欧洲和北美的许多社区，甚至没有人费心去留意孩子们，他们只是整天在附近闲逛、玩乐。

然而，黄金时代是非常短暂的，因为从 20 世纪 80 年代开始，工作场所和教室里的生活都变得越来越忙碌了。个人主义和强调成就的文化获得了主导权。家庭变小了，父母开始担心他们的后代能否获得成功。

那些太爱玩的孩子现在可能会被送去看医生。近几十年来，被诊断为有行为障碍的孩子的数量呈指数级增长，其中最突出的一个例子就是多动症。我曾经听一位精神病学家说，这是唯一一种周期性的紊乱：在暑假期间看起来什么事都没有，但是一等到学校开学，许多孩子就又犯病了，不得不服用利他林（Ritalin，又称哌甲酯）等药物进行治疗。[22]

诚然，今天我们对孩子的要求比 100 年前宽松多了，学校也不再如 19 世纪那样看起来像座监狱。行为不端的孩子不会挨巴掌了，却会被喂药丸。学校也不再一味强行灌输了，而是讲授比以往更加多样化的课程，将尽可能多的知识传授给学生，以便让他们能够在“知识经济”时代找到高薪工作。

教育已经成为一种可以忍受的东西。新一代正在成长，他们正在内化我们这个以成就为基础的社会的规则。这一代人正在学习参与激烈的竞争，而在这个竞争环境中，成功的主要衡量标准是你的简历和薪水。这一代人更少倾向于跳出条条框框去体验非常规的生活，更少倾向于去追求梦想、去冒险、去幻想、去探索。简而言之，这一代人忘记了如何玩耍。

“垃圾”游乐场

那么，还有别的出路吗？

我们能回到一个允许人们拥有更多空间让我们尽情发挥创造力的社会吗？

我们能设计并建成不会限制孩子的游戏天性，能够满足他们自由玩耍的需求的操场和学校吗？

答案是，肯定可以，肯定可以，肯定可以。

卡尔·西奥多·索伦森（Carl Theodor Sørensen）是丹麦的一位景观设计师。在他意识到自己以往的设计会让孩子感到多无聊、多没意思之前，他和他的团队已经设计了相当多的操场。沙箱、滑梯、秋千……这些普通的操场设施往往只是官僚们的一厢情愿，却是孩子们的噩梦。索伦森想，难怪孩子们宁愿去废品回收站和建筑工地里玩。

这种思考启发他设计了一个在当时来说焕然一新的东西：一个没有规则或安全条例的操场，一个完全由孩子们自己掌控的地方。

1943 年，在德国占领期间，索伦森在哥本哈根郊外的埃姆德鲁普检验了他的想法。他在一块面积达 6 900 平方米的空地上堆满了破旧的汽车、木柴和旧轮胎。孩子们可以用锤子、凿子和螺丝刀砸、敲、修理这些东西。他们可以爬树、生火、挖坑、建造小屋。或者，正如索伦森后来所说的，他们可以“做梦和想象，并且可以将梦想和想象变成现实”。[23]

索伦森的“垃圾操场”取得了巨大的成功，平均每天都能吸引两三百个孩子来埃姆德鲁普玩。甚至许多向来被视为“捣乱鬼”的孩子，一来到这个操场上，也几乎立刻就被吸引了。以前那种“无聊的操场上的吵闹声、尖叫声和打斗现象都不复存在了，因为可以玩耍的角落太多了，孩子们根本无暇打斗”。[24]操场雇用了一位“游戏指导”来守护整个场地，但是他大部分时间都可以置身事外。“我不能，也确实不会教孩子们任何东西。”担任第一位游戏指导的约翰·伯特尔森（John Bertelsen）这样说。[25]

第二次世界大战结束几个月后，一位英国景观设计师参观了埃姆德鲁普，她就是赫特伍德的艾伦夫人。她被那里的一切“完全迷住了”。[26]

在接下来的几年里，艾伦夫人利用自己的影响力大力宣传和推广这种“垃圾”游乐场，她还喊出了“宁可骨头折断，不可精神消沉”（Better a broken bone than a broken spirit）的口号。[27]

不久之后，从伦敦到利物浦，从考文垂到利兹，全英国在第二次世界大战中因轰炸而变成废墟的场所向孩子们全面开放。于是，在这些不久前还回响着德国轰炸机的轰鸣，象征着死亡和毁灭的地方，响起了此起彼伏的欢笑声。“新操场”由此成为英国重建的象征，并再次证明了英国人的坚强韧性。

诚然，并不是每个人都热情高涨。成年人对这类游乐场所一直持有两种反对意见。第一种反对意见是，它们丑陋不堪。它们成了许多人的“眼中钉”。父母们在那里看到的只有混乱，而孩子们看到的却是无限的可能性。成年人无法忍受肮脏的东西，孩子们不能忍受无聊。

第二种反对意见是，垃圾操场非常危险。护子心切的父母担心，这类游乐场可能会导致孩子骨折，甚至可能会给孩子造成大脑损伤。但是运营整整一年之后，这里发生的最严重的事故只需要一个创可贴就可以解决。这给一家英国保险公司留下了非常深刻的印象，于是它开始向垃圾游乐场提供保费比标准游乐场更低的保险服务。[28]

即便如此，到了20世纪80年代，这类垃圾游乐场的经营还是开始变得举步维艰。随着安全法规的完善和增加，制造商意识到他们可以通过销售自称的“安全”设备大大赚上一笔。结果呢？与40年前相比，今天的埃姆德鲁普式游乐场少了很多。

然而，最近一段时间以来，人们对索伦森的“旧”观念的兴趣又开始复苏了。理当如此！现在科学已经提供了大量的证据，证明没有正式组织的、有一定风险的游戏对孩子的身心健康都有非常大的好处。[29] “所有的事情都帮助我意识到，”索伦森在晚年得出结论说，“垃圾游乐场虽然看上去是最丑陋的，对我来说却是最好、最美丽的。”[30]

归来吧，久违的“游戏的人”时代

那么，我们是否可以更进一步呢？

如果孩子们能在户外获得更大的自由，那么在室内呢？许多学校仍然像头顶着荣耀光环的工厂那样运行着，围绕着铃声、时间表和考试来组织一切。但是，既然孩子们可以通过玩耍来学习，那么为什么不采用某种与之相匹配的教育模式呢？这是几年前一位艺术家兼一所学校的校长斯耶夫·德鲁蒙（Sjef Drummen）想到的问题。

德鲁蒙是那种永远保持一颗“游戏之心”的人，他厌恶规则和权威。当他来火车站接我时，他明目张胆地把车停在了自行车道上。那一天，我变成了他的忠实听众，在接下来的几个小时里，他滔滔不绝地说个不停。我只是不时地提出一个个问题。他经常咧着嘴笑，还大方地承认，因为极力推行自己的观点，他早就变得“臭名昭著”了。

但是，并不是因为德鲁蒙的口才好，我才决定坐上前往荷兰南部城市罗蒙德的火车去见他的。我去那儿是因为他的学校发生了一些极不寻常的事情。

请你先试着想象一所没有教室的学校，那里没有家庭作业，没有成绩，没有副校长，也没有各类中层领导等行政等级，只有独立自主的教师团队（或者用他们的话来说是“教练”）。实际上，这所学校是由学生自己负责的。在这里，校长经常会被赶出办公室，因为孩子们需要借办公室来开会。

这并不是一所只招收精英学生的私立学校，也不适合那些父母整天紧张得要命的所谓优等生。这所学校招收各种背景的孩子。至于学校的名字，它叫阿戈拉（Agora）。

一切开始于2014年，当时学校决定拆除所有的隔离墙。德鲁蒙说："把孩子关在笼子里，他们的行为就会像老鼠一样。"接下来，各个年龄阶段的孩子都被"扔"到了一起，"因为那才是真实世界的样子"。然后，学校要求每个学生都必须制订一个完全属于他自己的个人计划。"如果你的学校有1 000名学生，那么你就有1 000种学习途径。"

结果呢？

一走进这个学校，我首先联想到的是一个垃圾操场。我看到的不是一排排面对着黑板的座位，而是五颜六色、杂乱无章的临时桌子，一个水族馆，一个图坦卡蒙陵墓的复制品，数根希腊式的圆柱，一张双层床，一条中国龙，以及一辆1969年款的天蓝色凯迪拉克的前半部分。

布伦特是阿戈拉的一名学生。他17岁了，几年前他还在一所双语大学的预科学校上学。在那里，除了法语和德语之外（他这两门功课都不及格），他的其他各科成绩都很好。由于荷兰教育实行"三轨制"，布伦特被转到了普通中等教育学校，然而，他还是落后于其他同龄人，于是又被转到了职业学校。"当他们告诉我必须转学时，我愤怒地跑回了家。我告诉我妈妈说我干脆去麦当劳打工好了。"

多亏了一个朋友的朋友的介绍，布伦特最终来到了阿戈拉。在这里，他可以自由自在地学习他想学的一切。现在，他对原子弹了如指掌，正在起草他的第一份商业计划书，而且还能用德语进行交谈。最近，他还被蒙德拉贡大学（Mondragon University）在上海举办的一个国际项目录取了。

布伦特的教练罗布·胡本（Rob Houben）告诉我，布伦特在收到录取通知后觉得挺矛盾的："他告诉我，'我仍然有很多东西想要回馈给这所学校，感谢它为我所做的一切'。"

或者，我们也可以看看发生在14岁的安杰莉克身上的故事。当她读小学时，学校就决定要送她去接受职业教育了。但是，我眼中的她非常善于分析问题。出于某种原因，她对韩国很着迷，并决定未来研究韩国。现在，通过自学，她已经相当熟练地掌握了韩语。安杰莉克是一个素食主义者，她甚至还写了一整本书来抨击食肉者。她的教练罗布说，"与她辩论，我总是输"。

这所学校的每个学生都有自己的故事。拉斐尔也是14岁，他是一名程序员。他向我展示了他在荷兰开放大学网站上发现的一个安全漏洞。他通知了网络管理员，但是这个漏洞至今仍然没有修复。拉斐尔笑着告诉我，"如果我想引起他的注意，我可以修改他的个人密码"。

当他给我看他曾经为之做过前端工作的一家公司的网站时，我问他是否应该向他们收费。拉斐尔奇怪地看了我一眼："什么，我可不想失去前进的动力。"

这些孩子给我留下印象最深的，除了他们的使命感之外，还有他们的共同体意识。

与我交谈过的这几个学生，如果进入了我从前待过的学校，很可能都会遭到无情的捉弄。但是在阿戈拉，没有人会被欺负，和我交谈过的每个人都这么说。"我们互相帮助。"14岁的米露如是说。

恃强凌弱通常被认为是人类天性中的一种怪癖，也是一个孩子不可避免的一部分经历。但是社会学家说，事实并非如此，他们多年来对霸凌行为普遍存在的那些场所进行了广泛的研究。他们称这些地方为全能型机构（total institutions）。[31] 大约50年前，社会学家欧文·戈夫曼（Erving Goffmann）是这样描述这种机构的：

- 每个人都生活在同一个地方，受同一个权威的制约。
- 所有的活动都是一起进行的，每个人做的都是同样的任务。
- 活动是经过严格安排的，常常是一个小时接一个小时不间断进行的。
- 有一个受权威强制施行的明确的、正式的规则系统。

当然，恃强凌弱的终极例子是监狱，那里的人会做出各种欺凌行径。其他地方也会出现这种全控型机构的阴影，比如养老院。当许多老年人被长时间“关”在一起的情况下，他们之间也可能会发展出等级制度。在这种制度下，玩宾果游戏的时候，最大的恶棍会占据最好的座位和桌子。[32] 有一位研究霸凌问题的美国专家，甚至将宾果游戏称为“魔鬼的游戏”。[33]

到目前为止，霸凌行为在典型的英式寄宿学校（威廉·戈尔丁的《蝇王》一书的灵感来源）最为普遍。[34] 这也难怪，因为这些学校简直就像监狱。学生不能离开，必须在严格的等级体系中占据一个位置，而且学生和教员之间泾渭分明。这些竞争激烈的教育机构，也是英国上层社会必不可少的一个重要组成部分——大多数伦敦政客都上过寄宿学校，但是根据教育科学家的说法，它们严重阻碍了人类爱玩的天性的发展。[35]

好消息是，事情还有转机。在像阿戈拉这样的非结构化的学校里，几乎不存在恃强凌弱的现象。在这里，学生可以在任何需要的时候放松自己，大门总是开着的。更重要的是，这儿的每个人都是与众不同的。有差异是正常的，因为所有不同年龄、能力和水平的孩子都混杂在了一起。

“在我以前的学校，”布伦特说，“没有人跟将来要接受职业教育的同学说话。”15岁的乔普告诉我，诺亚（15岁，原本已经被安排参加一个职业教育项目）有一次给他们上了一堂课，内容是关于他们极度缺乏的一项技能的：计划。“诺亚已经计划好了接下来一年半的生活，”乔普解释道，“我们从他那里学到了很多东西。”

我在阿戈拉待得越久，就越觉得按年龄和能力来“限制”孩子实在是一个极其疯狂的想法。多年来，专家们一直在警告，受过良好教育的人与受教育程度较低的人之间的差距在日益扩大，但是这种差距真的源于受教育程度的差别吗？它实际上是从哪里出现的呢？14岁的朱莉说：“我看不出有什么区别。依我看，许多职业学校的学生说的话，比所谓的优等生更有道理。”

或者，拿一般学校的另一种通常的做法来说，它们会把一天分成若干个时间段，每个时间段分别讲授一门学科。“只有在学校里，世界才会被划分成不同的学科模块，”教练罗布说，“这种事情在其他任何地方都不会发生。”在大多数学校，当学生刚刚开始找到感觉时，下一节课的铃声就会响起，还有比这更妨碍学生学习的学校制度吗？

当然，我们也不能夸大阿戈拉的自由放任哲学，这一点很重要，不然你就会产生误解。作为一个学校，阿戈拉非常提倡自由，但是它绝不等同于对一切都撒手不管。学校里有一个很小但很重要的核心架构。每天早上，都会有一个学生来宣布一天的学习何时开始，同时每天都有一个小时的“安静”时间，每个学生每星期至少要和自己的教练见一次面。此外，孩子们都知道，学校对他们的期望很高，他们会和教练一起制定个人目标。

这些教练是必不可少的。他们起到了培育、挑战、鼓励、引导的作用。坦率地说，他们的工作比一般教师的工作更艰难。首先，他们要抛弃许多作为传统学校的教师时曾接受过的训练。“大多数孩子想学的东西，你无法教授给他们。”罗伯解释道。例如，他不会说韩语，对计算机编程一窍不通，尽管如此他还是帮助安杰莉克和拉斐尔走上了各自的道路。

当然，最大的问题是，这种模式对大多数孩子而言都可行吗？

鉴于阿戈拉的学生令人难以置信的多样性，我有充分的理由相信这一点。[36]孩子们说他们确实需要花一些时间来适应，但最重要的是，他们都已经学会了朝向自己的好奇心所指的方向而行。德鲁蒙把通常学校的学生比作密集式饲养场里被关在笼子里的鸡：“几年前，我从一个农民那里买了一些鸡。当我把它们放出来，任它们在院子里走动时，它们却只会呆呆地站在那里，几个小时都一动不动。它们花了整整一个星期的时间才鼓起勇气开始走动。”

现在，我要给你报告坏消息了。任何激进的革新都会不可避免地与旧体制发生冲突。

事实上，阿戈拉是在为一个与当前的社会截然不同的社会培养和教育孩子的。阿戈拉希望给学生们最大的空间，让他们成为自主的、有创造力的、积极参与的公民。但是如果阿戈拉不符合标准规范，学校将无法通过审查，并失去政府的资助。审查和资助是一种过时的机制，这种机制不断地打击着像阿戈拉这样的机构的积极性。

也许我们应该问一个更大的问题：教育的目的是什么？有没有可能我们已经被优异的成绩和极高的工资迷惑了心智？

2018年，两名荷兰经济学家对37个国家的20万名工人进行了一项大规模调查。结果发现，足足有25%的受访者怀疑自己的工作的重要性。[37] 这些人是谁？他们当然不是清洁工、护士或警察。数据表明，大多数认为自己从事着“毫无意义的工作”的人，都集中在了私营企业或机构，比如银行、律师事务所和广告公司。以我们很多人推崇的“知识经济”的标准来衡量，获得这些工作岗位的人无疑是成功的。他们在学校时获得了全A的成绩，在领英网上有出色的个人履历，拿着丰厚的薪水。然而，根据他们自己的认知，他们所做的工作对社会毫无用处。

那么，是这个世界疯了吗？我们花费数十亿美元帮助最优秀的人才攀登职业阶梯，但在到达顶端后，他们却不知道这一切都是为了什么。与此同时，政客们仍然大力鼓吹在世界国家排名中占据更高位置的必要性，告诉我们需要接受更多的教育，挣更多的钱，给经济带来更多的“增长”。[38]

这些学位到底代表了什么呢？它们是创造力和想象力的证明，还是呆呆地坐着点头附和这种能力的证明呢？就像哲学家伊凡·伊里奇（Ivan Illich）在几十年前说的那样：“学校是一家广告公司，它让你相信，这个社会就是你需要的社会。”[39]

阿戈拉学校有力地证明了，还存在一种完全不一样的方式。而且，它只是一大批正在努力绘制“另类”教育路线图的学校中的一所。这已经构成了一种社会运动。人们可能会嘲笑他们的教育方式，但是有足够的证据表明，这种方式是有效的。例如，英格兰萨福克郡的夏山学校（Summerhill School）自1921年以来一直在证明，我们完全可以赋予孩子更大的自由。马萨诸塞州的萨德伯里山谷学校（Sudbury Valley School）也是如此，自20世纪60年代以来，成千上万的孩子在这里度过了他们的青春时光，并在毕业后继续过着异常充实的生活。[40]

问题并不在于孩子能不能掌控自由，而在于我们有勇气给孩子充分的自由吗？

这是一个非常紧急的问题。“玩耍的对立面不是工作，”心理学家布莱恩·萨顿－史密斯（Brian Sutton-Smith）曾经说过，“玩耍的对立面是抑郁。”[41]现如今，许多人的工作方式——没有自由，没有娱乐，没有内在的动力，助长了抑郁症的流行。根据世界卫生组织的调查，抑郁症现在已经成了全球头号疾病。[42]我们最大的不足不在于银行账户或预算表上的数字，而在于我们的内心。我们的内心深处缺少一种能够使我们的生命有意义的东西。我们缺乏的是玩耍。

阿戈拉让我看到了一线希望。后来，当德鲁蒙开车把我送到火车站时，他又对我笑了笑:“我想，我今天说得你耳朵都起茧了吧。”是的，确实如此。但是我不得不承认，只要在他的学校里待上一段时间，你肯定就会觉得许多你原本相信的东西开始土崩瓦解了。

现在我明白了，这其实只是一个回到起点的旅程。阿戈拉与狩猎采集社会有着相同的教学理念。对孩子而言最好的学习方式是让他们在教练和游戏指导者的支持下，在一个有着不同年龄和能力的成员的社区里自主学习。[43]德鲁蒙称之为“教育0.0”。归来吧，久违的“游戏人”时代！

第 15 章
民主的样子

真正的民主

这是一个不太可能发生革命的地方。托雷斯，一个位于委内瑞拉西部的自治城市，人口不到 20 万，几百年来一直处于少数精英分子的统治之下。[1] 然而，正是托雷斯的普通公民找到了我们这个时代面临的一些最紧迫的问题的答案。

我们如何才能恢复人们对政治的信任？我们怎样才能遏止社会上的犬儒主义浪潮？我们如何才能拯救当前的民主？

西方的民主政体正遭受至少六种瘟疫的折磨：政党的腐败、公民间的不信任、少数族群遭到排挤、选民失去兴趣、政客的腐败、富人逃避纳税。越来越多的人认识到，现代民主制度充满了不平等。

托雷斯找到了解决所有这些问题的方法。经过 25 年的不断尝试和改进，托雷斯最后提供的解决方案简单得令人难以置信。尽管这种解决方案正在被世界各地广泛采用，但是相关的新闻报道却很少。这或许是因为，像博组客和阿戈拉一样，这是一个建立在完全不同的人性观上的新现实主义的方案。它从来不把人视为自高自大、沾沾自喜之辈，也不会把他们视为性格暴躁、头脑简单的选民，相反，它会问：如果每个人的内心都有一个建设性的、有良知的公民，又会怎么样呢？

换句话说，如果真正的民主是可行的呢，那又会如何？

托雷斯市的故事开始于 2004 年 10 月 31 日。那天是选举日，两名对立阵营的候选人正在竞选委内瑞拉这个自治市的市长，分别是现任市长哈维尔·奥罗佩萨（Javier Oropeza），他是一个非常富有的地主，拥有商业媒体的支持；以及沃尔特·卡提维里（Walter Cattivelli），他得到了当时的总统乌戈·查韦斯（Hugo Chavez）背后强大的政党的支持。

表面上看，选民们没有太多的选择。无论是奥罗佩萨还是卡提维里当选，都意味着腐败的当权派将继续掌控局面。毫无疑问，当时没有任何迹象表明托雷斯将会重塑民主的未来。

但是实际上，这场选举中还有另外一位候选人，尽管当时看起来他似乎不值一提。这个人就是胡里奥·查韦斯（Julio Chávez，他与总统乌戈·查韦斯没有任何亲戚关系），他是一个边缘化的“煽动者”，他的支持者仅包括少数学生、合作社成员和工会活动人士。他的政治纲领可以用一句话来概括，而且在传统政客看来简直可笑透顶。胡里奥称，如果他当选为市长，他将把权力移交给托雷斯市市民。

对手根本没把他当回事，也没有人认为他有机会当选。但是很多时候，伟大的革命往往发端于你最意想不到的地方。10 月的那个星期天，在这场三人角逐中，查韦斯获得了 35.6% 的选票，以微弱的优势当选为托雷斯市市长。[2]

他遵守了诺言。

当地的革命开始于数百次集会。集会欢迎所有的市民参加，这些集会没有局限于仅讨论问题，而是要真正地做出决定。市政投资预算的百分之百，大约 700 万美元，都由市民们在集会上决定如何使用。

新任市长宣布，实现真正的民主的时候到了，密不通风的会议室、温热的咖啡、不灭的灯光以及公开的账本成了市政府的新特征。政府不再被玩弄于公务员和职业政客的股掌之中，而是真正属于托雷斯市全体市民。

老派精英们惊恐地看着腐败的旧体制轰然倒塌。“（他们）说这是无政府主义，”胡里奥（每个人都可以直呼这位市长的名字）在接受一位美国社会学家的采访时回忆道，“他们说我疯了，居然放弃了权力。”[3]

托雷斯市所在的劳拉州的州长，因他支持的傀儡奥罗佩萨惨败于胡里奥这匹黑马之手而愤怒不已。他决定切断托雷斯市的资金，并任命一个新的委员会。但他没有预料到的是，人们对这个新市长的支持不但狂热而且持久。成百上千的市民到市政厅门口游行示威，主张他们的预算不通过就不回家。

最后，人民获得了胜利。在胡里奥当选后的 10 年内，托雷斯市取得了以往需要几十年才能取得的发展成就。加利福尼亚大学的一项研究表明，在托雷斯市，腐败和裙带关系大幅减少，民众参与政治的程度达到了前所未有的高度。新的住宅和学校拔地而起，新的道路如火如荼地修建着，老旧城区也在改造中。[4]

时至今日，托雷斯拥有了世界上规模最大的参与式预算体系。在每年年初的预算编制过程中，提供信息的大约有 15 000 人，此外人们还要在全市 560 个地点举行多轮集会。托雷斯市欢迎所有市民提建议，所有市民都可以通过选举代表参与预算的编制。托雷斯市的数百万税收全都由全市人民共同决定该如何分配。

“过去，政府官员整天都待在装有空调的办公室里，在那里做出决定，”一位市民说，“他们甚至从未踏足我们的社区，那么你认为谁能够做出符合我们的需要的决定呢？是一个从未来过我们社区的官员呢，还是本来就生活在我们社区中的代表呢？”[5]

参与式民主

读到这里，你可能会想，虽然这确实算得上是一个好的案例，作为奇闻逸事听听很不错，但是一燕不成（民主之）夏啊。充其量，胡里奥只不过是在一个偏僻的地方冒着风险做了些改变而已。这怎么能称为一场革命呢？

关键也就在这里，发生在托雷斯市的这件事，只是众多例子中的一个！更宏大的故事其实早在几年前就开始了，当时巴西有一个大都市采取了一个前所未有的办法——将1/4的预算委托给民众管理。那个城市叫阿雷格里港（Porto Alegre），时间是1989年。10年之后，这个办法已经被巴西的100多个城市采纳，并开始扩散到世界各地。到了2016年，从纽约市到塞维利亚市，从汉堡市到墨西哥城，全世界已经有超过1 500个城市实施了某种形式的参与式预算制度。[6]

我们在这里讨论的其实是21世纪最大的革命，但是你可能从未听说过。原因只是这些内容还不够有趣，构不成新闻。这些公民政治家既没有好莱坞明星那样的吸引力，也没有大量金钱为竞选造势。他们不会在所谓的辩论中抛出简洁讨喜的俏皮话，而且他们对通常的民意调查一点儿都不关心。

公民政治家所做的是进行冷静和深思熟虑的对话。这种活动听起来可能枯燥乏味，但它其实是很有“魔力”的。而且，它可能是一剂良药，恰好可以用来根除疲惫老旧的民主制度的七大弊病。

1. 从避而远之到积极参与

在大多数国家，人民和政治体制之间存在着巨大的鸿沟。无论在华盛顿、首尔，还是在布鲁塞尔，所有地方都是由那些西装革履的人做出大部分决定，因此当公民普遍觉得自己被忽视了，而且完全没有人作为自身利益的代表时，他们远离政治、避而远之也就没什么好奇怪的了。

而在托雷斯市和阿雷格里港市，几乎每个人都至少与一个公民政治家相关联。由于大约有 20% 的人口参与了本市预算的编制，所以人们对公民政治家偶尔做下的错事的抱怨也较少。[7] 对事情的进展不满意时怎么办？大家一起推动它。“不是西装革履的人来这儿告诉我们该做什么，是我们自己决定该做什么，”阿雷格里港的一名参与者这样说，“我是一个谦虚的人。我从一开始就参与进来了。……（这种预算制度）可以让人们开口说话，即便是最贫穷的人也有资格。”[8]

与此同时，民众对阿雷格里港市议会的信任度也在上升。一位耶鲁大学的政治学家发现，市长也是最大的受益者之一，因为事实证明，赋予公民权利的市长更有可能连任。[9]

2. 从两极分化到信任

当阿雷格里港市启动参与式预算实验时，这个城市并不完全是一座充满信任的堡垒。事实上，很少有国家的人民是像巴西人那样彼此互不信任的。[10] 因此，大多数专家认为，这座城市出现民主之春的机会微乎其微。人们首先必须团结起来，形成各种各样的俱乐部，解决歧视问题等，才可以为民主扎根打下基础。[11]

阿雷格里港市的局面是逐步扭转过来的。直到政府发起了这场参与式预算运动，市民之间的信任感才开始慢慢地累积和恢复。然后社区团体开始成倍增长，从 1986 年的 180 个增加到了 2000 年的 600 个。很快，参与其中的公民开始以“伙伴”（companheiro）相称，这相当于同胞和兄弟。

阿雷格里港市的民众的表现很像阿戈拉创始人德鲁蒙在前文说过的“关在笼子里的鸡”。当他们第一次从笼子里出来时，他们也同样待在原地一动不动，但是他们很快就适应了。“最重要的是，”一位市民说，“越来越多的人参与了进来。那些第一次参与的人受到了热烈欢迎。你有责任不抛弃（他们），这一点是最重要的。”[12]

3. 从排斥到包容

政治辩论可能是非常复杂的，以至于人们很难跟得上辩论者的思路。而在“学历民主制”（diploma democracy）下，那些没有钱或受教育程度较低的人往往都被边缘化了。许多西方民主国家的公民最多只被赋予了可以选择谁来当代表他们自己这一方的贵族的权利。

但是，在数以百计的参与式预算实验中，传统上被剥夺了权利的那些群体恰恰是得到了最充分的代表的。自 2011 年在纽约市启动相关实验以来，这样的会议首先吸引了拉美裔和非洲裔美国人。[13] 在阿雷格里港市，30% 的参与者来自最贫穷的 20% 的人口。[14]

阿雷格里港市的一名参与者坦承：“当我第一次参加会议时，我非常不确定自己能做什么，因为那里的许多人都有大学文凭，而我们却没有……但是随着时间的推移，我们都逐渐学会了。”[15]与旧的政治体制不一样，这种新的民主制度并不是为富裕的白人预留的。相反，少数族裔和社会中较贫穷、受教育程度较低的那些群体都得到了更好的代表。

4. 从自我封闭到公民身份

从总体上看，选民往往对政客持有相当悲观的看法，反之亦然。但是托雷斯和阿雷格里港施行的民主却成了公民身份的训练项目。人们对公共事务有了发言权之后，他们对政治的看法变得更微妙了，也更容易与政治家共情了。有些人甚至变得更聪明了。

一位在加利福尼亚州瓦列霍市报道参与式预算实验的记者对人们的参与程度之高表示惊讶：“这里有这么多不同年龄和种族的人，他们本可以在家观看有当地棒球队参加的世界大赛，但他们却在这里谈论规则和投票程序。不仅如此，他们还对此满怀热情。”[16]

研究人员一次又一次地指出，只要每个人都得到了认真对待，几乎每个人都能做出有价值的贡献，与其受正规教育的程度无关。

5. 从不公开到透明

在实施参与式预算制度之前，阿雷格里港的市民如果想让政客听取自己的意见，可能要在办公室外等上好几个小时。而如果他们想办成什么事的话，就得从桌子底下递一沓现金过去，那才能有所帮助。

根据一位观察阿雷格里港多年的巴西社会学家的观察，这种参与式预算编制过程，消解了古老的行贿受贿文化。人们对城市财政有了更具体的了解，也使得政客们更难有机会收受贿赂以及获得灰色收入了。[17]

一位芝加哥居民说："我们把它（参与式预算）看作一种组织工具，它可以帮助我们更好地了解城市预算，然后我们可以就市议员负责的其他事务向他施压。"[18] 换句话说，参与式预算制度弥合了政治与人民之间的鸿沟。

6. 从自私自利到团结一致

你知道近年来出版了多少本讨论社会分裂的书吗？我们想要享受更好的医疗、接受更好的教育，我们还希望贫困现象少些再少些，但如果想要实现这些目标，就必须让大家都参与进来，共同努力，一起为此做出贡献。

虽然我说的这些听起来有些令人难以置信，但是大量研究发现，参与式预算实际上会使人们更愿意纳税。这是因为公共收入将由他们来决定分配。在阿雷格里港，市民甚至要求提高税收，而政治学家一直认为这是不可想象的。[19]

英国莱斯特东部的一名参与者兴奋地说："我从来不知道，市政税收有这么多的用途。知道它花得非常值，这种感觉太棒了。"[20] 这相当于对税收做了重新定义，使它成为人们作为一个社会成员所做出的一份贡献。许多参与过参与式预算的人都表示，这种经历让他们第一次感觉自己是一个真正的公民。正如阿雷格里港的一个市民所说，只需要一年时间，你就可以学会把眼光放到比自己所在的社区更高、更远的地方了："你必须把整座城市作为一个整体来看待。"[21]

7. 从困境到显著改善

在阿雷格里港开始它的民主冒险之旅前，这座城市已经陷入了可怕的财务困境，而且超过 33% 的人都生活在贫民窟里。

但是随后，情况快速地发生了变化，比那些没有采用参与式预算的城市快得多。[22] 能够使用自来水的人的比例从1989年的75%上升到1996年的95%，城市污水处理服务的覆盖率更是从少得可怜的48%上升到了95%。儿童的入学人数增加了3倍，修建的公路里程增长了5倍，偷税漏税现象也大幅减少。[23]

同样，因为采用了参与式预算，投入房地产等高档项目的公共资金减少了。世界银行发现，更多的资金流向了基础设施、教育和医疗领域，尤其是进入了贫困社区。[24]

2014年，一个美国研究小组发表了第一份关于参与式预算对巴西社会和经济影响的大规模研究报告。他们的结论非常明确："我们发现，参与式预算项目与卫生保健支出的增加、公民社会组织的增多和婴儿死亡率的降低密切相关。如果参与式预算项目在更长的时间范围内保持不变，这种联系还会显著增强。"[25]

20世纪90年代中期，英国第四频道推出了一个名为《人民议会》（*The People's Parliament*）的新电视节目。该节目随机邀请了数百名来自各行各业的英国人，让他们就毒品、军火交易和青少年犯罪等有争议的问题进行面对面交流。在每一集的结尾，他们必须达成一致意见。

据《经济学人》报道："许多观众认为，这个节目的辩论质量要比下议院的更高。与后者最大的不同在于，很显然前者中辩手会倾听同伴的意见。"[26] 那么，第四频道接下来又做了什么呢？它砍掉了这个节目。制片人觉得这些辩论太过冷静、太过深思熟虑、太过理智了，他们更喜欢那种我们通俗意义上称之为"政治"的对抗性娱乐节目。

但是，参与式民主并不只是为电视节目而设计的实验，它是一剂消除旧式民主制度瘟疫的良方。

当然，这种形式的民主和其他形式的民主一样，也有它的缺点。对本年度投资的过度关注，可能会影响城市的长期发展前景。更重要的是，许多参与性过程非常有限。阿雷格里港的预算在2004年保守党执政时遭到了削减，现在我们还不清楚这个传统能不能在这个民主改革的发源地继续存活下去。

有的时候，参与式预算制度还被用来作为一种掩饰，这是精英们做出的一种虚假让步，他们实际上仍然在幕后操纵局面。那样的话，公民大会就只能对那些已经做出的决定起到加盖一个橡皮图章的作用。自然而然，这就会导致愤世嫉俗论的观点的流行。但是，这种情况的存在，并不能使剥夺公民直接发言权的行为合法化。对此，历史学家戴维·范·雷布鲁克（David Van Reybrouck）这样写道："把负责任的公民当作'投票婴儿'看待，他们的行为就会像婴儿一样，但是如果把他们当作成年人，他们的行为就会像成年人一样。"[27]

共享

在读四年级的时候，我的老师阿诺德（Arnold）先生给我们讲授了关于共产主义的知识。在共产主义社会，人们"各尽所能，按需分配"。或者，像我多年后在《牛津英语词典》中看到的那样：共产主义是"这样一种社会组织理论或体系，所有财产归全社会所有，每个人根据自身的能力和需要做出贡献并得到报酬"。[28]

事实上，我们每天都在实践着共产主义。即便经过了几十年的私有化，经济系统的大部分仍然在按照共产主义模式运行。只不过因为它太正常、太明显，以至于我们都视而不见。

我只需要举一个简单的例子就足够了。你坐在餐桌前，拿不到盐。

你只需要说一声，“请把盐递给我”或其他类似的话，马上就会有人把盐（不计报酬地）递给你。人类对这种被人类学家称为“日常共产主义”（everyday communism）的东西其实是非常着迷的，我们每天都在共享着公园、广场、音乐、故事、海滩、床，等等。[29]

也许，这种慷慨大方的最佳案例是家庭。全世界数十亿个家庭其实都是按照共产主义的原则组织起来的：父母与孩子分享他们的财产，并尽其所能地无私奉献着。这也是“经济学”一词最初的起源，它来源于希腊语 oikonomíā，意思是“家庭的管理”或“家政学”。

在工作场所中，我们也经常表现出共产主义倾向。例如，在写作这本书的过程中，数十位同事对我的书稿提出了批评和建议，令我受益匪浅，但是他们并没有向我索取过哪怕一分钱。企业也是这种“内部共产主义”的践行者，原因很简单，因为它非常高效。

但是对于陌生人呢？毕竟，我们不会与每个人分享每一件东西。但试想一下，你会经常向问路的人收取费用吗？你会为别人开门，或者你会允许别人与你共用一把伞吗？这些都不是以物易物的交易，你这样做是因为这是一件会受到鼓励的好事，也因为你相信其他陌生人也会为你做同样的事。

我们的生活中充满了类似这样的共产主义行为。从词源上看，“共产主义”一词来源于拉丁语 communis，意思是“公共的”。你可以把共产主义视为其他一切事物的基石，包括市场、国家、官僚主义。这可能有助于解释在自然灾害发生之后出现的合作与利他行为的激增。灾难来临时，我们良善的本性会被激发出来。

当然，我们不能总是将“各尽所能，按需分配”的共产主义理想付诸实施，正如不是每件事都可以用金钱来衡量一样。然而，当把镜头拉远，你就会意识到，在日常生活中，我们与他人分享的其实要比自己保留下来的还要多。

这种“公共基础”是资本主义的一个重要支柱。试想一想，有多少公司完全依赖于客户的慷慨大方。如果没有数百万用户免费分享图片和视频，Facebook 的价值就会大打折扣。至于爱彼迎，如果没有旅行者发布的无数条免费评论，它也存活不了多久。

那么，我们为什么会对自己早已在践行的共产主义原则视而不见呢？或许是因为我们分享的东西看起来并没有多么了不起。我们认为分享它们是理所当然的事。没有人需要印刷传单向人们解释，在中央公园散步是很好的习惯。你呼吸清新空气时也不需要公共服务机构专门发公告来给你做出指示。你也不认为那些空气，或者能够让你放松心情的海滩，你所讲述的童话故事，是属于某个人的私有财产。

只有当有人决定出租空气、侵占海滩，或者要求占有童话故事的版权时，你才会注意到这些。你才会想到，这些难道不是属于所有人的吗？

我们共享的东西又被称为公地。公地可以包括任何东西，从社区花园到网站，从语言到湖泊，只要它满足由某个共同体共享和民主管理的条件。一些公地是大自然给人类的馈赠的一部分，比如可饮用的水；另一些公地则是人类自身的发明，比如维基百科。

数千年来，公地几乎构成了地球上的一切。我们的狩猎采集者祖先几乎没有过私有财产的概念，当然也没有国家的概念。狩猎采集者将自然视为满足全人类需求的“给予之地”，他们也从未想过要为一项发明或一首曲子申请专利。正如我们在本书第 3 章中看到的，“稚人”的成功要归功于我们是优秀的“剽窃者”。

只是在过去的一万年里，公地才不断地被市场和国家所吞噬。这种情况开始于第一批部落首领和国王的出现，他们宣称曾经属于每个人的土地归他们所有。今天的跨国公司占用了各种公共资源，从水资源到可以救命的药物，从新的科学知识到大家耳熟能详的歌曲。比如19世纪的热门歌曲《生日快乐》，华纳音乐集团一直拥有它的版权直到2015年，因此获得了数千万美元的版税。

以广告业的兴起为例，世界各地的城市中心到处张贴着难看的广告。如果有人在你的房子里乱涂乱画，我们称其为蓄意破坏。但是如果你从事广告业，你就可以在公共场所“乱涂乱画”，而且经济学家还会视之为“增长”。

随着美国生物学家加勒特·哈丁（Garrett Hardin）在《科学》杂志上发表的一篇文章，“公地”这个概念开始流行起来。那是在1968年，一个革命的年代。世界各地数以百万计的示威者走上街头抗议，高喊“行现实主义之事，求理想主义之果”（Be realistic，Demand the impossible）。

但加勒特·哈丁是一个保守派，他并不在示威者之列。他那篇6页的文章猛烈地抨击了“嬉皮理想主义”（hippie idealism），标题是《公地悲剧》（*Tragedy of the Commons*）。

“试着想象一个对所有牧民开放的牧场，”哈丁写道，“可以预料到，每个牧民都会尽量在公地上养更多的牛。”在个人层面上合乎理性的做法会导致集体灾难，过度放牧只会留下贫瘠的荒地。哈丁使用的是古希腊语境中的“tragedy”（悲剧）一词，指的是令人遗憾但不可避免的事件。“公地的自由使用，”他说，“给所有人带来了不好的结果。”[30]

哈丁在得出冷酷的结论时从未犹豫。对于各国是否应该向埃塞俄比亚提供粮食援助这个问题，他的回答是，想都不要去想。更多的食物意味着更多的孩子，也意味着更多的饥荒。[31] 和复活节岛的悲观主义者一样，他认为人口过剩会造成最终的悲剧，而限制生育权则是唯一的解决之道。虽然不适用于他自己，哈丁有四个孩子。

哈丁这篇论文的影响怎么夸大都不过分。一经问世，它就迅速成了科学期刊所发表的论文中转载次数最多的一篇，世界各地的人都拜读过它。[32]"（它）应该成为所有学生的必读文献，"一位美国生物学家在20世纪80年代宣称，"而且，如果可以由我来决定的话，它也应该成为全人类的必读篇目。"[33]

事实证明，"公地悲剧"理论实际上构成了对市场和国家发展的强有力的支持。既然公共财产注定要悲剧性地走向失败，我们要么需要国家这只看得见的手来做一些有益的工作，要么需要市场这只看不见的手来拯救我们。在很长时间内，这两种风格——克里姆林宫式的或者华尔街式的，似乎就是人类仅有的选择了。然后，到了1989年，柏林墙轰然倒塌，于是只剩下一个选择了，我们都变成了"经济人"（Homo economicus）。

解救公地悲剧

不过，我得说句公道话，至少有一个人从未被哈丁的观点说服过。

这个人就是埃莉诺·奥斯特罗姆（Elinor Ostrom），她是一位雄心勃勃的政治经济学家和研究员，尽管在她学术生涯的大部分时间里，当时的大学并不欢迎女性。与哈丁不同，奥斯特罗姆对理论模型并不感兴趣，她只想知道真实世界里的人是如何行事的。

没过多久，她就意识到哈丁的论文忽略了一个关键的细节——人类会说话。农民、渔夫和牧民完全有能力达成协议，防止土地变成沙漠，防止湖泊被过度捕捞，防止水井变得干涸。正如复活节岛的居民团结一致一样，参与式预算的制定者们通过建设性的对话做出决策，从而使得普通人也能管理各种公共资源，而且更加成功。

奥斯特罗姆建立了一个数据库，它记录了采集自世界各地的公地的例子，从瑞士的共享牧场和日本的农田，到菲律宾的公共灌溉系统和尼泊尔的水资源储备。在上述每一个案例中，奥斯特罗姆都看到，将资源集中起来，绝对不会像哈丁所称的那样，是破解公地悲剧的良方。[34]

当然，公地可能会成为利益冲突或贪婪的牺牲品，但这绝不是不可避免的。总的来说，奥斯特罗姆和她的团队收集了5 000多个仍在运行的公地的例子。其中许多公地的历史可以追溯到几个世纪以前，比如土耳其亚兰亚地区的渔民，他们有通过抽签决定谁能获得捕鱼权的悠久传统，再如瑞士托贝尔村的农民，他们会共同协调分配稀缺的木柴。

奥斯特罗姆在她于1990年出版的开创性著作《公共事务的治理之道》（*Governing the Commons*）中，为成功的公地治理制定了一套设计原则。例如，任何一个共同体都必须拥有最低程度的自治和有效的监测系统。但是她强调，不存在保证必定能够成功的蓝图，因为公地的特征最终是由当地环境所决定的。

随着时间的推移，就连奥斯特罗姆所在的大学院系也开始变得类似于一块公地了。1973年，她和她的丈夫在印第安纳大学开办了政治理论和政策分析研讨班，吸引了世界各地的学者来研究公共事务的治理之道。这个研讨班——选择这种形式是因为大学没有规定研讨班必须采取什么形式，最终成了一个讨论和发现的场所。事实上，它在一定意义上最终发展成了一个“学术嬉皮公社”，奥斯特罗姆自己会在聚会上带头唱民歌。[35]

几年后的一天，斯德哥尔摩来电了。奥斯特罗姆获得了2009年的诺贝尔经济学奖，这是第一位获得该奖项的女性。[36]诺贝尔经济学奖颁发给奥斯特罗姆这个事件发出了一个强有力的信息。自从1989年柏林墙倒塌和2008年金融危机爆发之后，终于到了让公地，即介于国家和市场之间的另一个可选项，得到应有的关注的时刻了。

公地的未来

这也许不是什么爆炸性的新闻，但是自那以后，公地开始轰轰烈烈地卷土重来了。

这似乎是历史的重演，因为这种事情已经不是第一次发生了。在中世纪后期，欧洲就曾见证了公共精神的大爆发，历史学家蒂内·德·摩尔（Tine de Moor）将其称为一场“无声的革命”。在那个时期，从11世纪到13世纪，越来越多的牧场处于集体控制之下，同时水务委员会、行业协会和居民组织也如雨后春笋般涌现出来。[37]直到18世纪它们承受了巨大的压力之前，这些公地几百年来都一直在很好地运转着。

启蒙运动时代的经济学家认为，集体农场并不能最大限度地发挥其生产潜力，因此他们建议政府建立围栏进行圈地。这意味着将集体财产分割成小块，划归富有的地主，在他们的管理之下，农场的生产率将会得到提高。

你认为资本主义在18世纪的崛起是自然发展的结果吗？当然不是。并不是市场那只看不见的手温和地把农民从他们的农场护送到工厂的，而是国家那只无情的手用刺刀将他们赶过去的。在世界各地，这种“自由市场”都是自上而下地计划和实施的。[38]直到19世纪末，许多工会和工人合作社才开始自下而上地形成，并为20世纪的社会安全网络系统奠定了基础。

现在，同样的事情又发生了。在经历了一段时间的封闭和市场力量的统治（实际上是自上而下的国家计划）之后，社会底层正在酝酿着一场悄无声息的革命，突出表现在近年来，尤其是2008年金融危机以来，护理合作社、病假共享池和能源合作社等公地项目的激增上。

“历史告诉我们，人在本质上是一个合作的存在物，人必定是‘合作人’（homo cooperans），”历史学家蒂内·德·摩尔指出，“长期以来，我们已经建立了专注于长期合作的机构，特别是在市场加速发展和私有化之后。”[39]

那么，我们是希望共产主义更少些呢，还是希望共产主义更多些？

在我的高中经济学课上，老师教导我们说，自私是人类的天性。资本主义植根于我们的本能中。在买卖货物做交易的时候，我们总是在追求个人利益最大化。当然，我们还被告知，国家可以在我们的天性上撒下团结的微尘，但是这只能自上而下地实现，而且永远附带着较强的监管和官僚主义。

现如今，事实证明这个观点完全是在颠倒是非。团结才是人类的天性所在，而市场却是自上而下强加的。就拿近几十年来各国政府疯狂注入的千百亿美元为例，政府这样做的目标是要把医疗保健领域变成一个人造的市场。为什么要这样做呢？因为我们被教导人天生是自私的。

当然，这样说并不意味着从来没有出现过健康有效的市场。这样的市场的例子也有很多。而且，我们也不能忘记，资本主义自兴起以来在过去的200年里带来了巨大的繁荣。因此，德·摩尔提倡她所称的“制度多样性”，即承认在某些情况下市场是最有效的，而在另一些情况下国家控制比市场更有效，但是支撑这两者的必定是由团结协作的公民构成的强大的公共基础。

也正是在这个意义上说，公地的未来是不确定的。如今，公共利益正在回归，但同时也遭到了围攻。例如，跨国公司正在购买水资源的供应权，同时还在为基因申请专利，政府也正在私有化他们能够攫取的任何东西，大学则正在把他们的研究成果卖给出价最高的人。“平台资本主义”的出现，使得像爱彼迎和Facebook这样的公司能够从“合作人”的兴起和壮大中攫取利润。在通常情况下，共享经济更像是剪羊毛经济，我们都是被剪羊毛者。

就目前而言，我们仍处于一场激烈的、悬而未决的斗争中。斗争的一方是相信整个世界注定要成为一个大共同体的人。这些人是乐观主义者，也被称为后资本家。[40]斗争的另一方是悲观主义者，他们预测硅谷和华尔街将继续抢掠公地，不平等状况将持续加剧。[41]

历史将证明哪一方是正确的呢？现在还没有人知道。但是，我把赌注下在了奥斯特罗姆身上，她既不是乐观主义者，也不是悲观主义者，而是一个可能主义者。她相信还有另一条路。不是因为她赞同某种抽象的理论，而是因为她曾经亲眼所见。

一条全新的路

对于现有的资本主义模式，最有希望的一种替代模式实际上已经存在很长一段时间了。当然，你在奉行进步主义的斯堪的纳维亚国家或拉丁美洲的无政府主义的摇篮中是发现不了它的。是的，这种替代选项来自美国的一个州，你一定感到非常意外吧，在那里，“进步主义”等词汇通常是带有贬义的。这个州就是阿拉斯加。

这种想法始于共和党人兼州长杰伊·哈蒙德（Jay Hammond），他是一名冷酷无情的毛皮猎人，也曾是一名与日本人作战的战斗机飞行员。在20世纪60年代末，当人们在他的家乡发现了巨大的石油储量时，他就坚定地认为这些石油属于所有的阿拉斯加人，并提议将由此产生的利润投入一个巨大的公共储钱罐里。

这个公共储钱罐后来变成了阿拉斯加永久基金，它成立于1976年。下一个问题是如何处理这些现金。许多保守的阿拉斯加人反对把它交给州政府，因为政府只会糟蹋掉所有的钱。他们还有另一个选择。从1982年开始，阿拉斯加的每位公民的银行账户都能收到一份分红。年景好的时候，可以达到每年3 000美元。

迄今为止，这份永久基金分红（Permanent Fund Dividend，简称PFD）仍然是无条件的。这不是一种特权，而是一种权利。这使得阿拉斯加模式与旧的福利国家截然相反。在旧的福利国家中，通常情况下，你首先得证明自己病得很严重，身体有残疾，或者有其他需要帮助的地方，然后你还得提交几十份证明你确实走投无路的表格，你才能拿到一笔钱。

这种体制注定会让人感到悲伤、沮丧、无助，而无条件的分红则完全是另一回事。它能促进信任。当然，也有些人认为，他们的阿拉斯加同胞会把这些分红浪费在酒精和毒品上。但是正如我们这些新现实主义者所观察到的，事实并非如此。

大多数阿拉斯加人都把他们获得的分红投资在了教育和子女身上。两位美国经济学家的深入分析表明，阿拉斯加永久基金分红对就业没有产生任何负面影响，并且大幅减少了贫困。[42] 对北卡罗来纳州类似的现金分红的研究甚至还发现了一系列积极的“副作用”：医疗费用下降，孩子们在学校的表现更好，从而有效地收回了最初的投资成本。[43]

如果我们把阿拉斯加的“公共财产哲学”应用到更广泛的领域，又会带来什么结果？如果我们说，地下水、天然气、用纳税人的钱发明的专利等，都属于全社会，那又会怎么样呢？每当这些公共资源的一部分被占用、被污染，或二氧化碳被排放到大气中时，我们作为社会的一员，难道不应该得到补偿吗？[44]

这样的基金还可能会给所有人带来另一种更大的回报。这种属于全体公民的红利，这种以信任和归属感为前提的无条件的分红，将给予每个人做出自主选择的自由，这是为所有人提供的风险投资。

无论如何，阿拉斯加这个永久基金分红项目显然已经获得了巨大的成功。如果任何一个政客想要侵占它，就要冒着毁掉职业生涯的风险。[45] 有些人会说那是因为每个人都在为自己着想。但事实上，它之所以如此受欢迎，是因为就像阿雷格里港市和托雷斯市的真正的民主制一样，它超越了左翼和右翼、市场和国家之间旧式的对立。这是一条不同的道路，是通往一个人人都有份的新社会的道路。

对抗仇恨的最佳武器

PART
5

如果你想惩罚一个人，让他受报应，你就必须令他受苦。如果你想改造一个人，你就必须让他上进。任何人都不是因为受苦受难而变得上进的。

——乔治·萧伯纳

不久前的一个晚上，一位年轻的社会工作者胡里奥·迪亚兹（Julio Diaz）乘地铁从工作单位返回他在纽约布朗克斯区的家。就像他几乎每天都会做的那样，他提前一站下车，想去最喜欢的餐厅吃点东西。

但是当晚不同于以往。当他从空无一人的地铁站出来往餐厅走的时候，一个人从阴影里跳了出来。这是一个男孩，手持一把小刀。“我直接把钱包给了他。”胡里奥后来告诉记者。当这孩子拿了钱包正要逃走时，胡里奥做了一件谁都意想不到的事情。

“嘿，等一下，”他在这个男孩身后喊道，“如果你今天晚上还要去打劫，请穿上我的大衣暖和暖和吧。”

男孩不可置信地转身看着胡里奥：“你为什么要这么做？”

“如果你愿意为了几美元而拿你的自由去冒险，”胡里奥回答说，“那么我猜你一定是真的很需要这笔钱。我的意思是，我想做的只是吃顿饭，如果你想和我一起吃的话……嘿，我很欢迎。”

这个孩子同意了，过了一会儿，胡里奥和抢劫他的人在他最喜欢的餐厅的一张桌子旁面对面坐了下来。服务员热情地招呼着他们，经理顺道过来和他们聊了会儿天，连洗碗工都来跟他们打了个招呼。

“你认识这里的每个人，”男孩惊讶地说，“这是你自己开的餐馆吗？”

“不，”胡里奥说，“我只是经常在这里吃饭而已。”

“但是你对洗碗工都很友好。”

“难道没有人教过你要善待每个人吗？”

“教倒是有人教过的，”这个孩子说，“但是我没有想到有人真的会那样去做。”

当胡里奥和抢劫他的孩子吃完饭后，服务员拿来了账单。但是胡里奥的钱包已经不在他手中了。“看，”他对这个孩子说，“我想你得付这笔账了，因为我的钱包在你那儿。如果你把我的钱包还给我，我很乐意招待你。”

孩子把钱包还给了他。胡里奥付了账，然后给了那个孩子 20 美元。但是有一个条件——这个少年必须交出他的小刀。

当一位记者后来问胡里奥，他为什么要请劫匪共进晚餐时，他毫不犹豫地说：“如果你善待他人，你就能指望他人也善待你。在这个复杂的世界里，这是再简单不过的道理。”[1]

当我把胡里奥的善举告诉我的一个朋友时，他毫不犹豫地说：“请原谅，我吐了。”

好吧，这个故事是有点过于矫情了。这让我想起了小时候在教堂听到的那些被很多人视为“陈词滥调”的东西。就像《马太福音》第5章的“登山宝训”所说的：

> 你们听见有话说，“以眼还眼，以牙还牙”。只是我告诉你们，不要与恶人作对。若有人打你的右脸，连左脸也转过来由他打。有人想要告你，要拿你的里衣，连外衣也由他拿去。有人强逼你走一里路，你就同他走二里。

你可能会想，这些举动太像圣人了，那是耶稣啊。如果我们都是圣人的话，这样做当然没有问题。但我们都只是人，普普通通的人。而且在现实世界中，有谁会被打了右脸还送上另一边脸给别人打，这也太蠢了。难道不是吗？

直到最近，我才意识到耶稣其实只是在倡导一个相当合乎理性的原则——现代心理学家称之为非互补行为（noncomplementary behavior）。大多数时候，就像我之前提到过的，人类的行为很多时候是互相镜像的。如果有人恭维你，你也大概率会恭维回去。如果有人说了一些令人不快的话，你马上就会有反驳的冲动。在前面的章节中，我们看到了这些积极的和消极的反馈循环在学校、公司和民主国家中有多么强大。

当你得到善待时，你就很容易做出一些正确的事。这很简单，但是还不够。引用“送上另一边脸先生”的话来说：“你们若爱那爱你们的人，有什么赏赐呢？就连税吏不也是这样行吗？你们若单请你弟兄的安，比人有什么长处呢？”[2]

问题在于，我们能不能让事情更进一步？如果我们不仅善待自己的孩子、同事、邻居，而且还善待我们的敌人，又会怎么样呢？要做到这一点，肯定会困难得多，而且有可能会违背我们的天性。看看圣雄甘地和马丁·路德·金吧，他们或许是20世纪最伟大的两位英雄了。他们是掌握非互补行为原则的专家，同时他们又都是非凡的个体。

那么我们呢？你和我都能送上另一边脸吗？我们能让这种行为扩展到更大的范围中吗？即在监狱、警察局，在恐怖袭击后或者战争时期得到推行吗？

第16章
反恐中的非互补行为

挪威的哈尔登监狱

在挪威奥斯陆以南大约100千米的森林里，矗立着一座世界上最奇怪的监狱——哈尔登监狱。

在这里，你看不到任何牢房和围栏，也看不到荷枪实弹和身带手铐的狱警，你能看到的是一片种满桦树和松树的森林，还有纵横交错的人行道。环绕着它的是一堵高高的围墙，这是极少数能够提醒人们这是一座监狱的建筑之一，提醒人们来这里的人都不是自愿的。

哈尔登监狱的犯人都有自己的房间。房间里有地下供暖系统、平面电视、私人浴室。此外，监狱里还有厨房供犯人们自己做饭，他们甚至还可以使用不锈钢刀具和瓷盘。哈尔登监狱还有一间图书室、一面攀岩墙和一间满是灯饰的音乐工作室，囚犯们可以在音乐工作室里录制自己的唱片。每张专辑发行时都会贴上属于他们自己的标签——“犯罪记录”。到目前为止，已有三名囚犯参加了《挪威偶像》的比赛，

第一部监狱音乐剧也已经在筹备中了。[1]

哈尔登监狱是一类特殊监狱的一个教科书式的案例，你可以称这类监狱为“非互补型监狱”。在这里，对于在押人员的行为，工作人员不会做出对等的镜像式反应，相反，他们会“送上另一边脸”，甚至对那些重罪犯也是如此。事实上，这些狱警从来不携带武器。“我们只是和那些家伙交谈，”一名狱警说，“那就是我们的武器。”[2]

如果你认为这是挪威最宽松的监狱，那你就错了。哈尔登监狱其实是一座戒备森严的监狱。这里关押了大约200名毒品贩子、性罪犯和杀人犯，是挪威第二大监狱。

如果你想要寻找一座更宽松的监狱，可以继续向前走几千米。从哈尔登监狱出发，经过一段短短的车程就会到达巴斯托伊岛，那是一座风景如画的岛屿，岛上关押了115名重刑犯，他们的刑期都只剩下了最后几年。这里发生的一切都与英国广播公司的监狱实验类似，那个实验是一档真人秀节目，但是内容相当无聊，后来演变成了一个和平主义公社（见本书第7章）。

当我第一次看到这个岛屿的照片时，我简直不敢相信自己的眼睛。犯人和狱警居然一起做汉堡、一起游泳，懒洋洋地躺在阳光下？老实说，我很难把监狱工作人员和囚犯区分开来。巴斯托伊岛的狱警不穿制服，他们与犯人同吃同住。

在岛上，犯人们有各种各样的事情可以做。岛上有一家电影院，一张日光浴床，还有两个滑雪场。有几个囚犯还聚在一起，组建了一个乐队，名字为“巴斯托伊岛蓝调乐队”，他们还为美国得克萨斯传奇摇滚乐队ZZ Top的演唱会做了开场。岛上还有一座教堂、一家杂货店和一个图书馆。

巴斯托伊岛听起来更像是一个奢华的度假胜地，当然，犯人们并不是真的像在度假胜地那样过着悠闲懒散的生活。犯人们必须努力工作来维持这个社区的运转。他们必须自己耕地、种植、收割，自己做饭、砍柴、做木工活。所有的东西都是可循环利用的，他们食用的25%的食物都是自己种植的。一些犯人甚至乘坐由犯人自己驾驶的轮渡，从岛上往返大陆工作。

为了工作，这些人还可以使用刀、锤子和其他潜在的杀人凶器。如果需要砍树，他们还可以使用电锯。那里有一个被判死刑的杀人犯使用的凶器就是电锯。

挪威人难道迷失心智了吗？挪威人把一船一船的杀人犯送到度假胜地去，这是有多天真呀？但是，如果你问巴斯托伊岛的工作人员，他们会说，这再正常不过了。挪威有40%的狱警是女性，所有的狱警都必须完成两年的培训课程。他们受到的教导是，与其盛气凌人地羞辱犯人，不如与他们交朋友。

挪威人称这种监狱为“动态安全监狱”，以区别于老式的“静态安全监狱”——那种由有栅栏的牢房、带刺的铁丝网和监控摄像头组成的监狱。在挪威，监狱不是为了禁止不良行为，而是为了预防不良意图。狱警认为，他们有责任尽其所能让在押人员过上正常的生活。基于这个“正常原则”，墙内的生活应该尽可能地与外面的生活接轨。

令人难以置信的是，它确实有效。哈尔登监狱和巴斯托伊岛都成了宁静的社区。传统的监狱是典型的“全控型机构”，是那种霸凌者肆意横行的地方。而在挪威的监狱里，囚犯们相处得非常融洽。任何时候发生冲突，双方都必须坐下来谈清楚，不握手言和不能离开。

“这真的很简单，”巴斯托伊岛的典狱长汤姆·埃伯哈特（Tom

Eberhardt）解释道，“把人看得一文不值，他们就会一文不值，把他们当人看，他们的行为也会像人一样。”[3]

即便如此，我还是不能完全相信。理性地说，我可以理解为什么非互补型监狱有可能运行得更好。然而，从直觉上看，它似乎有点“有悖常理”。如果得知这些杀人犯其实是在一个“欢乐谷”中服刑的，受害者又会怎么想呢？

但是，当我读到汤姆·埃伯哈特的解释时，我就释然了。首先，大多数囚犯迟早都会被释放。在挪威，超过 90% 的犯人会在不到一年的时间里重返社会，所以很显然，他们将会成为某个人的邻居。[4]正如埃伯哈特对一位美国记者解释的那样：“我告诉人们，我们每年都会释放一些你们的邻居。难道你希望我把他们释放出来的时候，他们仍然像定时炸弹一样吗？”[5]

最后我想，有一件事情比什么都要重要，那就是结果。那这种类型的监狱是如何建立起来的呢？2018 年夏天，一个由挪威和美国经济学家组成的研究团队着手研究了这个问题。他们统计了累犯率，即一个人再次或多次犯罪的概率。根据这个研究团队的计算，像哈尔登和巴斯托伊岛这类监狱，犯人的累犯率比被判处社区服务或交罚款的犯人低了将近 50%。[6]

我惊呆了，低了将近 50%？这样的改变我闻所未闻。这意味着，对于定罪的每一个罪犯，他们未来平均会少犯 11 起罪行。更重要的是，这些有前科的人找到工作的可能性相比一般监狱的犯人高出 40%。那些被关进这两座监狱里的犯人，真的可以借此改变自己的人生！

挪威的罪犯拥有全世界最低的累犯率，这并不是巧合。相比之下，美国监狱系统中的罪犯的累犯率是最高的。在美国，60% 的犯人会在两年之后重新进入监狱，而挪威的比例只有 20%。[7] 如果罪犯在巴斯托伊岛服刑，那么相应的比例甚至还要更低，仅为 16%，这是全欧洲甚至全世界最好的惩教设施之一。[8]

挪威的这种方法是很好，但是，它是不是特别昂贵呢？

在发表于 2018 年的文章的结尾，经济学家计算了成本和收益。根据他们的计算，在挪威监狱服刑一次平均花费 60 151 美元，几乎是美国的两倍。然而，由于这些有前科的人的累犯率很低，他们每人也为挪威执法部门节省了 71 226 美元。同时因为他们中有更多的人找到了工作，这些人不仅不需要政府的帮助，而且还会纳税，于是平均又为这个系统节省了 67 086 美元。最后但并非最不重要的是，受害者的人数下降了，这种收益可以说是无价的。

结论是什么呢？即便是最保守的估计，挪威的监狱系统的收益也超出了成本费用的两倍以上。因此，挪威的做法绝对不是什么过于幼稚的反常案例。这是一种更美好的、更人性化的、更具性价比的监狱范例。

监狱的样子

1965 年 7 月 23 日，林登·约翰逊总统（Lyndon Johnson）组建了一个由 19 名犯罪学专家组成的委员会。他们的任务是在接下来的两年里，为美国的执法系统拟就一个全新的远景规划，涉及的范围包括从警察局到拘留所的一切。

20 世纪 60 年代是一个动荡的年代。新一代年轻人正在叩响权力的大门，犯罪率急剧上升，旧的刑事司法系统则只能跌跌撞撞地挣扎着应对。犯罪学家们知道，是时候大干一场了。在他们最终提交的报告中，提出的建议高达200多条：紧急服务需要全面改革，警察培训需要加强，全美的紧急热线网络也需要建立——“9·11”的发生就是一个见证。

但是，最激进的建议是关于未来的美国监狱的。在这一点上，委员会直言不讳地说：

> 犯人们在许多监狱中的生活，往好了说是枯燥无聊和徒劳无功的，往坏了说则是异常残酷和屈辱的。……他们（囚犯）的这种生活条件，对于他们未来重返社会来说非常糟糕，往往只能在他们身上强化一种操纵性的或破坏性的行为模式。[9]

委员会的报告说，现在是时候实施全面改革了。监狱里不应该再有栅栏、牢房和没有尽头的走廊。“从建筑风格上讲，模范监狱将会营造一个尽可能类似于普通住宅的环境，”专家们建议，“例如，房间里应该装着门，而不是围栏。犯人们可以在放松的气氛中坐在小桌子旁吃饭。监狱里应该有教室、娱乐设施、休息室，也许还应该有商店和图书馆。”[10]

一个鲜为人知的事实是，美国只差几步就建成一个类似于今天挪威的监狱系统了。这种“新一代”监狱的最早试点是在20世纪60年代末启动的。在这些设施中，在押人员有自己的房间，大门是敞开的，他们可以到一个公共区域去，在那里他们可以自由地聊天、阅读和玩游戏，只有一名手无寸铁的狱警负责看守。监狱里有柔软的地毯、有软垫的家具和真正的陶瓷马桶。[11]

瞧，那些专家说，这就是未来监狱的样子。

事后看来，潮流转变的速度之快令人震惊。1973年2月，菲利普·津巴多发表了第一篇关于他的斯坦福监狱实验的学术论文。这位心理学家从未到过真正的监狱，但是他断言，无论如何粉饰，监狱本质上都是残酷的。

这种观点受到了热烈欢迎，并且在一年后在臭名昭著的“马丁森报告”（Martinson Report）出炉之后变得流行起来。这份报告的作者罗伯特·马丁森（Robert Martinson）是纽约大学的一名社会学家，他以才华横溢但又有点疯狂的个性而闻名。他也是一个极具使命感的人。马丁森年轻时曾是一名积极的民权主义活动家，曾经被判入狱服刑39天（其中有3天是单独监禁的）。这个可怕的经历使得他相信所有的监狱都是野蛮的代名词。

在20世纪60年代末，马丁森在完成他的学业后不久，就受邀参加了一个大型项目，分析各种不同的改造策略——从上课到治疗，再到监管，以帮助罪犯尽快走上正轨。马丁森与另外两名社会学家合作，从在全世界进行的200多项研究中收集了大量数据。他们最终形成的报告长达736页，他们毫无想象力地将其命名为《矫正性惩戒的有效性：对惩戒评估研究的综述》（*The Effectiveness of Correctional Treatment: A Survey of Treatment Evaluation Studies*）。

由于像这样复杂的研究很少会有记者注意到，马丁森还特意在一本通俗杂志上发表了他们的研究结果的简短摘要。标题是《什么手段是有效的？》（*What Works?*），结论是没有任何手段是有效的。“除了少数个别的例外之外，”马丁森这样写道，“到目前为止有报道的所有改造工作对累犯都没有明显的效果。”[12] 这位坚持进步主义的社会科学家就像菲利普·津巴多一样，希望每个人都能意识到监狱是一个毫无意义的地方，应该全部关闭。

但是事实并非如此。

起初，媒体对这位魅力非凡的社会学家的了解还不多。报纸和电视节目给了马丁森一个平台，让他重复自己严厉的判词，而他的合著者则怒不可遏地站在一边。事实上，48% 的研究结果都是积极的，它们说明犯人改过自新是可能的。[13]

马丁森报告的歪曲总结为强硬派扫清了道路。持保守立场的政策制定者宣称，这证明有些人天生就是坏人，而且一直都会是坏人。改过自新这个概念违背了人性。他们断言，最好把这些坏人全都关起来，然后把钥匙扔掉。这就开启了一个惩戒措施没有最严酷只有更严酷的新时代，并终止了美国创建新型监狱的实验。

颇具讽刺意味的是，几年后，马丁森却收回了他的结论——“我的立场改变了，一些惩戒方法确实对累犯有相当大的效果”。[14] 在 1978 年的一次研讨会上，一位教授在震惊之余问他应该如何跟学生说明这种变化时，马丁森回答说：“告诉他们，我以前说的全都是废话。”[15]

然而在那个时候，几乎没有人注意到他的更正。马丁森最后写了一篇文章，承认了自己的错误，但只有一家不知名的杂志刊登了他的这篇文章。正如另一位科学家观察到的，这篇文章“可能是有关改过自新的刑事司法辩论中读者最少的文章”。[16] 马丁森的更正根本没有被报纸、广播和电视注意到。几个星期之后，当这位 52 岁的社会学家从他位于曼哈顿的公寓的 15 楼跳下去之后，他的自杀也同样没有成为新闻。

破窗理论的作用

但就在那个时候，有另一个人登上了头条新闻，他就是詹姆斯·威尔逊（James Wilson）。

有的读者可能没有听说过威尔逊的名字，但是如果我们想了解美国司法系统是如何发展到今天这个地步的，我们就无法避开这个人。在马丁森结束自己的生命几年之后，詹姆斯·威尔逊改变了美国司法体系的历史进程。

威尔逊是哈佛大学的政治学教授，他是那种对任何事情都有自己的看法的人——从生物伦理学到毒品战争，从立宪国家的未来到水肺潜水。[17] 他还喜欢和 6 米长的鲨鱼合影。[18] 但他一生中的大部分工作都是围绕着犯罪问题展开的。

如果说有什么是威尔逊极为憎恨的，那就是“送上另一边脸”理论了。他认为善待犯人的新型监狱毫无用处。他说，探索犯罪行为的“起源”是在浪费时间，所有那些喋喋不休地谈论问题青年的影响的自由派人士都没有抓住问题的关键。有些人纯粹就是渣滓，最好的办法就是把他们关起来。要么关起来，要么干脆处决，两者选其一。

“我的这番话是对我们的困惑的一种衡量，”这位哈佛大学教授写道，“这样的声明会让今天的开明读者感到残忍，甚至野蛮。”[19]

然而，对威尔逊来说，他说的这些完全是有道理可讲的。他的著作《反思犯罪》（*Thinking About Crime*）在华盛顿的掌权者中大受欢迎，包括杰拉尔德·福特（Gerald Ford）。就在该书出版那一年，福特称赞威尔逊的思想“最有趣、最有帮助”。[20] 当时主要的政府官员也全都支持他的哲学。威尔逊教授耐心地教导说，对付罪犯的最好办法就是把他们关押起来。

在读了一些关于詹姆斯·威尔逊对美国刑事司法系统的影响的文章后，我受到了很大的冲击。我想起自己以前就曾听说过他的名字。

原来，在 1982 年，威尔逊还提出过另一个革命性的理论，即后来被载入史册的“破窗理论”。我第一次接触这个理论是在我第一次读到凯瑟琳的故事的时候，那是在记者马尔科姆·格拉德威尔撰写的《引爆点》一书中。

我记得，格拉德威尔写威尔逊的那些章节很吸引人。1982年，威尔逊在《大西洋月刊》发表的一篇文章中写道：“如果一栋大楼里的一扇窗户坏了，没有人来修理，那么其他所有的窗户都很快会被打破。”[21]如果没有人干预，紧随故意破坏者而来的就是非法占用者，然后吸毒的人也可能会搬进来住，那么迟早会有人被谋杀。

“这是一个关于犯罪的‘流行病学’理论。”格拉德威尔总结说。[22]人行道上的垃圾，街上的流浪汉，墙壁上的涂鸦……这一切都是谋杀和伤害的前兆。即便仅仅只破了一扇窗，也像是在向罪犯发出信号，告诉他们可以做出更进一步的作奸犯科的行为。所以，如果想要打击严重的犯罪行为，你就必须从修补破碎的窗户开始。

起初，我并不十分明白这个道理。每天都有人被谋杀，为什么还要去担忧那些轻微的违法行为呢？格拉德威尔本人也承认这听起来“就像在泰坦尼克号撞向冰山时还要去擦洗甲板一样毫无意义”。[23]

但是，后来我读到了关于这个理论的第一批实验研究的报告。

在20世纪80年代中期，纽约市地铁上到处都是触目惊心的涂鸦。交通管理当局认为对此需要做点什么，因此他们聘请威尔逊的合著者乔治·凯林（George Kelling）为顾问。凯林建议进行一次大规模的清理。即便是只有一点点涂鸦的地铁车厢，也必须迅速洗刷干净。当时的地铁负责人说：“我们对此是非常认真的。”[24]

后来，威尔逊和凯林的破窗理论不仅被用于理解混乱无序本身，而且被用于理解引起混乱无序的人。一个允许穷人、流氓和乞丐随意游荡的城市，注定会走向更加糟糕的境地。毕竟，正如威尔逊在2011年指出的那样，“公共秩序是一个非常脆弱的东西”。[25]不过，与许多其他科学家不同的是，他不太重视去调查犯罪的结构性原因，比如贫困或歧视。相反，他强调只有一个最重要的原因，即人类的天性。

威尔逊相信，大多数人都会做简单的成本收益计算——犯罪是否值得？如果警察玩忽职守或者监狱生活太舒适，那么肯定会有更多的人选择犯罪。[26]如果犯罪率上升了，那么解决办法也同样简单明了。你可以用更强的外部手段来解决这个问题，比如更高的罚款、更长的刑期和更严厉的惩戒。一旦犯罪的“成本”上升了，犯罪的动机就会下降。

有一个人迫不及待地想要把威尔逊的理论付诸实践，这个人就是威廉·布拉顿（William Bratton）。

布拉顿是我们的故事的最后一个关键人物。1990年，他被任命为纽约市交通警察局局长。布拉顿是詹姆斯·威尔逊学说的狂热信徒。他是一个精力充沛的人，以经常送别人威尔逊在《大西洋月刊》上发表的关于破窗理论的文章的复印本而闻名。

但是布拉顿真正想做的，不只是修理窗户。他想要通过铁腕手段整肃纽约市的秩序。他选择了逃票者作为第一个打击目标。布拉顿指示，不能出示1.25美元车票的疑似地铁逃票者将会立即被交通警察逮捕，然后被戴上手铐，在地铁站的站台上排队示众，让所有人都来看看他们到底是谁。当即，被逮捕的逃票者人数增加了5倍。[27]

这还只是开始。1994年，布拉顿被提升为纽约市警察局局长，很快，所有的纽约人就都尝到了“布氏哲学”的味道。起初，他的下属们还因为各种规则和协议，做起事情来缩手缩脚，但是布拉顿决定整肃所有这些行为。结果是，任何人都可能因为最轻微的违规行为而被纽约警察逮捕，比如在公共场合喝酒、和警察开玩笑等。用布拉顿自己的话说，“哪怕你只是在街上小便，都会被关进监狱”。[28]

这个新的策略似乎奇迹般地奏效了，纽约市的犯罪率直线下降。那么谋杀率呢？从 1990 年到 2000 年下降了 63%。抢劫犯罪呢？下降了 64%。汽车盗窃呢？下降了 71%。[29] 事实似乎证明，曾经被记者们嘲笑的破窗理论，其实是一个天才的创想。

威尔逊和凯林成为全美最受尊敬的犯罪学家。布拉顿局长则登上了《时代》杂志的封面，并于 2002 年被任命为洛杉矶警察局局长，然后又于 2014 年再度被任命为纽约警察局局长。他受到了一代又一代警察的尊敬，他们都称自己为“布拉顿主义者”。[30] 威尔逊甚至认为，布拉顿推动“美国警察系统发生了有史以来最大的变化”。[31]

送上另一边脸

自《大西洋月刊》第一次刊登那篇关于破窗理论的文章以来，已经过去了将近 40 年。在那段时间里，威尔逊和凯林的哲学已经渗透到了美国的每个角落，甚至更远，涉及世界各国，远到欧洲和澳大利亚。在《引爆点》一书中，格拉德威尔声称这个理论取得了巨大的成功。在我的第一本书中，我也曾经对它满怀热情。[32]

我没有意识到的是，即使是在那个时候，相信破窗理论的犯罪学家也已经相当少了。当我在《大西洋月刊》上读到威尔逊和凯林的理论是建立在一个可疑的实验的基础上时，我心里的警钟就应该敲响了。

在这个实验中，一名研究人员把一辆车停在一个体面的社区里长达一个星期。在等待的过程中，什么也没有发生。然后，他拿着一把锤子回来了，自己动手打碎了一扇车窗。在那之后，事情就变得一发不可收拾了。几个小时之内，一些普通的路人接连毁坏了那辆车。

那么，这个研究人员是谁呢？他的名字叫菲利普·津巴多！

津巴多的汽车实验从未发表在任何科学杂志上，但它是破窗理论的灵感来源。而且，就像他的斯坦福监狱实验一样，这个理论打那时起就已经被彻底揭穿了。我们现在知道，威廉·布拉顿和景仰他的其他布拉顿主义者的创新警务，根本不是纽约市犯罪率下降的原因。犯罪率的下降在更早的时候就已经开始了，而且其他城市也是如此。比如圣地亚哥，但是当地警察根本没有去管那些小偷小摸的事。

2015年，一项对30个破窗理论研究的荟萃分析显示，没有任何证据表明布拉顿激进的警务策略对减少犯罪起到了任何作用。[33]没有作用！没有作用！！没有作用！！！社区不会因为警察滥开停车罚单而变得更加安全，就像你不可能通过擦洗甲板去拯救泰坦尼克号一样。

我的第一反应是，好吧，就算逮捕流浪汉和醉汉并不能减少严重的犯罪，但是公共秩序毕竟得到了改善，这总是一件好事，不是吗？

这就提出了一个基本问题，我们在谈论的是谁的“秩序”？因为随着纽约市的逮捕人数直线上升，关于警察不当行为的报道也随之剧增。2014年，成千上万的示威者走上纽约和其他美国城市的街头，包括波士顿、芝加哥和华盛顿。他们高喊的口号正是“破窗，破生活”。

这一点儿也不夸张。用两位知名犯罪学家的话来说就是，警察的强势执法行动引发了诸多指控：

> （警察逮捕的都是些什么人呢）……在布鲁克林公园里吃甜甜圈的女人，在因伍德公园里下国际象棋的人，在凌晨4点把脚

放在座位上的地铁乘客，在寒冷的夜晚开车去买处方药时没有系安全带的皇后区的一对老年夫妇。据报道，警察还责令这对老年夫妇中的丈夫走路回家去取证件确认身份，而他的家离药店有好几个街区远。当他再一次回到药店时，警察已经以处方瓶作为身份证明开好了罚单。这一切导致这个老人随后因心脏病发作而死。[34]

理论上听起来那么美好的事情，到头来却变成了越来越多轻率的逮捕。布拉顿局长开始沉迷于统计数据，他的下属们也是这样。那些能够拿出好看的统计数据的人都得到了快速提升，而那些“拖后腿”的人则受到了严厉的指责。最终的结果是形成了一种定额制度，在这种制度下，警察们感到压力倍增，他们必须开出尽可能多的罚单才能完成定额，并且为了开出尽可能多的罚单，他们甚至开始捏造违规行为的名目。有人站在街上聊天呢，可以逮捕他们吗？可以啊，用堵塞公共道路的罪名！那么，孩子们在地铁里跳舞呢？可以啊，用扰乱治安的罪名！

调查这类事件的记者后来发现，对于严重犯罪，警察们采取的却又是另外一套完全不同的操作方法。为了使本部门的数据看起来不那么糟糕，警察们不得不对严重的罪行在报告中轻描淡写，或者干脆就不写报告。甚至对于强奸案，他们也会对受害者进行无休无止的盘问，试图在细微的看似有矛盾的情节上驳倒受害者，以便撤销立案，这样就不用记录在数据中了。[35]

从纸面上看，一切都很美好。犯罪率直线下降，被逮捕的人数高得惊人，布拉顿局长成了纽约市的英雄。而成千上万无辜的人成了犯罪嫌疑人，真正的罪犯却逍遥法外。直到今天，全美各地的警察部门仍然坚信布拉顿的哲学，这也是科学家仍然认为美国警察的统计数据非常不可靠的原因。[36]

事实证明，基于破窗理论的警务策略也是种族主义的同义词。数据显示，因轻罪而被捕的人中只有10%是白人。[37]与此同时，有一些黑人青少年尽管从未犯过罪，但是每个月都会被警察拦下来搜身，这种情况往往会持续好几年。[38]基于破窗理论的警务策略破坏了执法部门和少数族裔之间的关系，让无数穷人承受了他们无力支付的罚款，也导致了许多致命性的后果。比如埃里克·加纳（Eric Garner），他在2014年死于因涉嫌贩卖散装香烟而被警察抓捕的过程。加纳也曾大声抗议过："每次你们一看到我，就想来找我的麻烦。我实在烦透了……求求你们别再来管我了。我上次就已经跟你们说过了，请你们别来管我了。"

但最后，警察把他按倒在地，掐住了他的脖子。加纳的临终遗言是："我无法呼吸了。"

直到现在，在我读了格拉德威尔的书多年之后，我才意识到，破窗理论是建立在一种完全不现实的人性观的基础上的。它是饰面理论的另一种变体。这种理论，使得纽约的警察对待普通人就像对待潜在的罪犯一样。它假设，即便是一次非常微小的失误，也可能会变成造成更加糟糕的局面的第一步。毕竟，我们的文明外壳是非常脆弱的。

与此同时，警察们也被管理得好像他们完全没有自己的判断力一样。他们没有任何内在的驱动力，逐渐沦为上级的机器，一切行动都只是为了让他们的部门数据在表面上看起来尽可能好看。

我这样说，是不是意味着我们不应该去修复那些真正的破窗呢？当然不是。修理窗户、装饰房屋、倾听当地人的心声无疑是一个好主意。正如井然有序的监狱会散发出信任的光芒，整洁的社区让人感觉更安全一样。[39] 而且，当你把窗户修好后，还可以把它们全部打开。

但是，威尔逊和凯林的论点主要不是关于破窗本身或光线不足的街道的。“破窗”是一个误导性的比喻。在实际操作中，被记录在案、被约束和被监管的都是普通人。

威尔逊教授自始至终都很坚定，直到2012年去世之前，他仍然认为布拉顿主义者采取的警务策略带来了巨大的成功。与此同时，他的合著者乔治·凯林却饱受越来越深的怀疑的折磨。乔治·凯林觉得“破窗理论”被误用的次数实在太多了。他一直关心的只是那些破碎的窗户本身，而不是建议要逮捕和监禁尽可能多的有色人种。

凯林承认：“很多事情都是以破窗理论的名义进行的，我对此觉得非常遗憾。”每一次，当他听到全美各地的警察局局长在引用他的理论时，他的脑海里就会闪过几个字：“老天，别再说了好不好。”[40]

那么，如果我们把破窗理论颠倒过来，又会发生什么呢？如果我们可以重新设计监狱，那么是不是也可以同时改造警察部门呢？

我相信我们可以。在挪威及其他地方，社区警务工作长期以来已经形成了一个传统，即认为大多数人都是正派、守法的公民。警察的工作目标是赢得社区居民的信任。在接受训练时，警察们就坚守着如下观念：“如果人们认识你，他们就更有可能会帮助你。”社区居民会告诉警察更多的消息。如果认为自己的孩子可能一时误入歧途了，父母们也会第一时间打电话通知警察。

早在20世纪70年代，经济学家埃莉诺·奥斯特罗姆就对美国警察部门进行了有史以来规模最大的一次研究。她和她的研究团队发现，小型警务部队的表现始终胜过大型警务部队。他们在现场行动更快，破案更多，与邻里关系更好，而且成本更低，更具人道主义精神。[41]

在欧洲，社区警务的理念已经存在很长一段时间了。警察们习惯于与社会服务机构协调，甚至会承担部分社会福利工作。[42]而且，他们也都受过良好的训练。相反，在美国，警察培训项目平均只会持续19个星期，这在大多数欧洲国家是不可想象的。在挪威和德国等国家，警察执法培训需要两年多的时间。[43]

幸运的是，不少美国城市正在改变它们以往的做法。2014年，新泽西州纽瓦克市的人们选出了一位新的黑人市长，他对本市的现代警务工作应该呈现出什么样子有非常清晰的愿景。他说，这需要警官们“熟悉本地居民，了解各种社区机构，时刻把居民当作人来看待……这是第一步要做的事情。如果你不把辖区内的居民当作人来对待，那么你就会不人道地对待他们”。[44]

我们能不能把“送上另一边脸”这个原则推进得更远一点呢？以下这个问题听起来似乎很荒谬，但我还是不禁想问一下：在反恐战争中，非互补战略是不是也有可能奏效呢？

在寻找这个问题的答案的过程中，我发现这个策略事实上已经有人尝试过了，而且就在我自己的祖国荷兰。有些专家甚至直接将它称为反恐的荷兰模式。它开始于20世纪70年代，当时荷兰遭遇了一波左翼恐怖主义暴力浪潮的袭击。然而，荷兰政府并没有制定新的安全法律，同时媒体则按照执法部门的要求，只进行了有限的报道。当联邦德国、意大利和美国等国纷纷出动重型武器（直升机、路障和军备力量）的时候，荷兰却只做了一件事：拒绝为恐怖分子提供他们想要的平台。

荷兰警方甚至拒绝使用“恐怖主义”这个词，他们更喜欢用“暴力的政治激进主义”或直接简单地称恐怖分子为罪犯。与此同时，荷兰情报部门则隐藏在幕后，忙着打击极端组织。关键是，他们的眼睛始终只关注着恐怖分子，更准确地说是犯罪分子，而没有把所有人都视为嫌疑人。[45]

这也导致了一些相当滑稽的情况，比如在一个规模很小的红色青年组织中，四名成员中有三名是卧底。事实证明，实施恐怖袭击是相当困难的，因为总是会有人要去上厕所，或者把地图拿倒了。

“一种隐在幕后的、能够适时发挥作用的、谨慎的反恐政策，”一位荷兰历史学家总结道，“可以阻止不断升级的暴力。”[46]他们还让一些红色青年组织的成员前往也门参观一个恐怖主义训练营，这些荷兰“准恐怖分子”对德国和巴勒斯坦战士的训练强度感到震惊。“这真是太可怕了，一位荷兰“准恐怖分子”后来说，“他们把所有的乐趣都给剥夺了。”[47]

最近的一个“送上另一边脸”的例子来自丹麦的奥胡斯市。2013年年底，警方决定不再逮捕或监禁那些想去叙利亚参与“圣战”的年轻人，而是请他们坐下来“喝一杯茶”。警察们充当了这些人的人生导师的角色。同时，警察还会动员他们的家人和朋友，以确保这些青少年知道有人一直爱着他们。与此同时，警方也加强了与当地清真寺的联系。

不少批评人士指责奥胡斯市的方法过于软弱，甚至斥之“幼稚可笑”。但是事实上，警方选择的是一个大胆而困难的策略。“什么才是最容易的事情？”警长嘲笑道，“是施行严厉的新法律。困难的是与活生生的个人一起经历真正的成长过程。我们有一个由专家组成的小组，为这些人提供咨询、医疗和援助，让他们重新接受教育，再就业，或许还要为他们提供住宿……我们这么做不是出于某种政治信念，而是因为我们认为这样有效。”[48]

而且，这样做确实有效。欧洲其他城市的出逃人数有增无减，但是从奥胡斯市前往叙利亚的圣战分子的人数，却从 2013 年的 30 人下降到了 2014 年的 1 人、2015 年的 2 人。马里兰大学的一位心理学家指出：“据我所知，奥胡斯市是第一个以完整的社会心理学证据和原则为基础与（极端主义）作斗争的城市。”[49]

然后是挪威。即便是在经历了该国历史上最可怕的恐怖袭击之后，那里的人们仍然十分冷静。2011 年，右翼极端分子安德斯·布雷维克（Anders Breivik）掀起了一场大屠杀。危难之际，挪威总理宣布，“我们的回应是更民主、更开放、更人道”。[50]

这种回应往往会被指责为有意回避问题或选择走捷径。但是，更民主、更开放和更人道恰恰是最不容易做到的。相反，强硬的言论、报复、关闭边境、扔炸弹、把世界分成好人和坏人两个阵营才是很容易的。后者回避了真正的问题，那才真的是在走捷径呢！

人性化管理下的监狱

在有些时刻，你没有其他路可走。真相不容忽视。2015 年 10 月，北达科他州高级监狱官员代表团就经历了这样的一个时刻。

这件事发生在他们前往挪威工作访问期间。对于那些不熟悉的人，我要补充一点背景材料。北达科他州是美国一个人口稀少、与加拿大接壤的保守州。入狱监禁率是挪威的 8 倍。[51] 那里的监狱沿袭了古老的模式。所有的监狱都建有长长的走廊，周围矗立着围栏，还配有严厉的狱警。一开始，美国来的这些官员并没有期望能从这次工作访问中学到什么。“我当时很傲慢，”有一个人后来说，“除了我所说的‘宜家监狱’之外，我还能看到什么？”[52]

但是后来，他们确实看到了完全不一样的监狱——哈尔登监狱和巴斯托伊岛监狱。他们看到的是宁静平和、充满信任。他们还看到了囚犯和狱警友爱的互动方式。

一天晚上，北达科他州惩戒局局长利恩·伯奇（Leann Bertsch）坐在奥斯陆丽笙酒店的酒吧里，突然哭了起来："我们怎么可以认为把人关在笼子里是可行的呢？"[53]

从1972年到2007年，美国被监禁的人数在用人口增长率加以校正之后增长了超过500%。[54]这些囚犯的平均关押时间长达63个月，相当于挪威的7倍。如今，全球接近25%的囚犯都在美国。

这种大规模监禁是某些有意为之的政策的结果。詹姆斯·威尔逊教授和他的追随者认为，在监狱里关押的人越多，一个社会的犯罪率就越低。但事实是，许多美国监狱变成了罪犯的训练场，它就像昂贵的寄宿学校，培养出了更多"成功"的恶棍。[55]几年前，在迈阿密的一个大型监狱里，多达24名犯人被关进了同一个单间牢房，他们每星期只能出去放风两次，每次一小时。其结果是，囚犯中形成了一种"残忍的格斗规则"。[56]

从这些监狱中释放出来的人对社会来说意味着真正的危险。"我们中的绝大多数人，都变成了我们被告知的样子，"一位曾经在加利福尼亚州监狱服刑的犯人说，"迷信暴力，不理智，不会像有自觉意识的成年人那样去行事。"[57]

利恩·伯奇从挪威回来后意识到，北达科他州监狱的情况必须有所改变。她和她的团队制定了一个新的任务："实行人性化管理。"[58]

应该怎么做呢？搁置破窗策略。以前，犯人们要面对超过300条监禁条例，例如不把衬衫塞进裤子里，就会被单独关禁闭。现在所有这些吹毛求疵的条例都被废除了。

接下来，他们为狱警们制定了一条新的工作准则。除了遵守这条准则之外，狱警们每天至少要与囚犯进行两次对话。这是一个重大的转变，同时也遇到了相当大的阻力。“我担心得要死，”一名狱警后来回忆说，“我很担心同事的安全。我很担心设施不够牢固。当我们谈起某个特定的犯人将出狱时，我也会担心。但是我错了。”[59]

几个月过去了，狱警们从工作中获得了更多的乐趣。他们着手组织了唱诗班和绘画小组。工作人员和犯人们开始一起打篮球。事故发生的次数明显减少。据一名狱警说，以前“每星期至少发生三到四次”事故，“有人试图自杀，有人试图血洗牢房，有人试图制造混乱，而今年我们几乎没有遇到过这样的事”。[60]

自那以后，已经有来自美国其他六个州的高级官员前往挪威访问“取经”了。北达科他州的伯奇局长强调，改革其实是一个常识问题。把大批人关起来不可能是一个好主意。挪威模式显然更好，性价比更高，也更现实。

“我不是自由主义者，”伯奇称，“我只是一个实用主义者。”[61]

第17章
消除仇恨、不公正和偏见最好的方法

两兄弟的故事

我一直在想挪威监狱背后的故事。如果我们能对罪犯和潜在的恐怖分子采用“送上另一边脸”的做法，那么也许我们还可以将同样的策略应用到更大的范围。也许，我们连不共戴天的敌人都可以团结起来，从而消灭种族主义和仇恨。

我想起来，我曾经在某一本书的脚注里偶然读到过一个很好的故事，但是当时我没有继续深究下去。这是一个关于两兄弟的故事，他们几十年来一直水火不容，但是最终联手成功地阻止了一场即将全面爆发的内战。这听起来是一个相当美好的故事。在一堆旧笔记中，我找到了两兄弟的名字。自那之后，我迫切地想知道关于他们的一切。

兄弟俩的故事与20世纪的著名人物纳尔逊·曼德拉（Nelson Mandela）有着千丝万缕的联系。1990年2月11日，数百万人坐在电视机前收看新闻。被囚禁了27年之久的纳尔逊·曼德拉在那一天重获自由。这是南非黑人和白人之间和平共处、相互和解的希望。“拿出你们的长枪、短枪、大刀、小刀，”曼德拉获释后不久就大声疾呼，“把它们统统都扔进海里吧！”[1]

4年后的1994年4月26日，是第一次由所有南非人都参加的总统大选的投票日。当时的画面再一次打动了我，投票站点前排起了长龙，参加投票的选民总人数超过了2 300万。那些依然记得种族隔离制度起源的老年黑人，投下了他们人生中的第一张选票。曾经给他们带来死亡和破坏的直升机，现在投下来的是铅笔和选票纸。

一个种族主义政权垮台了，一个民主政府诞生了。两个星期之后，5月10日，曼德拉宣誓就任南非首位黑人总统。在他的就职典礼上，喷气式战斗机划过天空，在彩虹之国的上空留下了绚丽夺目的图案。南非新国旗由绿、红、蓝、黑、白、黄六色组成，是全世界色彩最丰富的国旗。

然而，一个鲜为人知的事实是：这一切原本根本不会发生，南非离全面内战只有一步之遥。

我们今天熟悉的南非，原本并不会出现。从曼德拉获释到当选总统的4年间，南非一直处于内战的边缘。现在的人们已经完全忘记了一对双胞胎兄弟在防止南非内战的过程中发挥的关键作用。

亚伯拉罕·康斯坦德（Abraham Constand）和亚伯拉罕·维尔琼（Abraham Viljoen）出生于1933年10月28日（见图17-1）。兄弟俩在小时候形影不离，[2]他们上的是同一所学校，而且在同一个班。他们听的是相同的老师上的课，听的是同样的关于白人高人一等的宣教。

更重要的是，他们都经历了同一段历史。康斯坦德和维尔琼是南非白人，是1671年登陆的法国胡格诺派教徒的后裔，与荷兰移民混居在一起。1899 年，南非白人奋起反抗英国在南非的统治，结果被无情地镇压了下去。

兄弟俩的父亲在孩童时期经历过英国集中营里的生活。父亲曾无助地看着自己的哥哥和两个姐姐死在母亲的怀里。康斯坦德和维尔琼的家族原本属于受压迫的人民，但是有时候受压迫者也会摇身一变转为压迫者，正是这个事实让这对双胞胎分开了。

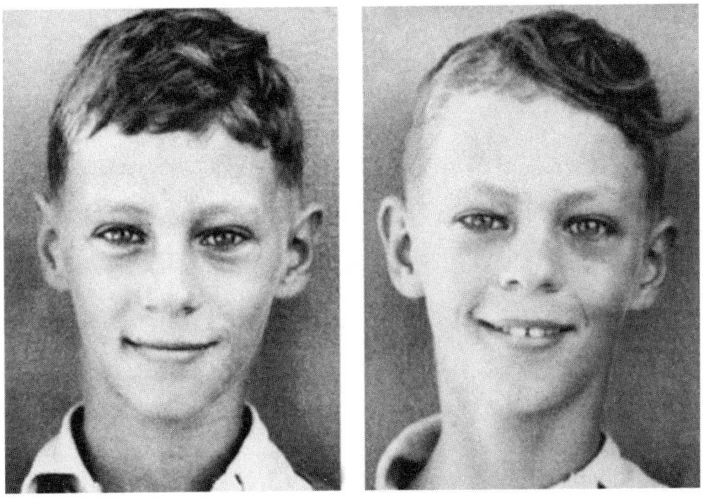

图 17-1　康斯坦德（左）和维尔琼（右）在学校读书时的照片

资料来源：Andries Viljoen。

1951 年，康斯坦德和维尔琼一起过了 18 岁生日，随后他们的母亲就告诉他们，家里没有足够的钱供他们俩同时去比勒陀利亚上大学。"你去吧。"康斯坦德对维尔琼说。毕竟，维尔琼更聪明一些。

于是，当维尔琼开始学习神学时，康斯坦德应征入伍了。军旅生活很适合他，军队就像是他的第二个家。当维尔琼埋头读书时，康斯坦德却在练习从直升机上往下跳。当维尔琼在荷兰和美国求学时，康斯坦德正在赞比亚和安哥拉作战。当维尔琼与来自世界各地的学生成为朋友时，康斯坦德也与他的战友建立了深厚的友谊。

年复一年，兄弟俩的关系越来越疏远。“我遇到了公正对待所有种族的问题，”维尔琼后来回忆说，“我相信人与人之间是平等的。”[3]维尔琼逐渐意识到，几乎与他一同成长起来的南非种族隔离制度是一个犯罪体系，这与《圣经》教导的一切都是矛盾的。

当他在国外学习多年后回到南非时，许多南非白人认为他是个逃兵，是一个异教徒，是一个叛徒。“他们说我受到了有害文化的影响，”维尔琼后来说，“有关方面不应该允许我出国。”[4]但是，维尔琼没有退却，他继续呼吁人们平等地对待他的黑人同胞。20 世纪 80 年代，他代表一个主张结束种族隔离制度的政党参加了竞选。他越来越清楚地认识到，实施种族隔离制度的政府无异于一个彻头彻尾的杀人政权。

与此同时，康斯坦德则成为南非最受爱戴的军人之一。他的军装上很快就挂满了金光闪闪的勋章。在职业生涯的顶峰时期，康斯坦德成了南非国防军的最高首领，指挥着包括陆军、海军和空军在内的所有武装力量。直到 1985 年，他都是种族隔离制度的坚定捍卫者。

两兄弟最终彻底决裂了，甚至几乎没有人记得康斯坦德将军——这位爱国主义者、战争英雄、许多南非白人的偶像，还有一个孪生兄弟。

他们能不能重归于好，将决定南非的未来。

接触理论的作用

彻底决裂的两人如何才能握手言和？

带着这个问题，1956年春天，一位美国心理学家动身前往南非。当时，种族隔离制度已经在南非付诸实施，不同种族之间禁止通婚。同年晚些时候，南非政府又通过一项法律，将更好的工作职位留给了白人。

这位心理学家名叫戈登·奥尔波特（Gordon Allport），他一生都在思考两个问题：（1）偏见从何而来？（2）如何消除偏见？经过多年的研究，他发现了一种灵丹妙药，至少他自己认为是灵丹妙药。

那么，这种灵丹妙药到底是什么呢？

接触，别无其他。这位美国学者猜测，偏见、仇恨和种族主义都源于缺乏接触。我们会将陌生人都归入同一类人，因为我们不认识他们。因此，灵丹妙药显然是，与敌对者发生更多的接触。

大多数科学家对此不以为然。他们声称，奥尔波特的理论过于简单和天真了。人们对第二次世界大战依然记忆犹新，普遍的共识是更多的接触会导致更多的摩擦。就在同一时期，南非的心理学家仍在寻找种族生物学中关于种族差异现象的“科学”解释，以证明种族隔离制度是合理的。[5]

对许多南非白人来说，奥尔波特的理论确实是令人震惊的。这位科学家竟然声称，种族隔离制度不是解决问题的办法，而是问题的原因！在奥尔波特看来，如果黑人和白人能够在学校、工作场所、教堂或任何地方相互接触，他们就能更好地了解彼此。毕竟，我们只会爱我们所认识的人。[6]

简单说来，以上就是接触假说的主要内容。它听起来似乎太简单了，以至于很难让人信服，但是奥尔波特有很多证据支持这个假说。例如，他提到了1943年年底特律爆发的种族骚乱，当时的社会学家注意到了一些奇怪的事情：

> 那些互为邻居的人并没有暴力相向。韦恩州立大学的学生——白人和黑人，在那个血腥的星期一像往常一样一起在学校里上课。在战时工厂里，白人和黑人工人之间也没有发生任何冲突……[7]

相反，邻居之间还会互相帮助。当暴徒来袭时，一些白人家庭为他们的黑人邻居提供了庇护，反之亦然。

更值得注意的是美国军方在第二次世界大战期间收集的一些数据。本来，按照官方规定，黑人士兵和白人士兵不应该并肩作战，但是在激烈的战斗中这种情况却时有发生。美国陆军的研究室发现，在同时拥有黑人排和白人排的连队中，不喜欢黑人的白人士兵的数量要少得多。准确地说，通常为预估数值的约 11.1%。[8]

奥尔波特写了很多关于接触的积极影响的报告。他强调，他的理论适用于士兵、警察、邻居和学生等。例如，如果黑人儿童和白人儿童上同一所学校，我们就可以观察到，学校里的种族偏见也会消失不见。这也就意味着，维尔琼在国外学习期间经历的事情并不罕见，这是一条规律。

也许接触假说最强有力的支持证据来自茫茫大海。美国黑人在 1938 年才第一次被允许加入规模最大的海员工会，之前曾遭到过广泛的抵制。但是当黑人和白人海员真的开始合作之后，抵制活动就停止了（见图 17-2）。[9]

奥尔波特是一个谨言慎行的人，他知道他的证据离无懈可击还差得远。有没有可能，同意与黑人船员一起工作的那些白人船员原本就没有那么强烈的种族主义倾向？

1956 年，在出版关于接触假说的巨著两年后，在游历南非时，奥尔波特最初的疑虑又浮出了水面。[10] 在这个黑人和白人已经并肩生活了几个世纪的国家里，种族主义并没有消失。如果要说出现了什么改变的话，那也只是种族主义倾向似乎还在持续增强。奥尔波特遇到过许多南非白人，他们当中似乎没有人有精神障碍，但是所有人都还在排斥和歧视黑人。奥尔波特的理论真的成立吗？

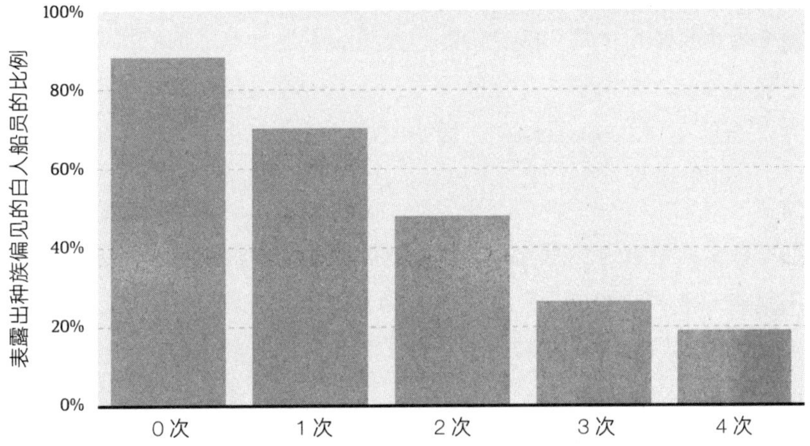

图 17-2　黑人船员和白人船员混编完成的航行次数

回顾 20 世纪 60 年代的南非之行，奥尔波特不得不承认他可能忽视了“历史的力量”。[11]

南非历史性的时刻

1993 年 5 月 7 日，在约翰内斯堡以南大约 120 千米的波切夫斯特鲁姆市（Potchefstroom），15 000 名南非白人挤在一个橄榄球场内。有人在他们的头上挥舞着数百面红黑相间的旗子。旗帜上面的符号与纳粹党旗几乎完全一样。这些留着长胡子、穿着棕色衬衫的白人农场主全副武装。走入球场内，一眼望去，到处都是猎枪和手枪。[12]

集会的演讲者之一是南非白人抵抗运动（Afrikaner Resistance Movement）领导人尤金·特雷布兰奇（Euèene Terre'Blanche）。长期以来，特雷布兰奇一直对阿道夫·希特勒的演讲技巧非常痴迷，他和他的追随者的装束与美国三K党很相似，行动更加暴力。

那一天，那个体育馆里充满了愤怒和恐惧。参与集会的白人担心，如果曼德拉赢得了第一次全种族选举将会发生什么。他们担心会失去国旗和国歌，害怕整个文化被毁灭。这15 000名愤怒的示威者也被称为“苦命人”（Bittereinders），因为100年前，南非白人与英国人进行了一场殊死搏斗。他们视自己为自由战士，准备采取一切必要的手段。

只是，他们还少了一样东西。更准确地说，他们还少一个人。他们需要一个领导者，一个值得尊重的人，一个有着良好口碑、行为堪称模范的人。这个人可以为南非白人服务，他对南非白人的作用，就像曼德拉对“凶险的黑人”的作用一样。这个人将带领这些南非白人为自由而战。

简而言之，他们需要的，就是一个像康斯坦德将军这样的人。

康斯坦德那天就在波切夫斯特鲁姆市。他几年前就从军队退休了，现在过着平静的农民生活。但是，如果有人呼喊他的名字，这位前任将军会毫不犹豫地登上舞台。

“南非白人必须做好自卫的准备，”康斯坦德对着麦克风大声喊道，“一场血腥冲突已经不可避免，也许会有人牺牲，但是我们愿意牺牲，因为我们的事业是正义的！”

人群沸腾了。“你带头吧！”南非白人喊着，“我们跟着你！”[13]

这就是康斯坦德成为一个名为“南非白人人民阵线”（Afrikaner Volksfront）的新联盟的领导人的过程。而且，这个新联盟并不是一个普通的政党，而是一支军队。康斯坦德正在动员发动一场战争，他准备不惜一切代价阻止全种族选举。

康斯坦德后来回忆道：“我们必须组建一支大规模的军事力量。”[14]在短短两个月内，“南非白人人民阵线”招募了15万名南非白人，其中包括10万名训练有素的军人。只要提一下“康斯坦德”这个名字，就足以让大多数追随者信服。

与此同时，他们还需要制订一个攻击计划，这引出了一系列不切实际的提议。一个人建议，或许他们应该发动袭击，将曼德拉背后的政党非洲人国民大会（ANC）的所有领导层“一锅端”。另一个人则说，他们应该在德兰士瓦西部对15 000名黑人处以私刑，然后把他们扔进万人坑。日子一天天地过去，人们的心情变得越来越狂躁。

在120千米外的约翰内斯堡，康斯坦德的兄弟维尔琼感觉到了一种不祥的预兆。他在给曼德拉和非洲人国民大会的备忘录中写道：“有时候，我觉得在这里，悲剧的所有经典元素都已经齐备了。”[15]但是，维尔琼同时也意识到他必须采取行动。他知道他是整个南非唯一一个有可能改变他哥哥的想法的人。在相互之间不理不睬40年之后，现在他们必须进行对话了。

“如果他能说服康斯坦德，”一位历史学家后来写道，“那么从种族隔离到民主的和平过渡就有可能实现。否则，战争将不可避免。”[16]

1993年7月初，距离南非举行首次全种族选举还有10个月，维尔琼来到位于比勒陀利亚市中心的南非白人人民阵线办公室。两兄弟一坐下来，维尔琼就开门见山地问康斯坦德：“你的选择是什么？”

康斯坦德回答道："按照目前的情况来看，我们只有一个选择，那就是战斗。"[17]

然后，维尔琼提出了一个建议，这个计划是他和纳尔逊·曼德拉在极度保密的情况下共同拟定的。维尔琼问康斯坦德，如果他与非洲人国民大会领导层面对面坐下来讨论人民的处境，他会说些什么。到那个时候为止，康斯坦德已经拒绝了九次这样的提议。但是这一次，他的回应有所不同。

因为这一次，问这个问题的人是他的孪生兄弟。

1993 年 8 月 12 日，这一对孪生兄弟来到了约翰内斯堡一座别墅的门口。他们原来以为欢迎他们的会是负责管理别墅的管家，但是咧着嘴大笑着走到他们面前来的，却是那个伟人——纳尔逊·曼德拉。

这是一个历史性的时刻：新南非的英雄与老南非的英雄并肩而立，和平缔造者与准备发动战争的人当面对视。"他问我要不要喝杯茶，"那次见面几年后，康斯坦德回忆道，"我说好的，他给我倒了一杯茶。然后他问我要不要喝牛奶，我说好的，他就给我倒了杯牛奶。接着他问我茶里是不是要放糖，我说好的，他就放了些糖。我所要做的只是搅拌一下！"[18]

在他们交谈的过程中，曼德拉显然已经做足了准备工作，他对南非白人的历史和文化非常了解。曼德拉将 100 年前维尔琼家族从英国人手中争取自由的斗争与他自己反对种族隔离的斗争相提并论，这给康斯坦德留下了深刻的印象。历史学家后来指出，最重要的是，曼德拉是用康斯坦德的语言和这个威严的军人交谈的。"将军，"他用南非荷兰语说，"如果我们发动战争，就不会有赢家。"

康斯坦德点点头："不可能有赢家。"[19]

第一次见面之后，维尔琼和曼德拉决定四个月后再举行一次秘密会谈。即便是当时的南非总统弗雷德里克·威廉·德克勒克（Frederik Willem de Klerk）也被蒙在了鼓里，而且直到今天仍然极少有历史论著提及此事。然而，这是南非历史上的一个关键时刻。最后，曼德拉说服了这位前将军，后者决定放下武器，带领他的政党参加和平选举。

康斯坦德每与曼德拉握一次手，他对这个曾经被他视为恐怖分子的人的钦佩就会增加一分。这种感觉是相互的。曼德拉对康斯坦德将军的尊敬也与日俱增，他对康斯坦德的观察与对职业政治家德克勒克的观察完全不同。他信任康斯坦德。

"他抓住了我哥哥的胳膊，"维尔琼后来说，"很久都没有松开。"[20]

曼德拉的超能力

在那个时候，当年提出接触假说的心理学家奥尔波特早已离开了人世。但是，1956 年陪同他一起去南非旅行的那个学生仍然健在，他就是托马斯·佩蒂格鲁（Thomas Pettigrew）。

与退休的奥尔波特不同，佩蒂格鲁一直是一个叛逆者，一个社会活动家。他在美国民权运动中扮演了重要的角色，联邦调查局的档案中记录了他从事过的大量活动。在南非逗留期间，佩蒂格鲁参加了一连串"非法"的非洲人国民大会会议，南非的秘密情报部门当然关注着这一切。6 个月后，当他把护照交给海关再拿回来后，发现上面盖了一个大大的印章，写着"禁止进入南非境内"（BANNED FROM SOUTH AFRICA）。[21]

佩蒂格鲁后来几乎没有想过，有朝一日他会重返曼德拉的国土。半个世纪后的2006年，他应邀参加了在南非举行的一个国际心理学会议。

佩蒂格鲁说："我们在各处都看到了进步，尽管还有很多事情要做。"[22] 德班美丽的海滩现在对所有人开放。在那个曾经作为一个臭名昭著的监狱的地点，宪法法院用南非的11种官方语言绘制了欢迎来访者的标志。

作为相关领域的顶尖科学家和大会的贵宾，佩蒂格鲁在会议上提交了一项大型研究的成果，为他的导师的理论提供了压倒性的支持证据。佩蒂格鲁和他的研究团队收集并分析了来自38个国家的515项研究。[23] 他们的结论是什么呢？接触有效。事实上，社会科学领域很少有得到如此多证据支持的理论洞见。

接触能够产生更稳固的信任、更紧密的团结和相互之间更多的善意，它能够帮助你透过别人的眼睛来看世界。更加重要的是，它确实可以改变作为一个人的你，因为一个拥有多样化的朋友群体的人，对陌生人会更加宽容。接触还会传染，当你看到一个邻居和其他人友好相处时，你会重新思考自己的偏见。

但是，这些研究也发现，单一的负面经历（一场冲突或一个愤怒的表情）给我们留下的印象，往往会比笑话或别人的帮助更加深刻。这就是大脑工作的方式。起初，这让佩蒂格鲁和他的同事们感到困惑不解。因为如果我们对不好的互动有更深刻的记忆，那么为什么接触却能够让我们更亲密呢？最后他们发现，答案其实很简单。我们所遇到的每一件不愉快的事情，都会有一大堆愉快的互动来对冲。[24]

不愉快的记忆似乎更强烈，但是好的记忆比不愉快的记忆要多得多。

如果说世界上只有一个人真正懂得接触的力量，那个人就是纳尔逊·曼德拉。然而，就在几年前，他却选择了一条完全不同于接触的道路，即暴力对抗。曼德拉是非洲人国民大会内部的“武装斗争派”的创始成员之一。

但是，27 年的监禁彻底改变了一个人。随着时间的流逝，曼德拉开始意识到一个后来被很多科学家反复证明的事实：非暴力抵抗要比暴力抵抗有效得多。以美国社会学家埃丽卡·切诺韦思（Erica Chenoweth）最近的研究为例来说，她一开始时也认为“曼德拉方法”是幼稚的。她认为，现实世界中应该是“枪杆子里出政权”。为了证明这一点，她创建了一个巨大的数据库，记录了 1900 年以来的每一场反抗运动。

但是，到了 2014 年，埃丽卡这样写道：“我对数据进行了统计分析，结果令我非常震惊。”[25] 超过 50% 的非暴力运动都取得了成功，相比之下，暴力运动的成功率却只有区区 26%。埃丽卡证明，出现这种情况的主要原因在于，加入非暴力运动的人越来越多，平均增加了超过 11 倍。[26] 现如今，参加非暴力运动的不仅有睾丸激素分泌过剩的男性，还有妇女、儿童、老年人和残疾人。执政的政府根本无法承受如此大规模的反抗运动。这就是善良战胜邪恶的方式——在人数上压倒对方。

在非暴力运动中，有一个要素是必不可少的，那就是自我控制。在监狱里，曼德拉练就了一颗冷静的大脑。他决定认真研究他的敌人，阅读了大量关于非洲白人的文化和历史的书籍。他通过观看橄榄球比赛，学会了非洲白人的语言。“在和别人交谈的时候，如果你用对方能听懂的语言和他说话，”曼德拉解释说，“他会记在脑子里。但是，如果你能用他所用的语言和他交谈，那就能打动他的心。”[27]

曼德拉试图让他的狱友们明白，管理他们的狱警也是人，只不过这些人被体制毒害了。多年后，曼德拉表达了他对康斯坦德的看法：他是一个诚实、忠诚、勇敢的人，一生都在为他信仰的政权而战。

曼德拉获释后，他动员了90%的南非黑人支持黑人解放事业。然后，他又开始努力赢得南非白人的心。曼德拉成功了，1995年6月24日，当曼德拉身着白色橄榄球队队服进入约翰内斯堡体育场时，迎接他的是成千上万个曾经认为他是恐怖分子的非洲白人，呼喊着他的名字的欢呼声响彻全场。

人们很容易将曼德拉这种方法的成功归结为宣传所起的作用。但是事实并非如此。曼德拉没有像马丁·路德·金那样充满激情地去演讲，也没有像温斯顿·丘吉尔那样热情澎湃地去辩论。在第一次新闻发布会上，他完全不知道放在他面前的那个毛茸茸的东西是什么，直到有人在他耳边悄悄说那就是麦克风。[28]

曼德拉的超能力体现在别处，他能看到在99%的人看来无可救药的人身上的优点。[29]

有一次，有人非要让曼德拉最亲密的朋友之一沃尔特·西苏鲁（Walter Sisulu）说出曼德拉的一个缺点。“曼德拉的缺点吗？当他信任一个人时，”西苏鲁说，“他就会全身心地付出……”

接着他犹豫了。

“或许这并不是缺点吧……”[30]

消除偏见

回望过去，近几十年来发生的让我们感到充满希望的一个转变是，信任和接触每一次都能够发挥作用。

但是反之亦然。2016年，唐纳德·特朗普当选美国总统后，有一点变得非常明显：我们仍然生活在种族隔离的泡泡中。有两位社会学家甚至指出，“白人在地区层面上的种族和民族隔离，是特朗普获得支持的最有力的因素之一”。[31]距离美国和墨西哥边境越远的人，越倾向于支持在美墨边境修建隔离墙。[32]

换句话说，问题不在于特朗普的支持者与难民接触太多，而在于接触太少。

2016年，英国就是否退出欧盟举行公投也呈现出了同样的模式。在文化多样性越低的社区，投票支持英国脱欧的选民比例越高。[33]与此类似，在荷兰，民粹主义政党选民最集中的地区也是白人居民最集中的地区。

不仅如此，多样性还能使我们变得更友好。2018年，新加坡大学的一个国际研究团队基于五项新的研究证实，生活在更具多样性的社区的人更容易接纳全人类。因此，他们对陌生人也会表现得更友善，并更愿意帮助陌生人。这个结论在2013年波士顿马拉松爆炸案后得到了证明，在惨剧发生后，来自那些最具多样性的社区的居民提供的帮助最多。[34]

但是，现在下结论则为时尚早。仅仅居住在一个混合型社区是不够的。如果你很少与邻居交谈，多样性实际上反而会加剧偏见。[35]而且有迹象表明，在那些移民快速涌入的社区，支持英国脱欧或支持特朗普当选的选民的比例也有可能更高。[36]

因此，研究接触假说的科学家强调，人们需要时间来适应彼此。接触是有效的，但是并不能立竿见影。例如，荷兰在2015年就发生了一系列激烈的抗议活动，因为许多人反对开设叙利亚难民接待中心。愤怒的反对者大喊、谩骂，甚至朝窗户扔石头。但是几年之后，当同一批寻求庇护的难民被迫转移到其他地方去时，这种愤怒却变成了悲伤。“我们这儿没有任何问题啊。事实上，这里的一切都没有发生改变，”一名几年前曾经发出过暴力威胁的男子说，“难民接待中心已经成为一个社交场所，就像一个社区中心，我喜欢去那儿喝杯咖啡。”[37]

与陌生人交往是我们必须学会的一件事情，最好从小就开始学。最好的情况是每个年轻人都能像维尔琼那样，在大学时代就开始到处旅行。马克·吐温早在1867年就发现了这一点，他说：“旅行能够给偏见、偏执和狭隘的思想致命一击。”[38]

这样说，并不意味着我们需要改变自己。恰恰相反，关于“接触假说”的科学研究最引人注目的发现之一就是，偏见只有在我们坚守自己的身份认同时才能消除。[39]我们需要意识到，每个人都是不同的个体，人与人之间本来就是有区别的，而区别本身并没有错。我们可以而且应该为自己的身份建起坚固的房屋，打下坚实的基础。

然后，我们就可以把大门打开了。

1956年访问南非后，奥尔波特得出结论说，他一直都太天真了。有些社会已经走得太远了，沉重的过去可能会被证明是一个巨大的负担。到1967年他去世的时候，这位心理学家并不知道他之前的所有预测有一天会被证明是正确的。

那么，就让我们来看看奥尔波特在约翰内斯堡的一次演讲中都说了些什么吧。他认为人类是部落动物。他说我们很快就会形成偏见，刻板印象似乎深深植根于我们的天性中。

然后，奥尔波特转而着重强调了“缩小了看”的重要性。“绝望，”

他说，“是对漫长的历史教训的误读。”[40] 在未来的几十年里，南非还将延续其种族隔离的传统，但是这并不能抹杀这个国家在过去 50 年的岁月里所取得的惊人进步。

今天，康斯坦德和维尔琼仍然生活在两个不同的世界里——一个是军人，另一个是牧师；一个是退伍士兵，另一个是和平天使。但是他们之间多年来互不相见的日子已经结束了，他们重新恢复了联系。

第 18 章
当士兵们走出战壕

不能重回战壕

1914 年夏，第一次世界大战爆发前夕，大多数人都认为战争很快就会结束。士兵们告诉他们的心上人：“我们会在圣诞节前回家的。”人们聚集在巴黎、伦敦和柏林的市中心，为即将获得的胜利而庆祝狂欢。数百万新兵列队向前线进军，边走边唱。

然后，20 世纪的巨大灾难开始了。[1] 如果第一次世界大战没有发生，就不会有第二次世界大战。如果不是因为伊普尔战役和凡尔登战役，就不会有《凡尔赛条约》的签订，也不会有俄国革命，自然更加不会有希特勒建立的政权。

截至 1914 年圣诞节，有 100 多万士兵不幸阵亡。前线从比利时海岸一直延伸到法国—瑞士边境，绵延 800 多千米。在漫长的 4 年时间里，前线战场几乎不曾移动过。整整一代年轻人消失在战场上，换来的至多是几平方千米大的阵地。本来应该是一场战马嘶鸣、战鼓雷动、号角嘹亮的英勇战斗，结果却变成了一场毫无意义的屠杀。

但是，即便是在最令人绝望的那几年，当整个欧洲都笼罩在黑暗中的时候，历史上也曾出现过一缕微小而璀璨的光芒。1914 年 12 月，天堂之门暂时打开，成千上万的人瞥见了一个不同的世界。就在那时，他们意识到，他们都是人类，都属于同一个世界，就像兄弟一样。

我想用这个故事来结束我的这本书。这是因为，我们会发现自己一次又一次回到了战壕里。我们很容易忘记 100 千米外的另一个人跟我们都是人类这个事实。一次又一次，我们隔着一段距离向对方开火——通过社交媒体或在线论坛，无论我们躲在哪个自认为安全的角落。我们可能会听任恐惧、无知、怀疑和刻板印象指引我们，使得我们对从未谋面的人妄下断语。

但是，我们还有另一种选择。仇恨可以转化为友谊，死对头也能够握手言和。我们可以相信确有此事，这不是因为我们有资格天真，而是因为它确实发生过。

负向的宣传

那是 1914 年的平安夜。那天晚上，清冷的月光照亮了拉沙佩勒-阿尔芒蒂埃尔镇外白雪皑皑的无人地带，那里是对战双方的战壕的分界线。英国最高统帅部对即将到来的节日感到紧张不安，于是向前线发出了一条信息：“我们有理由认为，敌人可能正计划在圣诞节或新年发动袭击，在此期间必须保持高度警戒。”[2]

将军们完全不知道将会发生些什么。

晚上七八点钟，女王第二团的阿尔伯特·莫伦（Albert Moren）看到对面阵地上有一些动静，他难以置信地眨了眨眼睛，又仔细察看了一番。那边的德国士兵是在做什么？灯亮了，一盏接一盏。他看见了灯笼、火把，还有……那是圣诞树吗（见图18-1）？接着他听到了歌声，是《平安夜》（*Stille Nacht, heilige Nacht*）！这首颂歌听起来是如此美妙。“我永远不会忘记，”莫伦后来说，“这是我生命中最精彩的时刻之一。”[3]

英国士兵当然也“不甘示弱”，开始唱起了《第一个圣诞节》（*The First Noel*）。对面的德国人鼓掌喝彩，并且回以《圣诞树》（*O Tannenbaum*）。他们来来回回对了一会儿歌，最后，这两个敌对阵营的士兵一起用拉丁语唱起了《普天同庆》（*O Come All Ye Faithful*）。“这真是一件非同寻常的事情，”格雷厄姆·威廉姆斯（Graham Williams）后来回忆道，“两个敌对国家的士兵在战争间隙一起唱起了同一首颂歌。”[4]

图18-1　德军士兵在战壕中庆祝圣诞节

图片来源：Getty。

驻扎在比利时普罗格斯蒂特镇以北的一个苏格兰兵团甚至更进一步。下士约翰·弗格森（John Ferguson）听到敌方的战壕里有人在大声喊叫，问他们是不是想一起抽根烟。“往有亮光的地方走。”德国人喊道。弗格森听到后站起身来，走向了无人区。

他后来写道：“（我们）很快就聊上了，就好像我们已经相识多年似的。这是怎样的一种景象啊——一小群德国人和英国人几乎把我们的战线都拉长了！在那个寒冷漆黑的晚上，我们听到了笑声，看到了点燃的火柴……就是在这儿，我们和几个小时前还在试图相互射杀的人欢笑着畅谈。”[5]

第二天早上，也就是圣诞节当天，那些勇敢的士兵又从战壕里爬了出来。他们越过铁丝网，走过去和敌人握手。然后他们又招呼那些留在后面的人一起去。“我们都欢呼了起来，”女王威斯敏斯特步兵团的莱斯利·沃尔金顿（Leslie Walkington）后来回忆道，“然后我们蜂拥而出，就像看完足球赛的观众一样。”[6]

士兵们交换了礼物。英国人拿出了巧克力、茶和布丁，德国人则分享了雪茄、泡菜和杜松子酒。他们互相开着玩笑，拍了集体照，就好像他们正在举行一场快乐的派对。他们还踢了几场足球比赛，用头盔当门柱。[7]一场比赛德国 3 ∶ 2 领先，另一场英格兰 4 ∶ 1 胜出。

在法国北部弗勒拜克斯村的西南部，双方举行了联合葬礼。“一边是德国人，”阿瑟·佩尔汉姆－伯恩中尉（Arthur Pelham-Burn）后来写道，“另一边是英国人，军官们站在前面，每个人都脱帽向死者致敬。”[8]在他们的战友——那些被对方杀害的同志入地长眠之际，所有人齐声高唱：“耶和华是我的牧者（The Lord is my Shepherd / Der Herr ist mein Hirt）。”双方的声音交织在了一起。

那天晚上，前线到处都在举行圣诞大餐。一名英国士兵被一群德国士兵簇拥着来到了德军后方的一个酒窖，在那里，他和一名巴伐利亚士兵打开了一瓶1909年的凯歌香槟（Veuve Clicquot）。两人交换了地址，并约定战争结束后双方一定要在伦敦或慕尼黑见上一面。

如果没有以上这些证据，我们很难相信那里真的发生了这些事情。许多士兵都是这些事件的目击者，连他们自己都不敢相信。

"你们简直无法想象，"奥斯瓦尔德·蒂利（Oswald Tilley）在给父母的信中写道，"当你们正在吃着火鸡的时候，我却在和几个小时前我想杀死的那些人交谈、握手！这是多么让人难以置信的一件事情啊！"[9]德国中尉库尔特·泽米施（kurt Zehmisch）也不停地掐着自己的大腿感慨："太奇妙了，太奇怪了……多亏了足球和圣诞节……才让我们这些死对头变成了朋友。"[10]

大多数英国人对德国人的友好感到震惊。要知道，他们在国内每天接受的都是《每日邮报》（*Daily Mail*）等报纸的宣传和虚假新闻的煽动。英国公开发行的报纸中有超过40%都掌握在同一个人手中，那就是诺斯克利夫勋爵（Lord Northcliffe）——那个时代的鲁伯特·默多克（Rupert Murdoch）。他对公众舆论拥有巨大的影响力。他掌控下的报纸将德国人描绘成了凶残至极的人，说他们用刺刀刺杀婴儿，把牧师吊在教堂的钟上。[11]

战争爆发前，德国诗人厄恩斯特·利绍尔（Ernst Lissauer）写了一首《反对英国的赞美诗》（*Hymn of Hate against England*）。这首歌的流行程度堪比德国国歌。政府还强迫数百万德国学生必须把这首歌牢记在心里。德国报纸宣称，法国人和英国人完全不相信上帝，以至于他们从来不过圣诞节。

在这里，再一次出现了一个清晰的模式——离前线越远，仇恨就越大。在英国和德国的政府机关和新闻编辑室里，在客厅和酒吧里，人们对敌人的敌意非常大。但是在战壕里，面对面接触的双方士兵却达成了相互理解。“我们双方在经过交谈之后，”一名英国士兵在一封家书中写道，“我真的认为国内许多报纸的报道严重夸大了某些事实。”[12]

在很长一段时间里，1914 年的圣诞休战都被认为只是一个传说。许多人认为它就像一个多愁善感的童话故事，或者更糟糕——它是卖国贼编造的谎言。假期过后，战争又开始了。数以百万计的士兵被杀害。这让人们对圣诞节期间是否真的发生了这些事情感到越来越难以置信。

直到 1981 年英国广播公司的纪录片《无人区的和平》（*Peace in No Man's Land*）公开上映后，人们才明白这个故事是真的。在英国军队驻守的前线，整整有 2/3 长度的战线为了庆祝圣诞节而停止了战争。大多数例子都与德国人向英国人示好有关（在比利时与法国的前线也出现了类似的情况）。总共有 10 万多名士兵放下了武器。[13]

1914 年圣诞节的和平共处并不是一个孤立的例子。同样的事情在西班牙内战和布尔战争期间也发生过。在美国内战、克里米亚战争以及拿破仑对欧洲其他国家发动的战争中也是一样。但是，没有任何地方能够像佛兰德斯的圣诞节那样，涉及范围如此之广，又发生得如此突然。

读着士兵们留下的信件，我不禁想起了一个问题：既然连这些士兵——他们都是身陷这场夺去了 100 万人生命的可怕战争中的人，都能够从战壕中走出来，那么又是什么东西阻止了我们与敌人和平相处呢？

我们和“敌人”现在也是因为那些有意煽动仇恨的政客和野心家的挑唆而相互对峙的。像《每日邮报》这样的报纸，曾经大肆宣扬“嗜血的匈奴人”的故事，如今它们又在连篇累牍地报道偷窃成性的外国人、凶残的移民和喜欢奸淫的难民的“入侵”了。同时，它们还特别强调，这些人不仅会抢走人们手上的饭碗，而且好吃懒做，他们还会肆意践踏本国历史悠久的传统和价值观。

这就是仇恨再一次被注入社会的方式。这次的罪魁祸首不仅是报纸，还有博客和 Twitter，社交媒体上传播的谣言，以及网上的恶意挑衅。即便是最优秀的事实审核员，似乎也对这种恶意行径无能为力。

但是，如果我们进行反宣传又会怎样呢？如果我们的宣传不仅播种和平的种子，而且播下让人们重新团结起来的种子又会如何呢？

哥伦比亚的和平进程

我接下来想讲的故事发生在哥伦比亚。2006 年，卡洛斯·罗德里格斯（Carlos Rodriguez）和胡安·巴勃罗·加西亚（Juan Pablo Garcia）都还在全球领先的广告公司睿狮广告（MullenLowe）工作。大多数时候，他们承担的任务都是策划猫粮广告，或者试图向消费者推销一种新品牌的洗发水。但是在一个特殊的日子里，这家广告公司收到了一个不同寻常的请求。

客户是哥伦比亚的国防部部长。他希望睿狮广告公司能帮助他打击哥伦比亚的革命武装力量，它是整个拉丁美洲最古老的一支游击队。那么，哥伦比亚政府想用什么东西去“轰炸”这支游击队呢？“游击营销”（guerrilla marketing）。

到那个时候为止，哥伦比亚内战已经持续了 50 多年，先后夺走了超过22万人的生命。哥伦比亚军队、右翼准军事组织以及像哥伦比亚革命武装力量这样的游击队都犯下了令人发指的战争罪行。整整一代人在成长过程中从来都不知道和平为何物。哥伦比亚军队意识到，仅靠蛮力永远无法赢得战争。

睿狮广告公司的工作人员接受了哥伦比亚国防部部长的请求，并像对待其他广告业务一样，在制作广告前先采访了他们的目标受众。在一年多的时间里，睿狮广告公司的研究人员与将近100名前哥伦比亚革命武装力量的成员进行了交谈。研究人员试图确定是什么驱使他们走进了丛林，又是什么让他们留在了丛林。每次访谈后得出的结论都是一样的：这些游击队员都是普通的男人和女人。

这些游击队员有着和普通人一样的需求、梦想和愿望。“一旦你真正明白了他们不是天生的游击队员，而是人，”卡洛斯后来解释说，“交流就完全变了。”[14] 事实上，这些广告专家得出的结论与曾经在第二次世界大战期间采访过数百名德国战俘的心理学家莫里斯·贾诺维茨（Morris Janowitz）的结论完全相同（见本书第10章）。卡洛斯和胡安意识到，与其攻击哥伦比亚革命武装力量的意识形态，不如宣传一些更贴近家园的东西。

除此之外，研究小组还发现，离开游击队的人的数量每年都会在同一个时间点达到顶峰：圣诞节。游击队员似乎和其他人一样，更喜欢回家过节。所以卡洛斯和胡安向他们的老板提出了一个非常简单的建议：“也许你会认为我们疯了。但是，如果我们把圣诞树放到丛林中间去，你觉得会怎么样？”[15]

就这样，“圣诞节行动”从2010年12月开始付诸实施。

在夜幕的掩护下，两支特种部队开着黑鹰直升机深入敌方领土。

在那里，他们在9个战略要地的多棵20多米高的树上挂了2 000盏圣诞灯饰。他们在这些“圣诞树”上安装了运动探测器和发光横幅，每当有人经过时，这些运动探测器就会响应，同时横幅就会亮起来。

横幅上写的是：“既然圣诞节都能来到丛林，你又为什么不可以回家去呢？请离开游击队吧。在圣诞节，一切皆有可能。”

这次行动取得了空前的成功。在短短一个月之内，就有331人离开了游击队，放弃战斗。许多人认为是那些圣诞树起了作用。“我们的指挥官并没有生气，”一个脱离游击队的人说，“这与我们看到的其他宣传方式完全不同……他被感动了。”[16]

与此同时，睿狮广告公司的团队则继续采访了这些脱离游击队的人。由此他们得知，尽管几乎所有离开游击队的人都知道圣诞树的事情，但是大多数人都没有亲眼见过它们。这是因为哥伦比亚革命武装力量倾向于沿着丛林中的“公路”——河流走动。这又激发了广告制作者的下一个创意。

“光之河行动”于2011年12月正式启动。居住在河流附近的哥伦比亚人是哥伦比亚革命武装力量招募新兵的主要来源，哥伦比亚政府请求他们写信给加入游击队的兄弟、姐妹、儿子、女儿和朋友。信的内容非常简单：“回家吧，我们在等你。”

人们将这些信件和一些小礼物装进了6 823个漂浮球中。这些球都是透明的圣诞装饰品，它们都被扔进了河里。到了晚上，球里的小灯在河面上闪烁着，就像坠入敌人领土的闪闪发光的星星一样。结果又有180名游击队员放下了武器，其中还包括一名哥伦比亚革命武装力量的主要炸弹制造者。

睿狮广告公司的行动仍在继续。接下来的一年进行的是“伯利恒行动”。在采访过程中，卡洛斯和胡安了解到，游击队员经常迷失在丛林中。即便他们想回家，也总是找不到正确的路。所以睿狮广告公司利用军用直升机，投下数千盏小灯。他们还在地面上建造了一些巨大的灯塔，灯塔上投射出来的光束穿透了整个天空，几千米外都能看到。叛军想要走出丛林，只需要抬头看看光束的方向就可以了，就像那些跟随着星星来到伯利恒的牧羊人一样。

最后，睿狮广告公司的团队决定采取一次规模更大的行动。

睿狮广告公司的专家发现，如果说这些藏身于丛林中的游击队员只有一件事情是他们无法放心的，那就是他们的母亲。他们从哥伦比亚特勤局拿到了一份有孩子加入哥伦比亚革命武装力量的妇女的名单。这些妇女中有些人已经20多年没见过她们的孩子了。卡洛斯和胡安向她们要来了那些游击队员儿时的照片，然后把这些老照片（只有游击队员自己能认出）放到了哥伦比亚革命武装力量正在发起进攻的丛林地区。这些照片都有一个简短的文字说明：“在成为游击队员之前，你是我的孩子。”

这是另一个直击人心的行动，它说服了218名“迷失”的儿女回到父母身边。[17]在与家人重新团聚之后，他们立即得到了特赦，然后加入了“重返社会”项目，以便学习一门手艺并找到一份工作。整个运动背后的秘诀是什么？将反叛者视为普通人，而不是怪物。“我们不是在寻找罪犯，”胡安解释说，“而是在寻找迷失在丛林中的孩子。”[18]

所有这些慷慨的行为的源头是哪里？为什么要特赦叛军分子，给他们提供培训和工作？哥伦比亚人民是如何让自己摆脱过去的？

当我向卡洛斯和胡安所在的睿狮广告公司的老板何塞·米格尔·索科洛夫（José Miguel Sokoloff）提出这些问题时，他笑了：“我认为我们的行动可能稍微夸大了愿意给叛军士兵第二次机会的人的数量。”[19]

他们并没有太多选择。睿狮广告公司遇到了欧洲各国在1914年面对的同一个悖论。离前线越远，人们的仇恨就越强烈。“那些从未受到战争影响的人往往是最糟糕的强硬派”，何塞也肯定了这种说法。但是，那些曾经被绑架过的人，或者痛失亲人的人，却恨不得把过去统统抛之脑后。

睿狮广告公司的团队决定把注意力集中到这些故事上来。他们决定，要让整个哥伦比亚看上去都像张开双臂欢迎迷途知返的叛军那样，目的是希望引发一个自我实现的预言。这个方案奏效了。自2010年以来，有成千上万的游击队员回到了自己的家，在短短几年时间内，哥伦比亚革命武装力量的成员就减少了一半。

当然，游击队员的这种“大逃亡”并不完全是由何塞和他的广告制作团队的行动造成的，但是哥伦比亚国防部相信以和平为导向的宣传起到了关键作用。考虑到圣诞彩灯比炸弹和手榴弹便宜得多，财政部无疑也会对这个结果感到非常满意。[20]

睿狮广告公司的宣传攻势为2011年开始的哥伦比亚和平进程提供了一个关键的推动力。[21] 几年之后，哥伦比亚总统胡安·曼努埃尔·桑托斯（Juan Manuel Santos），即当时与睿狮广告公司签约的国防部部长荣获了诺贝尔和平奖。经过半个多世纪的战斗，冲突终于结束了。到了第二年，哥伦比亚革命武装力量交出了数千件武器，最后剩下的所有游击队员都走出了丛林。

“今天是个特殊的日子，”桑托斯总统宣布，“今天是我们用和平的语言交换武器的日子。”[22]

给予的越多，得到的越多

当然，这并不是说哥伦比亚是在突然之间就变成一个和平的国家的。其他反政府组织仍然占据着这个国家的丛林。左翼哥伦比亚革命武装力量的解散，在一定意义上只是给其他极右翼准军事组织和贩毒集团腾出了空间。半个世纪的流血冲突留下的伤痕也不会在一夜之间就消失得无影无踪。

即便如此，这仍然是一个充满希望的故事。哥伦比亚这个广告团队所见证的，正是那种与100年前有同样强的感染力的善的力量。在1914年的那个圣诞节，当和平像流行病一样蔓延开来时，几乎没有士兵能“逃过一劫”。一个罕见的例外是巴伐利亚第16预备役步兵团一个20岁的下士，他梗着脖子宣称“这种事情不应该在战争时发生”，他的名字叫阿道夫·希特勒。[23]

绝大多数士兵都把战壕里的休战视为他们生命中的一个闪光点。一次又一次，是战斗在最前线的人最先伸出了友谊之手。从那里开始，友谊的精神在军队中蔓延，甚至感染了上尉、少校和上校。

只有那些身居最高位的领导人才怀有最严重的抵制情绪，因为事实证明将军们想竭尽全力阻止这个“和平之灾”。2014年12月29日，德国陆军司令部发布命令，严厉禁止一切“亲敌”行为。[24]一位英国陆军元帅对此表示赞同，他要求英军士兵立即停止展示一切友好姿态，任何违抗命令的人都将受到军事法庭的审判。

在随后的几年里，交战各方的军事领导人提前做好了更充足的准备。1915年的圣诞节，英国最高统帅部下令日夜不间断轰炸敌方的战略要地，扑灭了圣诞节可能带来的任何情绪火花。皇家韦尔奇燧发枪团（Royal Welch Fusiliers）的中尉温·格里菲斯（Wyn Griffith）说，他们接到了“严格的命令……我们必须始终保持对敌人的仇恨，对于对方的一切示意，都必须用子弹给予回击”。[25]

然而，如果决定是由士兵来做出的，那么战争在1914年圣诞节后就应该结束了。一位英国少校宣称：“如果可以由我们自己作主，那么我们决不会再开枪。”[26]

成千上万的士兵尽他们最大的努力维持着和平。信件在各个军事单位之间秘密地传递着。“明天要小心一些，”一支法国部队给一支德国部队写信道，“有个将军要来视察我们的阵地……我们将不得不开枪。”一个英国营地收到了一封来自德国士兵的类似信件：“我们将永远是你们的同志，如果我们被迫开枪，我们就往高处瞄准。”[27]

在前线的一些地方，士兵们设法将停火延长了几个星期。尽管采取了种种压制措施，但是停火仍在继续。1917年，当一半的法国师团发生兵变时，德国人甚至没有意识到有什么不对。他们认为法国士兵只是在继续坚持他们长期保持的不开枪的默契。[28]

在整个第一次世界大战期间，和平随时都有实现的可能。军事历史学家托尼·阿什沃思（Tony Ashworth）将1914年的圣诞节描述为“突然浮出水面的一整块冰山”。[29]因为即便是在战争时期，和平之山也有可能随时拔地而起。为了把这座和平大山压回到地底，将军、政治家和战争贩子不惜动用一切手段，从假新闻到绝对的武力强迫。而人类天生就是与战争格格不入的。

我们所有人，包括我在内，都需要记住的一件事是，其他人和我们自己是很相像的。电视上正在发泄愤怒的选民，统计数据里的难民，照片里的罪犯，他们每个人都是有血有肉的人，他们虽然可能过着与我们不一样的生活，但是他们也有可能就是我们的朋友、家人、爱人。

正如一名英国士兵意识到的："他们的家里也有他们自己爱的人。"[30]

当我们把自己禁锢在一方小天地里时，我们就再也认不清现实了。我们很容易习惯于认为是一小撮散布仇恨的少数派影响了全人类。就像在 Twitter 和 Facebook 上，几乎所有刻薄的恶毒之语都出自一些匿名的"网络喷子"之手。[31]然而，即便是最刻薄的"键盘恶魔"，在其他时候也可能是一个体贴的朋友或者有爱心的看护者。

相信人性本善并不是多愁善感或过于天真。恰恰相反，坚信和平和保持宽恕是勇敢和尊重现实的表现。何塞·米格尔·索科洛夫告诉我，哥伦比亚军队的一名军官曾经帮助传播了他们公司的圣诞广告。几个月后，这名军官在一次行动中牺牲了。想起自己从这个军官那里学到的东西，何塞仍然激动不已。"我想这样做，"这位军官告诉他，"因为慷慨使我变得更强大，也使我的士兵感到自己变得更强大了。"[32]

这确实是一个亘古不变的真理。就像生活中所有美好的东西一样，你给予的越多，得到的就越多。信任和友谊是这样，和平也是这样。

结　语
赖以生存的10大准则

如果你拍一部关于一个男人绑架一个女人并把她绑在暖气片上长达5年的电影（这种事情在整个历史上可能只发生过一次），那就叫作对社会的极度现实的分析。如果我拍一部电影，就像《真爱至上》那样，讲的是人们坠入爱河的故事（今天的英国大约有100万人坠入爱河），那么这部电影则会被视为是对一个不现实的世界的感性呈现。

——理查德·柯蒂斯

传说在德尔斐的阿波罗神庙的前庭上刻着两个单词——这座寺庙是一个主要的朝圣地，游客们从古希腊的四面八方来到这里，寻找神的旨意。

一进门，朝圣者就会看到两个单词：GNOTHI SEAUTON，意思是“认识你自己”。

全面考虑了心理学、生物学、考古学、人类学、社会学以及历史学的最新证据后，我们只能得出这样的结论：人类几千年来一直都在错误的自我形象的指引下前行。多少年来，我们一直认为人类是自私的，每个人都是禽兽，甚至还要更坏。多少年来，我们一直认为文明只是一层极其脆弱的外壳，哪怕是一丁点儿挑衅也会把它撕裂。现在我们知道，这种人类观和对历史的看法，都是完全不现实的。

在后面的内容中，我试图向大家呈现一个新的世界。如果我们改变了对人性的看法，那么一个崭新的世界就在前面等着我们。而我可能只描述了新世界的一点皮毛。无论如何，如果我们相信大多数人都是正派的和善良的，一切都会变得不同。我们完全可以重新思考如何重塑我们的学校和监狱，重塑我们的企业和民主制度，重新思考我们的生活方式。

行文至此，我应该指出一点，那就是我不是一个推崇“自助”的人。如果你问我为什么，我的回答是，我们现在生活在一个自省太多、反思太少的时代。一个更好的世界不是从我开始，而是从我们所有人开始的，而且我们面临的主要任务是构建不同的制度。给出另外 100 个关于如何攀登事业高峰或寻找致富之路的建议，对我们没有任何帮助。

有一个朋友问我，写这本书是否改变了我对生活的看法。我的回答是肯定的。一个人所持的关于人性的现实主义观点，一定会对他如何与他人互动产生重大影响。所以不管怎样，下面我想列举出自己的 10 条生活准则，它们都是基于我在过去几年里学到的东西得出的。

1. 无法确定的时候，多往好处想。

这第一条准则是最难遵守的。在本书第 3 章中，我们看到人类早就进化出了沟通能力，但沟通是一件很复杂的事情。你说的话可能会被他人误解，或者别人可能会因为你的言行而感到滑稽可笑，又或者别人对你的恶意评论可能会像小道消息一样不胫而走。在每一段关系中，即便是建立在多年婚姻基础上的关系也一样，我们都会经常弄不清楚对方对自己的看法。

所以我们就会开始猜疑。比如，假设我怀疑我的某个同事不喜欢我。不管这是不是真的，我的行为肯定会因此而改变，但这对我们的关系没有任何帮助。在本书第 1 章中，我们看到人们身上存在着消极偏见。让人感到不愉快的言语会给人留下更深刻的印象，甚至比 10 句恭维话加起来的印象还要深刻（坏的东西似乎影响更大，但是好的东西最终总能胜过坏的东西）。糟糕的是，当我们有所怀疑时，我们总是倾向于往坏处想。

与此同时，我们也是所谓的非对称反馈（asymmetrical feedback）的受害者。大体上说，非对称反馈意味着，如果你错误地相信了某个人，那么真相迟早会浮出水面。你会发现，你最好的朋友在骗走你一生的积蓄之后已经逃往国外去了，或者买下那套看上去需要修缮的房子其实是一个好得令人难以置信的交易，又或者在使用了整整六个星期的健腹轮后，你仍然没有练出电视广告所承诺的六块腹肌。如果你太容易轻信别人，最终你肯定会发现这一点。[1]

但是，如果你决定不信任任何人，你就永远不会知道你是不是做对了，因为你永远得不到任何反馈。假设你被一个有金色头发的荷兰人骗了，所以你发誓再也不相信来自荷兰的有金色头发的人了。在你的余生里，你会对所有的金发荷兰人产生怀疑，你将不再去面对一个简单的事实：大多数金发荷兰人都是相当正派的。

那么，当你对别人的意图产生怀疑时，你该怎么做呢？

最现实的做法是往好处想，即假设他人是没有恶意的。通常情况下，这样做是合乎情理的，因为大多数人都是善意的。只有在极少数情况下，才会有人真的试图欺骗你。而且即使是在这种情况下，你的反应也很可能会产生非互补效应。[2]请回想一下与抢劫犯共进晚餐的胡里奥·迪亚兹的例子吧。

但如果你最终还是被骗了，又该怎么办呢？心理学家玛利亚·康尼科娃（Maria Konnikova）在她那本关于职业骗子的引人入胜的书中谈到了这一点。[3]你可能会认为她最主要的建议是时刻保持警惕。其实不是的。康尼科娃是研究欺诈和诈骗的权威专家，她得出了一个异乎寻常的结论。她说，更好的办法是接受你偶尔会被欺骗这个事实，这只是用来换取一生对他人的信任的一个小小的代价。

当我们对他人的信任被证明为错的时候，大多数人都会感到羞愧。但是，如果你是一个现实主义者，你其实应该感到一点点自豪。更直接一些的说法是，如果你从来没有被别人骗过，那么你应该问问自己，你本身是否会信任别人。

2. 考虑双赢的可能。

有一天，托马斯·霍布斯和一个朋友在伦敦闲逛，途中，霍布斯突然停下来给了一个乞丐一些钱。他的朋友很是惊讶。霍布斯经常说，人的本性是自私的，但他这样做又是为什么呢？这个哲学家没有看到霍布斯的行为的另一面——目睹乞丐所遭受的苦难让霍布斯感到不舒服，所以他给了乞丐几个硬币以便让自己感觉良好。因此，他的行为仍然是受私利驱使的。[4]

在过去的几个世纪里，哲学家和心理学家一直在为一个问题而绞尽脑汁：人类身上是否存在纯粹的无私？说实话，关于纯粹的无私的整个辩论并不是我真正感兴趣的。你只需试着想象一下，如果你生活在一个这样的世界里，每当你做了一件好事，你都会有一种非常不舒服的感觉，那将会是一个什么样的地狱？

幸亏，一个极好的事实是，我们生活在一个做好事让人感觉良好的世界里。我们喜欢食物，是因为如果没有食物我们会饿死。我们喜欢性生活，是因为如果没有性行为，我们会灭绝。我们喜欢帮助别人，是因为如果没有彼此，我们就会慢慢枯萎凋零。做好事通常让人感觉很好，是因为它本身就是一件好事情。

可悲的是，至今仍然有无数的公司、学校和其他机构都是围绕着一个不真切的神话来运转的：相互竞争是人类的天性。唐纳德·特朗普在他的《特朗普传：激情创造梦想》（*Think Big and Kick Ass*）一书中建议："什么是一桩好交易？你赢了，而不是对方赢了的交易就是好交易。你击败了对手，为自己赢得了更好的东西。"[5]

但我认为恰恰相反。最好的交易是每个人都是赢家的交易。挪威那些监狱不好吗？它们更好、更人道，性价比更高。乔斯·德·布洛克在荷兰创办的居家护理机构呢？它以更低的成本提供了更高质量的服务，同时还支付了更多的报酬给员工，让员工和患者都很满意。在这种情况下，每个人都是赢家。

同样，大量关于宽恕的文献都强调，宽恕他人是符合我们自身的利益的。[6]宽恕不仅是一份礼物，它还是一笔好买卖，因为宽恕意味着不需要把精力浪费在反感和怨恨上。实际上，你可以通过宽恕使自己得到解放。"宽恕就是释放囚犯，"神学家刘易斯·斯孟迪斯（Lewis Smedes）这样写道，"而且你会发现那个囚犯是你自己。"[7]

3. 多问问题。

世界历史上几乎每一种哲学的黄金法则都是一样的:“己所不欲,勿施于人。”这个黄金法则所包含的智慧,早在 2 500 年前就被中国的思想家孔子阐述过了。它后来又出现在了希腊历史学家希罗多德和柏拉图的哲学中,几个世纪后,这条法则又相继被编入了犹太教、基督教和伊斯兰教的典籍中。

如今,数以十亿计的父母仍然在对他们的孩子重复着这条黄金法则。具体地说,它表现为两种类型:积极的劝告(“己所欲,施于人”)和消极的劝告(“己所不欲,勿施于人”)。一些神经学家甚至认为,这个法则是人类数百万年进化历程的产物,已经被编码进了我们的大脑。[8]

即便如此,我还是认为这条黄金法则其实并不广泛适用。在本书第 10 章,我们看到同理心可能是一个不好的“向导”。一个众所周知的简单事实是,我们并不总是善于感知他人的需求。所有那些自以为有发言权的经理、首席执行官、记者和政策制定者,实际上都在剥夺别人的发言权。这就是为什么你很少在电视上看到对难民的采访。这也是为什么我们的民主和新闻基本上是“单行道”。而且,这还是福利国家有着家长式作风的原因。

我们最好还是从一个问题入手吧。让公民有发言权,就像阿雷格里港的参与式预算那样(见本书第 15 章);让员工直接管理自己的团队,就像让·弗朗索瓦·佐布里斯特的公司那样(见本书第 13 章);让孩子们学习自己想学的东西,就像在斯耶夫·德鲁蒙的学校那样(见本书第 14 章)……又会怎么样呢?

这里说的其实是人们熟悉的“黄金法则”的一个变体,这个变体通常也被称为“白金法则”(Platinum Rule)，爱尔兰剧作家萧伯纳对它进行了很好的总结。他的建议是这样的：“不要因为希望别人怎样对待你，你就怎样去对待别人。他们的品位可能与你不一样。”[9]

4. 收敛同理心，培养同情心。

白金法则不是要求人们有同理心，而是要求他们有同情心。要解释这两者之间的区别，得先让我来介绍一下佛教僧侣马蒂厄·里卡德(Matthieu Ricard)，他有着传奇般的控制自身大脑的能力。如果你对此有兴趣，也想像他那样，那么我只能说祝你好运了——他花了 5 万个小时才做到这一点。

不久前，神经科学家塔尼亚·辛格(Tania Singer)邀请里卡德，让他在一个早晨接受了脑部扫描。[10] 辛格想知道的是，当我们与他人感同身受时，我们的大脑会发生什么。更重要的是，她想知道是否还有其他选择。

为了提前做好准备，辛格让里卡德在接受扫描前一天晚上看了一部关于罗马尼亚一家孤儿院的纪录片。第二天，当辛格对里卡德的大脑进行扫描时，要求他回忆一下这些孤儿茫然无措的双眼、消瘦的四肢等。里卡德按照她的要求去做了，他尽他所能地想象着那些罗马尼亚孤儿的感受。

短短一个小时后，里卡德就疲惫不堪了。

这证明了同理心对我们的影响，它会让人筋疲力尽。在后来的一个实验中，辛格让一组志愿者闭上眼睛，花 15 分钟来唤起尽可能多的同理心，每天都做，坚持一星期。这也正是他们所能忍受的最长时间。一星期结束后，所有的参与者都变得更加悲观了。一位妇女说，当她后来在火车上看到其他乘客时，她所能看到的只有痛苦。[11]

在请里卡德完成上面那场实验之后，辛格决定尝试一些不同的东西。她还是请这位高僧在扫描前想象一下罗马尼亚的孤儿，但这次不同的是，他不再需要站在他们的立场上去进行想象。相反，她让他运用多年来不断完善的技能，从旁观者的视角去思考。于是，里卡德没有再想象着去分担那些孤儿的痛苦，而是集中精力唤起温暖、关心和爱护的感觉。他没有去亲自感受他们的苦难，而是让自己超脱于他们的苦难之外。

辛格马上就在她的监视器上看到了不同，因为这一次激活的脑区与上一次完全不同。同理心主要激活的是位于耳朵上方的“前脑岛”，但是现在，里卡德的纹状体和眶前额叶皮层被点亮了。

发生了什么？里卡德的这种新的感觉和视角就是我们所说的同情。而且，与同理心不同，同情心不会消耗我们的能量。这一次里卡德感觉好多了。这是因为同情心是更可控、更超脱、更有建设性的东西。这不是共享他人的痛苦，而是帮助你认识到它，并据此采取行动。不仅如此，同情心还会给我们注入能量，这正是我们去帮助他人时所需要的东西。

再举一个例子，假设你的孩子害怕黑暗。作为父母，你不会蜷缩在房间的一个角落里，和你的儿子或女儿一起哭泣（同理心）。相反，你会努力让自己平静下来，并立即安慰他们（同情心）。

那么，我们都应该像里卡德那样开始冥想吗？我承认，在一开始这听起来对我来说有点抽象，但是有大量科学证据表明，冥想确实可以训练我们的同情心。[12] 大脑是一个可塑的器官。如果我们可以通过锻炼来保持身材，那么为什么不可以想办法锻炼我们的大脑呢？

5. 试着理解他人。

说实话，我已经尽自己最大的努力去冥想了，但是到目前为止还没有取得多大的进展。出于某种原因，总是会突然冒出一封电子邮件、一条 Twitter 或者一个视频（比如一只山羊在蹦床上跳跃），它们“要求”我立即予以关注。冥想 5 万个小时？对不起，我做不到，我有我自己的生活。

幸运的是，还有另一种方法可以帮助我们：使用 18 世纪启蒙运动哲学家的方法。那是什么呢？理性和智力。我们从理性的角度看待事物的能力是一个心理过程，它涉及大脑的不同部分。当我们试图用自己的智力去理解一个人的时候，会激活前额叶皮层，这个脑区位于前额后面，而人类的前额特别大。[13]

当然，我也知道，现在有很多研究关注的正是这部分大脑皮层会“犯错”的各种情形。研究表明，我们往往没有那么理性和冷静。尽管如此，我还是认为不能过分夸大这些研究的结果，这一点很重要。我们在日常生活中一直在使用合乎理性的论点和证据，我们已经建立了一个依赖法律、规则和协议的社会。人类其实比我们有时所认为的更擅长思考。我们的推理能力并不是覆盖在情感本质上的一层薄薄的外衣，而是决定我们是谁以及人之所以为人的一个基本特征。[14]

以挪威政府对监狱的看法为例，这似乎与大多数人的直觉相悖。然而，只要运用我们的智力去推理，同时与累犯率等数据相对比，我们就会认识到这是对付罪犯的一个绝佳方法。或者，再以纳尔逊·曼德拉的政治伦理为例。他不得不一次又一次地咬紧牙关，控制自己的情绪，时刻保持敏捷的思考和强大的分析能力。曼德拉不仅心地善良，而且极其机敏。信任他人，既是“感性”的决定，也是“理性”的决定。

当然，要理解别人为什么会是现在这个样子，并不意味着你需要与他心灵相通。你可以理解法西斯分子、恐怖分子或《真爱至上》的影迷，但是你没必要非得去体验当一个法西斯分子、恐怖分子，或者成为那种多愁善感的爱情电影的粉丝。不过我得承认，我正是最后一个群体的成员，而且为此感到骄傲。在理性的层面上理解他人是一种技能，它是你可以训练出来的一块“肌肉”。

我们最需要理性的地方，就是时不时地压抑我们想要友善地对待他人的欲望。有时候我们的社交本能会妨碍我们看到真相和寻求公平。为什么呢？只要考虑一下这些场景就明白了：我们不都碰到过有人受到不公平的对待，但是为了避免不愉快而保持沉默吗？我们不都遇到过为了维持表面和气而不得不忍气吞声吗？我们不都碰到过大家一起指责那些为争取自己的权利而斗争的人破坏了整体局面吗？

我认为这就是这本书的矛盾之处。我曾说过，人类已经从根本上进化成了一种社会性生物，但是有时候我们的社会性恰恰就是问题所在。历史告诉我们，进步往往始于那些看上去爱说教，甚至不友好的人，比如创建博组客的布洛克和创建阿戈拉的斯耶夫·德鲁蒙。他们是那些有勇气在社交场合发表演说的人，他们也是那些提出让你感到不舒服的话题的人。

请珍惜这些人吧，因为他们是进步的关键。

6. 爱自己。

2014 年 7 月 17 日，马来西亚航空公司的一架波音 777 客机在乌克兰的赫拉博夫坠毁。机上共有 298 名乘客，其中包括 193 名荷兰人。

起初，关于机上 298 名乘客死亡的新闻报道让人觉得很抽象，但是后来我在一家荷兰报纸上读到了一个故事，它深深地打动了我。[15] 它以一张卡林·凯泽尔（Karlijn Keijzer，25岁）和劳伦斯·范·德·格拉夫（Laurens van der Graaff，30岁）的照片开头。照片是在登机前被抓拍下来的，画面上是一名金发男子和一名卷发女子喜气洋洋的脸庞。接着我读到，他们是在阿姆斯特丹的划船俱乐部认识的。劳伦斯在为一份出色的学生报纸 *Propria Cures* 撰写文章，而卡林已经差不多完成了她在美国的博士学位申请工作。

他们深爱彼此。

报道引用了他们的一位朋友的话："他们是一对幸福的伴侣，非常恩爱，永远不会放弃对方。"我问我自己，我刚刚跳过了一篇讨论发生在伊拉克的各种暴行的文章，现在却为这两个人流泪，这难道不虚伪吗？通常这种报道会让我感到非常困扰，报纸上的标题是"两名荷兰公民在尼日利亚海岸附近遇难"，而事实是，当时飞机上的所有人都遇难了。

人类是一种有限的生物。我们更关心那些跟我们长相相似、语言相同、与我们有着类似背景的人。我也是金发，也参加过学生俱乐部。我也曾与一个卷发女孩相遇相恋，我也很想为 *Propria Cures* 杂志撰写文章。"那些了解劳伦斯的人都知道，"他的同事说，"只有死神才能让这个永远精力充沛的人停下脚步，因此他也许确实需要一枚防空导弹，这种玩笑虽然残酷，但也似乎不足为奇。"[16]

把他们在遇难前几小时开心地笑着的自拍照发给报社的是卡林的哥哥。"我唯一的要求就是，"他写道，"希望你能把我、我的其他姐妹和我的父母正在经历的痛苦告诉全荷兰和全世界的人，这也是其他数百位荷兰人正在经历的。"

他说得对。许多荷兰人，他们要么认识那架飞机上的某个人，要么认识的人中有人认识那架飞机上的某个人……在那些日子里，我对全体荷兰人产生了一种从未有过的感觉。

为什么我们更关心那些跟自己很相似的人？在本书第 10 章中，我已经指出过，邪恶在远处更能发挥作用。因为距离足够远，我们可以在互联网上随意攻击陌生人。因为距离足够远，士兵也忘记了他们对暴力的厌恶。距离导致了奴隶制和大屠杀等人类历史上最可怕的罪行。

但是选择同情之路，你就会意识到你和陌生人之间的差别其实非常小。同情心会让你超越自我，直到你觉得世界上的其他人与那些和你亲近的人一样重要。要不然，为什么释迦牟尼要离开他的家人？耶稣为什么要指示他的门徒离开他们的父母、妻子、孩子和兄弟姐妹呢？

不过，你或许可以先不用想这么远。

或许，对同胞的爱可以从小事开始。如果一个人满怀自我厌恶之心，他又怎么可能会去爱别人呢？如果一个人对自己的家人和朋友都漠不关心，那么他的双肩又如何挑得起世界的重担呢？一屋不扫何以扫天下！在那 193 名荷兰乘客中，有许许多多的人，男人和女人，艾滋病研究者和人权倡导者，都在孜孜不倦地努力让世界变得更美好。然而，最大的损失和痛苦是由那些与他们最亲近的人承担的。

作为人类，我们各不相同，我们各有所好，我们更在乎自己的喜好，这些都没什么好羞愧的。事实上，恰恰是因为这些，我们才被称为人。但是，我们也必须明白，其他人，那些遥远的陌生人，也有他们深爱的家人。他们和我们一样都是人。

7. 避开扭曲的新闻。

如今，导致人与人之间产生距离的最大的原因就是新闻。晚间新闻表面上可能会让你感觉更贴近现实，但是事实恰恰相反，它只会扭曲你的世界观。新闻倾向于将人们归纳为“政治家”、“精英”、“种族主义者”和“难民”等不同的群体。更加糟糕的是，新闻只会聚焦在一些非常特殊的情况上，并且会过度放大那些不好的事情。

社交媒体也是如此。一开始，也许只是两个恶霸在遥远的某处发表仇恨言论，然后算法就会将有关他们的消息推送到我们的 Facebook 和 Twitter 的头条位置。它们的盈利越高，人们的行为就越糟糕。因为不良行为更能吸引我们的注意力，所以相关内容就会获得更高的点击量，而我们点击得越多，数字平台的广告收入也会随之水涨船高。[17] 这样一来，社交媒体就变成了放大人类糟糕品质的放大器。

神经科学家指出，我们对新闻和推送消息的偏好，已经表现出了上瘾的症状，当然硅谷很久以前就发现了这一点。Facebook 和谷歌等公司的管理人员会严格限制自己的孩子花在互联网和社交媒体上的时间。就在教育专家在学校里为 iPad 的普及和学生数字技能的提高而大唱赞歌的时候，科技精英们却像毒枭一样，严密地保护着自己的孩子免受这些有毒企业的伤害。[18]

那么，我的建议是什么呢？主要有以下几条：避开晚间新闻；阅读星期天的报纸上那些调查更细致、分析更周详的文章；远离手机屏幕；接触鲜活的个人。你要像挑选对身体有益的食物一样，仔细思考哪些信息可以滋养你的大脑。

8. 保持宽容。

如果你是一个狂热的新闻迷，那么你很容易就会陷入绝望。例如，有人会说，当其他人都在逃避他们的责任时，你坚持废物回收利用、纳税和给慈善机构捐赠又有什么意义呢？

如果这种观点对你有一定诱惑力，那么请你一定要记住，愤世嫉俗论只是拒绝努力的另一种说法。它是一个不用承担责任的借口。因为如果你相信大多数人都是堕落腐化的，你就不需要对不公正感到愤怒了。不管怎样，这个世界都将变成一个地狱。

还有另外一种积极行动的人，他们看起来很像愤世嫉俗论者。这是一种经常帮倒忙的人，他们最关心的是自己的自我形象。沿着那条路走下去，一个人就会成为那种最了解情况的反叛者，他将只会给出建议，而从不真正关心他人。坏消息对他们来说就是好消息，因为坏消息（“全球变暖正在加速！”“不平等状况比我们想象的还要糟糕！”）能够证明他们一直都是对的。[19]

但是，我们还有一个不同的方法。发生在德国小镇温西德尔的一个故事很好地说明了这个方法及其效果。20 世纪 80 年代末，希特勒的副手鲁道夫・赫斯（Rudolf Hess）被安葬在了当地的一个公墓里，于是温西德尔迅速变成了新纳粹主义的朝圣地。即便是在今天，在每年的 8 月 17 日，也就是赫斯的忌日，德国各地的“光头党”党徒都会汇聚到温西德尔来，他们在镇上游行、捣乱，希望能够煽动暴乱，引发暴力冲突。

每一年，反法西斯主义者都会适时地出现，把这些新纳粹分子想要的东西（暴乱和暴力）“送给”他们。冲突几乎不可避免。曾几何时，反法西斯主义者对纳粹分子挥拳相向的视频在网络上到处可见。尽管这些反法西斯主义者为自己的行动而自豪，但是事实证明，这样做的效果适得其反。就像对中东某些国家和地区进行轰炸等于是为恐怖分子送“甘露”一样，重拳打击纳粹分子只会强化极端分子想要给大众造成的恐怖印象。这种行为“证实”了他们的世界观，也让他们更容易吸收新的成员。

温西德尔镇的居民决定尝试一种不同的策略。2014 年，一个名叫法比安·威奇曼（Fabian Wichmann）的风趣幽默的德国人想出了一个绝妙的主意。如果温西德尔镇把新纳粹分子为鲁道夫·赫斯举行的游行转变成慈善游行会怎么样？居民们很喜欢这个主意。新纳粹分子每行进一米，市民们就承诺向威奇曼创建的一个组织“退出德国”（EXIT – Deutschland）捐赠 10 欧元。这个组织的宗旨正是帮助人们摆脱极右势力。

活动开始之前，市民们划定了一条起跑线和一条终点线。他们制作了横幅，感谢游行者为他们做出的贡献。与此同时，新纳粹分子却不知道发生了什么。当天，温西德尔镇的居民大声欢呼着迎接他们，并在他们越过终点线时向他们抛撒五彩纸屑。后来统计，这次活动总共筹集了两万多欧元。

威奇曼强调，在开展类似这样的活动之后，最重要的是要保持大门一直敞开。2011 年夏天，他的组织在德国一个极端主义摇滚音乐节上分发 T 恤衫。有意思的是，这些 T 恤衫都印有极右势力的标志，最初给人的感觉似乎是在支持新纳粹主义意识形态。但是，这些 T 恤衫在洗涤之后，极右势力的标志就消失了，取而代之的是一条完全不同的信息：“你的 T 恤衫能做到的，你当然也能做到，我们可以帮助你摆脱极右势力。”[20]

这听起来可能有些像恶作剧，但是在随后的几个星期内，打给“退出德国”组织的电话数量增加了300%。威奇曼观察到，他们印在T恤衫上的信息让新纳粹分子感到非常困惑。他们原本以为，新纳粹分子可能会非常厌恶这些T恤衫，会对他们的行为表示愤怒，结果却收获了意外之喜，新纳粹分子向他们伸出了手。

9. 不要因为做好事感到羞耻。

想要伸出援助之手，你最需要的是勇气。因为你可能会被贴上“心肠软”或“爱炫耀”的标签。耶稣在登山宝训中警告说：“所以你施舍的时候，不可在你前面吹号……当你祷告的时候，要进你的内屋，关上门，祷告你在暗中的父。”[21]

从表面上看，这似乎是一个合情合理的建议。谁会乐意自己被别人当作一个道貌岸然的人呢？秘密地做好事要安全得多，或者至少得先准备一个借口：

> 我只是想让自己不闲着无聊。
>
> 反正我也不差这点钱啊。
>
> 它会让我的简历看起来更不错。

现代心理学家发现，当人们出于好心去做某事时，他们往往会先编造出一些自私的借口或动机。这种现象在饰面理论最为根深蒂固的、强调个人主义的西方文化中最为普遍。[22]这种做法也许是有道理的：如果你认为大多数人都是自私的，那么任何你做的好事都有可能被人质疑。正如一位美国心理学家所指出的，“人们似乎不愿承认，他们的行为可能是受真正的同情或善意所驱使的”。[23]

不幸的是，这种不愿承认恰恰发挥了像反安慰剂一样的作用。当你把自己伪装成一个自我中心主义者时，你就强化了其他人关于人生而自私的假设。更糟糕的是，当你掩盖你的善行时，也就等于把这些善行隔离了起来，它们也就不能成为别人的榜样了。这实在是一种耻辱，因为"稚人"最大的超能力就是我们非常擅长模仿他人。

请不要误会我的意思。激励他人与你炫耀自己的善行不是一回事，倡导公益也绝对不等于自吹自擂。在登山宝训中，耶稣告诫他的门徒要提防一些东西，但是他同时也在鼓励另一些东西。

> 你是世上的光。城造在山上，是不能隐藏的。人点灯，不放在斗底下，乃是放在灯台上，就照亮一家的人。你们的光也当这样照在人前，叫他们看见你的善行……"[24]

2010年，两位美国心理学家通过一项杰出的实验研究证明，做好事是可以传染的。[25]他们设计了一个捐款游戏，让120名互不相识的志愿者分成四人一组。一开始每个人都分到了一些现金，然后他们可以自由选择是不是要捐款以及捐多少。在每一轮游戏结束之后，所有的小组都要进行重新组合，这样就不会有相同的两个人在同一个小组里出现两次。

在第一轮游戏结束之后，这个实验变成了一个货真价实的金钱倍增游戏。每当有人在第一轮中多捐出1美元时，组里的其他参与者在第二轮中就会平均多捐出20美分，即便他们在第二轮中是在与不同的人一起玩这个游戏。到了第三轮，参与者平均会多捐出5美分。

我经常会回想起这个研究，因为这个实验包含了许多我想要牢牢记住的东西。每一件好事都像抛向池塘里的一颗鹅卵石，它会向四面八方激起涟漪。"我们往往看不到，我们的慷慨在通过社交网络传播开来之后，"其中一名研究人员指出，"会影响几十人甚至几百人的生活。"[26]

仁慈是有传染性的，而且它的传染性非常强，甚至能够感染那些原来在远远的地方冷眼旁观的人。最早研究这种效应的心理学家之一是 20 世纪 90 年代末的乔纳森·海特（Jonathan Haidt）①。[27] 他在一篇文章中讲述了一个学生帮助一位老太太铲雪的故事。他的一个朋友看到这一幕无私的画面后写道：

> 我真想从车里跳下来拥抱这个家伙。当时，我很想唱歌、跑步，或者蹦蹦跳跳和大笑。反正就是想变得积极一些。我真的很想为人性大唱赞歌，或者书写一首优美的诗或情歌，像孩子一样在雪地里玩耍，告诉每个人他的善行。[28]

海特发现，人们常常会对一些非常简单易行的慷慨行为感到惊讶和感动。当这位心理学家询问参加实验的被试，这种经历对他们有什么影响时，他们都声称，自己会产生一种不可抗拒的冲动，也想要去帮助别人。

海特称这种情绪为“提升”（elevation）。人类天生如此，一个简单的善意之举就会让我们感到温暖，就会让我们激动不已。特别有意义的是，即便我们是从别人那里听到这种故事的，这种效应也会产生。就好像我们按下了一个心理重置按钮，抹去了所有愤世嫉俗的感觉，重新对世界形成了一个清晰的认识。

10. 面对现实，做一个新现实主义者。

这是我生活中最重要的准则。

如果说我希望自己能够通过这本书达成什么目标的话，那就是改变

---

① 知名心理学家，弗吉尼亚大学心理学系教授，其代表作《象与骑象人》中文简体版已由湛庐策划、浙江人民出版社出版。——编者注

“现实主义”这个概念的含义。在其现代用法中，现实主义者已经变成了愤世嫉俗者的同义词——对于那些持悲观看法的人来说，难道不是吗？

愤世嫉俗者才是真正的局外人。我们实际生活在A星球上，这里的人们天生就倾向于善待彼此。

所以，面对现实吧。勇敢点，忠于你的本性，拿出你的信任，光明正大地去做好事吧，不要因为自己的慷慨大方而羞耻。或许一开始你可能会被他人认为是轻率的、天真的，但是请你记住，今天的幼稚可能意味着明天的常识。

是时候成为一个新现实主义者了，是时候对人类形成一个全新的认识了。

致谢

2013 年 1 月，我收到荷兰哲学家罗布 · 威伯格（Rob Wijnberg）发来的短信，他问我是否愿意一起喝杯咖啡。他告诉我，他想与我讨论建立一个全新的新闻平台的计划。他设想的新闻平台没有传统的新闻和广告，也不会有愤世嫉俗论者的冷嘲热讽。相反，它将致力于提供解决方案。

几个月后，众筹新闻网（De Correspondent）问世了，它在众筹领域创造了一项新的世界纪录，而且我也在这里找到了一份新的工作。这本书就是我在众筹新闻网工作 6 年的成果。它也是我与读者无数次交流的产物。在此过程中，读者们不断地打磨、改进，甚至颠覆我的想法。这本书也是我在被我称为“内在驱动力”的那种神奇的东西驱动下，发展自身兴趣的结果。

我要感谢我在众筹新闻网的所有同事。首先是罗布，他给了我无与伦比的推动力。感谢杰西 · 弗雷德里克（Jesse Frederik），他教会了我用更具批判性的眼光看待自己的想法。感谢米卢 · 克莱因 · 兰克霍斯特（Milou Klein Lankhorst），他再次证明了自己是欧洲最棒的图书出版商。还要感谢安德烈亚斯·琼克斯（Andreas Jonkers），他作为合作出版商对于本书的贡献是无价的。

我很幸运，哈明克·梅登多普（Harminke Medendorp）同意担任本书荷兰语版的编辑。哈明克在她的领域里无疑是最优秀的，她会一针见血地提出一些尖锐的问题，让你意识到自己真正想说的是什么。我还要感谢所有读过荷兰语手稿的同事，包括托马斯·凡赫斯特（Tomas Vanheste）、毛里茨·马蒂恩（Maurits Martijn）、罗桑·斯米茨（Rosan Smits）、马尼克斯·德·布鲁因（Marnix de Bruyne）、桑内·布劳（Sanne Blauw）、米希尔·德·胡格（Michiel de Hoog）、约翰内斯·维瑟（Johannes Visser）、塔玛尔·斯特林（Tamar Stelling）、杰尔默·马默斯（Jelmer Mommers）、阿尔扬·范·韦伦（Arjen van Veelen）、梅特·维穆伦（Maite Vermeulen）、里夫·博尔（Riffy Bol）、夏洛特·雷马克（Charlotte Remarque）和安娜·沃瑟斯（Anna Vossers）。当你和像他们这样的人一起工作时，是很难成为一个愤世嫉俗论者的。

同时，我也要感谢马蒂亚斯·范·克拉维伦（Matthias van Klaveren）、塞姆·德·马格特（Sem de Maagt）和卡琳·金玛（Carlijn Kingma），他们阅读了手稿的部分内容并提供了宝贵的建议。卡琳是欧洲最有才华的艺术家之一，她根据这本书创作的艺术作品很可能会在我这本书被当作垃圾回收后很长一段时间内仍然挂在博物馆里。

对于本书的英文翻译，我非常感谢伊丽莎白·曼顿（Elizabeth Manton）和埃丽卡·摩尔（Erica Moore）。翻译是一门困难的、往往被低估的手艺活，在他们手中，翻译变成了一门艺术。我还要感谢

利特尔 & 布朗出版社（Little，Brown and Company）的编辑本·乔治（Ben George）和布卢姆斯伯里出版社（Bloomsbury）的亚历克西斯·基施鲍姆（Alexis Kirschbaum），他们帮助我进一步完善了文本，我也要感谢我的文学经纪人丽贝卡·卡特（Rebecca Carter）和艾玛·帕里（Emma Parry），他们从一开始就对这本书充满了信心。

最后，我还要感谢我的家人、我的姐妹、连襟和我的所有朋友。感谢我最好的朋友朱瑞斯（Jurrien）。感谢马尔滕（Maartje）为我所做的一切（包括拟定英文书名）。感谢我的父母，佩特和凯斯·布雷格曼（Peta and Kees Bregman），这本书就是献给他们的。

译者后记

HUMANKIND

荷兰历史学家和作家鲁特格尔·布雷格曼写作这本书的目的，是解构“人的本性是自私的”这个历史悠久的传统观点。他从多学科交叉的角度出发，以讲故事的方式，重新解读了心理学、人类学、考古学、社会学等多个学科的证据，得出了一系列令人耳目一新的关于人性的结论，并在此基础上重新定义了（关于人性的）现实主义。鲁特格尔指出，以往把人的本性看得很坏的那种“现实主义”，只不过是一种“愤世嫉俗论”。例如，他认为，人类并不是天生就有暴力倾向的，相反，人类天生觉得对他人施暴是一件极其痛苦的事情。他还强调，用最大的善意看待他人，往往会带来最好的结果。

鲁特格尔并不是一个盲目的乐观主义者，他其实是一个“可能主义者”。事实上，他在书中一再表示，他非常担心悲观主义者（愤世嫉俗论者）的预言会最终变成现实。为此，他在本书的开篇就引用了契诃夫的一句话：“让一个人看清他自己的为人，他就能变得更好。”我们拥有让世界变得更好的能力，清楚地认识自己，一切皆有可能。

另外值得一提的是，这本书写得很流畅。它的内容讨喜，行文简洁生动，使得我的翻译工作成了一种享受。我希望自己的译稿也能给读者带来很好的阅读体验。

翻译本书，我首先要感谢的是太太傅瑞蓉。人性之美好，在她身上有着充分的体现。她在翻译过程中给了我莫大的支持和帮助，还完成了译稿的初校。感谢儿子贾岚晴，他的纯真和善良，他的成长和进步，令我在翻译时身心舒畅。

感谢农夫山泉公司，感谢钟睒睒，给了我在工作之余读书、写作、译书的空间。

译者水平所限，书中定有不足之处，敬请读者批评指正！

贾拥民

于杭州耑谷阁

导论　人类共有的特质

1. 这句话是丘吉尔 1934 年 7 月 30 日在下议院发表演讲时说的。
2. J. F. C. Fuller, *The Reformation of War* (London, 1923), p. 150.
3. Gustave Le Bon, *The Crowd. A Study of the Popular Mind* (Kitchener, 2001), p. 19。第一版出版于 1896 年。
4. Richard Overy, 'Hitler and Air Strategy', *Journal of Contemporary History* (July 1980), p. 410.
5. J. T. MacCurdy, *The Structure of Morale* (Cambridge, 1943), p. 16.
6. 引自 Richard Overy, *The Bombing War. Europe 1939—1945* (London, 2013), p. 185。
7. Angus Calder, *The People's War. Britain 1939—1945* (London, 1991), p. 174.
8. Overy, *The Bombing War*, p. 160.
9. Robert Mackay, *Half the Battle: Civilian Morale in Britain During the Second World War* (Manchester, 2002), p. 261.
10. 引自 Overy, *The Bombing War*, p. 145. In early 1941, only 8 percent of bomb shelters were still being used。参见 Overy, p. 137。
11. Sebastian Junger, *Tribe. On Homecoming and Belonging* (London, 2016).

12. Richard Overy, 'Civilians on the frontline', *Observer* (6 September 2009).
13. Mollie Panter-Downes, *London War Notes 1939—1945* (New York, 1971), p. 105.
14. Overy, *The Bombing War*, p. 264.
15. 朋友都认为弗雷德里克·林德曼是这样一个人，"总是认为自己在任何事情上都是正确的，他从来都不会屈服或承认失败"；"他总是倾向于把那些与自己所持意见相反的观点当作对个人的侮辱"；"他从来不会因为自己不懂某个问题而选择不发表他的高谈阔论"。参见 Hugh Berrington, 'When does Personality Make a Difference? Lord Cherwell and the Area Bombing of Germany', *International Political Science Review* (January 1989)。
16. 引自 Brenda Swann and Francis Aprahamian, *J. D. Bernal. A Life in Science and Politics* (London, 1999), p. 176。他们找到 2 000 名儿童写下描述他们自身经历的文章。今天阅读这些文章，人们仍然会对他们的勇气感到震惊。"我被埋了，我被割伤了，但我仍然在帮忙拉抬死伤者。"一个 10 岁的男孩这样描述他的经历。参见 Martin L. Levitt, 'The Psychology of Children: Twisting the Hull-Birmingham Survey to Influence British Aerial Strategy in World War II', *Psychologie und Geschichte* (May 1995)。
17. Solly Zuckerman, *From Apes to Warlords*. An Autobiography, 1904—1946 (London, 1988), p. 405。 在 1978 年出版的这本书的第一版中，祖克曼把赫尔报告的扉页当作附录，违反了直到 2020 年前都有效的公开出版禁令。
18. 引自 Charles Webster and Noble Frankland, *The Strategic Air Offensive Against Germany 1935—1945* (London, 1961), p. 332。
19. C. P. Snow, 'Whether we live or die', *Life* magazine (3 February 1961), p. 98.

20. Overy, *The Bombing War*, p. 356.
21. 引自 Jörg Friedrich, *The Fire. The Bombing of Germany 1940—1945* (New York, 2006), p. 438。
22. 引自 Friedrich Panse, *Angst und Schreck* (Stuttgart, 1952), p. 12。
23. Friedrich, The Fire, pp. 418—20.
24. 英国的报告直到 50 年后才公布。参见 Sebastian Cox (ed.), *British Bombing Survey Unit*, The Strategic Air War Against Germany, 1939—1945. The Official Report of the British Bombing Survey Unit (London, 1998)。
25. John Kenneth Galbraith, *A Life in Our Times* (Boston, 1981), p. 206。当然，最重要的问题是，如果盟国减少对空军的投入，增加对陆军和海军的投入，又会发生什么呢？第二次世界大战后，诺贝尔奖得主帕特里克·布莱克特（Patrick Blackett）写道，这场战争本应在 6 ～ 12 个月前就结束了。德国人也得出了同样的结论。德国军备和战争生产部部长阿尔伯特·施佩尔（Albert Speer）表示，他最担心的是针对德国基础设施的袭击，而德国空军指挥官赫尔曼·戈林（Hermann Goring）主要忌惮的是针对德国石油工厂的袭击。到 1944 年秋，德国的石油储备开始减少。坦克抛锚了，飞机被困在机库里，大炮被马匹拖着到处跑。但是这一切并没有阻止英国轰炸德国平民。在 1944 年的最后 3 个月里，53% 的轰炸是以城市区域为目标的，只有 14% 的轰炸目标瞄准了石油工厂。在那个时候，英国人实际上已经停止使用燃烧弹了，因为他们知道已经没有多少东西可以烧了。与此同时，德国恢复了石油生产。参见 Max Hastings, *Bomber Command* (London, 1979), pp. 327-34。
26. Edward Miguel and Gerard Roland, ‘The Long Run Impact of Bombing Vietnam’, *Journal of Development Economics* (September 2011), p. 2.

第 1 章　新现实主义

1. Tom Postmes, email to the author, 9 December 2016.
2. Jack Winocour (ed.), *The Story of the Titanic As Told by Its Survivors* (New York, 1960), p. 33.
3. 引自 Rebecca Solnit, *A Paradise Built in Hell. The Extraordinary Communities that Arise in Disaster* (New York, 2009), p. 187。
4. Frans de Waal, *The Bonobo and the Atheist. In Search of Humanism Among the Primates* (New York, 2013), p. 43.
5. Gary Younge, ‘Murder and Rape-Fact or Fiction?’, *Guardian* (6 September 2005).
6. 引自 Robert Tanner, ‘New Orleans Mayor Orders Police Back to Streets Amid Increasingly Violent Looting’, *Seattle Times* (1 September 2005)。
7. Timothy Garton Ash, ‘It Always Lies Below’, *Guardian* (8 September 2005).
8. Jim Dwyer and Christopher Drew, ‘Fear Exceeded Crime’s Reality in New Orleans’, *New York Times* (29 September 2005).
9. Havidán Rodríguez, Joseph Trainor and Enrico L. Quarantelli, ‘Rising to the Challenges of a Catastrophe: The Emergent and Prosocial Behavior Following Hurricane Katrina’, *The Annals of the American Academy of Political and Social Science* (No. 1, 2006).
10. Matthieu Ricard, *Altruism. The Power of Compassion to Change Yourself and the World* (New York, 2015), p. 99.
11. Enrico L. Quarantelli, ‘Conventional Beliefs and Counterintuitive Realities’, *Social Research: An International Quarterly of the Social Sciences* (No. 3, 2008), p. 885.

12. 引自 AFP/Reuters, 'Troops Told "Shoot to Kill" in New Orleans' (2 September 2005)。
13. Trymaine Lee, 'Rumor to Fact in Tales of Post-Katrina Violence', *New York Times* (26 August 2010).
14. Solnit, *A Paradise Built in Hell*, p. 131.
15. 引自 CNN Money, 'Coke Products Recalled' (15 June 1999)。
16. B. Nemery, B. Fischler, M. Boogaerts, D. Lison and J. Willems, 'The Coca-Cola Incident in Belgium, June 1999', *Food and Chemical Toxicology* (No. 11, 2002).
17. Victoria Johnson and Spero C. Peppas, 'Crisis Management in Belgium: the case of Coca-Cola',' *Corporate Communications: An International Journal* (No. 1, 2003).
18. 引自 Bart Dobbelaere, 'Colacrisis was massahysterie', *De Standaard* (2 April 2000)。
19. Karolina Wartolowska et al., 'Use of Placebo Controls in the Evaluation of Surgery: Systematic Review', *The British Medical Journal* (21 May 2014).
20. Clayton R. Critcher and David Dunning, 'No Good Deed Goes Unquestioned: Cynical Reconstruals Maintain Belief in the Power of Self-interest', *Journal of Experimental Social Psychology* (No. 6, 2011), p. 1212.
21. Sören Holmberg and Bo Rothstein, 'Trusting other people', *Journal of Public Affairs* (30 December 2016).
22. Jodie Jackson, 'Publishing the Positive. Exploring the Motivations for and the Consequences of Reading Solutions-focused Journalism', *constructivejournalism.org* (Fall 2016).
23. 参见 Wendy M. Johnston and Graham C. L. Davey, 'The psychological impact of negative TV news bulletins: The catastrophizing of personal worries', *British Journal of*

Psychology (13 April 2011)。

24. Hans Rosling, *Factfulness* (London, 2018), p. 50.
25. Chris Weller, 'A top economist just put the fight against poverty in stunning perspective', *Business Insider* (17 October 2017).
26. Toni van der Meer et al., 'Mediatization and the Disproportionate Attention to Negative News. The case of airplane crashes', *Journalism Studies* (16 January 2018).
27. Laura Jacobs et al., 'Back to Reality: The Complex Relationship Between Patterns in Immigration News Coverage and Real-World Developments in Dutch and Flemish Newspapers (1999—2015)', *Mass Communication and Society* (20 March 2018).
28. Nic Newman (ed.), Reuters Institute Digital News Report. Tracking the Future of News (2012)。参见 also Rob Wijnberg, 'The problem with real news-and what we can do about it', *Medium.com* (12 September 2018)。
29. 引自 Michael Bond, 'How to keep your head in scary situations', *New Scientist* (27 August 2008)。
30. Rolf Dobelli, 'Avoid News. Towards a Healthy News Diet', *dobelli.com* (August 2010).
31. Frans de Waal, *The Bonobo and the Atheist*, pp. 38-9.
32. Michael Ghiselin, *The Economy of Nature and the Evolution of Sex* (Berkeley, 1974), p. 247.
33. Joseph Henrich et al., 'In Search of Homo Economic us: Behavioral Experiments in 15 Small-Scale Societies', *American Economic Review* (No. 2, 2001).
34. David Sloan Wilson and Joseph Henrich, 'Scientists Discover What Economists Haven't Found: Humans', *Evonomics.com* (12 July 2016).

35. 引自 David Sloan Wilson, 'Charles Darwin as the Father of Economics: A Conversation with Robert Frank', *The Evolution Institute* (10 September 2015)。
36. Thucydides, *History of the Peloponnesian War*, translated by Rex Warner (1972), pp. 242-5.
37. Saint Augustine, *The Confessions of Saint Augustine*, translated by Maria Boulding (2012), p. 12.
38. Thomas Henry Huxley, *The Struggle for Existence in Human Society* (originally published in 1888).
39. Herbert Spencer, *Social Statistics*, Chapter XVIII, paragraph 4 (1851).
40. 印度独立运动的传奇领袖圣雄甘地曾被丘吉尔斥为“半裸的骗子”。被一个罪恶的政权关押了 27 年的纳尔逊・曼德拉说，“我不相信人性总是堕落的”“人类的善良是一个可以被隐藏但永远不会消失的秘密”。
41. Emma Goldman, *Anarchism and Other Essays* (Stillwell, 2008), p. 29。
42. 这说的是玛丽・林德加德，我们将会在第 9 章中再一次“见到她”。

第 2 章　真实的“蝇王”

1. 威廉・戈尔丁在 20 世纪 80 年代出版《蝇王》一书的有声读物时，在序言中回忆了这一点。参见 William Golding, *Lord of the Flies. Read by the author* (Listening Library, 2005)。
2. John Carey, *William Golding. The Man Who Wrote Lord of the Flies* (London, 2010), p. 150.
3. William Golding, *The Hot Gates* (London, 1965), p. 87.
4. Arthur Krystal (ed.), *A Company of Readers. Uncollected*

Writings of W. H. Auden, Jacques Barzun and Lionel Trilling (2001), p. 159.

5. 引自 Carey, *William Golding*, p. 82。
6. Ibid., p. 259.
7. In 'Dit gebeurt er als je gewone kinderen vrijlaat in de wildernis', *De Correspondent* (6 June 2017).
8. Frans de Waal, *The Bonobo and the Atheist*, p. 214.
9. MaryAnn McKibben Dana, 'Friday Link Love: Doubt, Virginia Woolf, and a Real-Life Lord of the Flies', *theblueroom.org* (3 May 2013).
10. Susanna Agnelli, Street Children. *A Growing Urban Tragedy* (London, 1986).
11. Jamie Brown, 'Mates Share 50-Year Bond', *Daily Mercury* (12 December 2014).
12. 引自 Kay Keavney, 'The Dropout Who Went to Sea', *The Australian Women's Weekly* (19 June 1974)。
13. 除另有说明外，本章中引用的彼得·沃纳和马诺·托托的所有话语均来自作者本人对他们的采访。
14. 参见 in particular Keith Willey, *Naked Island-and Other South Sea Tales* (London, 1970)。
15. 2007 年，澳大利亚纪录片制作人史蒂夫·鲍曼采访了戴维，并与我分享了他未发表的采访。这个引用转引自史蒂夫的纪录片。
16. Willey, *Naked Island*, p. 6.
17. 引自 Scott Hamilton, 'In remote waters', *reading the maps. blogspot.com* (18 November 2016)。
18. Peter Warner, Ocean of Light. *30 years in Tonga and the Pacific* (Keerong, 2016), p. 19.
19. 这也就是西奥内也记得这些的原因。“我们一直亲密无间，”他在电话里告诉我，“每当发生争吵时，我都会设法让孩子们安静下来。然后他们就会哭，会道歉，事情就这样结束了。每次都是这样。”

20. 事实上，这是很幸运的。孩子们以为他们已经接近萨摩亚了，便向南行进，而实际上他们还得向北走很久。
21. Willey, *Naked Island*, p. 33.
22. Warner, *Ocean of Light*, p. 89.
23. Charlotte Edwardes, ‘Survivor Game Show Based on Public School’, *Daily Telegraph* (3 June 2001).
24. Robert Evans and Michael Thot, ‘5 Ways You Don’t Realize Reality Shows Lie’, *Cracked.com* (7 July 2014).
25. Girl Scout Research Institute, ‘Girls and Reality TV’ (2011).
26. Robert Sapolsky, Behave. *The Biology of Humans at Our Best and Worst* (London, 2017), p. 199.
27. Bryan Gibson et al., ‘Just “Harmless Entertainment”? Effects of Surveillance Reality TV on Physical Aggression’, *Psychology of Popular Media Culture* (18 August 2014).
28. 引自 CBC Arts, ‘George Gerbner Leaves the Mean World Syndrome’, *Peace, Earth & Justice News* (8 January 2006)。
29. 这是接受纪录片制作人史蒂夫·鲍曼采访的一位教师。史蒂夫和我分享了一些未曾发表的材料。

第 3 章　友好与合作

1. 《牛津词典》将古人类定义为“灵长类动物的一个分支（人科），通常认为这个分支是人类的直接祖先，或者是一个与人类关系非常密切的物种”。如果采用更宽泛的定义，人科还包括类人猿。
2. Charles Darwin, ‘To Joseph Dalton Hooker’, *Darwin Correspondence Project* (11 January 1844).

3. Richard Dawkins, *The Selfish Gene. 30th Anniversary Edition* (2006), p. ix. Originally published in 1976。道金斯后来删除了这段话（详见本章末尾）。
4. Claire Armitstead, 'Dawkins sees off Darwin in Vote for Most Influential Science Book', *Guardian* (20 July 2017).
5. Michael J. Edwards, 'Fascinating, But at Times I Wish I Could Unread It', review on Amazon.com (7 August 1999)。这是亚马逊上排名最高的对这本书的评论之一。
6. Marcus E. Raichle and Debra A. Gusnard, 'Appraising the Brain's Energy Budget', *PNAS* (6 August 2002).
7. E. Hermann et al., 'Humans Have Evolved Specialized Skills of Social Cognition: The Cultural Intelligence Hypothesis', *Science* (7 September 2007).
8. Joseph Henrich, *The Secret of Our Success. How Culture Is Driving Human Evolution, Domesticating Our Species, and Making Us Smarter* (Princeton, 2016), pp. 16-17.
9. Ibid., pp. 17-21.
10. Maria Konnikova, *The Confidence Game* (New York, 2016)。想了解康尼科娃这本书更多的内容，请参阅结语。
11. Charles Darwin, *The Expression of the Emotions in Man and Animals* (New York, 1872), p. 309。2018 年发表的一项小型研究表明，有一种鹦鹉也有脸红的能力。这个研究的对象是 5 只蓝黄相间的金刚鹦鹉。参见 Aline Bertinet al., 'Facial Display and Blushing: Means of Visual Communication in Blue-and-Yellow Macaws (*Ara Ararauna*)?', *PLoS One* (22 August 2019)。
12. Johann Carl Fuhlrott, 'Menschliche Überreste aus einer Felsengrotte des Düsselthals. Ein Beitrag zur Frage über die Existenz fossiler Menschen', *in Verhandlungen des Naturhistorischen Vereins der preußischen Rheinlande*

und Westphalens (Part 16, 1859), pp. 131-53.

13. 这个协会的德语名字是 Niederrheinische Gesellschaft f ü rNatur- und Heilkunde。
14. Paige Madison, 'The Most Brutal of Human Skulls: Measuring and Knowing the First Neanderthal', *British Journal for the History of Science* (No. 3, 2016), p. 427.
15. Homo stupidus 是由生物学家厄恩斯特·海克尔（Ernst Haeckel）提出的，但没能流行起来，因为解剖学家威廉·金（William King）在两年前就已经杜撰了尼安德特人（Homo neanderthalensis）这个称谓。
16. 引自 João Zilhão, 'The Neanderthals: Evolution, Paleoecology, and Extinction', in Vicki Cummings, Peter Jordan and MarekZvelebil, *The Oxford Handbook of the Archaeology and Anthropology of Hunter-Gatherers* (Oxford, 2014), p. 192。
17. Thomas D. Berger and Erik Trinkaus, 'Patterns of Trauma among the Neandertals', *Journal of Archaeological Science* (November 1995).
18. Thomas Wynn and Frederick L. Coolidge, *How to Think Like a Neanderthal* (Oxford, 2012), p. 19。如果你仍然认为尼安德特人是野蛮的穴居人，那就再想想吧。2018 年，一个考古学家团队比较了同一时期的 295 个尼安德特人与智人（我们的直系祖先）的头骨骨折的情况。结果发现两者没有任何区别。尼安德特人的生活并不比我们更野蛮。人类内心深处似乎也有一点像原始的竞技牛仔。参见 Judith Beier et al., 'Similar Cranial Trauma Prevalence among Neanderthals and Upper Palaeolithic modern humans', *Nature* (14 November 2018)。
19. Paola Villa and Wil Roebroeks, 'Neandertal Demise: An Archaeological Analysis of the Modern Human Superiority

Complex', *PLoS One* (30 April 2014).

20. Yuval Noah Harari, Sapiens. *A Brief History of Humankind* (London, 2011), p. 19.
21. Jared Diamond, 'A Brand-New Version of Our Origin Story', *New York Times* (20 April 2018).
22. 除非另有说明，我这个故事的主要来源是 Lee Alan Dugatkin and Lyudmila Trut, How to Tame a Fox (and Build a Dog). *Visionary Scientists and a Siberian Tale of Jump-Started Evolution* (Chicago, 2017)。
23. Lee Alan Dugatkin and Lyudmila Trut, 'How to Tame a Fox and Build a Dog', *American Scientist* (No. 4, 2017).
24. Dugatkin and Trut, *How to Tame a Fox*, p. 58.
25. Ibid., p. 124.
26. Robert L. Cieri et al., 'Craniofacial Feminization, Social Tolerance, and the Origins of Behavioral Modernity', *Current Anthropology* (No. 4, 2014).
27. 人类并非尼安德特人的直系后代（尽管考虑到许多人都有尼安德特人的 DNA，很显然智人和尼安德特人曾经在一起孕育了后代）；然而，在 5 万年前，未驯化的智人祖先与尼安德特人更相似，这意味着他们看起来更男性化。参见 Brian Hare, 'Survival of the Friendliest: Homo sapiens Evolved via Selection for Prosociality', *Annual Review of Psychology* (2017)。
28. Brian Hare, The Genius of Dogs. *Discovering the Unique Intelligence of Man's Best Friend* (London, 2013). p. 40.
29. Ibid., p. 88.
30. Brian Hare, 'Survival of the Friendliest-Brian Hare, Duke Forward in Houston', YouTube (20 January 2016). Hare says this at 3:56 minutes.
31. 驯化对毛皮中的黑色素有影响，这也解释了德米特里的狐狸身上出现白点的原因。Brian Hare, 'Survival of the Friendliest:

Homo sapiens Evolved via Selection for Prosociality', *Annual Review of Psychology* (2017)。

32. Ricardo Miguel Godinho, Penny Spikins and Paul O'Higgins, 'Supraorbital Morphology and Social Dynamics in Human Evolution', *Nature Ecology & Evolution* (No. 2, 2018). A.Matteo Zanella, 'Dosage analysis of the 7q11.23 Williams region identifi es BAZ1B as a major human gene patterning the modern human face and underlying self-domestication', *Science Advances* (4 December 2019).
33. Henrich, *The Secret of Our Success*, p. 214.
34. James Thomas and Simon Kirby, 'Self domestication and the evolution of language', *Biology & Philosophy* (27 March 2018).
35. Peter Turchin, Ultrasociety. *How 10,000 Years of War Made Humans the Greatest Cooperators on Earth* (Chaplin, 2016), p. 48.
36. Joris Luyendijk, 'Parasitair', *NRC Handelsblad* (13 December 2012).
37. Julia Carrie Wong, 'Uber's "hustle-oriented" culture becomes a black mark on employees' résumés', *Guardian* (7 March 2017).
38. Jeremy Lent, *The Patterning Instinct. A Cultural History of Humanity's Search for Meaning* (New York, 2017), pp. 94-5.
39. Julianne Holt-Lunstad, 'Testimony before the US Senate Aging Committee', *aging.senate.gov* (27 April 2017).
40. Helen Louise Brooks, 'The Power of Support from Companion Animals for People Living with Mental Health Problems: A Systematic Review and Narrative Synthesis of the Evidence', *BMC Psychiatry* (5 February 2018).

41. 20 世纪 80 年代末，演化人类学家戴维·巴斯（David Buss）在 37 个国家进行了一项调查，询问了成千上万的人，问他们在寻找伴侣时最看重什么。这些人的回答显示出了性别之间的细微差异。女性的外貌对男人而言更重要，男性的金钱对女人而言更重要。这件事被媒体大肆报道，但其中完全被忽视的是人们一致认为最重要的一个特点：善良。参见 Dacher Keltner, 'The Compassionate Species', *Greater Good Magazine* (31 July 2012)。

第 4 章　不曾开枪的士兵

1. 引自 Melyssa Allen, 'Dog Cognition Expert Brian Hare Visits Meredith', *meredith.edu* (October 2016)。
2. Carsten K. W. De Dreu et al., 'The Neuropeptide Oxytocin Regulates Parochial Altruism in Intergroup Conflict Among Humans', *Science* (11 June 2010).
3. Raymond Dart, 'The Predatory Transition from Ape to Man', *International Anthropological and Linguistic Review* (No. 4, 1953).
4. Ibid.
5. 引自 Rami Tzabar, 'Do Chimpanzee Wars Prove That Violence Is Innate?' *bbc.com* (11 August 2015)。
6. Richard Wrangham and Dale Peterson, *Demonic Males: Apes and the Origins of Human Violence* (New York, 1996), p. 63.
7. 符号"！"的含义是，昆人说话时会发出一种"咔嗒咔嗒"的声音，那是他们的语言的一部分。
8. Richard Lee, *The ! Kung San* (New York, 1979), p. 398.
9. Steven Pinker, *The Better Angels of Our Nature. Why Violence*

Has Declined (London, 2011), p. 36.

10. Ibid., p. xxi.
11. Ibid.
12. 参见 Anthony King, *The Combat Soldier. Infantry Tactics and Cohesion in the Twentieth and Twenty-First Centuries* (Oxford, 2013), pp. 46-8。
13. Bill Davidson, 'Why Half Our Combat Soldiers Fail to Shoot', *Collier's Weekly* (8 November 1952).
14. 引自 King, *The Combat Soldier*, p. 48。
15. S. L. A. Marshall, *Men Against Fire. The Problem of Battle Command* (Oklahoma, 2000), p. 79.
16. Ibid., p. 78.
17. 引自 John Douglas Marshall, *Reconciliation Road: A Family Odyssey* (Washington DC, 2000), p. 190。
18. Ibid.
19. David Lee, *Up Close and Personal: The Reality of Close-Quarter Fighting in World War II* (London, 2006), p. 19.
20. 引自 Max Hastings, 'Their Wehrmacht Was Better Than Our Army', *Washington Post* (5 May 1985)。
21. Richard Holmes, Acts of War. *Behaviour of Men in Battle* (London, 1985), p. 376.
22. Dave Grossman, *On Killing. The Psychological Cost of Learning to Kill in War and Society* (New York, 2009), p. 31.
23. R. A. Gabriel, *No More Heroes. Madness and Psychiatry in War* (New York, 1987), p. 31.
24. Major T. T. S. Laidley, 'Breech-loading Musket', in *The United States Service Magazine* (January 1865), p. 69.
25. Grossman, *On Killing*, pp. 23-6.
26. Ibid., p. 23.
27. George Orwell, *Homage to Catalonia* (London, 2000), p.

39。第一版出版于 1938 年。
28. Randall Collins, *Violence. A Micro-sociological Theory* (Princeton, 2008), p. 53.
29. Ibid., p. 11.
30. 引自 Craig McGregor, 'Nice Boy from the Bronx?', *New York Times* (30 January 1972)。
31. Lee Berger, 'Brief Communication: Predatory Bird Damage to the Taung Type-Skull of Australopithecus africanus Dart 1925', *American Journal of Physical Anthropology* (31 May 2006).
32. 关于这场争论，参见 John Horgan, 'Anthropologist Brian Ferguson Challenges Claim that Chimp Violence is Adaptive', *Scientific American* (18 September 2014)。
33. Michael L. Wilson et al., 'Lethal Aggression in Pan is Better Explained by Adaptive Strategies than Human Impacts', *Nature* (18 September 2014).
34. Brian Hare, 'Survival of the Friendliest: Homo sapiens Evolved via Selection for Prosociality', *Annual Review of Psychology* (2017), pp. 162-3.
35. Robert Sapolsky, 'Rousseau with a Tail. Maintaining a Tradition of Peace Among Baboons', in *War, Peace, and Human Nature. The Convergence of Evolutionary and Cultural Views* (Oxford, 2013), p. 421.
36. John Horgan, 'The Weird Irony at the Heart of the Napoleon Chagnon Affair', *Scientific American* (18 February 2013).
37. Robert Sapolsky, *Behave. The Biology of Humans at Our Best and Worst* (London, 2017), p. 314.
38. R. Brian Ferguson, 'Born to Live: Challenging Killer Myths', in Robert W. Sussman and C. Robert Cloninger (eds), *Origins of Altruism and Cooperation* (New York,

2009), pp. 258-9.

39. 引自 Christopher Ryan and Cacilda Jethá, *Sex at Dawn. How We Mate, Why We Stray, and What It Means for Modern Relationships* (New York, 2010), p. 196。
40. Douglas Fry, 'War, Peace, and Human Nature: The Challenge of Achieving Scientific Objectivity', in Douglas Fry (ed.), *War, Peace, and Human Nature. The Convergence of Evolutionary and Cultural Views* (Oxford, 2013), pp. 18-19.
41. Ibid., p. 20.
42. Douglas P. Fry and Patrik Söderberg, 'Lethal Aggression in Mobile Forager Bands and Implications for the Origins of War', *Science* (19 July 2013).
43. Kim R. Hill et al., 'Hunter-Gatherer Inter-Band Interaction Rates. Implications for Cumulative Culture', *PLoS One* (24 June 2014).
44. K. R. Hill et al., 'Co-residence Patterns in Hunter-Gatherer Societies Show Unique Human Social Structure', *Science* (11 March 2011)。参见 Coren L. Apicella, 'Social networks and cooperation in huntergatherers', *Nature* (26 January 2012)。
45. Jonathan Haas and Matthew Piscitelli, 'The Prehistory of Warfare. Misled by Ethnography', in Douglas Fry (ed.), *War, Peace, and Human Nature*, pp. 178-81.
46. Ibid., pp. 181-3.
47. 有两处发掘遗址此前一直被认为是与史前战争相关的最早"证据"。第一处是苏丹北部的耶贝尔·萨哈巴（Jebel Sahaba），1964 年考古学家在那里发现了 61 具距今约 1.3 万年的骸骨，其中 21 具有暴力致死的痕迹。最近的分析将这个数字减少到了

4 具。参见 Robert Jurmain, ‘Paleoepidemiolgical Patterns of Trauma in a Prehistoric Population from Central California’, *American Journal of Physical Anthropology* (12 April 2001)。耶贝尔・萨哈巴人居住在肥沃的尼罗河河滩上，他们为死者建造了一座墓地，这说明他们很可能已经过上了定居生活。

第二处经常被提及的遗址是肯尼亚图尔卡纳湖附近的纳鲁克（Naturuk），人们在那里发现了 27 具骸骨带有暴力致死的痕迹，约有一万年的历史。2016 年，当考古学家在《自然》杂志上发表这一发现时，全球媒体迅速咬住不放，将其解释为人类天生好战的决定性“证据”。但是，学界对纳鲁克遗址中的发现到底有什么含义仍然存在争议。许多考古学家指出，图尔卡纳湖的河岸是一块沃土，是不同地方来的狩猎采集者的聚集之地，这可能可以说明他们已经拥有了固定财产，因而放弃了狩猎采集生活。在这篇文章发表几个月后，《自然》杂志发表了另一个考古团队的回应，他们对这些“受害者”是因为暴力致死的结论提出了质疑。但后面这篇文章被媒体忽视了。参见 Christopher M. Stojanowski et al., ‘Contesting the Massacre at Nataruk’, *Nature* (24 November 2016)。即便没有了这些争议，认识到下面这一点也是非常重要的：除了耶贝尔・萨哈巴和纳鲁克之外，我们还没有发现任何史前战争的证据。而且与此形成鲜明对照的是，在人类开始永久定居以及发明农业之后存在着大量毫无争议的有关战争的考古证据（洞穴壁画和坟墓群）。

48. R. Brian Ferguson, ‘Pinker’s List. Exaggerating Prehistoric War Mortality’, in Douglas Fry (ed.), *War, Peace, and Human Nature*, pp. 126. Hisashi Nakao et al., ‘Violence in the Prehistoric Period of Japan: The Spatio-Temporal Pattern of Skeletal Evidence for Violence in the Jomon Period’, *Biology Letters* (1 March 2016).

第 5 章　文明的诅咒

1. 引自 Sarah BlafferHrdy, Mothers and Others. *The Evolutionary Origins of Mutual Understanding* (2009), p. 27。
2. Catherine A. Lutz, *Unnatural Emotions: Everyday Sentiments on a Micronesian Atoll & Their Challenge to Western Theory* (Chicago, 1988).
3. Christopher Boehm, Hierarchy in the Forest. The Evolution of Egalitarian Behavior (Cambridge, 1999), p. 68. Christopher Boehm, *Moral Origins. The Evolution of Virtue, Altruism and Shame* (New York, 2012), pp. 78-82.
4. Robert Lee, *The !Kung San: Men, Women, and Work in a Foraging Society* (Cambridge, 1979), p. 244.
5. Ibid., p. 246.
6. 引自 Blaffer Hrdy, *Mothers and Others*, p. 27。
7. Lee, *The ! Kung San*, pp. 394-5.
8. 在简单而有效的抛射武器发明之前，要想控制自负的部落首领几乎是不可能的，于是人类学会了扔石头、投长矛和射箭。对从遗址中发掘出来的人类骨骼的比较表明，随着时间的推移，我们的肩膀和手腕也进化了，这帮助人类成为更好的投手。人类有很好的瞄准能力，而黑猩猩和红毛猩猩却没有（一只发怒的黑猩猩可能偶尔会扔东西，但通常会失手）。考古学家认为，“稚人”的抛射武器可能比尼安德特人的更加精致。根据演化人类学家彼得・图尔钦（Peter Turchin）的观点，这应该被认为是人类历史上最关键的一个发明，其重要性甚至超过了火、农业和车轮的发明。如果没有抛射武器，人类物种中更具攻击性的成员将会拥有更多的后代，而“稚人”将永远无法驯化自己。
9. 就个体而言，狩猎采集者更喜欢亲人的陪伴。如果男人是唯一的家庭权威，那么他们会偏袒自己的家人。然而，如果男女共享权力，他们就不得不相互妥协：双方都想与自己的家人生活在一起，从而建构起更复杂的社交网络。这正是我们在狩猎采集者身上看到的。参见 M. Dyble et al.,‘Sex Equality Can Explain the Unique Social Structure of Hunter-Gatherer Bands’, *Science*, Vol. 348, Issue 6236 (15 May 2015)。Hannah Devlin,‘Early Men and Women Were Equal, Say Scientists’, *Guardian* (14 May 2015)。

10. Blaffer Hrdy, *Mothers and Others*, p. 128.
11. Ibid., p. 134.
12. Nicholas A. Christakis, *Blueprint. The Evolutionary Origins of a Good Society* (New York, 2019), pp. 141–3.
13. Carel van Schaik and Kai Michel, *The Good Book of Human Nature. An Evolutionary Reading of the Bible* (New York, 2016), p. 51.
14. 这并不是说 20 世纪 60 年代的嬉皮士们所认为的“人类是为自由恋爱而生的”是正确的。婚姻完美地契合了我们的天性，“稚人”是为数不多的“成双成对”，也就是拥有浪漫爱情的哺乳动物之一。诚然，我们并不都是忠贞不贰、至死不渝的英雄，但是科学表明，爱情是人类的普遍愿望。参见 Christakis, *Blueprint*, p. 168。
15. 引自 E. Leacock, *Myths of Male Dominance. Collected Articles on Women Cross-Culturally* (New York, 1981), p. 50。
16. Jared Diamond, *The World Until Yesterday. What Can We Learn from Traditional Societies?* (London, 2013), p. 11.
17. 路易斯安那州东北部有一个考古遗址，这个遗址可以追溯到 3 200 年前。研究人员通过考古发现，当时那里到处都是人工修建的土丘。其中最大的一个土丘名为“鸟丘”，它有 21 米高，需要 800 万篮每篮重达 50 斤的沙子才能建成。考古研究表明，“鸟丘”的建成只花了几个月的时间，但是至少需要 1 万名工人协同工作。参见 Anthony L. Ortmann,‘Building Mound A at

Poverty Point, Louisiana: Monumental Public Architecture, Ritual Practice, and Implications for Hunter-Gatherer Complexity', *Geoarcheology* (7 December 2012)。

18. Jens Notroff, Oliver Dietrich and Klaus Schmidt, 'Building Monuments, Creating Communities. Early Monumental Architecture at Pre-Pottery Neolithic Göbekli Tepe' in James F. Osborne (ed.), *Approaching Monumentality in Archeology* (New York, 2014), pp. 83-105.
19. Erik Trinkaus et al., *The People of Sunghir: Burials, Bodies, and Behavior in the Earlier Upper Paleolithic* (Oxford, 2014).
20. David Graeber and David Wengrow, 'How to Change the Course of Human History (at Least, the Part That's Already Happened)', *Eurozine* (2 March 2018).
21. 这个词是生物学家马丁・诺瓦克（Martin Nowak）创造的。参见 Martin Nowak, 'Why We Help', *Scientific American* (No. 1, 2012), pp. 34-9。
22. Van Schaik and Michel, *The Good Book of Human Nature,* pp. 44-5.
23. Ibid., pp. 48-9.
24. Gregory K. Dow, Leanna Mitchell and Clyde G. Reed, 'The Economics of Early Warfare over Land', *Journal of Development Economics* (July 2017)。这篇文章的第二部分包含了对相关的考古学证据的一个很好的综述。
25. Douglas W. Bird et al., 'Variability in the Organization and Size of Hunter-Gatherer Groups. Foragers Do Not Live in Small-Scale Societies', *Journal of Human Evolution* (June 2019).
26. Turchin, Ultrasociety, p. 163.
27. R. Brian Ferguson, 'Born to Live: Challenging Killer Myths', in Robert W. Sussman and C. Robert Cloninger

(eds), *Origins of Altruism and Cooperation* (New York, 2009), pp. 265-6.

28. 《创世记》3：19-24。参见 Van Schaik and Michel, *The Good Book of Human Nature*, pp. 44-5。
29. Ibid., pp. 50-51.
30. 贾雷德·戴蒙德写了一篇关于人类如何搞砸农业的经典文章。参见 Jared Diamond, 'The Worst Mistake in the History of the Human Race', *Discover Magazine* (May 1987)。
31. James C. Scott, *Against the Grain. A Deep History of the Earliest States* (New Haven, 2017), pp. 104-5.
32. Jean-Jacques Rousseau, *A Dissertation On the Origin and Foundation of The Inequality of Mankind and is it Authorised by Natural Law?* 第一版出版于 1754 年。
33. Van Schaik and Michel, *The Good Book of Human Nature*, pp. 52-4.
34. Hervey C. Peoples, Pavel Duda and Frank W. Marlowe, 'Hunter-Gatherers and the Origins of Religion', *Human Nature* (September 2016).
35. Frank Marlowe, *The Hadza. Hunter-Gatherers of Tanzania* (Berkeley, 2010), p. 61.
36. Ibid., pp. 90-93.
37. 引自 Lizzie Wade, 'Feeding the gods: Hundreds of skulls reveal massive scale of human sacrifice in Aztec capital', *Science* (21 June 2018)。
38. 引自 Richard Lee, 'What Hunters Do for a Living, or, How to Make Out on Scarce Resources', *Man the Hunter* (Chicago, 1968), p. 33。
39. James C. Scott, *Against the Grain*, pp. 66-7.
40. Turchin, *Ultrasociety*, pp. 174-5.
41. Scott, *Against the Grain*, pp. 27-9.

42. 更广泛的历史概况参见David Graeber, *Debt. The First 5,000 Years* (London, 2011)。
43. Scott, *Against the Grain*, pp. 139-49.
44. Ibid., p. 162.
45. 引自 Bruce E. Johansen, *Forgotten Founders* (Ipswich, 1982), Chapter 5。
46. James W. Loeven, *Lies My Teacher Told Me. Everything Your American History Textbook Got Wrong* (2005), pp. 101-2.
47. 引自 Junger, *Tribe*, pp. 10-11。
48. Ibid., pp. 14-15.
49. 这个流派的标志性著作是爱德华·吉本（Edward Gibbon）的《罗马帝国的衰落》(*The Decline and Fall of The Roman Empire*，1776 年出版)。现代畅销书的代表则是贾雷德·戴蒙德的《崩溃》(2005 年出版)。
50. 一些学者质疑《伊利亚特》和《奥德赛》是否应该归于个人名下。他们声称荷马这个名字应该被看作一个美好的希腊故事的标记，而这意味着荷马这个人本身从未存在过。
51. Adam Hochschild, *Bury the Chains: Prophets and Rebels in the Fight to Free an Empire's Slaves* (Boston, 2005), p. 2.
52. Max Roser and Esteban Ortiz-Ospina, 'Global Extreme Poverty', *OurWorldInData.org* (2018).
53. 这是卢梭的著作《社会契约论》开篇的第一句话（第一版出版于 1762 年)。
54. Bjørn Lomborg, 'Setting the Right Global Goals', *Project Syndicate* (20 May 2014).
55. Max Roser and Esteban Ortiz-Ospina, 'Global Extreme Poverty'.
56. 引自 Chouki El Hamel, *Black Morocco. A History of Slavery,*

Race, and Islam (Cambridge, 2013), p. 243。

57. 1981 年，西非的毛里求斯是世界上最后一个废除奴隶制的国家。
58. 在古波斯和古罗马时代，国家扩张已经使世界变得越来越安全。虽然这听起来像是一个悖论，却有一个合乎逻辑的解释。随着国家和帝国的发展，越来越多的公民生活在远离边境的地方。战争通常都发生在边境地带，内地的生活相对比较平静。罗马帝国统治下的和平（“罗马和平”）就是一个很好的例子，它是由最强大的利维坦发动的伟大战争所保证的一段很长的稳定时期。至少在这个意义上，霍布斯是对的：一个全能的皇帝胜过一百个失意的小国王。参见 Turchin, *Ultrasociety*, pp. 201-2。
59. José María Gómez et al., ‘The Phylogenetic Roots of Human Lethal Violence, Supplementary Information’, *Nature* (13 October 2016), p. 9.
60. 2017 年，美国登记在册的死亡人数为 2 813 503 人。根据美国国家暴力死亡报告系统（National Violent Death Reporting System）的数据，其中 19 500 人死于他杀。同年，荷兰登记在册的死亡人数为 150 214 人，其中只有 158 人是他杀。
61. 这个故事可能是杜撰的。‘Not letting the facts ruin a good story’, *South China Morning Post* (29 September 2019)。

第 6 章 复活节岛之谜

1. 我对罗格文生平和探险的记述是根据罗洛夫·范·盖尔德（Roelof van Gelder）杰出的传记改编的。*Naar het aards paradijs Het rusteloze leven van Jacob Roggeveen, ontdekker van Paaseiland* (1659—1729) (Amsterdam, 2012)。
2. F. E. Baron Mulert, *De reis van Mr. Jacob Roggeveen ter*

ontdekking van het Zuidland (1721—1722), (The Hague, 1911), p. 121.

3. H. J. M. Claessen, 'Roggeveen zag geen reuzen toen hij Paaseiland bezocht', *NRC Handelsblad* (18 April 2009).
4. 这位瑞士酒店经理叫埃里希・冯・丹尼肯（Erich von Däniken），他的书名叫《诸神的战车：过去的未解之谜》（*Chariots of the Gods？ Unsolved Mysteries of the Past*）。
5. Lars Fehren-Schmitz, 'Genetic Ancestry of Rapanui before and after European Contact', *Current Biology* (23 October 2017).
6. Katherine Routledge, The Mystery of Easter Island. *The Story of an Expedition* (London, 1919).
7. Reidar Solsvik, 'Thor Heyerdahl as world heritage', *Rapa Nui Journal* (May 2012).
8. 引自 Jo Anne Van Tilburg, 'Thor Heyerdahl', *Guardian* (19 April 2002)。
9. William Mulloy, 'Contemplate The Navel of the World', *Rapa Nui Journal* (No. 2, 1991)。第一版出版于 1974 年。
10. Jared Diamond, *Collapse. How Societies Choose to Fail or Succeed* (New York, 2005), p. 109.
11. J. R. Flenley and Sarah M. King, 'Late Quaternary Pollen Records from Easter Island', *Science* (5 January 1984).
12. 戴蒙德似乎欠了历史学家克莱夫・庞廷（Clive Ponting）一个人情，庞廷曾在《世界绿色史》（*A Green History of the World*，1991）一书中写到了复活节岛。在第一页，庞廷就说这个岛是罗格文发现的地方："大约有 3 000 人住在肮脏的芦苇棚屋或洞穴里，他们无休止地打仗，为了补充岛上贫乏的食物供应，他们拼命地吃人肉。"
13. Paul Bahn and John Flenley, *Easter Island, Earth Island* (London, 1992).

14. Jan J. Boersema, *The Survival of Easter Island. Dwindling Resources and Cultural Resilience* (Cambridge, 2015).
15. Carlyle Smith, 'The Poike Ditch', in Thor Heyerdahl (ed.), *Archeology of Easter Island. Reports of the Norwegian Archaeological Expedition to Easter Island and the East Pacific* (Part 1, 1961), pp. 385-91.
16. Carl P. Lipo and Terry L. Hunt, 'A.D. 1680 and Rapa Nui Prehistory', *Asian Perspectives* (No. 2, 2010). Mara A. Mulrooney et al., 'The myth of A.D. 1680. New Evidence from Hanga Ho'onu, Rapa Nui (Easter Island)', *Rapa Nui Journal* (October 2009).
17. Caroline Polet, 'Indicateurs de stress dans un échantillon d'anciens Pascuans', *Antropo* (2006), pp. 261-70.
18. 参见 Vincent H. Stefan et al. (ed.), *Skeletal Biology of the Ancient Rapanui* (Easter Islanders), (Cambridge, 2016)。
19. Carl P. Lipo et al., 'Weapons of War? Rapa Nui Mata'a Morphometric Analyses', *Antiquity* (February 2016), pp. 172-87.
20. 引自 Kristin Romey, 'Easter Islanders' Weapons Were Deliberately Not Lethal', *National Geographic* (22 February 2016)。
21. Terry L. Hunt and Carl P. Lipo, 'Late Colonization of Easter Island', *Science* (17 March 2006).
22. Ronald Wright, *A Short History of Progress* (Toronto, 2004), p. 61.
23. Hans-Rudolf Bork and Andreas Mieth, 'The Key Role of the Jubaea Palm Trees in the History of Rapa Nui: a Provocative Interpretation', *Rapa Nui Journal* (October 2003).
24. Nicolas Cauwe, 'Megaliths of Easter Island', *Proceedings*

of the International Conference 'Around the Petit-Chausseur Sit' (Sion, 2011).

25. 考古学家卡尔·利普(Carl Lipo)和特里·亨特(Terry Hunt)认为，有些雕像是用绳子拉着直立“行走”到位的，就像你移动冰箱或洗衣机那样，而没有利用树木。这种方法需要的人更少。参见 Carl Lipo and Terry Hunt, *The Statues that Walked. Unraveling the Mystery of Easter Island* (New York, 2011)。利普和亨特的故事在媒体上很受欢迎，但是简·波尔塞马仍然坚信大多数雕像是放倒在树干上由一大群人滚动着运送的，因为效率并不是这种集体活动背后的激励因素。
26. E. E. W. Schroeder, *Nias. Ethnographische, geographische en historische aanteekeningen en studien* (Leiden, 1917).
27. S. S. Barnes, Elizabeth Matisoo-Smith and Terry L. Hunt, 'Ancient DNA of the Pacific Rat (Rattus exulans) from Rapa Nui (Easter Island)', *Journal of Archaeological Science* (Vol. 33, November 2006).
28. Mara A. Mulrooney, 'An Island-Wide Assessment of the Chronology of Settlement and Land Use on Rapa Nui (Easter Island) Based on Radiocarbon Data', *Journal of Archaeological Science* (No. 12, 2013)。难道老鼠没有给岛上的农业带来麻烦吗？波尔塞马认为没有。“大多数粮食作物都是块茎类的，”他解释说，“它们生长在土壤下面。同时香蕉长在小树上，这使得它们对老鼠的吸引力并不高。”
29. 引自 'Easter Island Collapse Disputed By Hawaii Anthropologist', *Huffington Post* (6 December 2017)。
30. Jacob Roggeveen, *Dagverhaal der ontdekkings-reis van Mr. Jacob Roggeveen* (Middelburg, 1838), p. 104.
31. Bolton Glanvill Corney, *The Voyage of Captain Don Felipe González to Easter Island 1770–1* (Cambridge, 1908),

p. 93.

32. Beverley Haun, *Inventing Easter Island* (Toronto, 2008), p. 247.
33. James Cook, *A Voyage Towards the South Pole and Round the World*, Part 1 (1777).
34. Henry Lee, 'Treeless at Easter', *Nature* (23 September 2004).
35. 这本有问题的书是：Thor Heyerdahl et al., *Archaeology of Easter Island. Reports of the Norwegian Archaeological Expedition to Easter Island and the East Pacific* (Part 1, 1961), p. 51。
36. Thor Heyerdahl, *Aku-Aku: The Secret of Easter Island* (1957).
37. 卡尔·贝伦（Carl Behren）的解释包括在后面这本书的附录中：Glanvill Corney, *The voyage of Captain Don Felipe González to Easter Island* 1770-1, p. 134。
38. Cook, *A Voyage Towards the South Pole and Round the World*, Chapter 8.
39. 有些科学家认为这些石像是被地震摧毁的。其他科学家则认为有些摩埃石像是被安放在已故酋长的坟墓上的。参见 Edmundo Edwards et al., 'When the Earth Trembled, the Statues Fell', *Rapa Nui Journal* (March 1996)。
40. 这也引发了"鸟人崇拜"，一场代表不同部落的年轻人之间的年度竞赛，争夺本季第一颗乌燕鸥（一种海鸟）蛋。这个传统究竟是什么时候形成的还不得而知，但是很可能是在罗格文到来之前。这个崇拜也与摩埃石像有关。比赛结束后，新当选的领导人将会居住在采石矿场外的一所房子里，石像就是在那里雕刻成的。当罗格文在 1722 年到达那里的时候，摩埃石像仍然具有一定的仪式功能，尽管他们不再（使用树木）运输它们了，而鸟人崇拜依然可能存在。

41. Josh Pollard, Alistair Paterson and Kate Welham, 'Te Miro o'one: the Archaeology of Contact on Rapa Nui (Easter Island)', *World Archaeology* (December 2010).
42. Henry Evans Maude, *Slavers in Paradise: The Peruvian Labour Trade in Polynesia*, 1862—1864 (Canberra, 1981), p. 13.
43. Nicolas Casey, 'Easter Island Is Eroding', *New York Times* (20 July 2018).

第 7 章 津巴多的监狱实验

1. 引自 Ben Blum, 'The Lifespan of a Lie', *Medium.com* (7 June 2018)。
2. Craig Haney, Curtis Banks and Philip Zimbardo, 'A Study of Prisoners and Guards in a Simulated Prison', *Naval Research Review* (1973).
3. Malcolm Gladwell, *The Tipping Point. How Little Things Can Make A Big Difference* (London, 2000), p. 155.
4. Haney, Banks and Zimbardo, 'A Study of Prisoners and Guards in a Simulated Prison'.
5. Muzafer Sherif, *Group Conflict and Co-operation. Their Social Psychology* (London, 2017), p. 85. Originally published in 1967.
6. Muzafer Sherif et al., *The Robbers Cave Experiment. Intergroup Conflict and Cooperation* (Middletown, 1988), p. 115.
7. Ibid., p. 98.
8. 引自 Gina Perry, *The Lost Boys. Inside Muzafer Sherif 's Robbers Cave Experiment* (London, 2018), p. 39。

9. Ibid. p. 138.
10. Ibid. p. 139.
11. Ibid. p. 146.
12. 在斯坦福监狱实验中，12 名学生被分配到了囚犯的角色（9 个人，再加 3 个替补），另外 12 名学生则被分配到了狱警的角色（9 个人，再加 3 个替补）。
13. 引自 Blum, ‘The Lifespan of a Lie’。
14. Philip Zimbardo, *The Lucifer Effect. How Good People Turn Evil* (London, 2007), p. 55.
15. Peter Gray, ‘Why Zimbardo’s Prison Experiment Isn’t in My Textbook’, *Psychology Today* (19 October 2013).
16. 引自 Romesh Ratnesar, ‘The Menace Within’, *Stanford Magazine* (July/August 2011)。
17. Dave Jaffe, ‘Self-perception’, *Stanford Prison Archives*, No. ST-b09-f40.
18. ‘Tape 2’ (14 August 1971), *Stanford Prison Archives*, No. ST-b02-f02.
19. A. Cerovina, ‘Final Prison Study Evaluation’ (20 August 1971), No. ST-b09-f15.
20. ‘Tape E’ (no date), No. ST-b02-f21, pp. 1–2.
21. 引自 Blum, ‘The Lifespan of a Lie’。
22. Blum, ‘The Lifespan of a Lie’.
23. Ibid.
24. Ibid.
25. 引自 Alastair Leithead, ‘Stanford prison experiment continues to shock’, *BBC* (17 August 2011)。
26. 多年来，心理学家们一直喜欢用津巴多的“实验”来激发学生们对这个研究领域的热情。蒂博・勒・特谢尔（Thibault Le Texier）采访了一些教师，他们说他们喜欢讨论斯坦福监狱实验，因为这至少可以让学生暂时不再盯着手机看。在回答我提出的是否还应该在今天的心理学课堂上继续讲授这个实验的问题时，勒·特谢尔干巴巴地回答道："斯坦福监狱实验很好地体现了你在科学研究中可能会犯的所有错误。"

27. 引自 Kim Duke and Nick Mirsky, 'The Stanford Prison Experiment,' *BBC Two* (11 May 2002)。戴夫·埃谢尔曼在这部纪录片里的原话是："如果我没有决定去强迫做一些事情的话，我们将很有兴趣来看看到底会发生什么。……我们将永远不会知道。"
28. Emma Brockes, 'The Experiment', *Guardian* (16 October 2001).
29. Ibid.
30. Graeme Virtue, 'Secret service; What happens when you put good men in an evil place and film it for telly? Erm, not that much actually', *Sunday Herald* (12 May 2002).
31. Blum, 'The Lifespan of a Lie'.

第 8 章　米尔格拉姆的电击实验

1. 'Persons Needed for a Study of Memory'' *New Haven Register* (18 June 1961).
2. Stanley Milgram, *Obedience to Authority*. An Experimental View (London, 2009), pp. 30-31。第一版出版于 1974 年。
3. Stanley Milgram, 'Behavioral Study of Obedience', *Journal of Abnormal and Social Psychology*, Vol. 67, Issue 4 (1963).
4. Walter Sullivan, 'Sixty-five Percent in Test Blindly Obey Order to Inflict Pain', *New York Times* (26 October 1963).
5. Milgram, *Obedience to Authority*, p. 188.
6. 米尔格拉姆是在 1979 年 3 月 31 日接受电视节目《60 分钟》（*Sixty Minutes*）的采访时说这番话的。

7. 引自 Amos Elon, 'Introduction', in Hannah Arendt, *Eichmann in Jerusalem. A Report on the Banality of Evil* (London, 2006), p. xv。第一版出版于 1963 年。
8. Arendt, *Eichmann in Jerusalem*.
9. 引自 Harold Takooshian, 'How Stanley Milgram Taught about Obedience and Social Infl uence', in Thomas Blass (ed.), *Obedience to Authority* (London, 2000), p. 10。
10. 引自 Gina Perry, Behind the Shock Machine. *The Untold Story of the Notorious Milgram Psychology Experiments* (New York, 2013), p. 5。
11. Ibid., p. 327.
12. Ibid., p. 134.
13. Gina Perry, 'The Shocking Truth of the Notorious Milgram Obedience Experiments', *Discover Magazine* (2 October 2013).
14. Milgram, 'Behavioral Study of Obedience'.
15. Perry, *Behind the Shock Machine* (2012), p. 164. Gina Perry et al., 'Credibility and Incredulity in Milgram's Obedience-Experiments: A Reanalysis of an Unpublished Test', *Social Psychology Quarterly* (22 August 2019).
16. Stanley Milgram, 'Evaluation of Obedience Research: Science or Art?' *Stanley Milgram Papers* (Box 46, fi le 16). Unpublished manuscript (1962).
17. 引自 Stephen D. Reicher, S. Alexander Haslam and Arthur Miller, 'What Makes a Person a Perpetrator? The Intellectual, Moral, and Methodological Arguments for Revisiting Milgram's Research on the Infl uence of Authority', *Journal of Social Issues,* Vol. 70, Issue 3 (2014)。
18. 引自 Perry, *Behind the Shock Machine*, p. 93。

19. 引自 Cari Romm, 'Rethinking One of Psychology's Most Infamous Experiments', *The Atlantic* (28 January 2015)。
20. Stephen Gibson, 'Milgram's Obedience Experiments: a Rhetorical Analysis', *British Journal of Social Psychology*, Vol. 52, Issue 2 (2011).
21. S. Alexander Haslam, Stephen D. Reicher and Megan E. Birney, 'Nothing by Mere Authority: Evidence that in an Experimental Analogue of the Milgram Paradigm Participants are Motivated not by Orders but by Appeals to Science', *Journal of Social Issues*, Vol. 70, Issue 3 (2014).
22. 引自 Perry, *Behind the Shock Machine*, p. 176。
23. 引自 S. Alexander Haslam and Stephen D. Reicher, 'Contesting the "Nature" of Conformity: What Milgram and Zimbardo's Studies Really Show', *PLoS Biology*, Vol. 10, Issue 11 (2012)。
24. 引自 Perry, *Behind the Shock Machine*, p. 70。
25. 引自 Blum, 'The Lifespan of a Lie'。
26. Ibid.
27. 引自 'Tape E' (no date), *Stanford Prison Archives*, No.: ST-b02-f21, p. 6。
28. Ibid., p. 2.
29. Perry, *Behind the Shock Machine*, p. 240.
30. Arendt, *Eichmann in Jerusalem*, p. 276.
31. 引自 Bettina Stangneth, *Eichmann Before Jerusalem: The Unexamined Life of a Mass Murderer* (London, 2015)。
32. 引自 'The Adolph Eichmann Trial 1961', in *Great World Trials* (Detroit, 1997), pp. 332-7。
33. Ian Kershaw, '"Working Towards the Führer." Reflections on the Nature of the Hitler Dictatorship', *Contemporary European History*, Vol. 2, Issue 2 (1993).

34. 参见 Christopher R. Browning, 'How Ordinary Germans Did It', *New York Review of Books* (20 June 2013)。
35. 引自 Roger Berkowitz, 'Misreading 'Eichmann in Jerusalem', *New York Times* (7 July 2013)。
36. Ibid.
37. Ada Ushpiz, 'The Grossly Misunderstood "Banality of Evil" Theory', *Haaretz* (12 October 2016).
38. 引自 Perry. *Behind the Shock Machine*, p. 72。
39. Matthew M. Hollander, 'The Repertoire of Resistance: Non-Compliance With Directives in Milgram's "Obedience" experiments', *British Journal of Social Psychology*, Vol. 54, Issue 3 (2015).
40. Matthew Hollander, 'How to Be a Hero: Insight From the Milgram Experiment', *Huffington Post* (27 February 2015).
41. 引自 Bo Lidegaard, *Countrymen: The Untold Story of How Denmark's Jews Escaped the Nazis, of the Courage of Their Fellow Danes-and of the Extraordinary Role of the SS* (New York, 2013), p. 71。
42. Ibid., p. 353.
43. Ibid., p. 113.
44. Ibid., p. 262.
45. Ibid., p. 173.
46. Ibid., p. 58.
47. Peter Longerich, 'Policy of Destruction. Nazi Anti-Jewish Policy and the Genesis of the "Final Solution" ', United States Holocaust Memorial Museum, Joseph and Rebecca Meyerhoff Annual Lecture (22 April 1999), p. 5.
48. Lidegaard, *Countrymen*, p. 198.
49. Ibid., p. 353.

第 9 章　凯瑟琳·苏珊·吉诺维斯之死

1. 第一篇关于这个谋杀案的报道，参见 Martin Gansberg, '37 Who Saw Murder Didn't Call the Police', *New York Times* (27 March 1964)。
2. Nicholas Lemann, 'A Call for Help', *The New Yorker* (10 March 2014).
3. Gansberg, '37 Who Saw Murder Didn't Call the Police', *New York Times*.
4. Kevin Cook, *Kitty Genovese. The Murder, The Bystanders, The Crime That Changed America* (New York, 2014), p. 100.
5. Abe Rosenthal, 'Study of the Sickness Called Apathy', *New York Times* (3 May 1964).
6. Gladwell, *The Tipping Point*, p. 27.
7. 罗森塔尔是在凯瑟琳的哥哥比尔·吉诺维斯（Bill Genovese）于 2015 年拍摄的纪录片《目击者》（*The Witness*）中说的这句话。
8. Bill Keller, 'The Sunshine Warrior', *New York Times* (22 September 2002).
9. John M. Darley and Bibb Latené, 'Bystander Intervention in Emergencies', *Journal of Personality and Social Psychology*, Vol. 8, Issue 4 (1968).
10. 马尔科姆·格拉德威尔在他的书中说，有 85% 和 31% 的人在"受害者"的第一次求助结束前（75 秒后）跑去求助，但原文明确指出，这是跑去求助的人的百分比。许多人在这之后做出了回应，但仍在两分半钟之内。
11. Maureen Dowd, '20 Years After the Murder of Kitty Genovese, the Question Remains: Why?', *New York*

Times (12 March 1984).

12. Cook, *Kitty Genovese*, p. 161.
13. Rachel Manning, Mark Levine and Alan Collins, 'The Kitty Genovese Murder and the Social Psychology of Helping. The Parable of the 38 Witnesses', *American Psychologist*, Vol. 62, Issue 6 (2007).
14. 桑内是个化名。我不知道她的真实姓名，但是确实有四个人出手救了她。
15. 'Mannen die moeder en kind uit water redden: "Elke fitte A'dammer zou dit doen" ', *at5.nl* (10 February 2016).
16. 'Vier helden redden moeder en kind uit zinkende auto', *nos.nl* (10 February 2016).
17. Peter Fischer et al., 'The bystander-effect: a meta-analytic review on bystander intervention in dangerous and non-dangerous emergencies', *Psychological Bulletin*, Vol. 137, Issue 4 (2011).
18. Ibid.
19. R. Philpot et al., 'Would I be helped? Cross-National CCTV Shows that Intervention is the Norm in Public Conflicts', *American Psychologist* (March 2019).
20. 这个故事基于三本书：Kevin Cook, Kitty Genovese (2014); Catherine Pelonero, *Kitty Genovese. A True Account of a Public Murder and Its Private Consequences* (New York, 2014); and Marcia M. Gallo, *'No One Helped.' Kitty Genovese, New York City and the Myth of Urban Apathy* (Ithaca, 2015)。
21. 她在比尔·吉诺维斯 2015 年的纪录片《目击者》中说了这句话。
22. Baker, 'Missing the Story'.
23. 引自 Pelonero, *Kitty Genovese*, p. 18。
24. Ibid.
25. Ibid.

26. Ibid.
27. Saul M. Kassin, 'The Killing of Kitty Genovese: What Else Does This Case Tell Us?' *Perspectives on Psychological Science*, Vol. 12, Issue 3 (2017).

Part 3 为什么好人会变坏

1. 想要获得关于这个问题的更明确的结论，参见 Jesse Bering, 'The Fattest Ape: An Evolutionary Tale of Human Obesity', *Scientifi c American* (2 November 2010)。

第 10 章 同理心为什么使人盲目

1. James Burk, 'Introduction', in James Burk (ed.), *Morris Janowitz*. On Social Organization and Social Control (Chicago, 1991).
2. 贾诺维茨和希尔斯的第一篇文章成为第二次世界大战后社会学中被引用最多的研究之一。社会学家对他们的“初级团体理论”（primary group theory）的有效性达成了广泛共识，即士兵主要是为他们的战友而战（当然也有少数例外）。一些科学家指出，普通新兵中也存在对敌人的真正仇恨，特别是在东线。此外，就 21 世纪的职业士兵而言，只有三个因素真正影响了他们的成功：训练，训练，更多的训练。因此，如今的社会学家区分了群体凝聚力和任务凝聚力，这意味着有效的协作不一定需要士兵们对彼此产生深厚的感情。然而，在历史上，士兵之间的兄弟情谊在绝大多数战争中都起到了至关重要的作用。
3. 引自 Michael Bond, *The Power of Others. Peer Pressure, Grup Think, and How the People Around Us Shape Everything We Do* (London, 2015), pp. 128-9。

4. J. Kiley Hamlin, Karen Wynn and Paul Bloom, 'Social Evaluation by Preverbal Infants', *Nature* (22 November 2007).
5. 2014 年 2 月 15 日，凯伦·温（Karen Wynn）在美国有线电视新闻网的《安德森·库珀 360》（*Anderson Cooper 360*）节目中说了这番话。
6. Bloom, *Just Babies*, pp. 104-5.
7. 第一次进行的荟萃分析包括了 26 项研究，得出的结论是，婴儿偏爱好人是"一个公认的经验结果"。但并不是所有人都对此深信不疑。一些重复哈姆林实验的科学家得到了同样的结果，另一些人则没有发现明显的相关性。参见 Francesco Margoni and Luca Surian, 'Infants' Evaluation of Prosocial and Antisocial Agents: A Meta-Analysis', *Developmental Psychology*, Vol. 54, Issue 8 (2018)。
8. Susan Seligson, 'Felix Warneken Is Overturning Assumptions about the Nature of Altruism', *Radcliffe Magazine* (Winter 2015)。
9. 你可以在 YouTube 上观看沃内肯的 TEDx 演讲视频"需要帮助吗？问问两岁的孩子"（Need Help? Ask a 2-Year-Old），其中有一段特别感人：一个孩子从一个球坑里爬出来去帮助需要帮助的人。
10. 不仅如此，如果你奖励给一个蹒跚学步的孩子一些糖果或玩具，沃内肯发现他们随后的帮助行为就变少了，因为获得奖励并不是他们帮助别人的动机。参见 Felix Warneken and Michael Tomasello, 'Extrinsic Rewards Undermine Altruistic Tendencies in 20-Month-Olds', *Development Psychology*, Vol. 44, Issue 6 (2008)。
11. Stephen G. Bloom, 'Lesson of a Lifetime', *Smithsonian Magazine* (September 2005).
12. 引自 ibid。
13. 引自 ibid。

14. Rebecca S. Bigler and Meagan M. Patterson, 'Social Stereotyping and Prejudice in Children. Insights for Novel Group Studies', in Adam Rutland, Drew Nesdale and Christia Spears Brown (eds), *The Wiley Handbook of Group Processes in Children and Adolescents* (Oxford, 2017), pp. 184-202.
15. Yarrow Dunham, Andrew Scott Barron and Susan Carey, 'Consequences of "Minimal" Group Affiliations in Children', *Child Development*, Vol. 82, Issue 3 (2011), p. 808.
16. 参见also Hejing Zhang et al., 'Oxytocin Promotes Coordinated Outgroup Attack During Intergroup Conflict in Humans', *eLife* (25 January 2019)。
17. 参见Elijah Wolfson, 'Why We Cry on Planes', *The Atlantic* (1 October 2013)。
18. Paul Bloom, *Against Empathy. The Case for Rational Compassion* (New York, 2016), p. 15.
19. Daniel Batson, 'Immorality from Empathy-induced Altruism: When Compassion and Justice Conflict,' *Journal of Personality and Social Psychology*, Vol. 68, Issue 6 (1995).
20. Michael N. Stagnaro and Paul Bloom, 'The Paradoxical Effect of Empathy on the Willingness to Punish', Yale University, unpublished manuscript (2016)。参见also Bloom, *Against Empathy*, p. 195。
21. 心理学家把它称为"道德化差距"(moralization gap),即倾向于认为我们(或我们关心的人)受到的伤害比我们对他人造成的伤害要严重得多。我们所爱之人遭受的攻击使我们伤心难过,于是我们寻求报复。我们认为,当自己这样做时,这种报复是适当的,是正当的,但是当别人这样做时,我们却认为这种报复是过分的,从而促使我们再次反击。你可能经历过这种人际关系中不断升级的争吵。道德化差距也能够帮助我们理解以色列和巴勒斯坦数十年来的流血冲突。许多人指责人们缺乏同理心，但是我相信，准确地说，中东问题的关键在于同理心太多了。

22. George Orwell, 'Looking Back on the Spanish War' (August 1942).
23. Grossman, *On Killing*, p. 122.
24. 引自 ibid., p. 126。
25. John Ellis, *The World War II Databook. The Essential Facts and Figures for All the Combatants* (London, 1993), Table 57, p. 257.
26. 1994 年卢旺达的种族灭绝，估计有 80 万图西族人和温和的胡图族人被屠杀，这又是怎么一回事呢？西方社会常常以这个事件为例把人类描绘成嗜血的“怪物”，但这主要是因为我们对这段历史知之甚少。最近，一位历史学家提出，“现在有充足的证据表明，卢旺达公民的大规模灭绝是一场经过精心准备、组织严密的官僚主义运动的高潮，使用了现代化的大众传播工具，充分利用了宣传、民政和军事后勤手段……”。实际上被杀死的人只是少数，估计有 97% 的胡图人并不在列。参见 Abram de Swaan, The Killing Compartments. *The Mentality of Mass Murder* (New Haven and London, 2015), p. 90。
27. Łukasz Kamie ń ski, *Shooting Up. A Short History of Drugs and War* (Oxford, 2016)。
28. Lee, *Up Close and Personal*, p. 27.
29. 狙击手更多地属于 1% ～ 2% 的士兵，他们是精神变态者，对杀戮没有天生的厌恶感。参见 Susan Neiman, *Moral Clarity. A Guide for Grown-Up Idealists* (Princeton, 2008), p. 372。
30. Dave Grossman, 'Hope on the Battlefi eld', in Dacher Keltner, Jason Marsh and Jeremy Adam Smith (eds), *The Compassionate Instinct. The Science of Human Goodness* (New York, 2010), p. 41.

31. Grossman, *On Killing*, p. 178.
32. 许多参加过第一次世界大战和第二次世界大战的士兵也受到了创伤。然而，越南战场中的士兵所受的创伤相对来说要大得多。当然，也还有其他影响因素（比如老兵回美国后受到的冷遇），但是所有证据都表明，最大的原因是士兵们习惯了杀戮。最近对 1 200 名越南战场的退伍军人、2 797 名伊拉克退伍军人和 317 名海湾战争退伍军人的三项研究表明，在条件反射作用下杀人的士兵患 PTSD 的风险要高得多。参见 Shira Maguen et al., 'The Impact of Reported Direct and Indirect Killing on Mental Health Symptoms in Iraq War Veterans', Journal of Traumatic Stress, Vol. 23, Issue 1 (2010); Shira Maguen et al., 'The impact of killing on mental health symptoms in Gulf War veterans', *Psychological Trauma. Theory, Research, Practice, and Policy*, Vol. 3, Issue 1 (2011); and Shira Maguen et al., 'The Impact of Killing in War on Mental Health Symptoms and Related Functioning', *Journal of Traumatic Stress*, Vol. 45, Issue 10 (2009)。
33. Frederick L. Coolidge, Felicia L. Davis and Daniel L. Segal, 'Understanding Madmen: A DSM-IV Assessment of Adolf Hitler', *Individual Differences Research*, Vol. 5, Issue 1 (2007).
34. Bond, *The Power of Others*, pp. 94–5.

第 11 章　权力是如何腐化的

1. 引自 Miles J. Unger, *Machiavelli. A Biography* (London, 2011), p. 8。
2. Niccolò Machiavelli, *The Prince*, translated by James B. Atkinson (Cambridge, Mass., 2008), p. 271。第一版最早出版于 1532 年。

3. Machiavelli, *The Discourses*。引自 ibid., p. 280。
4. Dacher Keltner, *The Power Paradox. How We Gain and Lose Influence* (New York, 2017), pp. 41-9.
5. Melissa Dahl, 'Powerful People Are Messier Eaters, Maybe', *The Cut* (13 January 2015).
6. 参见 Aleksandra Cislak et al., 'Power Corrupts, but Control Does Not: What Stands Behind the Effects of Holding High Positions', *Personality and Social Psychology Bulletin*, Vol. 44, Issue 6 (2018), p. 945。
7. Paul K. Piff et al., 'Higher Social Class Predicts Increased Unethical Behaviour', *Proceedings of the National Academy of Sciences*, Vol. 109, Issue 11 (2012), pp. 4086-91.
8. Benjamin Preston, 'The Rich Drive Differently, a Study Suggests', *New York Times* (12 August 2013).
9. 参见 Jeremy K. Boyd, Katherine Huynh and Bonnie Tong, 'Do wealthier drivers cut more at all-way stop intersections? Mechanisms underlying the relationship between social class and unethical behavior' (University of California, San Diego, 2013). And Beth Morling et al., 'Car Status and Stopping for Pedestrians (#192)', *Psych File Drawer* (2 June 2014)。
10. Keltner, *The Power Paradox*, pp. 99-136.
11. Jeremy Hogeveen, Michael Inzlicht and Suhkvinder S. Obhi, 'Power Changes How the Brain Responds to Others', *Journal of Experimental Psychology*, Vol. 143, Issue 2 (2014).
12. Jerry Useem, 'Power Causes Brain Damage', *The Atlantic* (July/ August 2017).
13. 参见 M. Enalnesi et al., 'How Power Corrupts Relationships: Cynical Attributions for Others' Generous Acts', *Journal of*

Experimental Social Psychology, Vol. 48, Issue 4 (2012), pp. 795-803。

14. Keltner, *The Power Paradox*, pp. 137-58.
15. Varun Warrier et al., 'Genome-Wide Analyses of Self-Reported Empathy: Correlations with Autism, Schizophrenia, and Anorexia Nervosa', *Nature, Translational Psychiatry* (12 March 2018).
16. Lord Acton, 'Letter to Bishop Mandell Creighton' (5 April 1887), published in J. N. Figgis and R. V. Laurence (eds), *Historical Essays and Studies* (London, 1907).
17. Frans de Waal, *Chimpanzee Politics. Power and Sex Among Apes* (Baltimore, 2007), p. 4. Originally published in 1982.
18. Frans de Waal and Frans Lanting, *Bonobo. The Forgotten Ape* (Berkeley, 1997).
19. Natalie Angier, 'In the Bonobo World, Female Camaraderie Prevails', *New York Times* (10 September 2016).
20. Frans de Waal, 'Sex as an Alternative to Aggression in the Bonobo', in Paul R. Abramson and Steven D. Pinkerton, *Sexual Nature/Sexual Culture* (Chicago, 1995), p. 37.
21. Christopher Boehm, 'Egalitarian Behavior and Reverse Dominance Hierarchy', *Current Anthropology*, Vol. 34, Issue 3 (1993), p. 233.
22. Christina Starmans, Mark Sheskin and Paul Bloom, 'Why People Prefer Unequal Societies', *Nature Human Behaviour*, Vol. 1, Issue 4 (2017).
23. 参见 also Rutger Bregman and Jesse Frederik, 'Waarom vuilnismannen meer verdienen dan bankiers', *De Correspondent* (2015)。
24. 这个理论最著名的倡导者是尤瓦尔・赫拉利，他在 2011 年出版的《人类简史》一书中是这样写的。

25. Robin Dunbar, *How Many Friends Does One Person Need? Dunbar's Number and Other Evolutionary Clues* (Cambridge, Mass., and London, 2010), p. 26.
26. 对这个理论最有说服力的辩护来自 Ara Norenzayan, *Big Gods* (2013)。Harvey Whitehouse et al., 'Complex Societies Precede Moralizing Gods Throughout World History', *Nature* (20 March 2019) and Edward Slingerland et al., 'Historians Respond to Whitehouse et al. (2019), "Complex Societies Precede Moralizing Gods Throughout World History" ', *PsyArXiv Preprints* (2 May 2019)。
27. Harari, *Sapiens*, p. 34。
28. Douglas W. Bird et al., 'Variability in the organization and size of hunter-gatherer groups: Foragers do not live in small-scale societies', *Journal of Human Evolution* (June 2019).
29. Hill et al., 'Hunter-Gatherer Inter-Band Interaction Rates. Implications for Cumulative Culture'.
30. Graeber and Wengrow, 'How to Change the Course of Human History (at Least, the Part That's Already Happened)'.
31. Machiavelli, *The Prince*, p. 149.
32. David Graeber, *The Utopia of Rules. On Technology, Stupidity and the Secret Joys of Bureaucracy* (Brooklyn and London, 2015), pp. 31-3.
33. 这就是为什么严肃的经济学家能够很早就预测到，我们称为“比特币”的神话注定要失败，而美元将在未来几十年继续占上风。美元有世界上最强大的军队作后盾，而比特币只有信念作后盾。
34. Harari, *Sapiens*, p. 153.
35. 引自 Noam Chomsky, 'What is the Common Good?', *Truth*

out (7 January 2014)。

36. 最近，“METOO”运动再次证明了羞耻感多么有效。从 2017 年 10 月开始，成千上万的女性勇敢地挺身而出，揭露了一连串的男性性骚扰者，她们采取行动的方式让我们想起了雌性倭黑猩猩如何控制对手和游牧部落如何驯服恶霸。在她们公开羞辱作恶者后，其他人以后肯定会三思而后行。
37. Olivia Solon, ‘Crazy at the Wheel: Psychopathic CEOs are Rife in Silicon Valley, Experts Say’, *Guardian* (15 March 2017)。参见 also Karen Landay, Peter, D. Harms and Marcus Credé, ‘Shall We Serve the Dark Lords? A Meta-Analytic Review of Psychopathy and Leadership’, *Journal of Applied Psychology* (August 2018)。

第 12 章 启蒙运动错了吗

1. C. P. Snow, ‘Science and Government’, The Godkin Lectures (1960).
2. David Hume, ‘Of the Independency of Parliament’, in Essays, Moral, Political, and Literary (1758, Part 1).
3. Bernard Mandeville ‘The Grumbling Hive: Or, Knaves turn’d Honest’, *The Fable of The Bees: or, Private Vices, Public Benefits* (1714).
4. Marshall Sahlins, *The Western Illusion of Human Nature* (Chicago, 2008), pp. 72–6.
5. His Holiness Pope Francis, ‘Why the Only Future Worth Building Includes Everyone’, TED Talks (April 2017).
6. Ara Norenzayan, *Big Gods* (Princeton, 2013), p. 75.
7. 如果你不相信，以下这本书会为你解释清楚：Hans Rosling, *Factfulness. Ten Reasons We’re Wrong About the World-*

and Why Things Are Better Than You Think (New York, 2018)。
8. 关于这方面的综述，请参阅我的前一本书《现实主义者的乌托邦》（*Utopia for Realists*，2017）的第 1 章。
9. Zygmunt Bauman, *Modernity and the Holocaust* (Ithaca, 1989), and Roger Griffin, *Modernism and Fascism. The Sense of a Beginning under Mussolini and Hitler* (Basingstoke, 2007).

Part 4 新现实主义

1. 引自 Hanna Rosin and Alix Spiegel, ‘How to Become Batman’, *NPR* (23 January 2015)。
2. 引自 Katherine Ellison, ‘Being Honest About the Pygmalion Effect’, *Discover Magazine* (December 2015)。
3. Ibid.
4. Dov Eden, ‘Self-Fulfilling Prophecy and the Pygmalion Effect in Management’, *Oxford Bibliographies* (20 October 2016).
5. Lee Jussim and Kent D. Harber, ‘Teacher Expectations and Self-Fulfilling Prophecies: Knowns and Unknowns, Resolved and. Unresolved Controversies’, *Personality and Social Psychology. Review* (1 May 2005)。参见 Rhona S. Weinstein, ‘Pygmalion at 50: harnessing its power and application in schooling’, *Educational Research and Evaluation* (11 December 2018)。
6. Dov Eden, 引自 Ellison, ‘Being Honest About the Pygmalion Effect’。
7. Franklin H. Silverman, ‘The “Monster” Study’, *Journal of Fluency Disorders*, Vol. 13, Issue 3 (1988).

8. John C. Edwards, William McKinley and Gyewan Moon, 'Theenactment of organizational decline: The self-fulfilling prophecy', *International Journal of Organizational Analysis*, Vol. 10, Issue 1 (2002).
9. Daisy Yuhas, 'Mirror Neurons Can Reflect Hatred', *Scientific American* (1 March 2013).
10. John Maynard Keynes, *The General Theory of Employment, Interest, and Money* (London, 1936), Chapter 12.
11. Dan Ariely, 'Pluralistic Ignorance', *YouTube* (16 February 2011).
12. Pinker, *The Better Angels of Our Nature* (2011), pp. 561–5.

第 13 章　内在动机的力量

1. Hedwig Wiebes, 'Jos de Blok (Buurtzorg): "Ik neem nooit zomaar een dag vrij",' *Intermediair* (21 October 2015).
2. Ibid.
3. Ibid.
4. Haico Meijerink, 'Buurtzorg: "Wij doen niet aan strategische flauwekul",' *Management Scope* (8 October 2014).
5. Gardiner Morse, 'Why We Misread Motives', *Harvard Business Review* (January 2003).
6. 引自 ibid。
7. Frederick Taylor, *The Principles of Scientific Management* (New York, 1911), Chapter 2, p. 59.
8. 引自 Robert Kanigel, *The One Best Way. Frederick Winslow Taylor and the Enigma of Efficiency* (Cambridge, 2005), p. 499。
9. Edward L. Deci, 'Effects of Externally Mediated Rewards

on Intrinsic Motivation', *Journal of Personality and Social Psychology*, Vol. 1, Issue 1 (1971), p. 114.

10. 引自 Karen McCally, 'Self-Determined', *Rochester Review* (July-August 2010)。
11. Uri Gneezy and Aldo Rustichini, 'A Fine is a Price', *Journal of Legal Studies*, Vol. 29, Issue 1 (2000).
12. Samuel Bowles and Sandra Polanía Reyes, 'Economic Incentives and Social Preferences: A Preference-Based Lucas Critique of Public Policy', *University of Massachusetts Amherst Working Papers* (2009).
13. Amit Katwala, 'Dan Ariely: Bonuses boost activity, not quality', *Wired* (February 2010).
14. *Perceptions Matter: The Common Cause UK Values Survey*, Common Cause Foundation (2016).
15. Milton Friedman, 'The Methodology of Positive Economics', in *Essays in Positive Economics* (Chicago, 1966).
16. Sanford E. DeVoe and Jeffrey Pfeffer, 'The Stingy Hour: How Accounting for Time Affects Volunteering', *Personality and Social Psychology Bulletin*, Vol. 36, Issue 4 (2010).
17. Steve Crabtee, 'Worldwide, 13% of Employees Are Engaged at Work', *Gallup* (8 October 2013).
18. Wiljan van den Berge and Baster Weel, *Baanpolarisatie in Nederland. CPB Policy Brief*, Statistics Netherlands (2015), p. 14.
19. 引自Enzo van Steenbergen and Jeroen Wester, 'Hogepriester van de kleinschalige zorg', *NRC Handelsblad* (12 March 2016)。一些竞争对手批评博组客将有严重疾病的患者转移给了其他医疗服务供应商，但没有证据支持这一说法。相反，毕马威会计师事务所的咨询师戴维·伊克舍姆（David Ikker-

sheim）的研究显示，即便是在修正了医疗费用之后，博组客提供的医疗服务还是更优质、更便宜。参见 David Ikkersheim, 'Buurtzorg: hoe zat het ook alweer?,' *Skipr* (9 May 2016)。

20. 引自 Stevo Akkerman, 'Betere zorg zonder strategische fratsen', *Trouw* (1 March 2016)。
21. 引自 The Corporate Rebels, 'FAVI. How Zobrist Broke Down Favi's Command-And-Control Structures', *corporate-rebels.com* (4 January 2017)。
22. Patrick Gilbert, Nathalie Raulet Crozet and Anne-Charlotte Teglborg, 'Work Organisation and Innovation-Case Study: FAVI, France', *European Foundation for the Improvement of Living and Working Conditions* (2013).

第 14 章　游戏的人

1. Stephen Moss, Natural *Childhood Report* (National Trust), p. 5.
2. John Bingham, 'British Children among Most Housebound in World', *Daily Telegraph* (22 March 2016).
3. S. L. Hoff erth and J. F. Sandberg, 'Changes in American Children's Time, 1981—1997', in S. L. Hoff erth and J. Owens (eds), *Children at the Millennium: Where Have We Come from? Where Are We Going?* (Stamford, 2001).
4. Peter Gray, 'The Decline of Play and the Rise of Psycho-pathology in Children and Adolescents', *American Journal of Play*, Vol. 23, Issue 4 (2011), p. 450.
5. Jantje Beton/Kantar Public (TNS NIPO), *Buitenspelen Onderzoek 2018*, jantjebeton.nl (17 April 2018).

6. Frank Huiskamp, ‘Rapport: Nederlandse leerlingen zijn niet gemotiveerd’, *NRC Handelsblad* (16 April 2014).
7. *G ezinsrapport. Een portret van het gezinsleven in Nederland*, Netherlands Institute for Social Research (The Hague, 2011).
8. Rebecca Rosen, ‘America’s Workers: Stressed Out, Overwhelmed, Totally Exhausted’, *The Atlantic* (27 March 2014).
9. Jessica Lahey, ‘Why Kids Care More About Achievement Than Helping Others’, *The Atlantic* (25 June 2014).
10. 参见 C. Page Moreau and Marit Gundersen Engeset, ‘The Downstream Consequences of Problem-Solving Mindsets: How Playing with LEGO Influences Creativity’, *Journal of Marketing Research*, Vol. 53, Issue 1 (2016)。
11. Peter Gray, ‘The Play Deficit’, *Aeon* (18 September 2013).
12. *How to Tame a Fox* (And Build a Dog) (2017), p. 73.
13. Sarah Zielinski, ‘Five Surprising Animals That Play’, *Science News* (20 February 2015).
14. Johan Huizinga, Homo Ludens. *Proeveeener bepaling van het spelelementder cultuur* (1938).
15. Peter Gray, ‘Play as a Foundation for Hunter Gatherer Social Existence’, *American Journal of Play* (Spring 2009).
16. Jared Diamond, *The World Until Yesterday. What Can We Learn From Traditional Societies?* (London, 2013), p. 204.
17. Ibid., p. 194.
18. 引自 J. Mulhern, A History of Education, a *Social Interpretation* (New York, 1959), p. 383。

19. James C. Scott, *Two Cheers for Anarchism. Six Easy Pieces on Autonomy, Dignity and Meaningful Work and Play* (Princeton, 2012), pp. 54-5.
20. 关于这一过程的开创性著作是：Eugen Weber, *Peasants into Frenchmen: The Modernization of Rural France, 1870—1914* (Stanford, 1976)。
21. Howard P. Chudacoff, *Children at Play. An American History* (New York, 2008).
22. Peter Gray, 'The Decline of Play and the Rise of Psycho-pathology in Children and Adolescents' (2011).
23. 引自 Robert Dighton, 'The Context and Background of the First Adventure Playground', *adventureplay.org.uk*。
24. 引自 Colin Ward, *Anarchy in Action* (London, 1996), p. 89。
25. 引自 Arvid Bengtsson, *Adventure Playgrounds*, Crosby Lockwood (1972), pp. 20-21。
26. 引自 Penny Wilson, 'children are more complicated than kettles. the life and work of Lady Allen of Hurtwood', *theinternationale.com* (2013)。
27. Ibid.
28. Ibid.
29. Mariana Brussoni et al., 'What is the Relationship between Risky Outdoor Play and Health in Children? A Systematic Review', *International Journal of Environmental Research and Public Health*, Vol. 12, Issue 6 (8 June 2015).
30. 引自 Rebecca Mead, 'State of Play', *The New Yorker* (5 July 2010)。
31. Erving Goffman, 'On the Characteristics of Total Institutions' (1957).
32. Robin Bonifas, *Bullying Among Older Adults. How to Recognize and Address an Unseen Epidemic* (Baltimore,

2016).
33. Matt Sedensky, 'A surprising bullying battleground: Senior centers', Associated Press (13 May 2018).
34. Randall Collins, *Violence. A Micro-sociological Theory* (Princeton, 2008), p. 166.
35. 以霍格沃茨学校为例，这所虚构的学校因哈利·波特而出名。在 J. K. 罗琳令人着迷的幻想世界里，那是一个充满魔力的地方，但是在现实生活中，我怀疑它对许多孩子来说将是地狱。孩子们按年龄分班、按性格分学院（如格兰芬多和斯莱特林），从而形成了多个群体。校内的权威人士用复杂的积分制度鼓励竞争。如果你想离开一下，唯一的选择只有等到圣诞节和暑假。教育学家一致认为，霍格沃茨代表的是一种恃强凌弱的文化。
36. 不要误解我的意思，有些基本技能，比如阅读和写作，是生活在现代社会的人们所不可或缺的。有一些孩子没有学习这些技能的天赋，在这种情况下，由训练有素的教师进行专家式的指导是必不可少的。
37. Robert Dur and Max van Lent, 'Socially Useless Jobs', Tinbergen Institute Discussion Paper (2 May 2018).
38. David Graeber, 'On the Phenomenon of Bullshit Jobs: A Work Rant', *Strike! Magazine* (August 2013).
39. Ivan Illich, *Deschooling Society* (New York, 1971).
40. Peter Gray, *Free to Learn. Why Unleashing the Instinct to Play Will Make Our Children Happier, More Self-Reliant, and Better Students for Life* (New York, 2013).
41. 引自 Lois Holzman, 'What's the Opposite of Play?', *Psychology Today* (5 April 2016)。
42. '"Depression: Let's Talk" Says WHO, As Depression Tops List of Causes of Ill Health', World Health Organization (30 March 2017).
43. Peter Gray, 'Self-Directed Education-Unschooling and

Democratic Schooling', *Oxford Research Encyclopedia of Education* (April 2017).

第 15 章　民主的样子

1. 委内瑞拉的自治市有点像某些国家的县——它们拥有的土地面积加在一起构成了这个国家的全部国土面积。但是在委内瑞拉，地方政府的运行和市长选举也是在自治市的层面上完成的。
2. Gabriel Hetland, 'Emergent Socialist Hegemony in Bolivarian Venezuela: The Role of the Party', in Susan J. Spronk and Jeffery R. Webber, *Crisis and Contradiction: Marxist Perspectives on Latin America in the Global Political Economy* (Leiden, 2015), p. 131.
3. Gabriel Hetland, 'How to Change the World: Institutions and Movements Both Matter', *Berkeley Journal of Sociology* (3 November 2014).
4. 一个有说服力的解释请参见 Gabriel Hetland, 'Grassroots Democracy in Venezuela', *The Nation* (30 January 2012)。
5. 引自 ibid。
6. Dmytro Khutkyy, 'Participatory budgeting: An empowering democratic institution', *Eurozine* (31 October 2017).
7. *Brazil: Toward a More Inclusive and Effective Participatory Budget in Porto Alegre* (World Bank, 2008), p. 2.
8. 引自 Martin Calisto Friant, 'Sustainability From Below: Participatory Budgeting in Porto Alegre', First Ecuadorian Congress of Urban Studies (November 2017), p. 13。
9. Paolo Spada, 'The Economic and Political Effects of Participatory Budgeting', Congress of the Latin American Studies Association (2009).

10. Esteban Ortiz-Ospina and Max Roser, 'Trust', *Our-WorldInData.org* (2018).
11. 对这篇论文的批评参见 Omar Encarnación, *The Myth of Civil Society. Social Capital and Democratic Consolidation in Spain and Brazil* (Basingstoke, 2003)。
12. 引自 'Porto Alegre's Budget Of, By, and For the People', *Yes! Magazine* (31 December 2002)。
13. Ginia Bellafante, 'Participatory Budgeting Opens Up Voting to the Disenfranchised and Denied', *New York Times* (17 April 2015).
14. Mona Serageldin et al., 'Assessment of Participatory Budgeting in Brazil', Harvard University Center for Urban Development Studies (2005), p. 4.
15. Gianpaolo Baiocchi, 'Participation, Activism, and Politics: The Porto Alegre Experiment in Deliberative Democratic Theory', in Archon Fung and Erik Olin Wright (eds), *Deepening Democracy. Institutional Innovations in Empowered Participatory Governance* (New York, 2001), p. 64.
16. Alana Semuels, 'The City That Gave Its Residents $3 Million', The Atlantic (6 November 2014).
17. Baiocchi, 'Participation, Activism, and Politics: The Porto Alegre Experiment in Deliberative Democratic Theory'.
18. Gianpaolo Baiocchi and Ernesto Ganuza, 'Participatory Budgeting as if Emancipation Mattered', *Politics & Society*, Vol. 42, Issue 1 (2014), p. 45.
19. George Monbiot, *Out of the Wreckage. A New Politics for an Age of Crisis* (London, 2017), p. 130.
20. Anne Pordes Bowers and Laura Bunt, 'Your Local Budget. Unlocking the Potential of Participatory Budgeting',

Nesta (2010).

21. Gianpaolo Baiocchi, 'Participation, Activism, and Politics: The Porto Alegre Experiment and Deliberative Democratic Theory', *Politics & Society*, Vol. 29, Issue 1 (2001), p. 58.
22. 据世界银行的研究人员说，这种快速发展还是得归功于参与式预算。城市预算中分配给医疗和教育的比例从 1985 年的 13% 增加到1996年的40%。参见Serageldin et al., 'Assessment of Participatory Budgeting in Brazil'。
23. Patrick Kingsley, 'Participatory democracy in Porto Alegre', *Guardian* (10 September 2012).
24. Serageldin et al., 'Assessment of Participatory Budgeting in Brazil'.
25. Michael Touchton and Brian Wampler, 'Improving Social Well-Being Through New Democratic Institutions', *Comparative Political Studies*, Vol. 47, Issue 10 (2013).
26. 'Back to the Polis: Direct Democracy', *The Economist* (17 September 1994).
27. David Van Reybrouck, *Against Elections. The Case for Democracy* (London, 2016).
28. 'Communism', oxforddictionaries.com.
29. Graeber, Debt, pp. 94–102.
30. Garrett Hardin, 'The Tragedy of the Commons', *Science*, Vol. 162, Issue 3859 (13 December 1968).
31. John Noble Wilford, 'A Tough-minded Ecologist Comes to Defense of Malthus', *New York Times* (30 June 1987).
32. Ian Angus, 'The Myth of the Tragedy of the Commons', *Climate & Capitalism* (25 August 2008).
33. John A. Moore, 'Science as a Way of Knowing-Human Ecology', *American Zoologist*, Vol. 25, Issue 2 (1985), p. 602.
34. Tim Harford, 'Do You Believe in Sharing?' *Financial*

Times (30 August 2013).

35. Ibid.

36. 官方名称为纪念阿尔弗雷德·诺贝尔的瑞典中央银行经济科学奖（The Sveriges Riksbank Prize in Economic Sciences in Memory of Alfred Nobel）。

37. Tine de Moor, 'The Silent Revolution: A New Perspective on the Emergence of Commons, Guilds, and Other Forms of Corporate Collective Action in Western Europe', *International Review of Social History*, Vol. 53, Issue S16 (December 2008).

38. 讨论这一过程的经典著作是 Karl Polanyi, *The Great Transformation. The Political and Economic Origins of Our Time* (Boston, 2001)。第一版出版于 1944 年。

39. Tine de Moor, 'Homo Cooperans. Institutions for collective action and the compassionate society', Utrecht University Inaugural Lecture (30 August 2013).

40. 参见 Paul Mason, *Postcapitalism. A Guide to Our Future* (London, 2015)。

41. 参见 Shoshana Zuboff, *The Age of Surveillance Capitalism. The Fight for a Human Future at the New Frontier of Power* (London, 2019)。

42. Damon Jones and Ioana Elena Marinescu, 'The Labor Market Impacts of Universal and Permanent Cash Transfers: Evidence from the Alaska Permanent Fund', *NBER Working Paper* (February 2018).

43. 我在其他地方也讨论过北卡罗来纳州的这项研究以及更一般的基本收入。参见 *Utopia for Realists. And How We Can Get There* (London, 2017), pp. 51-4. I now prefer the term 'citizen's dividend' over 'basic income' to underscore that we're talking about proceeds from communal property。

44. Peter Barnes, *With Liberty and Dividends For All. How To*

Save Our Middle Class When Jobs Don't Pay Enough (Oakland, 2014).

45. Scott Goldsmith, 'The Alaska Permanent Fund Dividend: An Experiment in Wealth Distribution', *Basic Income European Network* (September 2002), p. 7.

Part 5 对抗仇恨的最佳武器

1. Michael Garofalo, 'A Victim Treats His Mugger Right', NPR Story Corps (28 March 2008).
2. Matthew 5:46.

第 16 章 反恐中的非互补行为

1. 对挪威监狱系统的详细介绍参见 Ryan Berger, 'Kriminalomsorgen: A Look at the World's Most Humane Prison System in Norway', *SSRN* (11 December 2016)。
2. 在迈克尔·摩尔（Michael Moore）的纪录片《下一步该入侵哪里？》（*Where to Invade Next*）中，一名狱警如是说。
3. 引自 Baz Dreizinger, 'Norway Proves That Treating Prison Inmates As Human Beings Actually Works', *Huffington Post* (8 March 2016)。
4. 'About the Norwegian Correctional Service', www. kriminalomsorgen.no (visited 17 December 2018).
5. Dreizinger, 'Norway Proves That Treating Prison Inmates As Human Beings Actually Works'.
6. Manudeep Bhuller et al., 'Incarceration, Recidivism, and Employment', Institute of Labor Economics (June 2018).
7. Berger 'Kriminalomsorgen: A Look at the World's Most

Humane Prison System in Norway', p. 20.

8. Erwin James, 'Bastoy: the Norwegian Prison That Works', *Guardian* (4 September 2013).
9. Genevieve Blatt et al., *The Challenge of Crime in a Free Society*, President's Commission on Law Enforcement and Administration of Justice (1967), p. 159.
10. Ibid., p. 173.
11. Jessica Benko, 'The Radical Humaneness of Norway's Halden Prison', *New York Times* (26 March 2015).
12. Robert Martinson, 'What Works? Questions and Answers about Prison Reform', *The Public Interest* (Spring 1974).
13. Michelle Brown, *The Culture of Punishment: Prison, Society, and Spectacle* (New York, 2009), p. 171.
14. Robert Martinson, 'New Findings, New Views: A Note of Caution Regarding Sentencing Reform', *Hofstra Law Review,* Vol. 7, Issue 2 (1979).
15. 引自 Adam Humphreys, 'Robert Martinson and the Tragedy of the American Prison', *Ribbonfarm* (15 December 2016)。
16. 引自 Jerome G. Miller, 'The Debate on Rehabilitating Criminals: Is It True that Nothing Works?' *Washington Post* (March 1989)。
17. Richard Bernstein, 'A Thinker Attuned to Thinking; James Q. Wilson Has Insights, Like Those on Cutting Crime, That Tend To Prove Out', *New York Times* (22 August 1998).
18. 'James Q. Wilson Obituary', *The Economist* (10 March 2012).
19. James Q. Wilson, *Thinking About Crime* (New York, 1975), pp. 172-3.

20. 引自 Timothy Crimmins, 'Incarceration as Incapacitation: An Intellectual History', *American Affairs*, Vol. II, Issue 3 (2018)。
21. George L. Kelling and James Q. Wilson, 'Broken Windows', *The Atlantic* (March 1982).
22. Gladwell, *The Tipping Point*, p. 141.
23. Ibid., p. 142.
24. Ibid., p. 143.
25. Holman W. Jenkins, Jr, 'The Man Who Defined Deviancy Up', *The Wall Street Journal* (12 March 2011).
26. James Q. Wilson, 'Lock 'Em Up and Other Thoughts on Crime', *New York Times* (9 March 1975).
27. Gladwell, *The Tipping Point*, p. 145.
28. 引自 ibid., p. 146。
29. 'New York Crime Rates 1960—2016', disastercenter.com.
30. Donna Ladd, 'Inside William Bratton's NYPD: Broken Windows Policing is Here to Stay', *Guardian* (8 June 2015).
31. 引自 Jeremy Rozansky and Josh Lerner, 'The Political Science of James Q. Wilson', *The New Atlantis* (Spring 2012)。
32. 参见 Rutger Bregman, *Met de kennis van toen. Actuele problemen in het licht van de geschiedenis* (Amsterdam, 2012), pp. 238-45。
33. Anthony A. Braga, Brandon C. Welsh and Cory Schnell, 'Can Policing Disorder Reduce Crime? A Systematic Review and Meta- Analysis', *Journal of Research in Crime and Delinquency*, Vol. 52, Issue 4 (2015).
34. John Eterno and Eli Silverman, 'Enough Broken Windows Policing. We Need a Community-Oriented Approach',

Guardian (29 June 2015).

35. P. J. Vogt, '#127 The Crime Machine', *Reply All* (podcast by Gimlet Media, 11 October 2018).
36. Dara Lind, 'Why You Shouldn't Take Any Crime Stats Seriously', Vox (24 August 2014)。参见Liberty Vittert, 'Why the US Needs Better Crime Reporting Statistics', *The Conversation* (12 October 2018)。
37. Michelle Chen, 'Want to see How Biased Broken Windows Policing Is? Spend a Day in Court', *The Nation* (17 May 2018).
38. 秩序本身就是一个感知问题。2004 年，芝加哥大学的研究人员对一些研究对象进行了调查，询问他们在一个白人社区和一个黑人社区看到了多少扇“破窗”。研究对象一致认为一个有更多非裔美国人的社区更混乱，即使那里出现的乱丢垃圾、乱涂乱画和集体闲逛的情况与白人社区相同。参见 Robert J. Sampson and Stephen W. Raudenbush。参见 Neighborhood Stigma and the Social Construction of “Broken Windows” ', *Social Psychology Quarterly*, Vol. 67, Issue 4 (2004)。可悲的是，威尔逊和凯林早在 1982 年就在《大西洋月刊》(*The Atlantic*) 的一篇文章中预言了这一点：“……我们如何确保……肤色或原籍……不会成为区分不受欢迎和受欢迎的基础？或者，简而言之，我们如何确保警察不会成为社区偏见的代理人？对于这个重要的问题，我们没有一个完全令人满意的答案。”
39. 参见 Braga, Welsh, and Schnell, 'Can Policing Disorder Reduce Crime? A Systematic Review and Meta-Analysis'。
40. 引自 Sarah Childress, 'The Problem with “Broken Windows” Policing', *Frontline* (28 June 2016)。
41. Vlad Tarko, Elinor Ostrom. *An Intellectual Biography* (Lanham, 2017), pp. 32-40.
42. Arthur A. Jones and Robin Wiseman, 'Community Policing in

Europe. An Overview of Practices in Six Leading Countries', Los Angeles Community Policing (lacp.org).

43. Sara Miller Llana, 'Why Police Don't Pull Guns in Many Countries', *Christian Science Monitor* (28 June 2015).
44. 引自 Childress, 'The Problem with "Broken Windows" Policing'。
45. Beatrice de Graaf, *Theater van de angst. De strijd tegen terrorisme in Nederland, Duitsland, Italiëen Amerika* (Amsterdam, 2010).
46. 引自 Quirine Eijkman, 'Interview met Beatrice de Graaf over haar boek', *Leiden University* (25 January 2010)。
47. 引自 Joyce Roodnat, '"Het moest wel leuk blijven"', *NRC Handelsblad* (6 April 2006)。
48. 引自 Jon Henley, 'How Do You Deradicalise Returning Isis Fighters?', *Guardian* (12 November 2014)。
49. 引自 Hanna Rosin, 'How A Danish Town Helped Young Muslims Turn Away From ISIS', *NPR Invisibilia* (15 June 2016)。
50. 引自 Richard Orange, '"Answer hatred with love": how Norway tried to cope with the horror of Anders Breivik', *Guardian* (15 April 2012)。
51. Prison Policy Initiative, 'North Dakota Profile' (prisonpolicy.org, visited 17 December 2018).
52. 引自 Dylan Matthews and Byrd Pinkerton, 'How to Make Prisons More Humane', *Vox* (podcast, 17 October 2018)。
53. Dashka Slater, 'North Dakota's Norway Experiment', *Mother Jones* (July/August 2017).
54. National Research Council, *The Growth of Incarceration in the United States. Exploring Causes and Consequences* (Washington DC, 2014), p. 33.

55. Francis T. Cullen, Cheryl Lero Jonson and Daniel S. Nagin, 'Prisons Do Not Reduce Recidivism. The High Cost of Ignoring Science', The Prison Journal, Vol. 91, Issue 3 (2011). M. Keith Chen and Jesse M. Shapiro, 'Do Harsher Prison Conditions Reduce Recidivism? A Discontinuity-based Approach', *American Law and Economics Review*, Vol. 9, Issue 1 (2007).
56. 'Louis Theroux Goes to the Miami Mega-Jail', *BBC News* (20 May 2011).
57. 引自 Berger, 'Kriminalomsorgen: A Look at the World's Most Humane Prison System in Norway', p. 23。
58. 引自 Slater, 'North Dakota's Norway Experiment'。
59. Cheryl Corley, 'North Dakota Prison Officials Think Outside The Box To Revamp Solitary Confinement', *NPR* (31 July 2018).
60. Ibid.
61. 引自 Slater, 'North Dakota's Norway Experiment'。

第 17 章　消除仇恨、不公正和偏见最好的方法

1. 引自 John Battersby, 'Mandela to Factions: Throw Guns Into Sea', *Christian Science Monitor* (26 February 1990)。
2. 关于康斯坦德和维尔琼两兄弟的故事，我的主要资料来源是：Dennis Cruywagen's wonderful book *Brothers in War and Peace. Constand and Abraham Viljoen and the Birth of the New South Africa* (Cape Town/Johannesburg, 2014)。
3. Ibid., p. 57.
4. Ibid., p. 62.
5. Maritza Montero and Christopher C. Sonn (eds), *Psychology*

of *Liberation. Theory and Applications* (Berlin, Heidelberg, 2009), p. 100.

6. Aldous Huxley, *The Perennial Philosophy* (New York, 1945), p. 81.
7. Alfred McClung Lee and Norman Daymond Humphrey, *Race Riot, Detroit* 1943 (Hemel Hempstead, 1968), p. 130.
8. Gordon Allport, *The Nature of Prejudice* (Reading, 1979), p. 277。第一版最早出版于 1954 年。研究人员向美国士兵提出了如下问题："一些陆军师团的连队中同时包括了黑人排和白人排。如果你所在的连队也是这样安排的，你会怎么想？"在实行严格隔离制度的连队里，有 62% 的人回答"我非常不喜欢这种安排"，在包括黑人排在内的连队里，只有 7% 的人回答"我非常不喜欢这种安排"。
9. Ira N. Brophy, 'The Luxury of Anti-Negro Prejudice', *Public Opinion Quarterly*, Vol. 9, Issue 4 (1945).
10. Richard Evans, *Gordon Allport: The Man and His Ideas* (New York, 1970).
11. Gordon Allport, 'Autobiography', in Edwin Boring and Gardner Lindzey (eds), *History of Psychology in Autobiography* (New York, 1967), pp. 3-25.
12. John Carlin, *Invictus. Nelson Mandela and the Game that Made a Nation* (London, 2009), p. 122.
13. 引自 ibid., p. 123。
14. Ibid., p. 124
15. Ibid., p. 135.
16. Cruywagen, *Brothers in War and Peace*, p. 143.
17. 引自 ibid., p. 158。
18. 引自 Simon Kuper, 'What Mandela Taught Us', *Financial Times* (5 December 2013)。

19. 引自 Cruywagen, *Brothers in War and Peace*, p. 162。
20. 引自 Carlin, *Invictus*, p. 252。
21. 托马斯·佩蒂格鲁回答道："先生，你给了我最高的荣誉！"引自 Frances Cherry, 'Thomas F. Pettigrew: Building on the Scholar-Activist Tradition in Social Psychology', in Ulrich Wagner et al. (eds), *Improving Intergroup Relations: Building on the Legacy of Thomas F. Pettigrew* (Oxford, 2008), p. 16。
22. Thomas F. Pettigrew, 'Contact in South Africa', *Dialogue*, Vol. 21, Issue 2 (2006), pp. 8-9.
23. Thomas F. Pettigrew and Linda R. Tropp, 'A Meta-Analytic Test of Intergroup Contact Theory', *Journal of Personality and Social Psychology*, Vol. 90, Issue 5 (2006).
24. Sylvie Graf, Stefania Paolini and Mark Rubin, 'Negative intergroup contact is more influential, but positive intergroup contact is more common: Assessing contact prominence and contact prevalence in five Central European countries', *European Journal of Social Psychology*, Vol. 44, Issue 6 (2014).
25. Erica Chenoweth, 'The Origins of the NAVCO Data Project (or: How I Learned to Stop Worrying and Take Nonviolent Conflict Seriously)', *Rational Insurgent* (7 May 2014).
26. Erica Chenoweth and Maria J. Stephan, 'How The World is Proving Martin Luther King Right About Nonviolence', *Washington Post* (18 January 2016). Maria J. Stephan and Erica Chenoweth, 'Why Civil Resistance Works. The Strategic Logic of Nonviolent Conflict', *International Security*, Vol. 33, Issue 1 (2008), pp. 7-44.
27. 引自 Penny Andersen et al., *At Home in the World. The Peace Corps Story* (Peace Corps, 1996), p. vi。
28. Carlin, *Invictus*, p. 84.

29. Ibid., p. 252.
30. Ibid.
31. 引自 Thomas F. Pettigrew, 'Social Psychological Perspectives on Trump Supporters', *Journal of Social and Political Psychology*, Vol. 5, Issue 1 (2017)。
32. Ibid.
33. Chris Lawton and Robert Ackrill, 'Hard Evidence: How Areas with Low Immigration Voted Mainly for Brexit', *The Conversation* (8 July 2016)。参见 also Rose Meleady, Charles Seger and Marieke Vermue, 'Examining the Role of Positive and Negative Intergroup Contact and Anti-Immigrant Prejudice in Brexit', *British Journal of Social Psychology*, Vol. 56, Issue 4 (2017)。
34. Michael Savelkoul et al., 'Anti-Muslim Attitudes in The Netherlands: Tests of Contradictory Hypotheses Derived from Ethnic Competition Theory and Intergroup Contact Theory', *European Sociological Review*, Vol. 27, Issue 6 (2011).
35. Miles Hewstone, 'Consequences of Diversity for Social Cohesion and Prejudice: The Missing Dimension of Intergroup Contact', *Journal of Social Issues*, Vol. 71, Issue 2 (2015).
36. Matthew Goodwin and Caitlin Milazzo, 'Taking Back Control? Investigating the Role of Immigration in the 2016 Vote for Brexit', *British Journal of Politics and International Relations*, Vol. 19, Issue 3 (2017).
37. 引自 Diane Hoekstra, 'De felle tegenstanders van toen gaan het azc in Overvecht missen', *Algemeen Dagblad* (29 September 2018)。参见 also Marjon Bolwijn, 'In Beverwaard was woede om azc het grootst, maar daar is niets meer van te zien: "We hebben elkaar gek gemaakt"', *De Volkskrant* (1

February 2018)。
38. Mark Twain, *The Innocents Abroad, or The New Pilgrims' Progress* (1869).
39. Rupert Brown, James Vivian and Miles Hewstone, 'Changing Attitudes through Intergroup Contact: the Effects of Group Membership Salience', *European Journal of Social Psychology*, Vol. 29, Issue 5-6 (21 June 1999).
40. Gordon W. Allport, 'Prejudice in Modern Perspective', The Twelfth Hoernlé Memorial Lecture (17 July 1956).

第 18 章　当士兵们走出战壕

1. 这个说法是历史学家乔治·凯南（George Kennan）首创的，参见 *The Decline of Bismarck's European Order: Franco-Russian Relations 1875—1890* (Princeton, 1979)。
2. Malcolm Brown and Shirley Seaton, *Christmas Truce. The Western Front December 1914* (London, 2014), p. 68. Originally published in 1984.
3. Ibid., p. 71.
4. Ibid., p. 73.
5. Ibid., pp. 76-7
6. Malcolm Brown, *Peace in No Man's Land* (BBC documentary from 1981).
7. Luke Harding, 'A Cry of: Waiter! And the Fighting Stopped', *Guardian* (1 November 2003).
8. Brown and Seaton, *Christmas Truce*, p. 111.
9. Ibid., p. 115.
10. 引自 Simon Kuper, 'Soccer in the Trenches: Remembering the WWI Christmas Truce', espn.com (25 December 2014)。

11. 现代历史学家指出，尽管德国人在 1914 年的确犯下了战争罪，但是他们的罪行在英国人的宣传中被严重夸大了。这些假新闻的灾难性影响直到 25 年后才完全显现出来。第二次世界大战期间，当德国人大规模地犯下各种骇人听闻的暴行的报道传来时，相当多的英国人和美国人都怀疑这些报道的真实性。考虑到媒体在第一次世界大战期间曾经尽其所能地夸大事实，因此人们对毒气室故事的怀疑是有道理的。参见 Jo Fox, ‘Atrocity propaganda’, British Library (29 January 2014)。
12. Brown and Seaton, *Christmas Truce*, p. 126.
13. Thomas Vinciguerra, ‘The Truce of Christmas, 1914’, *New York Times* (25 December 2005).
14. 引自 TED Stories, ‘Colombia: Advertising Creates Peace’, YouTube (24 January 2018)。
15. Ibid.
16. Tom Vanden Brook, ‘Propaganda That Works: Christmas Decorations’, *USA Today* (13 August 2013).
17. Lara Logan, ‘How Unconventional Thinking Transformed a War-Torn Colombia’, CBS News, *60 Minutes* (11 December 2016).
18. 引自 TED Stories, ‘Colombia: Advertising Creates Peace’。
19. Jose Miguel Sokoloff in an interview with the author on 9 November 2017.
20. “圣诞节行动”的费用为 30.11 万美元，“光之河行动”的费用为 26.3 万美元，“母亲的召唤”的费用为 54.6 万美元。
21. 甚至哥伦比亚革命武装力量也认同这一点，因为在和平谈判中，他们要求睿狮广告公司停止宣传活动，这让他们损失了太多的成员。
22. Sibylla Brodzinsky, ‘“Welcome to Peace”: Colombia’s Farc Rebels Seal Historic Disarmament’, Guardian (27

June 2017).
23. 引自 Vinciguerra, 'The Truce of Christmas, 1914'。
24. Brown and Seaton, *Christmas Truce*, p. 198.
25. Ibid., p. 248.
26. Ibid., p. 238.
27. Stanley Weintraub, *Silent Night* (London, 2001), p. 172.
28. Tony Ashworth, *Trench Warfare 1914—1918. The Live and Let Live System* (London, 2000), p. 224. Originally published in 1980.
29. Ibid., p. 24.
30. Ibid., p. 143.
31. Erin E. Buckels, Paul D. Trapnell and Delroy L. Paulhus, 'Trolls Just Want to Have Fun', *Personality and Individual Difference*, Vol. 67 (September 2014).
32. Jose Miguel Sokoloff, 'How Christmas Lights Helped Guerillas Put Down Their Guns', TED (October 2014).

结语 赖以生存的 10 大准则

1. Detlef Fetchenhauer and David Dunning, 'Why So Cynical? Asymmetric Feedback Underlies Misguided Skepticism Regarding the Trustworthiness of Others', *Psychological Science*, Vol. 21, Issue 2 (8 January 2010).
2. 科学家通过一系列非常巧妙的研究表明，在接近他人时，如果认为他人的意图是好的，那么人们的行为就会随之发生改变。心理学家将这种现象称为“美德标签”。例如，1975 年美国心理学家理查德 · 米勒（Richard Miller）对上小学的儿童进行了一项研究。他们随机地将孩子分为三组，对第一组儿童，研究人员告诉他们，他们是“很整洁的”。在第二组中，研究人员则尽最大努力帮助孩子们变得更整洁。而在第三组中，孩子们则完全无人关注。结果表明，第一组的孩子最后是最整洁的。参见 Christian B. Miller, ‘Should You Tell Everyone They’re Honest?’, *Nautilus* (28 June 2018)。

3. Maria Konnikova, *The Confidence Game. The Psychology of the Con and Why We Fall for It Every Time*, (Edinburgh, 2016).
4. Bloom, *Against Empathy*, p. 167.
5. 引自 Dylan Matthews, ‘Zero-sum Trump. What You Learn from Reading 12 of Donald Trump’s Books’, *Vox.com* (19 January 2017)。
6. Marina Cantacuzino, *The Forgiveness Project. Stories for a Vengeful Age* (London, 2016).
7. Lewis B. Smedes, *Forgive and Forget. Healing the Hurts We Don’t Deserve* (San Francisco, 1984).
8. Donald W. Pfaff, *The Neuroscience of Fair Play. Why We (Usually) Follow the Golden Rule, Dana Press* (2007).
9. George Bernard Shaw, *Maxims for Revolutionists* (1903).
10. Matthieu Ricard, *Altruism. The Power of Compassion to Change Yourself and the World* (New York, 2015), pp. 58-63.
11. Ibid., p. 62.
12. Daniel Goleman and Richard Davidson, *The Science of Meditation. How to Change Your Brain, Mind and Body* (London, 2018). Miguel Farias and Catherine Wikholm, *The Buddha Pill. Can Meditation Change You?* (London, 2015).
13. Paul Bloom, ‘Empathy for Trump voters? No, thanks. Understanding? Yes’, *Vox.com* (23 February 2017).

14. Bloom, *Against Empathy*, pp. 213–41.
15. Jarl van der Ploeg, '"Ze zullen altijd die enorm verliefde bom geluk blijven"', *De Volkskrant* (21 July 2014).
16. 'In memoriam: LvdG (1984—2014)', *Propria Cures* (19 July 2014).
17. 参见 Chung Sup Park, 'Applying "Negativity Bias" to Twitter: Negative News on Twitter, Emotions, and Political Learning', *Journal of Information Technology & Politics*, Vol. 12, Issue 4 (2015)。
18. Chris Weller, 'Silicon Valley Parents Are Raising Their Kids Tech-Free-And It Should Be a Red Flag', *Business Insider* (18 February 18, 2018).
19. Rebecca Solnit, *Hope in the Dark. Untold Histories, Wild Possibilities* (Chicago, 2016), p. 23.
20. Fabian Wichmann, '4 Ways To Turn The Neo-Nazi Agenda On Its Head', *Huffington Post* (25 August 2017).
21. Matthew 6:2–6.
22. 法国哲学家亚历克西斯·德·托克维尔（Alexis de Tocqueville）在一个半世纪前就曾对这样的情况发表过看法。他说："美国人……习惯于用'人们总是考虑自身利益'这个原则去解释他们生活中的每一个行为。"托克维尔在美国旅行时遇到过许多乐于助人的人，他认为美国人这种做法是在给自己帮倒忙。"但是美国人，"这位哲学家又说，"几乎从来不愿意承认他们确实会被助人为乐这种情绪所主导。"参见 Dale T. Miller, 'The Norm of Self-Interest', *American Psychologist,* Vol. 54, Issue 12 (1999)。
23. Ibid., p. 1057.
24. Matthew 6:14–16
25. James H. Fowler and Nicholas A. Christakis, 'Cooperative Behavior Cascades in Human Social Networks', *PNAS*,

Vol. 107, Issue 12 (2010).

26. 引自 University of California, San Diego, 'Acts of Kindness Spread Surprisingly Easily: Just a Few People Can Make a Difference', *ScienceDaily* (10 March 2010)。

27. Jonathan Haidt, 'Elevation and the Positive Psychology of Morality', in C. L. M. Keyes and J. Haidt (eds), *Flourishing: Positive Psychology and the Life Well-Lived, American Psychological Association* (2003), pp. 275-89.

28. Jonathan Haidt, 'Wired to Be Inspired', in Dacher Keltner, Jason Marsh and Jeremy Adam Smith (eds), *The Compassionate Instinct. The Science of Human Goodness* (New York, 2010), p. 90.

未来，属于终身学习者

我这辈子遇到的聪明人（来自各行各业的聪明人）没有不每天阅读的——没有，一个都没有。巴菲特读书之多，我读书之多，可能会让你感到吃惊。孩子们都笑话我。他们觉得我是一本长了两条腿的书。

———查理·芒格

互联网改变了信息连接的方式；指数型技术在迅速颠覆着现有的商业世界；人工智能已经开始抢占人类的工作岗位……

未来，到底需要什么样的人才？

改变命运唯一的策略是你要变成终身学习者。未来世界将不再需要单一的技能型人才，而是需要具备完善的知识结构、极强逻辑思考力和高感知力的复合型人才。优秀的人往往通过阅读建立足够强大的抽象思维能力，获得异于众人的思考和整合能力。未来，将属于终身学习者！而阅读必定和终身学习形影不离。

很多人读书，追求的是干货，寻求的是立刻行之有效的解决方案。其实这是一种留在舒适区的阅读方法。在这个充满不确定性的年代，答案不会简单地出现在书里，因为生活根本就没有标准确切的答案，你也不能期望过去的经验能解决未来的问题。

而真正的阅读，应该在书中与智者同行思考，借他们的视角看到世界的多元性，提出比答案更重要的好问题，在不确定的时代中领先起跑。

湛庐阅读 App：与最聪明的人共同进化

有人常常把成本支出的焦点放在书价上，把读完一本书当作阅读的终结。其实不然。

时间是读者付出的最大阅读成本

怎么读是读者面临的最大阅读障碍

“读书破万卷”不仅仅在“万”，更重要的是在“破”！

现在，我们构建了全新的“湛庐阅读”App。它将成为你“破万卷”的新居所。在这里：

- 不用考虑读什么，你可以便捷找到纸书、电子书、有声书和各种声音产品；
- 你可以学会怎么读，你将发现集泛读、通读、精读于一体的阅读解决方案；
- 你会与作者、译者、专家、推荐人和阅读教练相遇，他们是优质思想的发源地；
- 你会与优秀的读者和终身学习者为伍，他们对阅读和学习有着持久的热情和源源不绝的内驱力。

下载湛庐阅读 App，
坚持亲自阅读，
有声书、电子书、阅读服务，
一站获得。

CHEERS

本书阅读资料包

给你便捷、高效、全面的阅读体验

本书参考资料

湛庐独家策划

- 参考文献
  为了环保、节约纸张，部分图书的参考文献以电子版方式提供
- 主题书单
  编辑精心推荐的延伸阅读书单，助你开启主题式阅读
- 图片资料
  提供部分图片的高清彩色原版大图，方便保存和分享

相关阅读服务

终身学习者必备

- 电子书
  便捷、高效，方便检索，易于携带，随时更新
- 有声书
  保护视力，随时随地，有温度、有情感地听本书
- 精读班
  2~4周，最懂这本书的人带你读完、读懂、读透这本好书
- 课　程
  课程权威专家给你开书单，带你快速浏览一个领域的知识概貌
- 讲　书
  30分钟，大咖给你讲本书，让你挑书不费劲

湛庐编辑为你独家呈现
助你更好获得书里和书外的思想和智慧，请扫码查收！

（阅读资料包的内容因书而异，最终以湛庐阅读App页面为准）

Humankind: A Hopeful History by Rutger Bregman

Copyright © 2019 Rutger Bregman

DE MEESTE MENSEN DEUGEN/HUMANKIND

originate on the Correspondent,

unbreaking news.

www.thecorrespondent.com

Infographics by De Correspondent

All rights reserved including the rights of reproduction in whole or in part in any form.

本书中文简体字版已由 De Correspondent Uitgevers 授权在中华人民共和国境内独家出版发行。未经出版者书面许可，不得以任何方式抄袭、复制或节录本书中的任何部分。

版权所有，侵权必究。

图书在版编目（CIP）数据

人类的善意 /（荷）鲁特格尔·布雷格曼著；贾拥民译．—北京：北京联合出版公司，2022.4
ISBN 978-7-5596-6026-8

Ⅰ．①人… Ⅱ．①鲁… ②贾… Ⅲ．①人性论—研究 Ⅳ．①B82-061

中国版本图书馆CIP数据核字（2022）第040052号

北京市版权局著作权合同登记　图字：01-2022-0437

上架指导：人类 / 社会科学

版权所有，侵权必究
本书法律顾问　北京市盈科律师事务所　崔爽律师

人类的善意

作　　者：[荷] 鲁特格尔·布雷格曼
译　　者：贾拥民
出 品 人：赵红仕
责任编辑：管　文
封面设计：ablackcover.com
版式设计：湛庐CHEERS 宋欣蔚

北京联合出版公司出版
（北京市西城区德外大街 83 号楼 9 层　100088）
唐山富达印务有限公司印刷　新华书店经销
字数 423 千字　710 毫米 ×965 毫米　1/16　32.75 印张
2022 年 4 月第 1 版　2022 年 4 月第 1 次印刷
ISBN 978-7-5596-6026-8
定价：169.90 元

版权所有，侵权必究
未经许可，不得以任何方式复制或抄袭本书部分或全部内容
本书若有质量问题，请与本公司图书销售中心联系调换。电话：010-56676359